数据之力技术丛书

PRINCIPLES AND PRACTICES OF SQL OPTIMIZATION IN BIG DATA

大数据SQL优化

原理与实践

陈鹤　杨国栋 ◎ 著

机械工业出版社
CHINA MACHINE PRESS

图书在版编目（CIP）数据

大数据 SQL 优化：原理与实践 / 陈鹤，杨国栋著．北京：机械工业出版社，2024. 12. --（数据之力技术丛书）. -- ISBN 978-7-111-76703-9

Ⅰ. TP311.132.3

中国国家版本馆 CIP 数据核字第 2024ZY1802 号

机械工业出版社（北京市百万庄大街 22 号 邮政编码 100037）

策划编辑：孙海亮　　责任编辑：孙海亮

责任校对：甘慧彤　杨　霞　景　飞　　责任印制：李　昂

河北宝昌佳彩印刷有限公司印刷

2025 年 1 月第 1 版第 1 次印刷

186mm×240mm · 24 印张 · 474 千字

标准书号：ISBN 978-7-111-76703-9

定价：99.00 元

电话服务

客服电话：010-88361066

010-88379833

010-68326294

网络服务

机　工　官　网：www.cmpbook.com

机　工　官　博：weibo.com/cmp1952

金　　书　　网：www.golden-book.com

机工教育服务网：www.cmpedu.com

“数据之力技术丛书”编委会

“数据之力技术丛书”是由 PowerData 社区组织发起的一套面向数据从业者的专业技术图书，内容涵盖数据领域的前沿理论、关键技术、最佳实践、行业案例等多个维度，旨在深度挖掘与传播数据领域的智慧成果，通过系统化的知识梳理，助力广大数据从业者提升专业技能、拓宽技术事业，实现个人与行业的共同进步。

丛书编委会成员均为 PowerData 社区核心成员，他们来自大数据领域的工作前沿，就职于不同互联网大厂。他们以开源精神为指导，秉承社区“思考、交流、贡献、共赢”的价值观，为丛书的出版提供专业且富有深度的内容保障。

前　言 Preface

为什么写这本书

结构化查询语言（Structured Query Language，SQL）是一种目的特殊的数据库查询和程序设计语言，用于存取数据以及查询、更新和管理关系型数据库系统。

自从 Edgar Frank Codd 于 1970 年发表了文章“Relational Model of Data Large Shared Data Banks”（大型共享数据库的关系数据模型）后，关系代数模型成为数据库领域的主流模型，他使用“关系”的数学概念来弥补当前数据库模型的诸多不足。1974 年，Boyce 和 Chamberlin 提出了一种介于关系代数与关系演算之间的结构化查询语言（SQL），至此关系型数据库理论与查询方式都有了完整的定义。1981 年 Codd 因在关系型数据库方面的突出贡献获得了图灵奖。

数据已经成为各行各业的核心资产。为了更好地存储和管理数据，关系模型和关系型数据库应运而生。随着数字化程度不断提高，数据量发生指数级增长，传统的数据库系统不再能够支撑海量数据的存储与计算。传统的关系型数据库更加适合进行联机事务处理（On-Line Transaction Processing，OLTP），对数据的处理方式是以增、删、改为主，并支持较为简单的数据查询。在联机分析处理（On-Line Analytical Processing，OLAP）的业务场景下，传统的关系型数据库对数据的处理以查询操作为主。除了数据的海量增长，传统数据库对于 OLAP 场景的支持不足，也是大数据技术出现的背景之一。

大数据系统有强大的存储能力，同时也可以保证数据的完整性和安全性。大数据计算技术可以快速检索、分析和可视化数据，将海量的数据变成高价值的财富。大数据系统能够高效、快速、准确地对数据进行管理，使数据得到有效的存储。大数据系统没有彻底抛弃关系模型，关键查询语言——SQL 依然有广泛应用，SQL 领域中的理论与优化方法仍在大数据系统中发挥作用。

数据是数字文明中的要素，大数据系统可以通过对这些数据进行管理以将其转化为知识资产，而 SQL 语言则是开启这份宝库的钥匙。无论是关系型数据库还是大数据系统，SQL 都是一把万能钥匙。

大数据发展至今已有近20年的历史，各类思想和框架日新月异、层出不穷。然而，在大数据SQL查询优化领域，缺少能够帮助数据开发人员或大数据技术爱好者掌握大数据SQL查询优化的全貌和精髓的书籍。因此，笔者决心将自己从业多年的经验及心得汇集于此。

本书的主要内容

本书主要由以下四篇构成。

- 认知篇。阐述大数据计算或存储引擎发展至今，最终都会选择SQL作为统一查询语言的原因及这种选择的利弊。
- 原理篇。透过现象看本质，以几个主流的引擎框架为例，通过深入源码的方式探索SQL执行背后的秘密。
- 实践篇。详细描述引擎查询优化器的两大优化策略，以及各自的实现原理、示例和局限性。以Hive、Spark、Flink等主流引擎为蓝本，探索SQL优化的解决思路和方法论。在实践中，通过配置参数、调整存储和改写查询语句等方法，从不同的视角对SQL语句进行优化。
- 案例篇。以实践篇的各种真实需求调优历程为基础，以点带面，以小明大，带领读者一同体验各类公司和行业在不同业务场景中所面临的问题、重难点以及最终输出的解决方案。

勘误及支持

由于笔者的水平和认知有限，书中难免会有笔误、差错、格式错误或其他问题，希望广大读者能够把发现的错误告诉笔者（cchenhe@gmail.com），笔者将不胜感激。本书有各位读者的帮助和爱护，相信定能再上一层楼。

致谢

奋笔疾书，废寝忘食，心中一直牵挂的是父母及妻女，感谢父母给予了笔者生命并养育笔者成人，感谢妻子李雪朝夕相伴给予笔者鼓励，他们是笔者写作的动力源泉，也是笔者得以完稿的坚实后盾。

感谢PowerData社区的大力支持，包括张博、李奇峰、赖志明、朱胜涛、徐振超，以及名单之外的更多朋友，没有他们就没有本书。本书的内容源于社区成员在日常工作中遇到的问题或困惑，笔者认为本书也应该回归社区为众人服务。开源精神中最重要的就是参与和分享，能够坚持写下自己的所见所闻，与他人共享，是一件快事。

感谢每一位读者，让我们一起进步，你们将是本书继续完善的新动力。

陈鹤

于深圳

目 录 *Contents*

认知篇

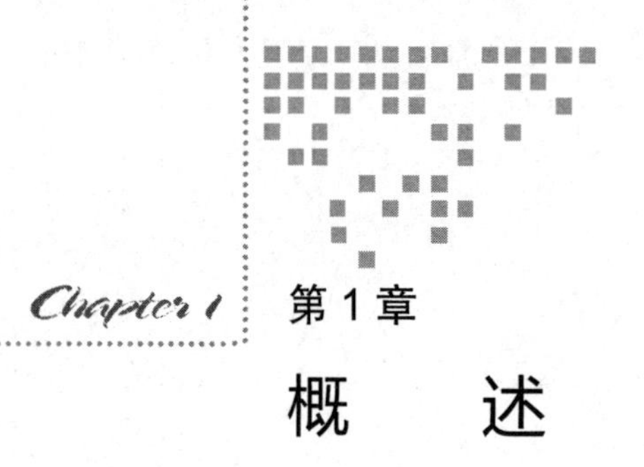

Chapter 1 第1章

概　　述

互联网自20世纪70年代驶入信息高速公路，如今已成为人们生活的重要组成部分和人类文明传播发展的重要载体。互联网在改变人们工作和生活方式的同时，也给企业和组织带来了新的挑战。相比于传统行业，互联网产生的不同类型的数据在体量、多样性、产生速度、处理复杂程度等方面都有很大的区别。如何在海量数据中便捷且高效地挖掘商业价值、获取商业优势、发现潜在商机，已成为各企业和组织共同关注的焦点。

1.1 大数据的发展历程

随着互联网时代的不断变迁，无论是PC互联网、移动互联网还是物联网，给数据库带来的最大挑战都是数据量的爆炸式增长，传统关系型数据库在面对海量数据的读写时逐渐捉襟见肘。这主要体现在以下几点。

- 数据容量达到单机单节点的上限。
- 不再拘泥于结构化数据，视频、图片等非结构化数据大量出现和应用。
- 不能同时兼顾联机事务处理（On-Line Transaction Processing，OLTP）和联机分析处理（On-Line Analytical Processing，OLAP）。

单机或简单分布式架构已无法满足多元化的用户需求，为了解决这一困境，以谷歌三大论文（即谷歌发布的关于文件系统GFS、MapReduce和BigTable的论文）为首的解决方案或理念，为搜索引擎、分布式数据处理和分布式存储等领域提供了重要的理论依据。以此为基础，大数据计算引擎也迎来了百花齐放、百家争鸣的时代，Impala、Presto、Flink等产品喷涌而出，它们的出现对于应对大数据处理和存储的挑战具有重要意义，推动了分布式计算和分布式存储技术的发展，最终带来了丰富和多样化的大数据生态。

大数据生态的多样性为我们在技术选择和满足不同业务场景需求方面提供了丰富的解决方案，有效地解决了处理和分析海量数据的难题。然而这种多样性也带来了新的挑战和问题。随着大数据技术的迅猛发展，新的框架和工具不断涌现，使得选择合适的技术和平台变得尤为复杂。每种工具和平台都有其独有特点和适用场景，我们只有深入理解它们的功能和限制，才能做出最佳的选择。此外，大数据生态的复杂性也提升了学习和实施的难度。不同框架的设计理念和底层实现各不相同，五花八门的调用方法、编程语言、依赖环境往往需要开发人员或者分析人员投入大量的时间和精力。这不仅增加了学习和运维的成本，也使得掌握各种技术和工具变得非常困难。

例如某业务需求是评估流量投放的效果和新用户的增长情况，此时需要实时统计当日注册的新用户数，以便及时调整运营策略。为此，数据需要被实时采集并上报到 Kafka。接下来，我们必须实时消费 Kafka 中的数据以计算相关指标。如果选择使用 Spark Streaming，那么可以按照以下方式定义统计任务。

```
// 创建 SparkConf 对象
val SparkConf = new SparkConf().setAppName("KafkaStreamingExample").setMaster
    ("local[*]")
// 创建 StreamingContext 对象，设置批处理间隔为 1s
val ssc = new StreamingContext(sparkConf, Seconds(1))
// 设置 Kafka 相关参数
val kafkaParams = Map("bootstrap.servers" -> "localhost:9092") // Kafka 集群的地址
// 设置要消费的 Kafka 主题
val topics = Array("test-topic")
// 创建 DStream，从 Kafka 中读取数据
val kafkaStream = KafkaUtils.createDirectStream[String, String](ssc,
        LocationStrategies.PreferConsistent,
        ConsumerStrategies.Subscribe[String, String](topics, kafkaParams))
// 对接收到的数据进行处理
kafkaStream.foreachRDD { rdd =>
        if (!rdd.isEmpty()) {
            // 处理逻辑，这里只是打印消息
            rdd.map(_.value()).foreach(println)
        }
}
```

如果使用 Flink DataStream，那么统计任务的定义如下。

```
// 创建 StreamExecutionEnvironment 对象
val env = StreamExecutionEnvironment.getExecutionEnvironment
// 设置 Kafka 相关参数
val properties = new Properties()
```

```
properties.setProperty("bootstrap.servers", "localhost:9092") // Kafka 集群的地址
// 创建 FlinkKafkaConsumer 对象
val kafkaConsumer = new FlinkKafkaConsumer[String]("test-topic", new
    SimpleStringSchema(), properties)
// 添加 Kafka 数据源
val kafkaStream = env.addSource(kafkaConsumer)
// 处理逻辑，这里只是打印消息
kafkaStream.print()
```

当前的定义只涉及数据源的设置和将数据简单地输出到控制台。如果进一步加入统计方法，那么在语法层面上，统计任务间的差异会越来越大。数据分析人员的目的是迅速且准确地检索和统计数据，以便对商业活动或分析报告做出判断和决策。工具仅是达成这一目标的手段，我们不应该将大量精力投入到学习和使用繁杂多变的函数方法上，这显然是本末倒置的。

那么是否存在这样一种方法：使用者不必担心框架的升级、版本兼容性或使用上的差异，只须专注于自己的目标是否已经实现，而无须过分关注实现的具体过程？回顾大数据生态的发展历程，所谓从关系型数据库中来，到关系型数据库中去，如果采用SQL来统计新用户数，那么统计任务可能会采取以下形式。

```
-- 定义 log 表，不关心数据源是 HDFS、Kafka 还是其他，只负责定义数据源中的数据结构
CREATE TABLE IF NOT EXISTS log(
    `user_id` BIGINT
    ,`log_time` BIGINT
    ,`is_new_user` INT -- 是否是新用户
    -- ...
);
-- 执行去重计数
SELECT COUNT(DISTINCT user_id)
FROM log
WHERE is_new_user = 1;
```

SQL以卓越的可扩展性和可移植性而著称，这得益于关系型数据库成熟的理论基础和广泛的应用，使得大数据引擎能够轻松地采用SQL作为统一查询语言。对数据开发和分析师而言，学习和使用SQL的门槛相对较低。数据分析领域的“细腰”（一种通用的解决方案，用抽象的方式来解决Interoperability互通问题，在向上的业务接口和向下的底层实现中间加入抽象层）也终于在大数据领域重焕光彩。

1.2 大数据为什么选用SQL

随着大数据生态的兴起和不断完善，我们已经能够有效地应对海量数据的存储和分析

需求。这些数据不仅包括企业或用户在生产和经营过程中产生的结构化数据，还包括大量的音视频等非结构化数据。尽管非结构化数据分析相较于核心业务数据分析看似是锦上添花，但它并非孤立存在，其分析过程通常伴随着大量结构化数据的处理。例如在采集短视频时，我们通常还会收集到与之相关的结构化信息，包括短视频的作者、发布时间、标签和时长等。此外，一些非结构化数据在经过处理后，也可以转化为结构化数据。例如，我们可以从浏览网页的日志中提取出用户的 IP 地址、访问时间、搜索关键词以及浏览页面的详细信息等。

所谓的非结构化数据分析，实际上往往是针对伴随而来的结构化数据进行的。事实上，结构化数据分析仍然是大数据生态中的核心。相对而言，结构化数据处理技术更为成熟，例如我们常用的基于关系模型的关系型数据库。由于关系型数据库的广泛应用，数据分析师和数据开发人员对 SQL 非常熟悉，甚至我们的思维方式也习惯于 SQL 的逻辑。SQL 在执行常规查询时相对简单，尽管它在处理复杂的过程计算或顺序运算时可能不太方便，但其他替代技术在这方面的表现也并不优越，在面对 SQL 难以表达的运算时，我们也不得不编写与 UDF（User Defined Function，用户自定义函数）有同等复杂度的代码以达到目的。鉴于 SQL 具有标准化、上手难度低、移植成本低等特性或优点，大数据 SQL 应运而生。

1.2.1 标准化语言

SQL 自 1974 年发布至今，经历了一系列的演变和变革，如今整个 SQL 标准体系日趋成熟。尽管不同的数据库产品之间存在一些差异，但是 SQL 的基本结构和语法在大多数关系型数据库中都是通用的。这意味着一旦用户掌握了 SQL 的基本语法和特性，便可以在不同的数据库系统中进行数据查询等操作，而无须重新学习新的语言或工具。

图 1-1 列举了 SQL-92 中的关键字，无论是关系型数据库还是大数据引擎，无论是 Oracle、MySQL 还是 Spark、Flink，这些命令或者关键字所代表的含义都是一样的。

标准化的好处在于确保了 SQL 查询等操作在不同数据库系统之间具有一定的兼容性。这意味着用户只需编写一次 SQL 代码，便能够在各种不同的数据库系统中执行，而无须做出大量修改。这种跨平台的兼容性赋予了开发人员更大的灵活性，使我们能够根据需求选择最合适的数据库系统。同时，这也提升了学习 SQL 的价值，因为它的应用范围覆盖了众多数据库系统。一旦用户掌握了 SQL 的基础语法和原则，便能在不同的数据库环境中开展工作，无须为每种环境重新学习特定的查询语言或工具。SQL 的标准化不仅加快了数据库应用程序的编写和维护速度，而且允许开发人员使用统一的 SQL 语句来执行数据检索、插入、更新和删除等操作，无须关注不同数据库间的细微差异。得益于 SQL 标准所确立的数据库操作的一致性和可预测性，SQL 任务的错误和风险也得以降低。

ABSOLUTE*	CROSS*	GLOBAL*	NOT	SOME
ACTION*	CURRENT	GO	NULL	SPACE*
ADD	CURRENT_DATE	GOTO	NULLIF*	SQL
ALL	CURRENT_TIME	GRANT	NUMERIC	SQLCA*
ALLOCATE	CURRENT_TIMESTAMP	GROUP	OCTET_LENGTH	SQLCODE*
ALTER	CURRENT_USER	HAVING	OF	SQLERROR
AND	CURSOR	HOUR	ON	SQLSTATE*
ANY	DATE	IDENTITY*	ONLY	SQLWARNING
ARE*	DAY	IMMEDIATE	OPEN	SUBSTRING
AS	DEALLOCATE	IN	OPTION	SUM
ASC	DEC	INCLUDE	OR	SYSTEM_USER
ASSERTION*	DECIMAL	INDEX	ORDER	TABLE
AT*	DECLARE	INDICATOR	OUTER	TEMPORARY*
AUTHORIZATION	DEFAULT	INITIALLY*	OUTPUT*	THEN*
AVG	DEFERRABLE*	INNER	OVERLAPS	TIME
BEGIN	DEFERRED*	INPUT	PAD*	TIMESTAMP
BETWEEN	DELETE	INSENSITIVE*	PARTIAL*	TIMEZONE_HOUR*
BIT*	DESC	INSERT	POSITION	TIMEZONE_MINUTE*
BIT_LENGTH*	DESCRIBE	INT	PRECISION	TO
BOTH	DESCRIPTOR	INTEGER	PREPARE	TRAILING
BY	DIAGNOSTICS	INTERSECT*	PRESERVE*	TRANSACTION
CASCADE	DISCONNECT	INTERVAL	PRIMARY	TRANSLATE
CASCADED*	DISTINCT	INTO	PRIOR*	TRANSLATION*
CASE*	DOMAIN*	IS	PRIVILEGES	TRIM
CAST	DOUBLE	ISOLATION	PROCEDURE*	TRUE*
CATALOG*	DROP	JOIN	PUBLIC	UNCOMMITTED
CHAR	ELSE*	KEY	READ	UNION
CHARACTER	END	LANGUAGE*	REAL	UNIQUE
CHARACTER_LENGTH	END-EXEC*	LAST*	REFERENCES	UNKNOWN*
CHAR_LENGTH	ESCAPE	LEADING	RELATIVE*	UPDATE
CHECK	EXCEPT*	LEFT	REPEATABLE	UPPER
CLOSE	EXCEPTION	LEVEL	RESTRICT	USAGE*
COALESCE*	EXEC	LIKE	REVOKE	USER
COLLATE	EXECUTE	LOCAL*	RIGHT	USING
COLLATION	EXISTS	LOWER	ROLLBACK	VALUE
COLUMN	EXTERNAL*	MATCH*	ROWS*	VALUES
COMMIT	EXTRACT	MAX	SCHEMA	VARCHAR
COMMITTED	FALSE*	MIN	SCROLL*	VARYING
CONNECT	FETCH	MINUTE	SECOND	VIEW
CONNECTION	FIRST*	MODULE*	SECTION	WHEN*
CONSTRAINT*	FLOAT	MONTH	SELECT	WHENEVER
CONSTRAINTS*	FOR	NAMES*	SERIALIZABLE	WHERE
CONTINUE	FOREIGN	NATIONAL	SESSION*	WITH
CONVERT*	FOUND	NATURAL*	SESSION_USER	WORK
CORRESPONDING*	FROM	NCHAR	SET	WRITE*
COUNT	FULL*	NEXT*	SIZE*	YEAR
CREATE	GET	NO*	SMALLINT	ZONE*

图 1-1　SQL-92 中的关键字

1.2.2　声明式编程

SQL 是声明式语言的典范，与我们所熟知的常规编程语言相比，SQL 更强调“做什么”操作，即用户需要执行何种查询或数据操作，而无须详细说明如何执行这些操作。举个例子，假如我们有一个用户列表，需要查找手机号开头为“155”的用户。如果使用 Python 实现，那么可以按照以下方式编写代码。

```
def get_users():
    ret = []
    # 遍历用户列表
    for user in users:
```

```
        # 判断用户手机号码是否以 155 开头
        if user['phone'].startswith('155'):
            ret.append(user)
    return ret
```

这是一种命令式的方法，即提供达成目标的每一步指令并逐步执行。随着语言和框架的增多和不断演进，每种技术（这里指编程语言）的功能开始出现重叠，为完成相同的任务提供了众多不同的选项。例如，如果使用Java来实现上述需求，我们会采用以下方法。

```
class User {
    private String phoneNumber;

    public User(String phoneNumber) {
        this.phoneNumber = phoneNumber;
    }

    public String getPhoneNumber() {
        return phoneNumber;
    }
}

public static List<User> findUsersWithPhoneNumberStartingWith(List<User>
    userList, String prefix) {
    List<User> result = new ArrayList<>();
    for (User user : userList) {
        if (user.getPhoneNumber().startsWith(prefix)) {
            result.add(user);
        }
    }
    return result;
}
```

如果用Scala实现，则是如下所示方法。

```
class User(val phoneNumber: String)

def findUsersWithPhoneNumberStartingWith(userList: Array[User], prefix: String):
    Array[User] = {
    userList.filter(user => user.phoneNumber.startsWith(prefix))
}
```

总之，现代编程语言和框架为开发者提供了丰富的工具和技术，允许我们能够以更高层次的抽象解决问题。然而，这也意味着新用户接入和迭代的难度大幅增加。此外，在跨业务模块、跨平台或系统时，可移植性也将受到很大挑战。如果我们采用SQL来实现上述需求，可能会这样编写代码。

```
SELECT *
FROM users
WHERE phone LIKE '155%';
```

这恰恰体现了声明式语言的核心理念——直接描述目标。不同于命令式编程的“怎么做”，声明式编程关注的是“要做什么”，它只描述期望达到的结果，而不涉及具体的执行步骤。声明式方法的高度抽象使用户能够专注于目标本身，而无须担心实现的具体细节。这种方法对用户更加友好，因为它减少了用户需要考虑的细节。更重要的是，声明式语言支持多种底层实现策略，这意味着在不改变目标的前提下，可以不断地对实现方式进行优化。例如，在前面提到的 SQL 案例中，我们可以通过遍历所有用户数据来实现目标，也可以利用索引来提高查询效率。

SQL 的声明式性质使用户可以专注于表达想要的结果，而不必关心底层的实现细节。这对于处理大数据集和复杂查询非常重要，因为用户可以使用高层次的语言来操作数据，而不需要关注底层的分布式计算和处理逻辑。大数据引擎（如 Hadoop、Spark 等）可以根据用户的 SQL 自动进行查询优化和执行计划的生成。引擎会根据数据分布、集群资源等因素自动选择最优执行路径，将底层的优化工作留给引擎自己处理。声明式语言的特性使得它们可以应用于大数据处理领域，如分布式计算和大数据分析。这允许开发人员在不需要详细了解底层分布式架构的情况下，使用高级查询来处理大量数据。声明式语言所表达的“把方便留给用户，把麻烦留给自己”的哲学，结合 SQL 标准化的定义，使得 SQL 在大数据体系中得以大放异彩。

1.2.3 借鉴关系数据库成熟理论

尽管大数据生态在理念上与传统的关系型数据库存在显著差异，但它仍然能够借鉴关系型数据库及其关系模型的成熟理论和行业实践。例如，在大数据处理中广为人知的连接操作（JOIN），尽管需要考虑到分布式计算等特有的技术特性，但核心的实现算法依然是哈希连接、排序合并连接（参见图 1-2）和循环嵌套连接。这些算法都源自关系型数据库的技术体系。

我们所关注并强调的 SQL 引擎优化，包括语法解析、基于规则的优化（RBO）、基于代价的优化（CBO）以及列式存储等，这些都是源自传统数据库技术的成熟实践。

传统关系型数据库的核心优势在于其久经考验的 SQL 优化器经验，但在可用性、容错性和可扩展性方面则略显不足，而大数据生态的技术优势在于其天然的可扩展性、可用性和容错性，但在 SQL 优化方面，几乎全部借鉴传统关系型数据库的经验。两者相互融合、相互借鉴，在不同数据处理场景中最大限度地发挥优势，以满足多样化的业务需求。

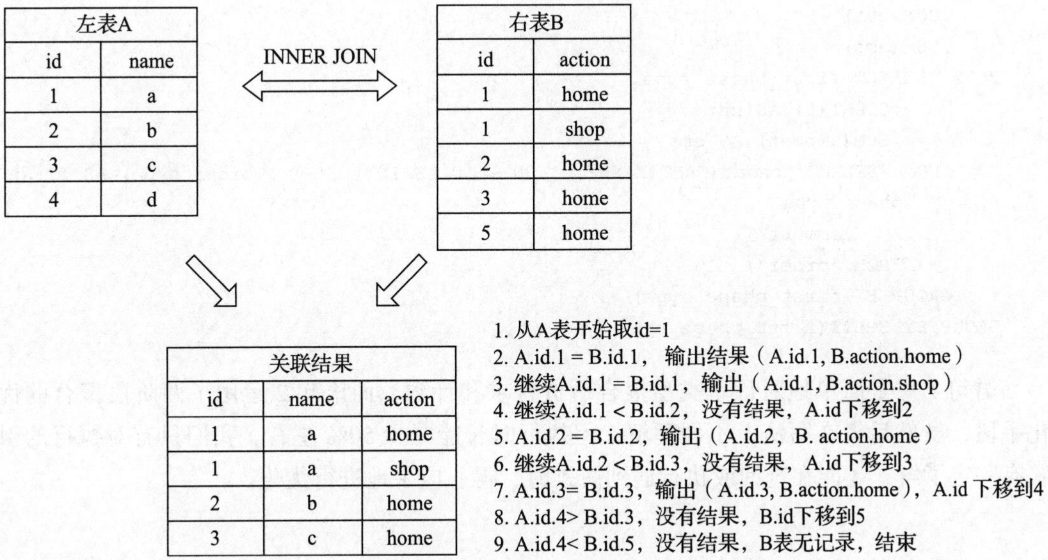

左表A	
id	name
1	a
2	b
3	c
4	d

INNER JOIN

右表B	
id	action
1	home
1	shop
2	home
3	home
5	home

关联结果		
id	name	action
1	a	home
1	a	shop
2	b	home
3	c	home

1. 从A表开始取id=1
2. A.id.1 = B.id.1， 输出结果（A.id.1, B.action.home）
3. 继续A.id.1 = B.id.1，输出（A.id.1, B.action.shop）
4. 继续A.id.1 < B.id.2，没有结果，A.id下移到2
5. A.id.2 = B.id.2，输出（A.id.2，B. action.home）
6. 继续A.id.2 < B.id.3，没有结果，A.id下移到3
7. A.id.3= B.id.3，输出（A.id.3, B.action.home），A.id 下移到4
8. A.id.4> B.id.3，没有结果，B.id下移到5
9. A.id.4< B.id.5，没有结果，B表无记录，结束

图 1-2 Spark 排序合并连接原理

1.3 大数据 SQL 的弊端

SQL 作为声明式语言降低了接入成本，大大增强了开发灵活性。但凡事有利弊，大数据引擎屏蔽了大量细节的描绘，大量优化和物理实现过程对用户不透明，当 SQL 执行性能有欠缺或者遇到瓶颈时，调优或者排查问题的过程和时间就会大幅增加。

1.3.1 易学难精

不同的 SQL 尽管描述的是相同的结果，但是在其底层实现、查询优化以及数据结构等因素的影响下，实际的执行开销可能会有很大差异，这非常考验开发人员的技术功底以及对各框架的了解程度。比如同样是统计每种交易类型的订单量和金额，消耗同样的资源，使用不同的写法，产生的时间开销就会不一样。

```
-- 语句 1
SELECT order_type
    ,COUNT(1)
    ,SUM(amount)
FROM `order`
GROUP BY order_type;

-- 语句 2
SELECT SPLIT(first_phase_type, '-')[1] AS second_phase_type
```

```
        ,SUM(cnt)
        ,SUM(amt)
    FROM (SELECT first_phase_type
            ,COUNT(1) AS cnt
            ,SUM(amount) AS amt
        FROM (SELECT concat(CAST(RAND() * 90 + 10 AS INT), '-' , order_type) AS first_
            phase_type
                ,amount
            FROM `order`) t1
        GROUP BY first_phase_type) t2
    GROUP BY SPLIT(first_phase_type, '-')[1];
```

语句1只是简单地对订单类型聚合后进行求和计数，而语句2运用了两阶段聚合的优化手段，虽然后者在写法上不便理解，但执行时长能减少50%左右。我们只有对执行的引擎有一定了解，才能在查询或执行遇到瓶颈时，得心应手地进行优化。

1.3.2 表达能力有限

SQL中缺乏一些必要的数据类型和运算定义，这使得某些高性能算法无法描述，只能寄希望于计算引擎在工程层面的优化。传统关系型数据库经过几十年的发展，优化经验已经相当丰富，但即便如此仍有许多场景难以被优化，理论层面的问题确实很难在工程层面解决。而大数据生态在优化方面的经验还远远不如传统数据库，算法上不占优势，就只能靠增加计算节点的数量来提高性能。

另外，SQL描述过程的能力不太好，不擅长指定执行路径，想获得高性能往往需要专门优化的执行路径，这又需要增加许多特殊的修饰符来人为干预，但这种做法不如直接使用过程性语言来得直接。此外，在复杂计算方面，SQL实现得很烦琐。例如统计所有直播间用户的观看时间，SQL的计算逻辑大致为，利用每5s发送一次的心跳事件来追踪用户的观看时长，这些心跳事件会应用在用户进入直播间、观看直播期间，并且没有将应用置于后台或退出时上报。查询任务如下所示。

```
WITH streaming_detail_data AS(
SELECT  MAX(viewer_id) AS viewer_id -- 用户uid
    ,ls_session_id -- 直播间id
    ,device_id -- 设备id
    -- ...
    ,MAX(next_view_timestamp) AS next_view_timestamp -- 下一次浏览直播间的时间戳
    ,COUNT(1) AS heartbeat_cnt -- 上报埋点次数
    ,MIN(heart_timestamp) AS first_heartbeat_timestamp -- 首次心跳上报的时间戳
    ,MAX(heart_timestamp) AS last_heartbeat_timestamp  -- 末次心跳上报的时间戳
    ,SUM(CASE WHEN time_diff_a < 10 THEN time_diff_a ELSE 0 END) AS duration_a
        -- 面向运营的直播观看时长
```

```
    ,SUM(CASE WHEN time_diff_b < 10 THEN time_diff_b ELSE 0 END) AS duration_b
        -- 面向算法的直播观看时长
  FROM(SELECT  viewer_id
        ,ls_session_id
        ,device_id
        -- ...
        ,CASE WHEN next_heart_timestamp = 0 THEN 5 ELSE (next_heart_timestamp -
            heart_timestamp)/1000 END AS time_diff_a
        ,CASE WHEN next_heart_timestamp = 0 THEN 2.5 ELSE (next_heart_timestamp
            - heart_timestamp)/1000 END AS time_diff_b
    FROM(SELECT t1.user_id AS viewer_id
            ,t1.ls_session_id
            ,t1.device_id
,t1.event_id AS view_event_id
            ,t1.event_time AS view_event_time
            ,t1.event_timestamp AS view_event_timestamp
            ,t2.event_timestamp AS heart_timestamp
            ,LEAD(t2.event_timestamp,1,0) OVER(PARTITION BY t1.event_id ORDER BY
                t2.event_timestamp ASC) AS next_heart_timestamp -- 同一个view事件
                只会有一个最末心跳
        FROM(SELECT user_id
                ,device_id
                ,event_timestamp
                ,event_time
                ,event_id
                ,pre_source['event_id'] AS view_pre_event_id
                ,pre_source AS view_pre_event_source
                ,get_json_object(`data`,'$.from_source') AS view_from_source
                ,ls_session_id
                ,CAST(get_json_object(get_json_object(`data`,'$.ls_pass_through_
                    params'),'$.ls_info.tab_type') AS INT) AS from_tab_type
                ,LEAD(event_timestamp,1, 9999999999999) OVER(PARTITION BY user_
                    id,device_id,ls_session_id ORDER BY event_timestamp ASC) AS
                    next_event_timestamp
        FROM db.tracking
        WHERE page_type = 'streaming_room'
            AND operation = 'view'
            AND device_id IS NOT NULL
    AND ls_session_id > 0) t1 -- 取每次进入直播间后上报的浏览埋点事件
        INNER JOIN(SELECT event_timestamp
                    ,ls_session_id
                    ,userid
                    ,deviceid
                FROM db.tracking
                WHERE operation_type = 'other'
                AND operation = 'action_active_in_streaming'
                AND deviceid IS NOT NULL
                AND ls_session_id IS NOT NULL) t2  -- 取进入直播间后每隔5s上报的心跳
```

```
                事件
            ON t1.user_id = t2.userid
            AND t1.device_id = t2.deviceid
            AND t1.ls_session_id = t2.ls_session_id
            AND (t2.event_timestamp >= t1.event_timestamp AND t2.event_timestamp
               < t1.next_event_timestamp)) t_event) t -- 将心跳匹配到 view 中
GROUP BY ls_session_id
         ,device_id)
```

为了满足上述要求这里采用了相当复杂的方法，以至于代码编写起来困难重重，仅是理解其中的逻辑，就要耗费大量时间。此外，利用SQL来执行过程性计算也非常困难。所谓过程性计算，就是那些不能一气呵成的计算过程，它们需要分多个步骤来完成，尤其是那些涉及数据顺序的复杂运算。例如统计一周内累计登录时长超过1h的用户占比，但要剔除登录时长小于10s的误操作情况；统计信用卡在最近3个月内最长连续消费的天数分布情况，考虑实施连续消费10天后积分3倍的促销活动；统计1个月中有多少用户在24h内连续进行了查看商品操作后加入购物车并购买的动作，有多少用户在中间步骤放弃购买。为了实现这类过程性运算，仅凭SQL去编写相应的逻辑往往难度较大，通常还需辅以UDF才能实现。如果连SQL代码都难以构建，那么SQL的使用效果将大打折扣。

1.3.3 与关系型数据库求同存异

大数据SQL在站在关系型数据库“巨人肩膀”上的同时，也存在着以下的差异或“弊端”。在大数据生态中，SQL语句不仅代表查询语句，也用来表达计算的过程。在关系型数据库中，MySQL的查询引擎和存储是紧耦合的，这其实是有助于优化性能的，不能把它们拆分开来。而大数据SQL的引擎一般都独立于数据存储系统之外，更为灵活一些。

在大数据生态中，SQL语句不仅可以表达静态数据集上的查询，还可以表示流计算的计算过程，也就是兼容离线数据分析和实时数据分析。流计算（流式SQL）是一种将传统的SQL查询语法与流式计算框架（如Apache Flink、Apache Kafka Streams、Apache Beam等）结合起来的方法，通过使用流式SQL，可以通过SQL的简洁和表达力来定义实时数据流的转换和处理逻辑。

大多数大数据引擎不支持索引和事务。大数据引擎面对的数据规模通常非常大，存储在分布式文件系统或分布式数据库中。传统的索引技术在大数据的情况下可能无法扩展，并且索引的维护和更新成本很高。大数据场景下的查询通常需要更加灵活和复杂，需要支持复杂的数据处理和分析操作。传统的索引技术可能无法满足这些需求，因为索引通常适用于简单的点查询或范围查询，而对于复杂的聚合、连接和多维分析等操作则效果有限。

在SQL开发或优化过程中，必须考虑具体的物理实现。在大数据生态中，大部分任务都基于“分而治之”的原则解决，也就是通过大内存、集群化和并行处理来实现。例如在SQL中，JOIN操作是基于键值对进行匹配的，但在大内存环境下，可以直接通过内存地址进行匹配，无须进行哈希计算和比对，这样可以显著提高性能。

SQL的数据表是无序的，单表计算可以较容易地实现分段切片并行处理。然而在进行多表关联运算时，通常需要预先设定固定的数据分段，难以实现动态数据分段。这同时也限制了SQL根据机器负载，动态决定并行处理数量的能力。在集群计算方面，SQL理论上不区分维度表和事实表，JOIN操作被简单地定义为笛卡儿积的生成与过滤。大规模表的JOIN操作不可避免地会引发占用大量网络资源的Shuffle操作。当集群节点过多时，网络传输引起的延迟可能会抵消增加节点带来的性能优势。

1.4 为什么要调优

在深入了解了大数据生态使用SQL作为统一查询语言的优势和局限性后，我们深知编写并运行一段高效且稳定的SQL代码并非易事，同样的统计需求，要面对不同的开发人员、不同的数据集、不同的执行引擎，甚至随着业务量增加以及业务复杂度的加深，所消耗的资源和运行时长都是截然不同的。因此，为了消除这些变量带来的影响，必须提高任务的稳定性和时效性，这就需要对SQL进行调整和优化。

1.4.1 降本提效

所谓降本提效，降的可以是资源成本，例如执行任务时的计算资源、存储开销等，也可以是人力成本，例如同样的需求或查询，可以用更少的人天来完成。同理，提效提升的可以是计算资源的利用率，也可以是开发人员的开发效率。数据源自业务，也期望能够赋能业务甚至驱动业务，毫无疑问，时间更短、产出更快、开销更少的数据应用或查询，更符合使用方或者业务方的要求。

而SQL查询作为许多应用程序的核心，其性能直接影响到用户体验和系统成本。不经优化的查询可能导致计算和存储资源的浪费、响应时间延迟以及系统不稳定性的增加。例如图1-3中监控订单表每日增量Binlog统计分布的看板。

如图1-4所示，约24s才将数据全部查询、加载完毕。对于业务方或使用方而言，这是难以接受和容忍的。

报表的数据源是ClickHouse，经过排查，我们发现是未设置索引所导致的慢查询问题。如图1-5所示，优化后的查询耗时从24.39s降低至850ms，查询体验大大改观。

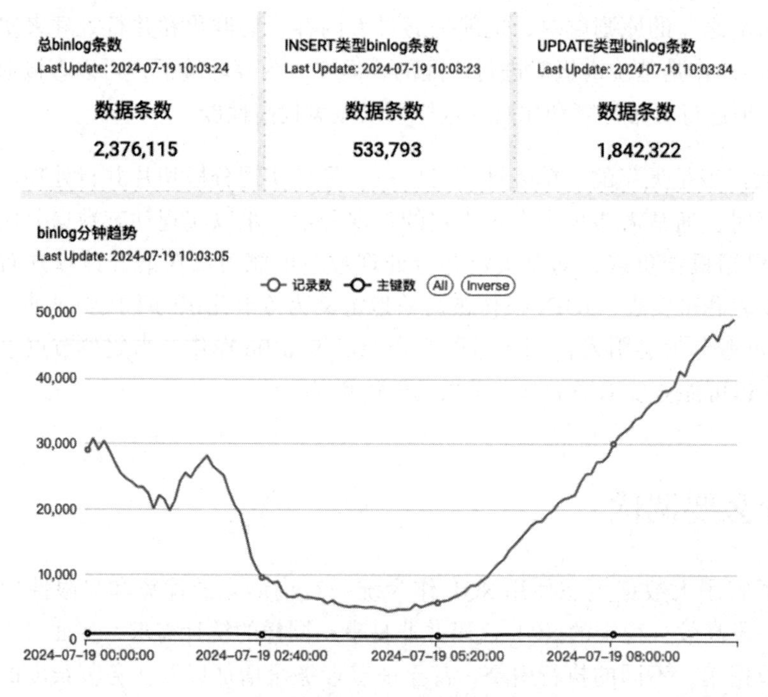

图 1-3 统计分布的看板示例

Name	Status	Type	Initiator	Size	Time
execute	200	fetch	vendors.005932c....js:2	4.6 kB	12.43 s
execute	200	fetch	vendors.005932c....js:2	2.8 kB	12.42 s
execute	200	fetch	vendors.005932c....js:2	7.0 kB	13.80 s
execute	200	fetch	vendors.005932c....js:2	706 B	9.71 s
execute	200	fetch	vendors.005932c....js:2	717 B	13.32 s
execute	200	fetch	vendors.005932c....js:2	718 B	12.16 s
json	200	fetch	vendors.005932c....js:2	209 B	54 ms
execute	200	fetch	vendors.005932c....js:2	716 B	5.16 s
json	200	fetch	vendors.005932c....js:2	209 B	65 ms
execute	200	fetch	vendors.005932c....js:2	9.3 kB	8.91 s
execute	200	fetch	vendors.005932c....js:2	1.7 kB	12.19 s
execute	200	fetch	vendors.005932c....js:2	35.0 kB	24.39 s
json	200	fetch	vendors.005932c....js:2	209 B	74 ms
json	200	fetch	vendors.005932c....js:2	209 B	76 ms
sortColumn	200	fetch	vendors.005932c....js:2	538 B	356 ms
json	200	fetch	vendors.005932c....js:2	209 B	55 ms

图 1-4 未加索引前接口读取数据耗时

随着互联网大数据的兴起和数据量的爆炸式增加，系统的响应速度成为目前各类数据应用需要解决的最主要的问题之一。毫无疑问，高质量的 SQL 语句能够提升系统的可用性。在现在日新月异的时代，更稳健的数据应用、业务系统和更加高效的数据产出，使得业务决策快人一步，从而产生截然不同的结果。

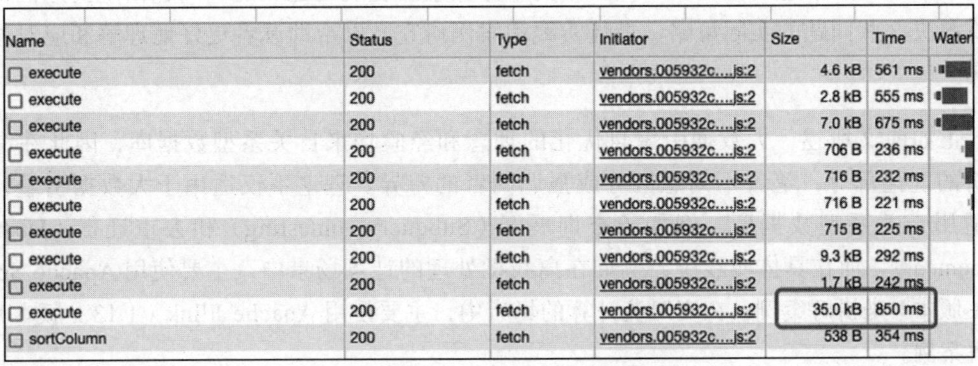

Name	Status	Type	Initiator	Size	Time	Water
execute	200	fetch	vendors.005932c....js:2	4.6 kB	561 ms	
execute	200	fetch	vendors.005932c....js:2	2.8 kB	555 ms	
execute	200	fetch	vendors.005932c....js:2	7.0 kB	675 ms	
execute	200	fetch	vendors.005932c....js:2	706 B	236 ms	
execute	200	fetch	vendors.005932c....js:2	716 B	232 ms	
execute	200	fetch	vendors.005932c....js:2	716 B	221 ms	
execute	200	fetch	vendors.005932c....js:2	715 B	225 ms	
execute	200	fetch	vendors.005932c....js:2	9.3 kB	292 ms	
execute	200	fetch	vendors.005932c....js:2	1.7 kB	242 ms	
execute	200	fetch	vendors.005932c....js:2	35.0 kB	850 ms	
sortColumn	200	fetch	vendors.005932c....js:2	538 B	354 ms	

图 1-5 添加索引后接口读取数据耗时

1.4.2 知其然并知其所以然

在实际工作中，数据仓库、非平台功能的数据开发以及数据分析岗位的大部分工作内容都是建表或者用 SQL 将数据接入、导出，再根据业务需求产出数据报表或数据指标。正因为如此，我们被称为“表哥”“表姐”“SQL Boy”“茶树菇（查数据的小姑娘）”，连职位也会被人戏称为“临时取数员”。时间长了，难免有些人会对自己的工作产生疑问，怀疑自己的工作是否有意义，怀疑自己的发展前景是什么，以及思考怎么才能不做工具人。

诚然，SQL 极低的使用门槛带来了极大的便捷性和受众群体。但也必须承认，正是因为其易用性，导致除了底层开发和 DBA 外，大多数人对 SQL 和引擎没有一个良好的认知，或者说了解深度不够。这导致的问题无外乎以下几类。

- **不理解什么是调优，也不知道该如何调优**。SQL 任务跑不出来或跑不动的时候，往往只能够采用加内存、加并行度等“水多加面，面多加水”的笨方法，从而导致了资源的无端浪费。
- **极端的 SQL 查询或者 ETL 任务会严重影响整个系统的稳定性甚至造成宕机**。例如不限制分区的全表扫描、笛卡儿积、全外连接等。
- 在项目或团队成立初期，时间紧、任务重，需求倒排，来不及思考可扩展性和复用性，往往都会先交付了事，再加上开发人员的专业素养参差不齐、人员流失等各种因素的影响，最终就会演变成**饱受诟病的“祖传”代码难以维护和迭代**。

总的来说，就是“只得其形，未得其意”。工作不能只浮于表面，要清楚地了解背后的原理，才能对需求或出现的问题有准确判断，不至于被他人所左右。要清楚地了解使用场景、存在的瓶颈或局限性，才能做到游刃有余、有的放矢。

下面将正式开始剖析在实际工作中，在电商、内容、支付等业务场景和领域下，关于数据分析、数据仓库建设，以及在流批一体探索的客观问题和这些问题出现的原因，并提供解决这些问题的实际策略、最佳实践和案例研究，以帮助读者更好地理解和应对这些问题。

正如前文所述，大数据引擎自优化的理念和经验均来自关系型数据库，因此在深度剖析的理论部分，笔者不刻意区分或强调两者的差异。理论不仅适用于大数据引擎，同样适用于关系型数据库，例如子查询展开（Subquery Unnesting）和去重迁徙（Distinct Placement）。而在具体实践中，例如在离线批处理的计算场景中，主要使用Apache Spark（2.x版本）来讲解案例；在实时流计算的场景中，主要使用Apache Flink（1.13.x版本）来讲解案例。

原理篇

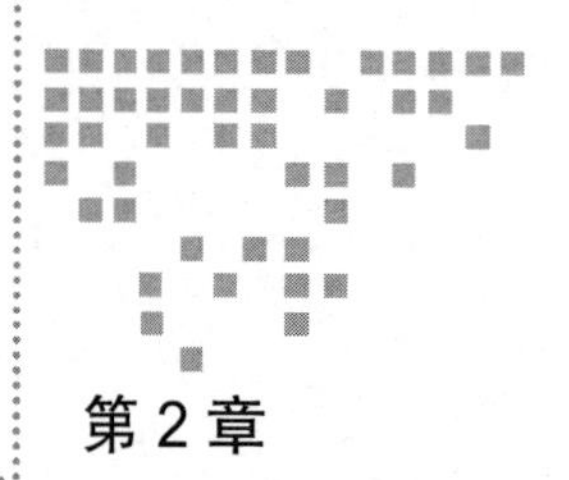

Chapter 2 第2章

SQL的本质

在第1章中，我们深入探讨为什么众多大数据框架或引擎会选择使用SQL作为统一查询语言。SQL作为描述数据处理流程最优的领域特定语言之一，主要包括数据管理、数据存储和数据查询操作三大功能。鉴于不同大数据引擎间实现方式上的差异，在执行SQL语句时，通常都需要进行一系列复杂的转换和优化过程，以适应分布式计算环境，处理不同的数据模型，同时保证查询的高性能、可扩展性、兼容性、安全性和交互性。

2.1 执行过程提炼

所谓“从关系型数据库中来，到关系型数据库中去”，除去大数据引擎中针对分布式、故障转移、故障恢复、冗余备份等各具特色的物理实现，当用户通过客户端提交一行SQL语句至引擎时，引擎总是需要考虑以下几个问题：

- 如何将输入数据转换为统一的、可识别的数据结构？在这个过程中，无论是关系型数据库还是非关系型数据库，都必须考虑数据的存储形式，以及数据内容是否为结构化或半结构化。同时，转换过程应当确保与SQL标准定义的关键字正确对应，并且要兼顾跨平台和跨环境的可移植性及兼容性。
- 如何校验查询语句中的拼写或格式错误？如何验证执行语句的读写权限？能否对查询字段隐式补齐？例如SELECT * FROM table查询语句，引擎需要知晓表中具体有哪些字段，以及从何处获取等。
- 引擎如何进行隐式优化？例如在处理WHERE id = 1 + 1这样的条件时，相较于直接使用常量2，如果每次执行都在内存中进行加法运算，则会产生不必要的计算开销。再比如执行 FROM a INNER JOIN b INNER JOIN c 的查询时，若已知 c 表的数据量最小，那么以 cab 的连接顺序进行可能会比 abc 更节省时间和资源。因此，引擎需要能够获取此类信息并优化 SQL 语句的执行过程。

带着这样的问题，我们回顾关系型数据库 Oracle 的具体执行过程。

如图 2-1 所示，可以看到 Oracle SQL 的执行过程大致分为以下几个步骤：

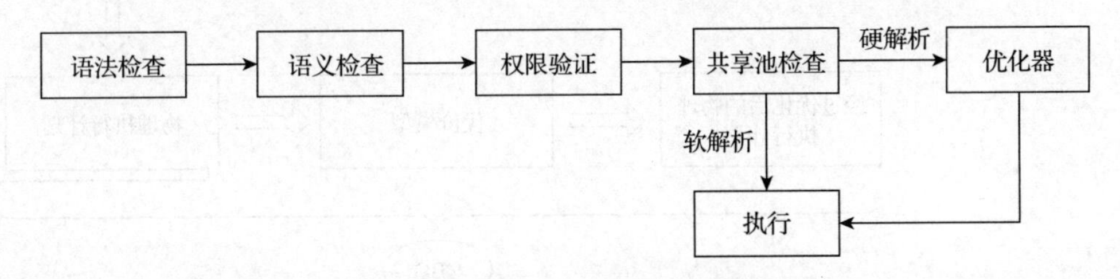

图 2-1　Oracle SQL 的执行过程抽象

1）当用户提交待执行的 SQL 语句后，Oracle 首先对该语句进行解析。在此过程中，Oracle 将执行语法、语义检查以及权限验证，包括 SQL 语句的拼写是否正确以及是否具备表读写权限等。

2）如果目标 SQL 语句未能通过语法、语义检查或权限验证，则解析失败。若通过这些检查，Oracle 将在 SGA（System Global Area，主要由共享池、数据缓冲区、日志缓冲区构成）的共享池内的库缓存（Library Cache，用来存放可执行的 SQL 与 PL/SQL 代码的共享内存结构）中搜索匹配的共享游标。一旦找到，Oracle 便会重用该游标中的解析树和执行计划，从而省略“查询转换”和“查询优化”步骤，直接进入执行阶段。

3）如果未找到匹配的共享游标，意味着当前没有可重用的解析树和执行计划，此时，Oracle 将进入查询转换阶段。在这一阶段中，Oracle 会根据特定的规则决定是否对目标 SQL 进行转换，这些规则在不同版本的 Oracle 中有所区别。例如，在 Oracle 9i 版本中，查询转换独立于优化器之外，不受优化器类型的影响。但从 Oracle 10g 版本开始，Oracle 会对某些查询转换（如子查询展开、复杂视图合并等）进行成本评估，将转换后的 SQL 与原始 SQL 的成本进行比较。只有当转换后的 SQL 的成本低于原始 SQL 的成本时，Oracle 才会执行查询转换。查询转换完成后，原始的目标 SQL 可能已经被 Oracle 重写。

4）Oracle 会根据优化器的类型，从查询转换后得到的目标 SQL 的多个潜在执行路径中，选取一条最高效的路径作为执行计划。因此，查询优化的输入是转换后的等价 SQL，输出则是该 SQL 的最终执行计划。

5）在获取目标 SQL 的执行计划后，Oracle 将依照该计划执行 SQL 语句，并将结果返回给用户。

再对比大数据引擎 Spark SQL 的执行过程，如图 2-2 所示。

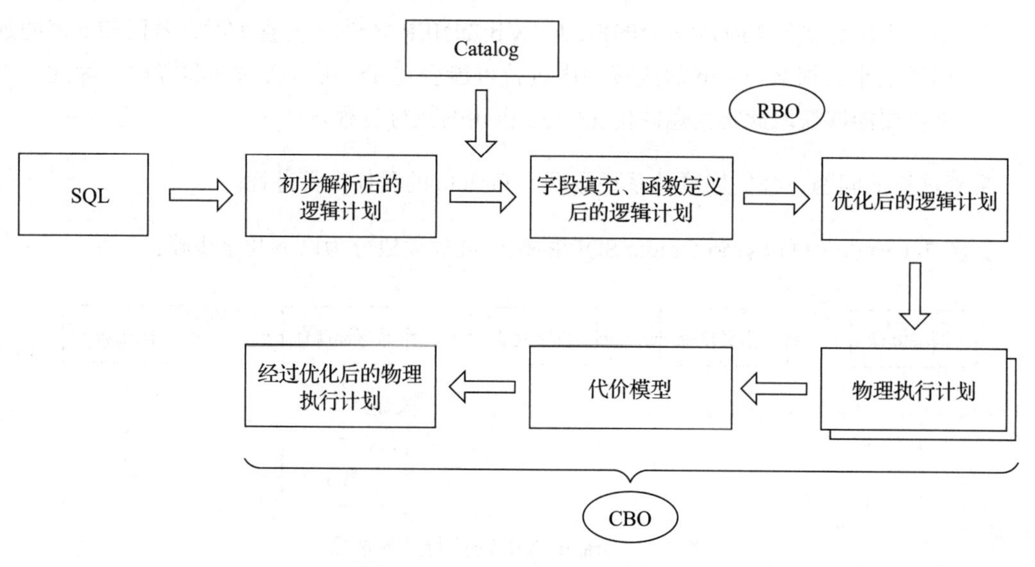

图 2-2　Spark SQL 的执行过程

通过对比我们可以得到一些结论：

- Spark SQL 同 Oracle 一样，都需要将提交的查询语句解析成抽象语法树（Abstract Syntax Tree，AST），以便执行器可以理解和执行这些语句。
- 都需要经过语法校验、语义分析、权限验证。
- 尽管实现机制各异，但都存在引擎自优化的步骤或模块。
- 最终都会转换为引擎可以识别的物理执行单元。

对以上两种引擎的 SQL 执行过程进行提炼，如图 2-3 所示，我们发现共性部分均为解析、校验、优化、提交（物理执行）。可以说，无论是关系型数据库还是非关系型数据库，只要是基于 SQL 进行数据的写入和查询，尽管具体的实现机制和执行顺序可能有所不同，但抽象出的核心步骤都是一样的。

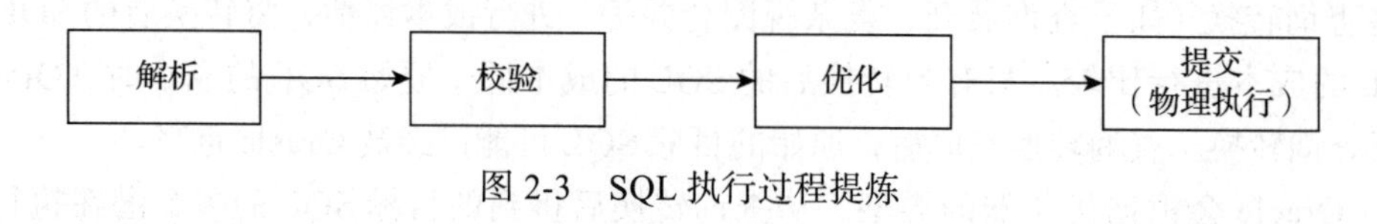

图 2-3　SQL 执行过程提炼

2.2　抽象语法树

在前文中我们反复提到，查询语句转换为物理执行的过程，虽然各引擎（框架）在实现上各有差异，但依然可以提炼出共性部分，即解析、校验、优化和提交。而所有校验和规则优化的前提都基于抽象语法树。抽象语法树忽略了解析树包含的一些语法信息，剥离掉一些不重要的细节（压缩单继承节点，操作运算符变为内部节点，去除如冒号等不必要的语法细节），它是源代码语法结构的一种抽象表示。AST 以树状的形式表现编程语言的结构，可以说高级语言的解析过程都依赖于 AST。

这棵树会包含很多节点对象，每个节点都拥有特定的数据类型，同时会有 0 或多个子节点（节点对象在代码中定义为 TreeNode 对象）。图 2-4 是个简单的示例。

如图 2-4 所示，顶部的“+”加法节点组合“1”“2”两个数值节点，共同构建了表达式 1+2。以此为基础，我们可以使用多个操作运算符以及叶子节点，构建出如图 2-5 所示的足够复杂的语法树。

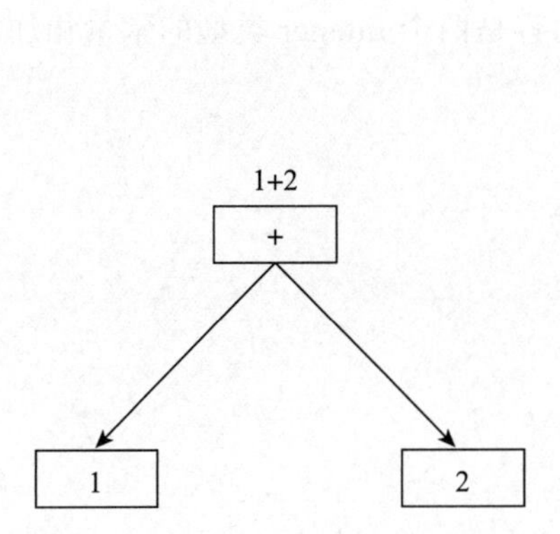

图 2-4 表达式 1+2 转换为 AST 示例

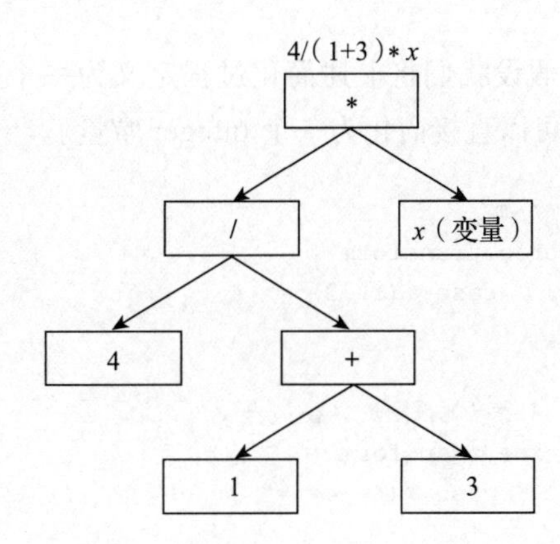

图 2-5 表达式 4/(1+3)*x 转换为 AST 示例

之所以选择这种构建方式，主要是因为在面对复杂的语法结构时，传统的字符串匹配和正则表达式往往难以胜任，而采用 AST 则可以把这些字符串转换成结构化数据，使我们能够精准识别查询语句中包含哪些变量名、函数名、组合条件和参数等，从而大大降低了处理难度。

采用 AST 的另一个优势在于，我们可以根据一定的规则对树进行等价变换。图 2-5 中的表达式 4/(1+3)*x 就可以简化为如图 2-6 所示的结构。

可以看到，对于像 4/(1+3) 这样的常量表达式，最终可以直接简化为计算结果 1。正是这种转换，为查询语句或程序的执行带来了优化以及效率提升的可能。因为 SQL 是声明式语言，作为用户只关心 What（查询结果），并不关心 How（如何实现，如何优化）。对于引擎而言，则必须考虑如何在既定的查询中选择最优的执行方案。

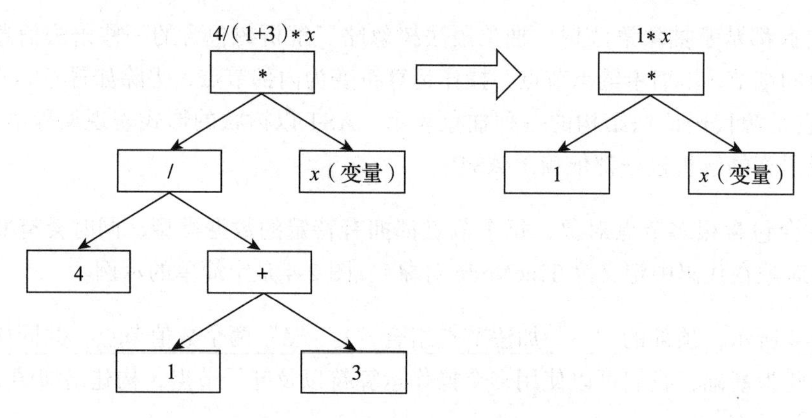

图 2-6　表达式 4/(1+3)*x 等价转换为 1*x 示例

假设我们将上述简化过程定义为一个规则，内容是两个 Integer 类型的常量相加（或相除）可以直接简化为一个 Integer 常量。

```
// 加
tree.transform {
    case +(1, 3) => 4
}

// 除（地板除）
tree.transform {
    case /(4, 4) => 1
}
```

对于已经解析的查询语句，可以通过遍历 AST 来进行优化。在每次遍历到一个节点时，如果发现当前节点表示加法（+）或除法（/），并且其左右子节点均为 Integer 类型的常量，我们就将这三个节点替换为一个新的 Integer 常量节点，该节点的值为这两个常量进行相应运算的结果。通过这种方式，就可以完成查询语句优化的物理实现。

2.3　SQL 抽象语法树

SQL 语法树是抽象语法树在 SQL 中的具体应用，SQL 语句通过编译器解析之后会生成树状结构。这棵树展示了 SQL 查询语句的语法结构，以及其中的关键元素和它们之间的关系。

在解析过程中，SQL 查询语句被分解为多个语法元素，如关键字、表名、列名、操作符和函数调用等，这些元素根据它们在语句中的嵌套关系被组织成树状结构。如图 2-7 所示，每棵树的每个节点代表一个语法元素，节点之间的连接则表示它们之间的语法关系，例如父子关系和兄弟关系等。

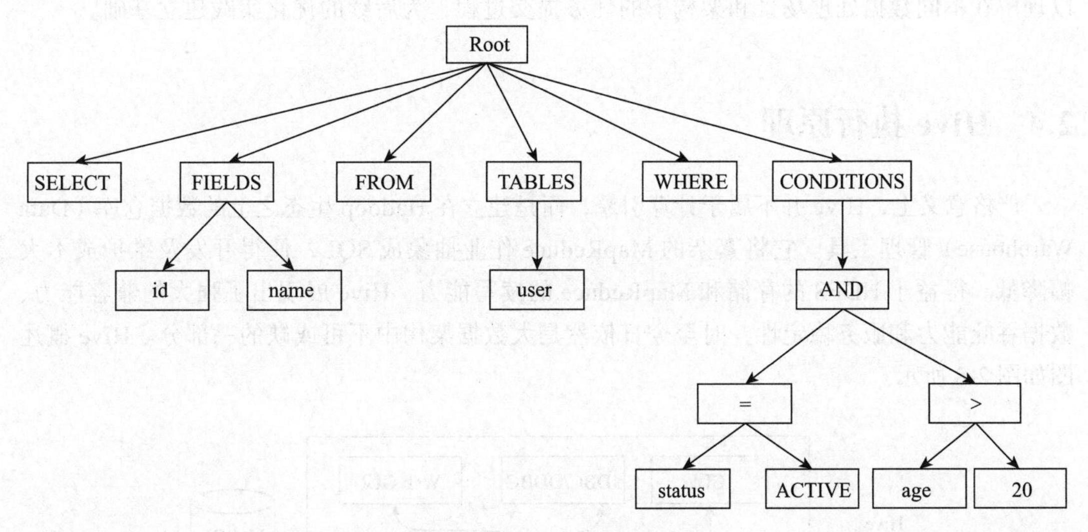

图 2-7 SQL 抽象语法树示例

通过使用 SQL 抽象语法树，我们能够便捷地分析和操作 SQL 查询语句。它以一种结构化的方式展现了 SQL 语句，从而使得编程工具、查询优化器和执行引擎可以对 SQL 进行更为深入的理解和优化处理。

语法树的解析过程具有良好的通用性和可扩展性，这意味着它能够适用于不同的编程语言和查询语言，而不必过分关注由于不同框架实现所产生的差异。无论是解析 SQL 查询、编程语言代码，还是其他领域的语言，都可以采用类似的技术和方法来构建语法树。得益于其扩展性，语法树解析能够兼容新的语法规则和语言特性的引入，而无须对整个解析过程的基础架构进行修改。

SQL 语法树同样具备 AST 等价变换的特性。这种变换的实现依赖于对 SQL 语法及其语义的深入理解，以及对 SQL 查询优化规则和技术的运用。例如在基于规则的优化中，谓词下推、常量合并、查询重写等技术都是其经典应用（后续会在第 3 章展开解释）。通过调整 SQL 语法树的结构和属性，这些技术能够对查询进行重写和优化，从而提升查询的性能和效率。

在任何一个 SQL 优化器中，通常都会定义大量的优化规则。优化器通过遍历 SQL 语法树，完成对应规则的匹配和替换工作，一旦匹配成功，便执行相应的转换；若所有规则均匹配失败，则继续遍历下一个节点。通过这种方式就能完成查询的优化过程。

可以说，解析成语法树和基于规则的等价变换，是所有 SQL 优化器的共性和基石。现在我们已经掌握了如何将一段查询文本转换成物理执行计划，并将结果返回给客户端

（用户）的过程。基于这一结论，我们将继续深入探索和分析 Hive、Spark、Flink 的源码，以理解在不同数据处理场景和架构下的任务提交过程，为后续的优化实践建立基础。

2.4 Hive 执行原理

严格意义上，Hive 并不属于计算引擎，而是建立在 Hadoop 生态之上的数据仓库（Data Warehouse）管理工具。它将繁杂的 MapReduce 作业抽象成 SQL，使得开发及维护成本大幅降低。得益于 HDFS 的存储和 MapReduce 的读写能力，Hive 展现出了强大的兼容能力、数据吞吐能力和服务稳定性，时至今日依然是大数据架构中不可或缺的一部分。Hive 概述图如图 2-8 所示。

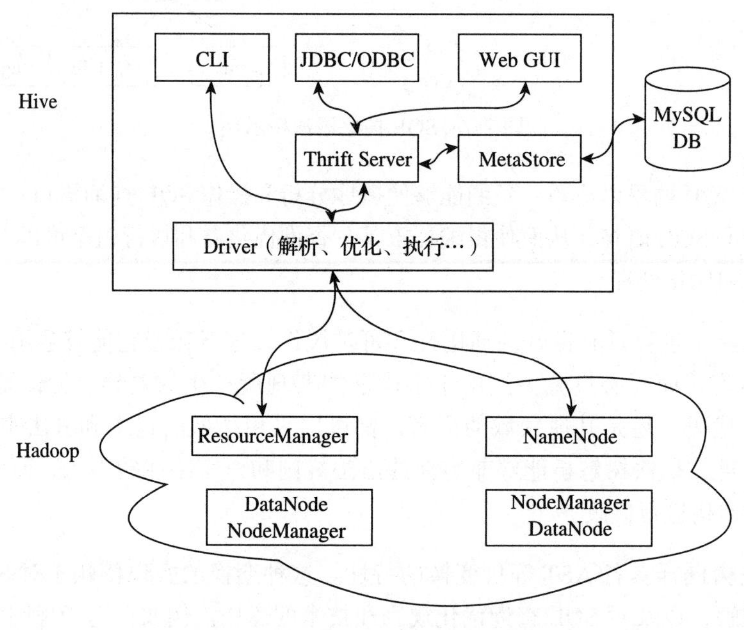

图 2-8 Hive 概述图

通常，Hive SQL 的调用方式有以下几种：通过命令 hive -e 直接执行 SQL 语句；通过命令 hive -f 执行 SQL 脚本文件以及通过 Hive 的交互式界面执行 SQL。但无论采用哪种调用方式，最终都会辗转到 org.apache.hadoop.hive.ql.Driver 类。可以说 Driver 类是 Hive 的核心类，也是 SQL 查询的起点。整个执行流程在源码中的实现如下所示。

```
package org.apache.hadoop.hive.ql;
public class Driver implements CommandProcessor {
    // 编译 SQL
    ret = compileInternal(command, true);
```

```
    // 根据 SQL 抽象语法树
    ParseDriver pd = new ParseDriver();
    ASTNode tree = pd.parse(command, ctx);
    tree = ParseUtils.findRootNonNullToken(tree);
    perfLogger.PerfLogEnd(CLASS_NAME, PerfLogger.PARSE);

    // 根据 SQL 语法树生成操作符树 /DAG
    BaseSemanticAnalyzer sem = SemanticAnalyzerFactory.get(queryState, tree);
    sem.analyze(tree, ctx);

    // 逻辑优化
    Optimizer optm = new Optimizer();
    optm.setPctx(pCtx);
    optm.initialize(conf);
    pCtx = optm.optimize();

    sem.validate();
    acidInQuery = sem.hasAcidInQuery();

    // 获取执行计划
    schema = getSchema(sem, conf);
    plan = new QueryPlan(queryStr, sem, perfLogger.getStartTime(PerfLogger.
        DRIVER_RUN), queryId,queryState.getHiveOperation(), schema);

    // 执行计划中拉取数据的 Task 初始化
    if (plan.getFetchTask() != null) {
        plan.getFetchTask().initialize(queryState, plan, null, ctx.getOpContext());
    }

    // 鉴权
    if (!sem.skipAuthorization() && HiveConf.getBoolVar(conf, HiveConf.ConfVars.
        HIVE_AUTHORIZATION_ENABLED))

    // 执行结束后的一些统计，例如执行耗时
    double duration = perfLogger.PerfLogEnd(CLASS_NAME, PerfLogger.
        COMPILE)/1000.00;
    ImmutableMap<String, Long> compileHMSTimings = dumpMetaCallTimingWithoutEx
        ("compilation");
    queryDisplay.setHmsTimings(QueryDisplay.Phase.COMPILATION, compileHMSTimings);
}
```

2.4.1　词法解析

假设执行下列查询语句。

```
-- Hive SQL
SELECT COUNT(1)
```

```
FROM item_info;
```

Hive首先需要调用相应的方法来判断SQL是否已经编译。如果尚未编译，则先执行compileInternal方法，随后调用compile方法进行编译。

```
package org.apache.hadoop.hive.ql;
int ret;
if (!alreadyCompiled) {
    // 如果没有编译，则调用该方法
    ret = compileInternal(command, true);
}
```

在compile方法中，将会陆续调用以下方法，将编译后的SQL转换成语法树。

```
package org.apache.hadoop.hive.ql;
ParseDriver pd = new ParseDriver();
// 调用pd.parse方法，准备将SQL转换为语法树
ASTNode tree = pd.parse(command, ctx);
tree = ParseUtils.findRootNonNullToken(tree);
perfLogger.PerfLogEnd(CLASS_NAME, PerfLogger.PARSE);
```

在pd.parse方法中，实际调用的是HiveLexer和HiveParser这两个类，它们分别负责SQL的词法分析和语法解析。

```
package org.apache.hadoop.hive.ql.parse;
// pd.parse(command, ctx)中实际调用
public ASTNode parse(String command, Context ctx, String viewFullyQualifiedName)
    throws ParseException{
    // 构造词法分析器
    HiveLexerX lexer=new HiveLexerX(new ANTLRNoCaseStringStream(command));
    TokenRewriteStream tokens=new TokenRewriteStream(lexer);
    // 构造语法解析器
    HiveParser parser=new HiveParser(tokens);
}
```

HiveLexer和HiveParser是分别负责词法分析和语法解析的类，它们都是由hive.g文件编译生成的，由此可知Hive使用Antlr工具将SQL语句转换成AST。

2.4.2 语义分析

在调用parse方法并获取到AST Node之后，需要对AST进行进一步的抽象和结构化处理，以便能够更便捷地将其转换为MapReduce程序。为此将会初始化类BaseSemanticAnalyzer，并通过SemanticAnalyzerFactory的方法确定SQL的类型，进而调用analyze方法进行分析。

```
package org.apache.hadoop.hive.ql.parse;
// 根据根节点的语法树类型来选择相应的 analyzer
BaseSemanticAnalyzer sem = SemanticAnalyzerFactory.get(queryState, tree);
sem.analyze(tree, ctx);
```

在 analyze 方法中，除了进行必要的初始化之外，还会调用 analyzeInternal 方法。

```
package org.apache.hadoop.hive.ql.parse;
public void analyze(ASTNode ast, Context ctx) throws SemanticException {
    analyzeInternal(ast);
}
```

analyzeInternal 是一个抽象方法，它有多种具体实现，该方法的核心逻辑是首先将 SQL 语句中涉及的各类信息提取出来，并存储到查询块（QueryBlock，QB）中。所谓查询块，指的是构成 SQL 语句的基本单元，可以理解为一个子查询，它包含了输入源、计算过程和输出结果这三个基本组成部分。在完成这一步骤之后，引擎会进一步获取元数据信息，比如 SQL 语句中涉及的表以及这些表与元数据之间的关系。

```
public void getMetaData(QB qb, boolean enableMaterialization) throws
    SemanticException{
    try{
        if(enableMaterialization){
            getMaterializationMetadata(qb);
        }
        // 获取源表、目标表的元数据，主要是 Schema 等信息
        getMetaData(qb,null);
    }
}
```

由于查询块是构成 SQL 语句的基本单元，粒度较细，我们需要将整个 Map 或 Reduce 作业的流程串联起来，为此就必须遍历各个查询块，并将它们转换成操作符树（Operator Tree），以便进一步翻译成 MapReduce 任务。所谓操作符树，是指在 Map 阶段或 Reduce 阶段用于完成特定操作的一系列操作符的组合。基本的操作符包括 TableScanOperator、SelectOperator、FilterOperator、JoinOperator、GroupByOperator 和 ReduceSinkOperator 等。Hive 中最终生成的 MapReduce 任务由 Map 阶段和 Reduce 阶段的操作符树构成。

```
package org.apache.hadoop.hive.ql.parse;
// 用于子查询 SQL 的执行计划
private Operator genPlan(QB parent, QBExpr qbexpr) throws SemanticException {
    // 说明子查询内只包含一个 SQL
    if (qbexpr.getOpcode() == QBExpr.Opcode.NULLOP) {
        boolean skipAmbiguityCheck = viewSelect == null && parent.isTopLevelSe-
            lectStarQuery();
        return genPlan(qbexpr.getQB(), skipAmbiguityCheck);
    }
}
```

2.4.3 逻辑优化

在上一小节中，输入 SQL 经过一系列方法调用后，逐步转换为操作符树。此时的操作符树虽然已经勾勒出执行任务的先后顺序和上下游依赖，但细节还比较粗糙，例如存在重复的数据扫描、不必要的 Shuffle 操作等，因此还需要进行进一步优化。通过优化，Hive 可以改进查询的执行计划，并生成更高效的作业图以在分布式计算框架中执行。这些优化可以提高查询的性能和效率，并减少资源开销。

而具体的优化过程，主要是通过调用类 org.apache.hadoop.hive.ql.optimizer.Optimizer 的方法来完成的。在初始化类 Optimizer 之后，会首先构造优化器列表，我们所熟知的列裁剪、分区裁剪等优化策略，都是在该方法中初始化的，所有的优化操作都对应一个 Transform 对象，并被放置在 Optimizer 的一个列表中。

```
package org.apache.hadoop.hive.ql.parse;
Optimizer optm = new Optimizer();
optm.setPctx(pCtx);
// 构造优化器
optm.initialize(conf);
// 遍历所有的优化器进行优化
pCtx = optm.optimize();
```

在获取到全部的优化器后，optm.optimize 方法开始遍历 Transform 列表来执行优化，其本质就是修改 Operator 对象，将 Operator 子类 A，修改为子类 B，以实现等价替换的目的。

```
// optm.optimize() 方法执行逻辑
public ParseContext optimize() throws SemanticException {
    // 遍历优化策略
    for (Transform t : transformations) {
        t.beginPerfLogging();
        pctx = t.transform(pctx);
        t.endPerfLogging(t.toString());
    }
    return pctx;
}
```

通过源码可知，优化器的种类非常繁杂。总体而言，优化的目的是通过匹配相应的规则来减少 MapReduce 作业的数量，降低数据传输和 Shuffle 的数据量。

```
package org.apache.hadoop.hive.ql.optimizer;
// 优化规则示例
```

```
// 常量堆叠
if (HiveConf.getBoolVar(hiveConf, HiveConf.ConfVars.HIVEOPTCONSTANTPROPAGATION)) {
    transformations.add(new ConstantPropagate());
}
// 谓词下推
transformations.add(new PredicatePushDown());
```

2.4.4 物理优化

在逻辑优化阶段结束后，输入的SQL语句也逐步转换为优化后的逻辑计划，不过此时的逻辑计划仍然不能直接执行，还需要进一步转换成可以识别并执行的MapReduce Task，因此物理优化实际上分为两个执行步骤：首先将优化后的逻辑计划（此时是操作符树）转换为MapReduce Task列表，随后依次调用执行。

```
if (!ctx.getExplainLogical()) {
    TaskCompiler compiler = TaskCompilerFactory.getCompiler(conf, pCtx);
    compiler.init(queryState, console, db);
    compiler.compile(pCtx, rootTasks, inputs, outputs);
    fetchTask = pCtx.getFetchTask();
}
```

compile方法将可执行的计划存储在rootTasks中，Task的executeTask方法可以直接执行，实际的执行过程也是调用每个Task的executeTask方法。Task是一个树状结构，每个Task可以拥有多个子Task，这些子Task在执行顺序上依赖自己的父Task，在rootTask中存储的就是整个执行计划中需要最先执行的Task列表，类似一棵“倒着的执行依赖树”。

```
package org.apache.hadoop.hive.ql.parse;
// 生成物理执行计划 TaskTree(List)
generateTaskTree(rootTasks, pCtx, mvTask, inputs, outputs);
// 物理执行计划的一些优化
optimizeTaskPlan(rootTasks, pCtx, ctx);
```

最终将可执行的Task放入Runnable中，初始化rootTask列表，Runnable表示正在运行的Task。

```
package org.apache.hadoop.hive.ql;
ret = execute(true);
//在execute方法中调用以下方法
Task<? extends Serializable> task;
// 循环执行任务
while ((task = driverCxt.getRunnable(maxthreads)) != null) {
    // 将task提交到yarn
    TaskRunner runner = launchTask(task, queryId, noName, jobname, jobs, driverCxt);
    if (!runner.isRunning()) {
```

```
            break;
        }
    }
```

方法中首先找出执行完成的Task，并遍历其子Task，再从中选择那些前置Task已经完成的任务放入Runnable中，然后重复这一步骤。对于那些有多个前置任务的子Task，只有在其最后一个前置任务执行完成后才会启动。因此在执行过程中，这些尚未满足启动条件的子Task会被过滤掉。

```
package org.apache.hadoop.hive.ql;
// 失败任务的处理
Task<? extends Serializable> backupTask = tsk.getAndInitBackupTask();
if (backupTask != null) {
    setErrorMsgAndDetail(exitVal, result.getTaskError(), tsk);
    // 失败重试
    if (DriverContext.isLaunchable(backupTask)) {
        driverCxt.addToRunnable(backupTask);
    }
}
```

在所有Task执行完毕后，还要打印日志、统计耗时等。

```
package org.apache.hadoop.hive.ql;
if (stats != null && !stats.isEmpty()) {
    long totalCpu = 0;
    console.printInfo("MapReduce Jobs Launched: ");
    for (Map.Entry<String, MapRedStats> entry : stats.entrySet()) {
        console.printInfo("Stage-" + entry.getKey() + ": " + entry.getValue());
        totalCpu += entry.getValue().getCpuMSec();
    }
    console.printInfo("Total MapReduce CPU Time Spent: " + Utilities.
        formatMsecToStr(totalCpu));
}
```

至此，任务流程结束。

2.5 Spark执行原理

在Hadoop三板斧（HDFS、MapReduce、Yarn）横空出世后，大数据引擎迎来了飞速发展。MapReduce提供了“分而治之”的具体实现，基于HDFS完成了超大规模数据集的分布式读写支持。但同时弊端也较为明显，例如算子不够丰富，仅有Map和Reduce，复杂算子的实现极为烦琐；MapReduce过程中存在大量临时文件的读写I/O，执行效率不高；无法支持血缘或上下游依赖的概念，失败重试只能从头开始，变相地无法实现迭代计算。

针对以上的缺陷，不同的计算引擎采取了不同的优化策略。例如 Tez 简化了 MapReduce 过程，支持 DAG（Directed Acyclic Graph，有向无环图），细化 MapReduce 环节并灵活组合。Impala 则专注于单节点纯内存计算。而 Spark 依托 DAG Lineage、纯内存计算、RDD（分布式弹性数据集）等特性，以及与 Hadoop 生态极佳的兼容性，支持例如图计算、机器学习、流（Micro-Batch）计算等多样化的功能或场景，在一系列大数据引擎中脱颖而出，成为当今最主流的计算引擎之一。Spark 概述图如图 2-9 所示。

图 2-9 Spark 概述图

Spark SQL 的执行过程分为以下几个步骤。

1）输入 SQL 语句经过 Antlr4 解析，生成未解决的逻辑计划。

2）绑定分析器，例如函数适配、通过 Catalog 获取字段等，生成已解决的逻辑计划。

3）优化器对已解决的逻辑计划进行优化，基于 CBO 和 RBO 转换，生成优化后的逻辑计划。

4）将优化后的逻辑计划转换为多个可被识别或执行的物理计划。

5）基于 CBO 在多个物理计划中，选择执行开销最小的物理计划。

6）转为具体的 RDDs 执行。

源码中具体的执行流程如下。

```
package org.apache.spark.sql.execution

class QueryExecution(
    val sparkSession: SparkSession,
    val logical: LogicalPlan,
    val tracker: QueryPlanningTracker = new QueryPlanningTracker,
    val mode: CommandExecutionMode.Value = CommandExecutionMode.ALL) extends Logging {
```

```
    // SQL 解析
    lazy val analyzed: LogicalPlan = executePhase(QueryPlanningTracker.ANALYSIS) {
    sparkSession.sessionState.analyzer.executeAndCheck(logical, tracker)
}
// 逻辑优化阶段
lazy val optimizedPlan: LogicalPlan = {
    assertCommandExecuted()
    executePhase(QueryPlanningTracker.OPTIMIZATION) {
        val plan = sparkSession.sessionState.optimizer.executeAndTrack
            (withCachedData.clone(), tracker)
        plan.setAnalyzed()
        plan
        }
    }
    // 将逻辑计划转换为 SparkPlan（即 Spark 可以执行的物理计划）
    // 逻辑计划是不区分引擎的，SparkPlan 是面向 Spark 执行的
    lazy val sparkPlan: SparkPlan = {
        assertOptimized()
        executePhase(QueryPlanningTracker.PLANNING) {
            QueryExecution.createSparkPlan(sparkSession, planner, optimizedPlan.
                clone())
        }
    }

    // 预提交阶段
    lazy val executedPlan: SparkPlan = {
        assertOptimized()
        executePhase(QueryPlanningTracker.PLANNING) {
            QueryExecution.prepareForExecution(preparations, sparkPlan.clone())
        }
    }

    // 最终提交阶段
    lazy val toRdd: RDD[InternalRow] = new SQLExecutionRDD(
        executedPlan.execute(), sparkSession.sessionState.conf)
}
```

2.5.1 词法解析

假设执行以下查询语句。

```
// spark: sparkSession
spark.sql("SELECT COUNT(1) FROM item_info")
```

Spark 首先会调用以下方法。

```
def sql(sqlText: String): DataFrame = withActive {
    // sqlParser 默认使用 SparkSqlParser 解析器
    val tracker = new QueryPlanningTracker
    // plan 结果是未解析的逻辑计划
    val plan = tracker.measurePhase(QueryPlanningTracker.PARSING) {
      sessionState.sqlParser.parsePlan(sqlText)
    }
    // 结果是 DataFrame，在构造 DataFrame 过程中，会逐步解析逻辑计划并生成可执行的物理计划
    Dataset.ofRows(self, plan, tracker)
}
```

sqlParser 实际是类 SparkSqlParser，而 SparkSqlParser 继承了抽象类 AbstractSqlParser。

```
class SparkSqlParser extends AbstractSqlParser {
    // 初始化 astBuilder
    val astBuilder = new SparkSqlAstBuilder()
    private val substitutor = new VariableSubstitution()
    protected override def parse[T](command: String)(toResult: SqlBaseParser => T):
        T = {
        super.parse(substitutor.substitute(command))(toResult)
    }
}
```

其中有两个重要的事件：其一是初始化 astBuilder，SparkSqlParser 继承了 AbstractSqlParser，又依赖 SparkSqlAstBuilder，SparkSqlAstBuilder 继承自 AstBuilder，AstBuilder 又继承自 SqlBaseBaseVisitor，而 SqlBaseBaseVisitor 是由 SqlBase.g4 按照语法来生成的，Spark 只需继承并重写部分函数，由此可知 Spark 实际依赖 Antlr4 将 SQL 语句转换成语法树；其二是执行抽象类 AbstractSqlParser.parse 方法。

```
package org.apache.spark.sql.catalyst.parser
protected def parse[T](command: String)(toResult: SqlBaseParser => T): T = {
    // 构造词法分析器
    val lexer = new SqlBaseLexer(new UpperCaseCharStream(CharStreams.fromString
        (command)))
    val tokenStream = new CommonTokenStream(lexer)
    // 构造语法解析器
    val parser = new SqlBaseParser(tokenStream)
    try {
        // 尝试使用 SLL 模式解析
        parser.getInterpreter.setPredictionMode(PredictionMode.SLL)
        toResult(parser)
    }catch {
        case e: ParseCancellationException =>
            // 尝试使用 LL 模式解析
            parser.getInterpreter.setPredictionMode(PredictionMode.LL)
            toResult(parser)
    }
}
```

方法中构造SqlBaseLexer词法分析器及Token流，SqlBaseParser将尝试用不同的模式进行解析，最终会生成SQL语法树。SQL语法树通常都非常复杂，这是因为SQL解析中，除了要适配SELECT语句之外，还需要适配例如INSERT、ALERT等其他类型的语句。上文中初始化的astBuilder将会执行visitSingleStatement方法，将SQL转化为未解决的逻辑计划。

```
package org.apache.spark.sql.catalyst.parser
// 将抽象语法树转换为未解决的逻辑计划
override def visitSingleStatement(ctx: SingleStatementContext): LogicalPlan =
    withOrigin(ctx) {
    visit(ctx.statement).asInstanceOf[LogicalPlan]
}
```

最终经过解析，SQL语句会演变成如下的内容。

```
== Parsed Logical Plan ==
'Project [unresolvedalias('count(1), None)]
+- 'UnresolvedRelation `item_info`
```

2.5.2 语义分析

在词法解析结束后，输入的SQL语句会被解析成未解决的逻辑计划。此时的语法树还只是一个雏形，缺失了众多提交执行所需的关键信息，例如我们只知道表名，无法判断表究竟是否存在，表内字段的名称及数据类型、用户是否有权限访问表、表的数据存储位置等信息也全然不知。而在语义分析阶段，Spark通过Catalyst Rule和Catalog来绑定和处理数据源的相关信息，从而解决上述问题，将未解决的逻辑计划处理成已解决的逻辑计划。在parse方法执行结束后，Spark会继续执行类org.apache.spark.sql.execution.QueryExecution中的方法。

```
package org.apache.spark.sql.execution
// 语义分析
lazy val analyzed: LogicalPlan = executePhase(QueryPlanningTracker.ANALYSIS) {
    sparkSession.sessionState.analyzer.executeAndCheck(logical, tracker)
}
```

而在QueryExecution类中，会去调用类org.apache.spark.sql.catalyst.Analyzer。

```
package org.apache.spark.sql.catalyst.analysis
def executeAndCheck(plan: LogicalPlan, tracker: QueryPlanningTracker):
    LogicalPlan = {
```

```
    if (plan.analyzed) return plan
    AnalysisHelper.markInAnalyzer {
        // 继承类 org.apache.spark.sql.catalyst.rules.RuleExecutor 方法
        val analyzed = executeAndTrack(plan, tracker)
        try {
            checkAnalysis(analyzed)
            analyzed
        }
    }
}
```

而类 Analyzer 继承自 org.apache.spark.sql.catalyst.rules.RuleExecutor。类 RuleExecutor 的主要作用就是根据不同规则去匹配逻辑计划，并生成新的树结构的生成器。它非常重要，除了语义分析阶段外，逻辑优化和物理优化（RBO）阶段的优化规则，也都同样继承自 RuleExecutor，它的功能非常简单——定义一组规则（Rule），并选择以什么样的迭代策略（Strategy）去执行这些规则。

```
package org.apache.spark.sql.catalyst.rules

// 只执行一次的策略
case object Once extends Strategy { val maxIterations = 1 }
// 定义多于一次的迭代策略，maxIterations 通过配置文件获取
case class FixedPoint(
    override val maxIterations: Int,
    override val errorOnExceed: Boolean = false,
    override val maxIterationsSetting: String = null) extends Strategy

// 包含一个或多个 Rule，以及一个策略
protected case class Batch(name: String, strategy: Strategy, rules: Rule[TreeType]*)
```

在类 Analyzer 中，大量的篇幅都用于实现一系列优化规则，并注册到 batchs 变量中，再根据各自的迭代策略逐步执行或替换。

```
package org.apache.spark.sql.catalyst.analysis
override def batches: Seq[Batch] = Seq(
  // 固定迭代次数
  Batch("Substitution", fixedPoint,
      OptimizeUpdateFields, // 优化 UpdateFields 表达式链
      CTESubstitution, // CTE 公用表达式替换
      WindowsSubstitution, // Window 替换
      EliminateUnions, // 消除 Union（只有1个时）
      SubstituteUnresolvedOrdinals), // 替换 ORDER BY、GROUP BY 序号
)
```

在定义一系列优化规则之后，类 Analyzer 会去调用父类 RuleExecutor 的 execute 方法执行具体逻辑，而父类又会去调用 batches 变量，与词法解析阶段生成的未解释的逻辑计划

循环匹配，匹配成功就执行具体的验证逻辑。

```
package org.apache.spark.sql.catalyst.rules
// 以批次的形式，执行子类中定义的规则。批次是顺序执行的，批次内部的规则也是按顺序执行的
def execute(plan: TreeType): TreeType = {
    batches.foreach {batch =>
        val batchStartPlan = curPlan
        var lastPlan = curPlan
        var continue = true
        while (continue){
            // 顺序执行当前批次中的规则
            // 整个foldLeft最后返回当前batch执行完之后生成的plan
            curPlan=batch.rules.foldLeft(curPlan){
                case(plan,rule)=>
                    // 使用规则对计划进行转换
                    val result=rule(plan)
                    // 如果规则成功应用到了计划，那么result与plan不相等
                    val effective=!result.fastEquals(plan)
            }
        }
    }
}
```

经过语义解析后，未解决的逻辑计划将会演变为已解决的逻辑计划，在原有语法树的基础上进行更为细致的描绘，例如表包含字段列表，以及使用了哪些函数等。

```
== Analyzed Logical Plan ==
count(1): bigint
Aggregate [count(1) AS count(1)#5L]
+- SubqueryAlias `db`.`item_info`
   +- Relation[item_id#3,item_name#4] parquet
```

2.5.3 逻辑优化

在语义分析阶段结束后，Spark会对已解决的逻辑计划，根据不同的优化策略来做进一步的优化，为转换为物理执行计划做准备。

```
package org.apache.spark.sql.execution

lazy val optimizedPlan: LogicalPlan = {
    executePhase(QueryPlanningTracker.OPTIMIZATION) {
        // 类org.apache.spark.sql.catalyst.optimizer.Optimizer
        val plan = sparkSession.sessionState.optimizer.executeAndTrack
          (withCachedData.clone(), tracker)
        plan.setAnalyzed()
```

```
            plan
        }
    }
```

我们在语义分析中也提到，类 Optimizer 同样继承自 org.apache.spark.sql.catalyst.rules.RuleExecutor，因此逻辑优化阶段和语义分析阶段一致，都是定义大量的优化规则，循环匹配并对符合要求的部分进行替换。

```
package org.apache.spark.sql.catalyst.optimizer
// 优化规则示例
Batch("RewriteSubquery", Once,
    LimitPushDown,          // LIMIT 下推
    ColumnPruning,          // 列裁剪
    CollapseProject,) :+  // 投影操作合并
```

通过上述这些优化规则，优化器将已解决的逻辑计划进一步转换为优化后的逻辑计划。

```
== Optimized Logical Plan ==
Aggregate [count(1) AS count(1)#5L]
+- Project
    +- Relation[item_id#3,item_name#4] parquet
```

2.5.4 物理优化

在历经词法解析、语义分析、逻辑优化后，输入的 SQL 语句也逐步转换为优化后的逻辑计划，不过此时的逻辑计划仍然不能直接执行，还需要进一步转换成 Spark 可以识别并执行的算子，因此 Spark 将继续调用以下方法，从而生成物理执行计划。

```
package org.apache.spark.sql.execution
// 生成物理计划
lazy val sparkPlan: SparkPlan = {
    executePhase(QueryPlanningTracker.PLANNING) {
        QueryExecution.createSparkPlan(sparkSession, planner, optimizedPlan.
            clone())
    }
}
// QueryExecution.createSparkPlan 方法
def createSparkPlan(sparkSession: SparkSession
                    ,planner: SparkPlanner, plan: LogicalPlan): SparkPlan = {
    // planner: 类 org.apache.spark.sql.execution.SparkPlanner
    planner.plan(ReturnAnswer(plan)).next()
}
```

createSparkPlan 方法中的 planner 继承自 org.apache.spark.sql.catalyst.planning.QueryPlanner，

而plan方法也是在父类QueryPlanner中实现的。和语义分析阶段中提到的RuleExecutor类似，QueryPlanner定义了物化优化策略（Strategy，被子类SparkPlanner重写），以及可供调用的plan方法。

```
package org.apache.spark.sql.execution

// SparkPlanner重写strategies方法，返回一组优化策略
override def strategies: Seq[Strategy] =
// 优化规则示例
experimentalMethods.extraStrategies ++
    extraPlanningStrategies ++ (
    SpecialLimits ::        // 对窗口函数依赖的数据源中有LIMIT操作的情况进行处理
    Aggregation ::          // 无名聚合表达式命名，对重复出现的聚合操作进行去重
    JoinSelection ::        // 根据有无关联键和表大小选择Join操作的物理实现，例如哈希连接、
                               排序合并连接
    BasicOperators :: Nil) // 直接将基本的操作转化为物理计划节点，没有额外的策略选择
```

在获取到strategies变量返回的优化策略后，SparkPlanner类将会调用父类QueryPlanner的plan方法，将当前的已优化的逻辑计划构造成新的物理计划。

```
def plan(plan: LogicalPlan): Iterator[PhysicalPlan] = {
    // 生成候选物理计划
    // 为每个逻辑计划的每个子节点生成对应的物理计划
    val candidates = strategies.iterator.flatMap(_(plan))
    // 处理候选物理计划
    val plans = candidates.flatMap { candidate =>
        val placeholders = collectPlaceholders(candidate)
        // 当前候选节点如果有子节点，为子节点生成物理计划
        val childPlans = this.plan(logicalPlan)
        candidateWithPlaceholders.transformUp {
            // 处理无意义的占位符，将它替换为已经生成好的物理计划
            case p if p.eq(placeholder) => childPlan
        }
    }
    // plan剪枝，避免组合爆炸，不过目前还没有实现
    val pruned = prunePlans(plans)
    pruned
}
```

此时输入的已优化的逻辑计划，最终会演变成如下所示的树结构。与逻辑优化阶段相比，物理计划描绘得更为细致，例如表读取的HDFS文件位置、聚合函数的物理实现等。

```
== Physical Plan ==
*(2) HashAggregate(keys=[], functions=[count(1)], output=[count(1)#5L])
+- Exchange SinglePartition
    +- *(1) HashAggregate(keys=[], functions=[partial_count(1)], output=[count#7L])
```

```
+- *(1) FileScan parquet db.item_info[] Batched: true, Format: Parquet,
     Location: InMemoryFileIndex[hdfs://], PartitionFilters: [],
     PushedFilters: [], ReadSchema: struct<>
```

在生成物理执行计划之后，开始提交执行之前，Spark 还会继续调用以下方法，为运行任务做一些必要的准备工作，例如对数据源进行数据格式转换、插入必要的 Shuffle 作业等。

```
package org.apache.spark.sql.execution

lazy val executedPlan: SparkPlan = {
  QueryExecution.prepareForExecution(preparations, sparkPlan.clone())
}

// QueryExecution.prepareForExecution 方法
private[execution] def prepareForExecution(
    preparations: Seq[Rule[SparkPlan]],
    plan: SparkPlan): SparkPlan = {
        // 使用 foldLeft 函数遍历 preparations 中的规则，并应用到 SparkPlan 中
        val preparedPlan = preparations.foldLeft(plan) { case (sp, rule) =>
    }
}
```

具体来说，就是去调用 prepareForExecution 方法，prepareForExecution 方法的逻辑也比较简单，方法中定义了一系列规则，随后循环匹配物理计划，对满足规则要求的部分进行替换。在替换完成后，就会调用 toRdd 方法提交任务，获取计算结果。

```
// 根据 SparkPlan 生成 RDD，交由 Spark core 模块处理
lazy val toRdd: RDD[InternalRow] = new SQLExecutionRDD(
// 最终调用 SparkPlanner 类的 doExecute 方法，对于不同的 SparkPlan，执行的 doExecute 方法是
   不一样的
  executedPlan.execute(), sparkSession.sessionState.conf
)
```

至此，整个 Spark SQL 的任务提交流程全部结束。

2.6 Flink 执行原理

Flink 是一款分布式计算引擎，它可以用来做批处理，也就是处理静态的数据集、历史数据集，也可以用来做流处理，即实时地处理一些数据流，实时地产生数据的结果。它是一个 Stateful Computations over Data Streams，也就是数据流上的状态计算。

这里面有两个关键词，一个是 Streams，Flink 认为万物皆为数据流，包括有界数据集这一特例，Flink 可以用来处理任何数据，例如支持批处理、流处理、AI、机器学习等。而另一个关键词则是 Stateful，也就是有状态计算，比如计算一小时内购买某商品的用户数，

这个用户数即为状态。Flink提供了内置的对状态一致性的处理，即使任务发生了故障转移，其状态也不会丢失、不会被多算或少算，与此同时还提供了非常高的读写性能。

Flink凭借其支持事件时间的语义、精准的状态一致性保障、支持超大状态的任务等特点，在一系列流计算引擎中脱颖而出，逐渐成为企业内部主流的数据处理框架，最终成为下一代大数据处理标准。

Flink SQL从提交查询到任务执行，可以分为以下过程：

1）语法解析。利用Calcite将SQL语句转换成一棵抽象语法树，在Calcite中用SqlNode来表示。

2）语法校验。根据元数据信息进行验证，例如查询的表、使用的函数是否存在等，校验之后仍然是由SqlNode构成的语法树。

3）查询计划优化。首先将SqlNode语法树转换成由关系表达式RelNode构成的逻辑树，然后使用优化器基于规则进行等价变换。

4）物理执行。逻辑查询计划翻译成物理执行计划，生成对应的可执行代码并提交运行。

2.6.1 词法解析

假设执行以下查询语句。

```
SELECT *
FROM t
WHERE id > 1;
```

TableEnvironmentImpl.sqlQuery方法为SQL执行的入口，接收字符串格式的SQL语句，返回Table类型的对象，可用于进一步的SQL查询或变换。

```
package org.apache.flink.table.api.internal;
@Override
public Table sqlQuery(String query) {
    // 使用解析器，解析SQL查询语句
    List<Operation> operations = parser.parse(query);
    // 如果解析出的Operation多于1个，说明填写了多个SQL，不支持这样使用
    if (operations.size() != 1) {
        throw new ValidationException(
            "Unsupported SQL query! sqlQuery() only accepts a single SQL query.");
    }
    // 获取解析过的Operation
    Operation operation = operations.get(0);
    // 检查SQL类型，只支持查询语句
    if (operation instanceof QueryOperation && !(operation instanceof ModifyOperation)) {
```

```
        // 根据 Operation 构造出 Table 对象
        return createTable((QueryOperation) operation);
    }
}
```

而 parser.parse 方法，可追溯到 org.apache.flink.table.planner，封装了 SQL 的解析逻辑。

```
package org.apache.flink.table.planner;
public class ParserImpl implements Parser {
@Override
public List<Operation> parse(String statement) {
    // 获取 Calcite 的解析器
    CalciteParser parser = calciteParserSupplier.get();
    // 使用 FlinkPlannerImpl 作为 validator
    FlinkPlannerImpl planner = validatorSupplier.get();
    // 对于一些特殊的写法，例如 SET key=value，CalciteParser 是不支持这种写法的
    // 为了避免在 Calcite 中引入过多的关键字，这里定义了一组扩展解析器，专门用于在 CalciteParser
       之前，解析这些特殊的语句
    Optional<Operation> command = EXTENDED_PARSER.parse(statement);
    if (command.isPresent()) {
        return Collections.singletonList(command.get());
    }
    // 解析 SQL 为语法树
    SqlNode parsed = parser.parse(statement);
    // 将解析过的语法树转换为 Operator
    Operation operation = SqlToOperationConverter.convert(planner, catalogManager,
        parsed)
    }
}
```

ExtendedParser 在不增加 CalciteParser 复杂性的前提下，可以让 Flink SQL 支持更多专用的语法。ExtendedParser 包含如下解析策略。

```
package org.apache.flink.table.planner.parse;
public class ExtendedParser {
    private static final List<ExtendedParseStrategy> PARSE_STRATEGIES =
            Arrays.asList(ClearOperationParseStrategy.INSTANCE, // 清空输出
                          HelpOperationParseStrategy.INSTANCE,  // 打印帮助信息
                          QuitOperationParseStrategy.INSTANCE,  // 退出执行环境
                          ResetOperationParseStrategy.INSTANCE, // 重设一个变量的值
                          SetOperationParseStrategy.INSTANCE);  // 设置一个变量的值
}
```

而对于标准的 SQL 语句，则由 CalciteParser 负责解析。

```
package org.apache.flink.table.planner.parse;
public class CalciteParser {
    public SqlNode parse(String sql) {
```

```
        try {
            // 创建SQL解析器
            SqlParser parser = SqlParser.create(sql, config);
            // 解析statement
            return parser.parseStmt();
        } catch (SqlParseException e) {
            throw new SqlParserException("SQL parse failed. " + e.getMessage(), e);
        }
    }
}
```

Flink的SQL方言与标准SQL相比有很大差别，那么如何实现Flink SQL专用的解析器？注意到构造SqlParser的配置类SqlParser.Config时，需要传入SqlParserImplFactory。

```
package org.apache.flink.table.planner;
public class PlanningConfigurationBuilder {
    public SqlParser.Config getSqlParserConfig() {
        return JavaScalaConversionUtil.toJava(calciteConfig(tableConfig).
            sqlParserConfig())
                .orElseGet(
                        () ->
                                SqlParser.configBuilder()
                                    .setParserFactory(FlinkSqlParserImpl.FACTORY)
                                    .setConformance(getSqlConformance())
                                    .setLex(Lex.JAVA)
                                    .build());
    }
}
```

其中的类FlinkSqlParserImpl通过编译Flink SQL的语法描述文件（包含Calcite内置的Parser.jj与Flink定制好的Freemarker模板）生成，最终在generated-sources目录下生成了FlinkSqlParserImpl及其附属的类，Calcite会利用它们进行Flink SQL的解析。codegen目录下则是语法描述文件的本体。

2.6.2 语义分析

SQL解析完成后，上文所述的ParserImpl.parse方法紧接着就会调用验证逻辑。SqlToOperationConverter.convert方法负责校验SQL语句，并将它转换为Flink对应的Operation。

```
package org.apache.flink.table.planner.operations;
public class SqlToOperationConverter {
    public static Optional<Operation> convert(
            FlinkPlannerImpl flinkPlanner, CatalogManager catalogManager, SqlNode
                sqlNode) {
        // 校验解析后的SQL语法树
```

```
        final SqlNode validated = flinkPlanner.validate(sqlNode);
    }
}
```

在 validate 方法中，会继续调用以下方法。

```
package org.apache.flink.table.planner.calcite
private def validate(sqlNode: SqlNode, validator: FlinkCalciteSqlValidator):
    SqlNode = {
        try {
            // 跟 Spark 类似，基于访问者模式，递归访问每个 SqlCall 节点
            sqlNode.accept(new PreValidateReWriter(validator, typeFactory))
            sqlNode match {
                    case node: ExtendedSqlNode =>
                        node.validate()
                    case _ =>
            }
            // 对于 DDL 类型的语句不需要校验
            if (sqlNode.getKind.belongsTo(SqlKind.DDL)
            || sqlNode.getKind == SqlKind.INSERT
            || sqlNode.getKind == SqlKind.CREATE_FUNCTION) {
                return sqlNode
            }
            sqlNode match {
                case richExplain: SqlRichExplain =>
                    val validated = validator.validate(richExplain.getStatement)
                            richExplain.setOperand(0, validated)
                    richExplain
                case _ =>
                // 将语法树重写为标准形式，以便其余的验证逻辑可以更方便地执行
                validator.validate(sqlNode)
            }
        }
}
```

FlinkCalciteSqlValidator 继承了 Calcite 的默认验证器 SqlValidatorImpl，并额外规定了对字面量和 Join 的验证逻辑。在这个过程中会同时连接 Catalog，主要的功能就是匹配表的 Scheme 和基本函数信息，例如表的基本定义（列名、数据类型）和函数名等。

```
SqlToOperationConverter converter =
    new SqlToOperationConverter(flinkPlanner, catalogManager);
```

2.6.3 逻辑优化

在逻辑计划阶段，SqlNode 将被转化成 RelNode，从单纯的 SQL 语句转化为对数据的处理逻辑，即关系代数的具体操作，如 Scan、Project、Filter、Join 等。

```
package org.apache.flink.table.planner.operations;
// SqlToOperationConverter.convert 方法
public static Optional<Operation> convert(FlinkPlannerImpl flinkPlanner,CatalogManager
    catalogManager,SqlNode sqlNode) {
    final SqlNode validated = flinkPlanner.validate(sqlNode);
    // 将 SqlNode 转化为 Operation
    SqlToOperationConverter converter = new SqlToOperationConverter(flinkPlanner,
        catalogManager);
    // 判断是否是 CREATE 语句
    if (validated instanceof SqlCreateTable) {
        return Optional.of(converter.createTableConverter.convertCreateTable
            ((SqlCreateTable) validated));
    // 判断是否是 DROP TABLE 语句
    } else if (validated instanceof SqlDropTable) {
        return Optional.of(converter.convertDropTable((SqlDropTable) validated));
        // 大量的 if-else 判断
    } else {
        return Optional.empty();
    }
}
```

convert 方法中会使用多个 if-else 判断验证之后的 SqlNode 属于何种类型，再分别调用不同的方法触发转换为 RelNode 的操作。对于 SELECT 语句，则执行以下方法。

```
package org.apache.flink.table.planner.operations;
public class SqlToOperationConverter {
    private Operation convertSqlQuery(SqlNode node) {
    return toQueryOperation(flinkPlanner, node);
    }
}
```

而在 toQueryOperation 方法中，则调用以下方法。

```
package org.apache.flink.table.planner.operations;
public class PlannerQueryOperation implements QueryOperation {
    private PlannerQueryOperation toQueryOperation(FlinkPlannerImpl planner,
        SqlNode validated) {
        // 转换为 RelNode
        RelRoot relational = planner.rel(validated);
        return new PlannerQueryOperation(relational.rel);
    }
}
```

该方法最终生成一个 PlannerQueryOperation，将 Calcite 转换成的 RelNode 包装进去。其中 validate 步骤用来校验和重写 SQL。生成 RelNodede 的过程则是由 Calcite 的 SqlToRelConverter 完成。

```
def rel(validatedSqlNode: SqlNode): RelRoot = {
    rel(validatedSqlNode, getOrCreateSqlValidator())
}
private def rel(validatedSqlNode: SqlNode, sqlValidator: FlinkCalciteSqlValidator) = {
    try {
        assert(validatedSqlNode != null)
        // 创建出 Rel 转换器
        val sqlToRelConverter: SqlToRelConverter = createSqlToRelConverter
            (sqlValidator)

        // 由 Calcite 转换为 RelNode
        sqlToRelConverter.convertQuery(validatedSqlNode, false, true)
    } catch {
        case e: RelConversionException => throw new TableException(e.getMessage)
    }
}
```

在转化RelNode的过程会基于Flink定制的优化规则以及Calcite自身的一些规则进行优化。

```
package org.apache.flink.table.plan.rules;
object FlinkBatchRuleSets {
    private val LOGICAL_RULES: RuleSet = RuleSets.ofList(
        // 一系列优化规则
        PushProjectIntoTableSourceScanRule.INSTANCE,
        PushProjectIntoLegacyTableSourceScanRule.INSTANCE,
        PushFilterIntoTableSourceScanRule.INSTANCE,
        PushFilterIntoLegacyTableSourceScanRule.INSTANCE
    )
}
```

2.6.4 物理优化

TableImpl的execute方法执行SQL查询，返回一个TableResult对象。

```
package org.apache.flink.table.api.internal;
public class TableImpl implements Table {
    @Override
    public TableResult execute() {
        return tableEnvironment.executeInternal(getQueryOperation());
    }
}
```

而方法tableEnvironment.executeInternal的整体逻辑是判断Operation的类型，不同的Operation类型执行不同的操作，例如调用executeQueryOperation来执行SELECT语句。

```
package org.apache.flink.table.api.internal;
public class TableEnvironmentImpl implements TableEnvironmentInternal {
    @Override
    public TableResult executeInternal(Operation operation) {
    // ...
    else if (operation instanceof QueryOperation) {
            // 执行 SELECT 语句
            return executeQueryOperation((QueryOperation) operation);
        }
    }
}
```

executeQueryOperation方法的具体执行过程如下。

```
private TableResult executeQueryOperation(QueryOperation operation) {
    // 创建一个标识符
    final UnresolvedIdentifier unresolvedIdentifier =
        UnresolvedIdentifier.of(
            "Unregistered_Collect_Sink_" + CollectModifyOperation.getUniqueId());
    final ObjectIdentifier objectIdentifier =
        catalogManager.qualifyIdentifier(unresolvedIdentifier);
    // 创建一个本地收集 ModifyOperation 结果的 Operation
    CollectModifyOperation sinkOperation =
        new CollectModifyOperation(objectIdentifier, operation);
    // 将上一步的 sinkOperation 翻译为 Flink 的 Transformation
    List<Transformation<?>> transformations =
        translate(Collections.singletonList(sinkOperation));
    // 设置作业名称
    String jobName = getJobName("collect");
    // 根据 transformation，生成 StreamGraph
    Pipeline pipeline = execEnv.createPipeline(transformations, tableConfig,
        jobName);
    try {
        // 代表作业执行过程
        JobClient jobClient = execEnv.executeAsync(pipeline);
        // 用于帮助 jobClient 获取执行结果
        CollectResultProvider resultProvider = sinkOperation.getSelectResu-
            ltProvider();
        resultProvider.setJobClient(jobClient);
        // 构建 TableResultImpl 对象
        return TableResultImpl.builder()
                              .setSessionTimeZone(getConfig().getLocalTimeZone())
                .build();
    } catch (Exception e) {
        throw new TableException("Failed to execute sql", e);
    }
}
```

而translate方法包含将Operation转换为Transformation的逻辑。

```
private List<Transformation<?>> translate(List<ModifyOperation> modifyOperations) {
    return planner.translate(modifyOperations);
}
```

此方法调用了 PlannerBase 的 translate 方法，包含了从 Operation 获取关系表达式、优化、生成执行节点图和转换为 Flink Transformation 的步骤。

```
override def translate(
    modifyOperations: util.List[ModifyOperation]): util.List[Transformation[_]]
        = {
    // 检查 planner 和运行模式是否与 configuration 匹配
    validateAndOverrideConfiguration()
    // 如果 modifyOperations 为空，则返回一个空的 Transformation 集合
    if (modifyOperations.isEmpty) {
        return List.empty[Transformation[_]]
    }
    // 转换 Operation 为 Calcite 的关系表达式
    val relNodes = modifyOperations.map(translateToRel)
    // 优化关系表达式
    val optimizedRelNodes = optimize(relNodes)
    // 生成执行节点图
    val execGraph = translateToExecNodeGraph(optimizedRelNodes)
    // 将执行节点图转换为 transformation
    val transformations = translateToPlan(execGraph)
    // translation 步骤完毕后，清理内部的配置
    cleanupInternalConfigurations()
    transformations
}
```

至此，Flink SQL 的提交流程结束。

实践篇

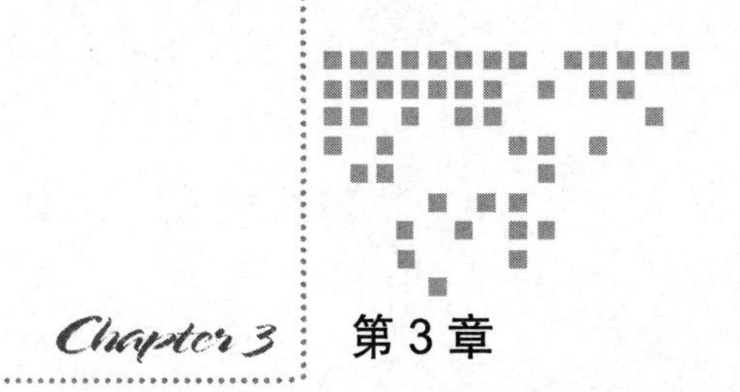

Chapter 3 第3章

任劳任怨的引擎

正如前文所提到，字符形式的SQL语句需要经过一系列过程，最终转换成集群可执行的物理计划。经过抽象，SQL语句的执行过程大致可以分为图3-1所示的解析、优化、执行几个过程。

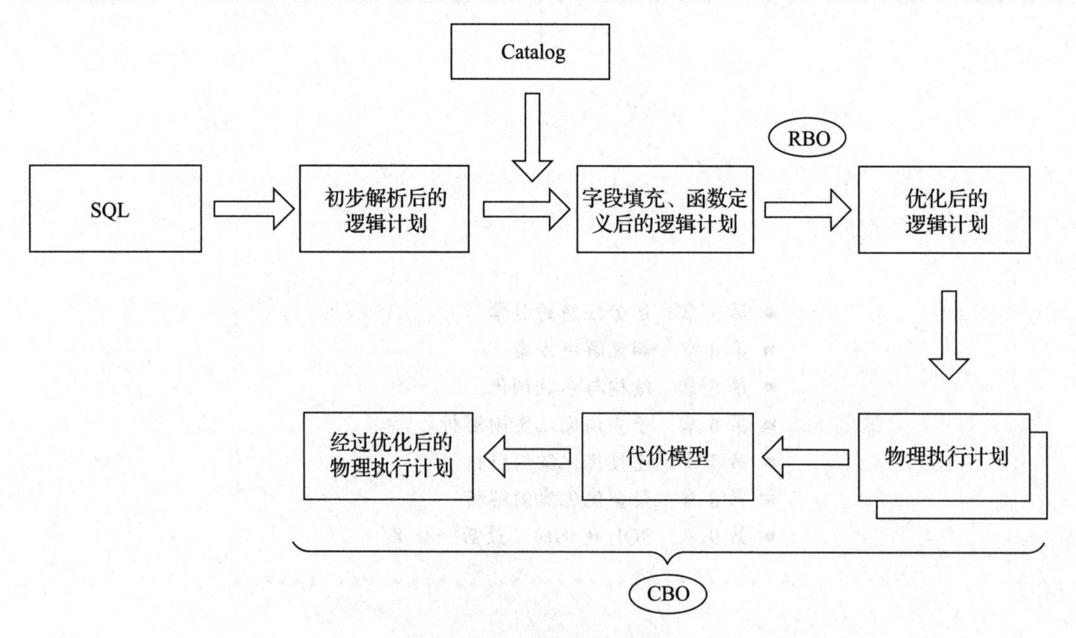

图3-1　SQL语句的执行过程

其中，优化器（Optimizer）作为承上启下的重要一环，主要作用就是对初步解析后的逻辑计划（Logical Plan，用于表示查询的逻辑结构和操作顺序，不依赖具体物理实现）进行剪枝、合并等操作，进而删除掉一些无用计算，或对一些计算的多个步骤进行合并，并将优化后的逻辑计划进一步转化为真正执行的物理执行计划（Physical Plan），从而完成查询执行。

总的来说，优化器作为引擎的“管家”，负责将用户各异的查询SQL在不影响期望查询结果的前提下，尽可能用开销最小的方式实现，在很大程度上决定了一个引擎的性能。

而数据库查询优化技术主要包括查询重用技术、查询重写规则、查询算法优化技术、并行查询优化技术、分布式查询优化技术，及其他方面（例如框架结构）的优化技术，这六项技术构成了一个广义的数据库查询优化的概念。

从优化的内容角度看，查询优化又分为代数优化和非代数优化，或称为逻辑优化和物理优化。逻辑优化主要依据关系代数的等价变换做一些逻辑变换。物理优化主要使用数据读取、表连接方式、表连接顺序、排序等技术对查询进行优化。例如查询重写规则属于逻辑优化，运用了关系代数和启发式规则。而查询算法优化则属于物理优化，运用了基于代价估算的多表连接算法求解最小花费的技术。

经过抽象，优化方式可以分为以下两种。

- 基于规则优化（Rule-Based Optimization，RBO），即按照硬编码的一系列规则来决定SQL的执行计划。
- 基于代价优化（Cost-Based Optimization，CBO），即根据优化规则对关系表达式进行转换，生成多个执行计划，再根据统计信息和代价模型计算各种可能“执行计划”的“代价”，从中选择“代价”最低的执行方案。

在关系型数据库中，以Oracle、MySQL、PostgreSQL为首的查询引擎提供了大量的优化思路和经验，其主要优化手段有尽可能利用索引、减少或减小中间结果集（即减少行数、减小列数），以及消除子查询和选择JOIN的不同实现方式等。

而大数据引擎无法直接利用传统的优化方式进行优化，所以现在的优化大多采用减少或减小中间集，或者减少I/O和CPU等资源开销的方式进行。因为各引擎之间底层实现方式（即物理执行）的不同，RBO和CBO两种优化方式也存在一些差异。总体来说，大数据SQL优化依然是沿用传统关系型数据库广泛且成熟的优化理论，结合分布式作业的一些特性做额外的开展。

3.1 基于规则优化概述

通俗而言，基于规则优化就是把一个SQL改写成另外一个更容易优化或执行效率更高的 SQL。如图 3-2 所示，就是将逻辑表达式转化为与它等价的、更简单或更易于处理的表达式。表达式出现的位置为 SELECT 或 WHERE 子句，我们使用一组规则和等价关系来转换一个谓词逻辑公式，这些规则可以使该公式的形式更加简单，从而更容易进行推理和分析。

$x+(1+3)$	⟹	$x+4$

图 3-2　等价转换思想示例

基于规则优化遵循以下规则或结论。

- ❑ 选择操作是可以交换的，即 $\sigma_{\theta_1}(\sigma_{\theta_2}(E)) = \sigma_{\theta_2}(\sigma_{\theta_1}(E))$。
- ❑ 选择可以和笛卡儿积、theta 连接（即自然连接、θ- 连接和等值连接）相结合，即 $\sigma_\theta(E_1 \times E_2) = E_1 \bowtie_\theta E_2$ 和 $\sigma_\theta(E_1 \bowtie_{\sigma\theta_2} E_2) = E_1 \bowtie_{\theta_1 \wedge \theta_2} E_2$。
- ❑ 选择的一系列操作可以拆分为单独的选择操作，即 $\sigma_{\theta_1 \wedge \theta_2}(E) = \sigma_{\theta_1}(\sigma_{\theta_2}(E))$。
- ❑ 选择作用在集合并集、交集、差集时，可以结合分配律变换，即 $\sigma_p(E_1 - E_2) = \sigma_P(E_1) - E_2 = \sigma_P(E_1) - \sigma_P(E_2)$。
- ❑ 选择作用在 theta 连接时，如果条件 θ_0 仅涉及被连接的表达式 E_1，则可以单独作用于 E_1，即 $\sigma_{\theta_0}(E_1 \bowtie_\theta E_2) = (\sigma_{\theta_0}(E_1)) \bowtie_\theta E_2$。
- ❑ 对于投影的一系列操作，可以忽略中间处理过程，只取最终的算子或结果，即 $\Pi_{L_1}(\Pi_{L_2}(\cdots\Pi_{L_n}(E))\cdots)) = \Pi_{L_1}(E)$。
- ❑ 投影作用在集合并集时，可以结合分配律变换，即 $\Pi_L(E_1 \cup E_2) = (\Pi_L(E_1)) \cup (\Pi_L(E_2))$。
- ❑ 投影作用在 theta 连接时，如果投影 L_1 和 L_2 分别为表达式 E_1 和 E_2 的属性，假设连接条件 θ_0 仅涉及 $L_1 \cup L_2$，则可以分别作用在 L_1 和 L_2（分配律），即 $\Pi_{L_1 \cup L_2}(E_1 \bowtie_\theta E_2) = (\Pi_{L_1}(E_1)) \bowtie_\theta (\Pi_{L_2}(E_2))$。

在关系型数据库中，基于选择和投影重写的主要目的是尽可能利用索引，减少或减小中间结果集，以此减少 CPU 和 I/O 的开销，节省内存空间。而在大数据引擎中，因为不支持索引，所以基于选择和投影重写更多的是将目标放在能够消除冗余计算、减少传输数据量上，以此提高查询性能。

3.1.1　谓词下推

谓词下推是将谓词（返回值为 TRUE、FALSE 或 UNKNOWN 的表达式）尽可能下推到数据源中进行处理，也就是尽可能早地进行数据过滤，以减少数据量并提高查询性能。以最为经典的 JOIN 场景为例，假设存在表 user_info 和 user_info_ext，分别存储用户名、年龄和注册地址等信息。执行以下的查询语句，对两表进行关联，并筛选 user_id > 2 的用户列表。

```
SELECT  t1.user_id
       ,t1.name
       ,t2.age
```

```
FROM user_info t1
INNER JOIN user_info_ext t2
    ON t1.user_id = t2.user_id
WHERE t1.user_id > 2;
```

查询语句的执行过程如图 3-3 所示。

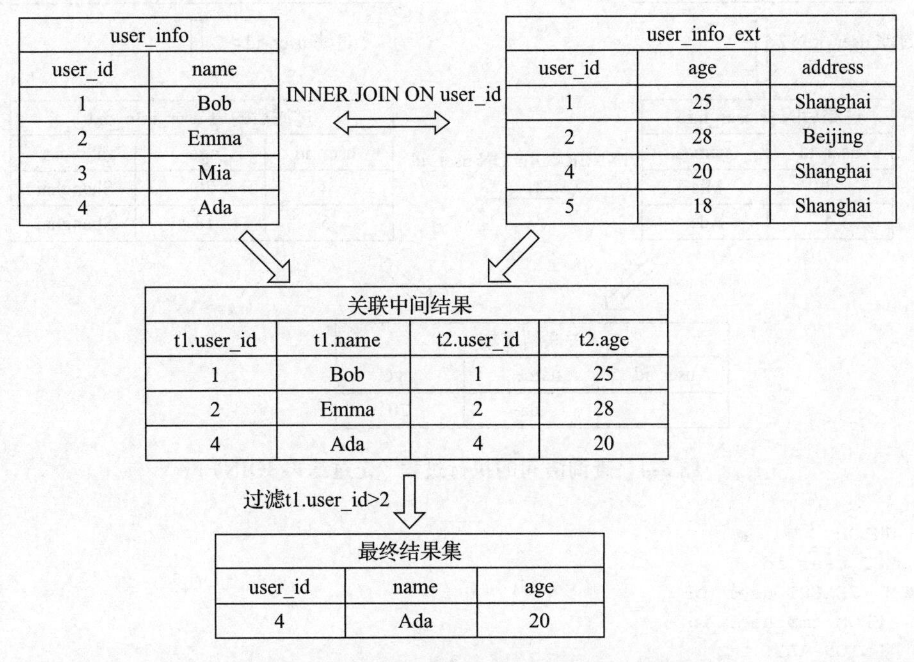

图 3-3　查询语句的执行过程（先 JOIN 再过滤）

因为内连接只会先关联左右表同时存在的记录，然后按照 WHERE 条件对关联后的中间结果进行过滤，所以上述查询任务产生的结果等价于图 3-4 所示的先过滤。将过滤后的子集进行关联。

需要注意的是，谓词下推需要满足一定的规则才会触发。以表 A INNER JOIN 表 B 为例，假设表 A 为探测表，表 B 负责构建哈希表，那么结论如下。

- ON 语句只有在构建哈希表中可以下推。
- WHERE AND 语句在两表中都可以下推。
- WHERE OR 语句，对于 ON 关联键的过滤可以下推。
- FULL JOIN 在任何情况均不下推。

除了连接操作外，其他的操作符（例如 UNION、投影、LIMIT、窗口函数）在满足规则的前提下可以下推。

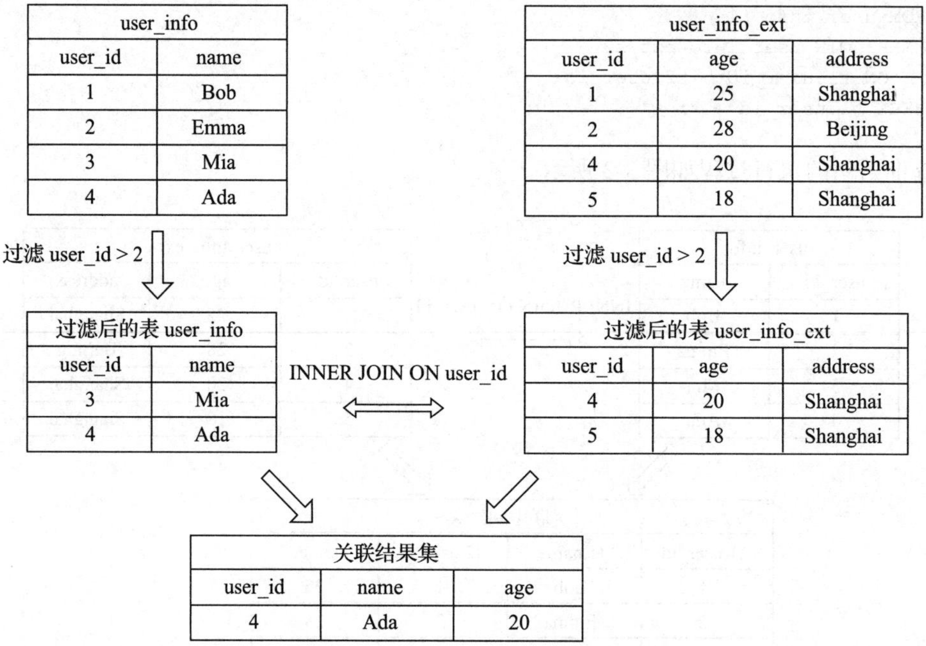

user_info	
user_id	name
1	Bob
2	Emma
3	Mia
4	Ada

user_info_ext		
user_id	age	address
1	25	Shanghai
2	28	Beijing
4	20	Shanghai
5	18	Shanghai

过滤 user_id > 2

过滤 user_id > 2

过滤后的表 user_info	
user_id	name
3	Mia
4	Ada

INNER JOIN ON user_id

过滤后的表 user_info_ext		
user_id	age	address
4	20	Shanghai
5	18	Shanghai

关联结果集		
user_id	name	age
4	Ada	20

图 3-4　查询语句的执行过程（先过滤再 JOIN）

```
-- UNION 下推
SELECT user_id
FROM (SELECT user_id
    FROM tmp_user_info
    UNION ALL
    SELECT user_id
    FROM tmp_user_info_ext) t
WHERE user_id > 10;
-- 等效并转换为以下表达式
SELECT user_id
FROM (SELECT user_id
    FROM tmp_user_info
    WHERE user_id > 10
    UNION ALL
    SELECT user_id
    FROM tmp_user_info_ext
    WHERE user_id > 10) t;
```

3.1.2 常量堆叠

常量是指值不会改变的变量或表达式，例如 1、1+2 等。而常量堆叠的目的是在编译或解释阶段，尽可能地提前计算这些常量表达式，以减少运行时的计算量和存储开销。例如以下的查询语句，用于筛选 user_id > (10 + 10) 的用户列表。

```sql
SELECT user_id
    ,name
FROM user_info
WHERE user_id > (10 + 10);
```

在优化阶段，引擎可以将过滤表达式10+10改写为20，也就是两个常量相加后的结果。

```sql
SELECT user_id
    ,name
FROM user_info
WHERE user_id > 20;
```

这意味着表达式10+10在编译阶段就完成了结果数值的运算，并将运算结果固化成一个常量，那么在后续的执行过程中，执行节点不再需要额外的计算开销来重复计算表达式，从而提升查询性能。

3.1.3　常量传递

表中a字段与常量进行等值查询，与此同时还通过AND连接了另外一个表达式，如果该表达式中含有a字段，那么查询优化器就可以将该表达式中的a字段直接替换为等值查询中的常量值，这个替换过程就是常量传递，例如以下查询语句。

```sql
SELECT *
FROM order_detail
WHERE order_type = 5
    AND order_id < order_type;
```

从查询语句中可知order_type = 5且order_id < order_type，那么在实际执行时，优化器可以直接判断order_id < 5，因此查询语句可以改写为以下形式。

```sql
SELECT *
FROM order_detail
WHERE order_type = 5
    AND order_id < 5;
```

3.1.4　等式传递

等式传递是将已知的等式关系应用于程序中的其他表达式，尝试替换或简化这些表达式。通过将等式关系传递到程序的各个部分，可以消除重复计算，减少不必要的资源开销，以此提高程序的执行效率，例如以下查询语句。

```
SELECT *
FROM order_detail
WHERE order_type = order_status
    AND order_status = order_id
    AND order_id = 5;
```

已知 order_type = order_status = order_id，且 order_id = 5，那么在执行时，优化器可以直接改写为 order_type = order_status = order_id = 5。因此查询语句将被改写为以下形式。

```
SELECT *
FROM order_detail
WHERE order_type = 5
    AND order_status = 5
    AND order_id = 5;
```

3.1.5 布尔表达式简化

布尔表达式简化的目的是在保持表达式等效性的前提下，使用更简洁的形式来表示。它可以通过以下几种常见的技术来实现。

1）**代数规则**，也就是利用布尔代数的基本规则，如德·摩根定律、分配律、结合律、吸收律等，对表达式进行变换和简化，例如以下查询语句。

```
SELECT *
FROM user_info
WHERE NOT (user_id = 123 AND name = 'Bob');
```

上面的语句可以重写为以下形式。

```
SELECT *
FROM user_info
WHERE NOT(user_id = 123)
    OR  NOT(name = 'Bob');
```

2）**逻辑等价变换**，也就是利用布尔逻辑中的等价关系，将一个布尔表达式转化为与之等价的另一个表达式，例如以下查询语句。

```
SELECT *
FROM user_info
WHERE name = 'Bob'
    AND (age = 20 OR user_id = 123);
```

上面的语句可以重写为以下形式。

```
SELECT *
```

```
FROM user_info
WHERE (name = 'Bob' AND age = 20)
    OR (name = 'Bob' AND user_id = 123) ;
```

3）**常量传播和折叠**。对于包含常量的表达式，优化器可以直接计算结果并将表达式替换为常量值，从而简化整个表达式，例如以下查询语句。

```
SELECT *
FROM user_info
WHERE 2 > 1;
```

因为表达式 2 > 1 恒为 TRUE，所以在实际执行时，查询将被简化为以下形式。

```
SELECT *
FROM user_info;
```

4）**短路规则**。根据短路逻辑，如果表达式中的某个子表达式已经确定结果，则可以提前终止计算并简化表达式。例如以下查询语句，如果 user_id IS NULL 为真，则对 age 属性进行判断后，才可能得出最终的判断结论；但当 user_id IS NULL 为假时，则不会执行 age 属性的判断表达式，从而减少查询任务的执行时间。

```
SELECT *
FROM user_info
WHERE user_id IS NULL
    AND age > 10;
```

5）**提取公共项**。对于具有共同子表达式的表达式，可以将这些共同项提取出来，以减少不必要的计算过程，从而提升任务的执行效率，例如以下查询语句。

```
SELECT *
FROM user_info
WHERE (user_id = 123 AND age > 10)
    OR (user_id = 456 AND age > 10);
```

OR 两侧的子表达式中均包含 age > 10 的公共项，经过提取之后，查询语句可以改写为以下形式。

```
SELECT *
FROM user_info
WHERE age > 10
    AND (user_id = 123 OR user_id = 456);
```

3.1.6　BETWEEN-AND 重写

BETWEEN-AND 重写就是将 BETWEEN-AND 改写为其他等价的表达形式（例如 >=

AND <=）。这样做的主要目的是，当字段上已建立索引时，可以通过索引扫描代替基于谓词的全表扫描，从而显著提高查询效率。

以 MySQL 为例，当基表数据量和查询的数据量都比较大时，通过索引查询会产生回表操作，考虑到回表的开销，MySQL 就会采取全表扫描的方式进行查询，例如以下查询语句。

```
SELECT user_id
    ,name
FROM user_info
WHERE user_id BETWEEN 1 AND 100000000;
```

上述语句将返回用户 id 位于 1 到 100 000 000 间的用户列表，考虑到查询的数据量比较大，如果列 user_id 已经建立了索引，那么此时将查询语句改写为以下方式，其执行性能和查询速度将会更优。

```
SELECT user_id
    ,name
FROM user_info
WHERE user_id >= 1 AND user_id <= 100000000;
```

3.1.7 NOT 取反重写

NOT 取反重写的目的是通过等价转换 NOT 表达式，使得查询优化器可以更好地利用索引或其他优化技术来提高查询性能。例如以下查询语句，判断 user_id 是否等于 1，如果 user_id 等于 1，则整个表达式的结果为假；如果 user_id 不等于 1，则整个表达式的结果为真，从而返回用户信息。

```
SELECT user_id
    ,name
FROM user_info
WHERE NOT(user_id <> 1);
```

在列 user_id 有索引的情况下，将 NOT 表达式重写为 user_id = 1，其执行性能和查询速度将会更优。

```
SELECT user_id
    ,name
FROM tmp_user_info
WHERE user_id = 1;
```

NOT 表达式的具体简化规则见表 3-1。

表 3-1　NOT 表达式的具体简化规则

NOT 表达式	简化后表达式
NOT(user_id = 1)	user_id <> 1
NOT(user_id != 1)	user_id = 1
NOT(user_id > 1)	user_id <= 1
NOT(user_id < 1)	user_id >= 1

3.1.8　简化 IF/CASE WHEN 条件表达式

与布尔表达式简化类似，当 IF 或 CASE WHEN 条件判断的结果在解释或编译阶段就可以确定时，优化器将会传递条件判断后的结果，而不需要在执行过程中逐个计算，从而提升查询语句的执行效率，例如以下查询语句。

```
SELECT IF(2 > 1, 'A', 'B');
```

在条件表达式中，2 ＞1 的结果恒为 TRUE，因此可以在编译阶段，直接返回判断为 TRUE 时的结果值 A，因此查询语句将被改写为以下形式。

```
SELECT 'A';
```

3.1.9　优化 LIKE 正则表达式

在关系型数据库中，优化 LIKE 正则表达式的目的是尽可能地利用索引来加快查询速度，例如以下查询语句，筛选并返回表 item_info 中 item_name 以 abc 开头的所有数据。

```
SELECT *
FROM item_info
WHERE `item_name` LIKE 'abc%';
```

在转换前，对于 LIKE 正则表达式只能进行全表扫描。在优化阶段，通过等价改写的方式，优化器将尝试索引范围扫描，以此达到提升查询效率的优化目的。查询语句将改写为以下形式。

```
SELECT *
FROM item_info
WHERE `item_name` >= 'abc'
AND `item_name` = 'abd';
```

而在大数据引擎中，因为大多不支持索引、不支持事务，所以在优化时会尝试替换为更快的 StartsWith 或 EndsWith 底层方法，从而提升查询速度。特殊正则表达式的具体简化规则见表 3-2。

表 3-2 特殊正则表达式的具体简化规则

正则表达式	实际执行时
LIKE ‘abc%’	StartsWith
LIKE ‘%abc’	EndsWith
LIKE ‘%abc%’	Contains
LIKE ‘abc’	EqualTo

例如以下查询语句，仍然是筛选并返回表 item_info 中 item_name 以 abc 开头的所有数据。

```
SELECT *
FROM item_info
WHERE `item_name` LIKE 'abc%';
```

在大数据引擎中执行时，上述查询语句将被优化器重写为以下形式。

```
-- 伪代码
WHERE StartsWith(`item_name`, abc);
```

3.1.10 简化 CAST 表达式

对表达式进行 CAST 数据类型转换时，如果转换前后的数据类型相同，那么优化器会去除冗余的 CAST 表达式，以此减少不必要的方法调用和额外的资源开销，从而提升查询效率。例如以下查询语句，选择数据类型为 Bigint 的列 user_id，通过 CAST 表达式将它转换为 Bigint 类型，再重命名为 trans_user_id。

```
SELECT CAST(user_id AS BIGINT) AS trans_user_id
FROM t;
```

通过查询语句可知，列 user_id 的数据类型就是 Bigint，无须再进行 CAST 转换。因此在优化阶段，优化器将会省略中间的运算、变换过程，只输出处理后的最终结果，查询语句将改写为以下形式。

```
SELECT user_id AS trans_user_id
FROM t;
```

3.1.11 简化 UPPER/LOWER 表达式

与常量堆叠类似，对于同一列多次进行大小写转换时，优化器会消除不必要的函数调用。减少计算量，可以提高查询的执行性能和效率。例如以下查询语句，将表t中的列name先全部转小写，再全部转大写后返回结果。

```
SELECT UPPER(LOWER(`name`))
FROM t;
```

通过查询语句可知，语句的最终结果是返回字符串大写后的列name，因此在优化阶段，优化器将会省略中间的运算、变换过程，只输出处理后的最终结果，查询语句将改写为以下形式。

```
SELECT UPPER(`name`)
FROM t;
```

3.1.12　优化二元表达式

与常量堆叠类似，当二元表达式在解释或编译阶段就可以推算出结果时，优化器将会直接传递计算后的结果，从而免去执行阶段中不必要的资源开销，提升查询效率。例如以下查询任务，比较1+2和4−1两个表达式是否相等。

```
SELECT (1 + 2) <=> (4 - 1);
```

表达式1+2和4−1的结果均为3，因此在优化阶段，引擎会直接传递表达式的比较结果TRUE，在后续的执行过程中，执行节点不再需要额外的计算开销来重复计算表达式，从而提升查询性能。

```
SELECT TRUE;
```

3.1.13　简化复杂类型数据结构的操作符

与布尔表达式简化类似，当查询语句需要构造类似ARRAY、MAP、STRUCT、JSON等复杂数据结构，并从中提取数值时，优化器会尝试计算并直接返回提取结果，避免构造不必要的复杂数据结构，减少资源开销，从而提升查询效率。例如以下查询语句，先构造STRUCT结构，并获取其中的某个值。

```
SELECT NAME_STRUCT('key1', 'a', 'key2', 'b').key1 as colA;
```

通过查询语句可知，语句的最终结果是获取key1的值a，因此在优化阶段，优化器将会省略中间的运算、变换过程，只输出处理后的最终结果，也就是字符串a，查询语句将改写为以下形式。

```
SELECT 'a' AS colA;
```

3.1.14 合并投影

顾名思义，合并投影就是将多个相邻的投影操作合并为一个更简洁的投影操作，去除中间过程中不必要的数据传输或计算过程，从而提升查询效率。例如以下查询语句，在子查询中生成列colA、colB，并在外部查询中引用colA。

```
SELECT colA
FROM (SELECT 1 AS colA
            ,2 AS colB) t;
```

通过查询语句可知，语句的最终结果是列colA，因此在优化阶段，优化器将会省略中间的运算、变换过程，只输出处理后的最终结果，查询语句将改写为以下形式。

```
SELECT 1 AS colA;
```

3.1.15 列裁剪

顾名思义，列裁剪就是在查询过程中，只筛选那些在查询或投影操作中实际用到的字段，而忽略没有被引用的不必要的字段，从而减少资源开销，提升查询效率。例如以下查询语句，关联表user_info和表user_info_ext，返回用户id、年龄的列表。

```
SELECT t1.user_id
      ,t2.age
FROM user_info AS t1
INNER JOIN(SELECT user_id
                 ,age
                 ,address
           FROM user_info_ext) AS t2
ON t1.user_id = t2.user_id;
```

在子查询t2中，语句返回了列user_id、age、address，随后在与表t1进行内连接时，除了关联键user_id外，只引用了t2中的列age。因此在优化阶段，优化器将会剔除没有被使用的列address，用来减少不必要的资源开销。查询语句将会改写为以下形式。

```
SELECT  t1.user_id
       ,t2.age
FROM user_info AS t1
INNER JOIN(SELECT user_id
                 ,age
           FROM user_info_ext) AS t2
    ON t1.user_id = t2.user_id;
```

3.1.16 优化冗余别名

顾名思义，优化冗余别名就是去除无效的字段或者子查询的别名。例如以下查询语句，返回表 t 中的用户 id 的列表，并重命名为 user_id。

```
SELECT user_id AS user_id
FROM t;
```

通过查询语句可知，列 user_id 的别名存在重复冗余的情况，因此在优化阶段，优化器将会去除这个冗余的列别名。

```
SELECT user_id
FROM t;
```

3.1.17 替换 NULL 表达式

顾名思义，替换 NULL 表达式就是将 NULL 表达式替换为字面量，阻止 NULL 表达式传播，从而避免在执行阶段产生不必要的资源开销，以此提升查询效率。例如以下查询语句，对 NULL 进行计数。

```
SELECT COUNT(NULL) AS cnt
FROM t;
```

因为 COUNT（NULL）没有意义，所以返回的结果是 0。因此在优化阶段，优化器将直接传递计数后的结果到查询任务中，以避免在实际执行时产生不必要的资源开销。

```
SELECT 0 AS cnt;
```

3.1.18 CONCAT 合并

与常量堆叠类似，当 CONCAT 表达式在解释或编译阶段就可以推算出结果时，优化器将会直接传递计算后的结果，从而免去执行阶段中不必要的资源开销，提升查询效率。例如以下查询任务，将字符串 hello、world 合并后再返回。

```
SELECT user_id
      ,CONCAT("hello", "world")
FROM user_info;
```

在优化阶段，引擎可以将 CONCAT 表达式改写为 helloworld，也就是 CONCAT 表达式的结果，因此查询任务将被改写为以下形式。

```
SELECT user_id
      ,"helloworld"
FROM user_info;
```

3.1.19 等式变换

与NOT取反重写类似，等式变换的目的还是尽可能地利用索引来提升查询速度和效率。例如以下查询语句，对表user_info的列user_id取负数，筛选并返回取负后数值为1的列表。

```
SELECT *
FROM user_info
WHERE -user_id = 1;
```

如果列user_id有索引，那么在优化阶段，优化器就可以利用索引来加快查询速度，将列user_id取负操作改写为user_id = −1，再利用索引进行查询。因此语句将改写为以下形式。

```
SELECT *
FROM t
WHERE user_id = -1;
```

3.1.20 不等式变换

与等式传递类似，优化器会尝试去除查询语句中重复或不必要的表达式。例如以下查询语句，筛选表t中符合a > 1且b = 2且a > 5的所有数据。

```
SELECT *
FROM t
WHERE a > 1
    AND b = 2
    AND a > 5;
```

通过查询语句可知，过滤条件a > 5是包含a > 1的，且过滤条件a > 5更为严格，返回结果也更少，因此在优化阶段，优化器会剔除过滤条件更为宽松的表达式a > 1，查询语句将改写为以下形式。

```
SELECT *
FROM t
WHERE a > 5
    AND b = 2;
```

3.2 基于代价优化的简析

在前文中，我们已经详细介绍了基于规则优化的原理及其经典规则。在实践中，引擎往往内置了数十甚至上百条这类优化规则，它们不仅实现简单，而且优化速度快，可以说这类基于直观、根据经验的启发式经验或规则，在既定的场景下往往有奇效，但我们通过“基于直观”“根据经验”等特点也不难发现，在新的领域或者新的问题出现时，基于规则优化有时候无法满足要求。

最经典的案例莫过于多表连接（JOIN）排序，也就是把一组 JOIN 操作排列好，让它们的整体执行效率达到最优。那么为什么要考虑 JOIN 的连接顺序呢？为了便于理解，我们假设存在内关联表 A、表 B、表 C，其中表 A、表 B 的数据量均为 1 亿条，表 C 的数据量为 1 条。表 A 和表 B 的关联结果为 10 000，表 A 和表 C 的关联结果为 1，即以下查询。

```
SELECT *
FROM A
INNER JOIN B
    ON A.id = B.id
INNER JOIN C
    ON B.id = C.id;
```

在不影响最终查询结果的前提下，关联顺序从左至右执行，则存在以下的排序组合。

```
A⋈B⋈C
A⋈C⋈B
B⋈A⋈C
B⋈C⋈A
C⋈A⋈B
C⋈B⋈A
```

结合前提条件可以知道，先关联表 A 和表 C（只产生 1 条结果）再关联表 B 的效率，要比先关联表 A 和表 B（产生 10 000 条结果）再关联表 C 的效率高，并且最终的计算结果不变，经过筛选后的排列组合如下。

```
A⋈C⋈B
C⋈A⋈B
```

在决定了初步的关联顺序后，到具体的 JOIN 实现时，我们又有几个选择——哈希连接（HJ）、循环嵌套连接（NLJ）、排序合并连接（SMJ）。

哈希连接作为最普遍的 JOIN 实现，通常执行时会首选这种连接实现，其实现原理为，SQL 引擎首先会在内存当中构建哈希表，然后将参与连接的其中一张表的数据加载到哈希表中，而另一张表作为探测表，去循环获取哈希表的数据进行关联。因为是将数据维护在内存中，因此我们希望哈希表的容量相对探测表更小一些。

依然结合前提条件，表 C 只有 1 条记录，因此在表 A 和表 C 关联时，我们希望以表 C 为基础构建哈希表。而表 A 和表 C 关联的结果也只有 1 条，因此在与表 B 关联时，我们希望以表 A 和表 C 关联的临时结果去构建哈希表，因此最终的关联顺序则为 C JOIN A JOIN B。

```
C⋈A⋈B
```

可以总结为，在不影响查询结果的前提下，通过调整连接的顺序或实现方式，选取其中执行效率最高的组合，这个过程就是连接重排（Reorder）。结合上文提到的示例，可以得到两个重要结论。

- 连接顺序决定了 JOIN 执行效率的高低。
- 实现连接的方式（算法）决定了 JOIN 执行效率的高低。

纵观以上过程，我们发现，如果还是按照 RBO 的思路来优化，那么将无从下手，原因在于 RBO 不可能生成固定的优化规则。在本案例中，表 A、表 B 的数据量各为 1 亿条，表 C 的数据量为 1 条。表 A 和表 B 的关联结果为 10 000，表 A 和表 C 的关联结果为 1。只要表 A、B、C 的数据量和数据分布稍有变化，那么既定的优化规则就不再适用。我们需要知道或了解更多关于表的基础信息，例如表文件大小、表记录总条数等，再通过一定规则的代价评估才能从中选择一条最优的执行计划。而这个评估最优解的过程，就是基于代价优化（CBO）。

CBO 的核心问题主要有以下几点。

- **代价估算的维度和度量**。收集必要的统计信息是 CBO 工作的前提，CBO 和统计信息之间的关系如同鱼水之交，代价估算的模型算法再好，如果没有准确、及时的统计信息，那么无异于巧妇难为无米之炊。统计信息需要做到基本信息能够自动化收集、自动化更新，高级统计信息可以手动收集，从而为 CBO 提供可靠的、多维度的统计信息。
- **代价估算的模型算法**。代价估算是优化器能否找到最优计划的关键因素，代价估算做不好，优化器不可能做好。代价估算涉及统计信息的推导和代价模型。统计信息的推导依赖于诸如原始表的统计信息、中间算子的推导算法、对数据的各种假设（均匀性假设、独立性假设、包括性假设、包含性假设）以及在一些极端情况下的猜测。因此统计信息的推导存在大量的不确定性，也正是因为这些不确定性，极大地加剧了优化器寻找最优解的难度。

我们仍以前文所提到的三表连接的 SQL 为例，逐步进行拆解，即以下的查询语句。

```
SELECT *
FROM A
INNER JOIN B
    ON A.id = B.id
```

```
INNER JOIN C
    ON B.id = C.id;
```

从前文中可知，SQL 在物理执行前，都会转化为图 3-5 所示的 SQL 语法树，既然 CBO 的本意是要选择出执行代价最小的查询方式，那么就等同于要自行排列组合（枚举）并选取出执行代价最小的 SQL 语法树（评估代价）。

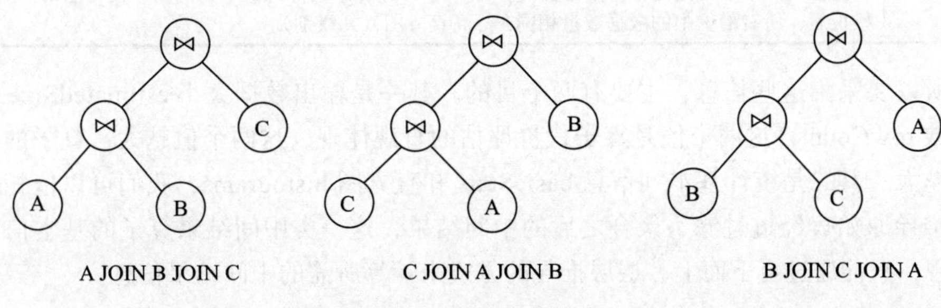

图 3-5　基于代价优化

如图 3-6 所示，既然要评估给定整棵树的代价，分而治之就是评估每个子节点执行的代价，最后将所有子节点的代价累加。那么要评估单个节点的执行代价，又需要知道两点：其一是对应算子的代价计算规则，每种算子的代价计算规则必然都不同，比如排序合并连接、哈希连接都有一套自己的代价计算算法；其二是参与操作的数据集基本信息（大小、总记录条数等），比如实际参与排序合并连接的两表大小，是计算节点实际执行代价的一个重要因素。试想，同样是数据扫描操作，大表和小表的执行代价必然不同。

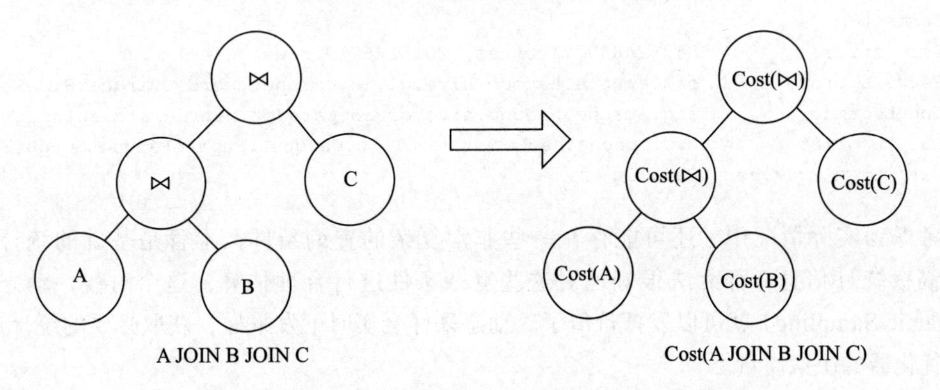

图 3-6　将整棵树的代价转化为各子节点的代价之和

因此，无论是何种代价估算的模型算法，第一步或者最基础的步骤总是对源表进行数据统计和信息收集。采集的主要信息包括表级别指标和列级别指标，见表 3-3。

表 3-3　表级别、列级别指标及含义

采集指标	含义
estimatedSize	每个节点输出数据大小（表级别）
rowCount	每个节点输出数据总条数（表级别）
basicStats	基本列信息，包括列类型、唯一值个数、最大值、最小值、空值个数、平均长度、最大长度（列级别）
histograms	直方图是一种特殊的列统计信息，可以直观地描述列数据的分布情况，将列的数据从最小值到最大值划分为事先指定数量的槽位（bucket），计算各个槽位的上下界的值，使得全部数据都确定槽位后，所有槽位中的数据数量相同（等高直方图）（列级别）

之所以要采集这些信息，主要有两个目的。其一是输出数据大小 estimatedSize 和输出数据条数 rowCount，这两个值是算子代价评估的直观体现，这两个值越大，算子的执行代价必然越大。其二是统计基本列信息 basicStats 和直方图 histograms，我们可以依托这两类指标去推导原始表经过过滤、聚合之后的中间结果，这一类中间结果算子的基本信息无法直接体现，只能通过自下而上、层层推导的方式来计算所需的中间结果信息。

同时为了提升优化器在复杂情况下的决策质量，引擎通常还提供了一些高级命令用于收集更加复杂的统计信息，例如可以收集列组的统计信息，来获取多个字段之间的关联度信息。高级统计信息需要手动触发收集，只有在必要的时候才会收集。基于 ANALYZE 命令收集统计信息，无论是自动化收集，还是手动收集，本质上来说都是一个独立的进程，也就是 ANALYZE 命令会调用数据概要分析任务，对原始数据进行分析，生成统计信息，并存储在元数据库中。

```
基于 ANALYZE 命令收集统计信息
Type                    EXTERNAL
Provider                parquet
Comment
Statistics              850424890771 bytes, 2015186719 rows
Serde Library           org.apache.hadoop.hive.ql.io.parquet.serde.ParquetHiveSerDe
InputFormat             org.apache.hadoop.hive.ql.io.parquet.MapredParquetInputFormat
OutputFormat            org.apache.hadoop.hive.ql.io.parquet.MapredParquetOutputFormat
Partition Provider      Catalog
```

考虑到实际情况中，还可能存在一些非常复杂的查询条件，不管是基础的统计信息还是高级统计信息，都无法很好地对这些复杂条件进行合理估算，这个时候，动态采样（Dynamic Sampling）就可以发挥价值了。动态采样会实时下发采样，获取必要的统计信息，提升优化器的决策质量。

动态采样也可以作为统计信息收集的一种兜底策略。在基础统计信息由于某些原因导致未收集的情况下，动态采样的存在可以避免优化器因缺失统计信息而产生灾难性的执行计划。但是动态采样是在查询优化阶段同步阻塞执行的，因此它必然会增加查询优化的整体耗时，同时也会增加整个数据库系统的负载，因此我们需要严格限制动态采样的使用场景。

在确认了源表和基于推导产生的中间结果集的相关信息后，我们基本可以确定数据分布的情况（数据量）和计算量，但因为大数据引擎多数都是分布式作业，所以这还远远不够。例如在分布式作业中，我们需要重点关注Shuffle，因为这会涉及非常多的网络或磁盘I/O，而I/O往往是最影响整体性能的。见表3-4，也就是说除了数据量、计算量等影响时间复杂度的因素外，对于代价评估的好坏，我们还需要考虑诸如I/O和CPU等计算开销的空间复杂度，尽可能从多方面来衡量执行计划的好坏，将统计信息转换为可以量化的代价值，从而为优化器提供决策依据。

表3-4 Spark中关于I/O和CPU的统计信息

指标	具体说明
Hr	从HDFS读1字节数据的消耗，单位ns
Hw	从HDFS写1字节数据的消耗，单位ns
Lr	从本地磁盘读1字节数据的消耗，单位ns
Lw	从本地磁盘写1字节数据的消耗，单位ns
NEt	网络传输1字节数据的消耗，单位ns
CPUc	比较操作的CPU消耗，单位ns
T(R)	行数
Tsz	每行的平均大小
V(R, a)	表R里列a的唯一值个数

在确认了可以量化的代价值之后，对于不同的算子操作，还需要确定不同的计算公式，用来计算出一个可以直接比较的结果。例如扫表操作（Scan），直观上来讲这类算子只有I/O开销，没有CPU的代价，那么其计算代价的公式为Cost = I/O Usage = Hr × T(R) × Tsz，也就是每行平均大小乘以总行数，再乘以每行从HDFS读取的I/O开销。可以看到，代价计算都和参与的数据总条数、数据平均大小等因素息息相关，这也就是在之前要不遗余力地计算中间结果相关信息的真正原因。

如图3-7所示，在确认基本信息并且评估了每个算子的代价后，我们可以很容易地计算出任意一条给定路径的代价。那么优化器只需要找出所有可行的执行路径，一个一个去计算，就必然能找到一个代价最小的路径，也就是最优的执行路径。

当然，寻找最优策略这类动态规划算法，很容易陷入穷举所有可能性的范畴，从而带来灾难性的时间、空间复杂度问题。除此之外，还需要考虑SQL语法树的深度、SQL语法树的种类（例如左深树还是稠密树）、具体物理实现的算法策略（例如JOIN可以是重分区连接，也可以是复制连接）。可以说从学术到工程上，从度量到算法实现上，各类优化方案层出不穷，直到现在业界仍然没有一款堪称完美的 CBO 策略（Oracle 已经非常接近，但仍有大量硬补丁的 _FIX_CONTROL）。总而言之，CBO 虽然仍需要不断打磨，在实际工作中不断探索改进优化的路径，但依然不影响其强大的功能和显著的调优效果。

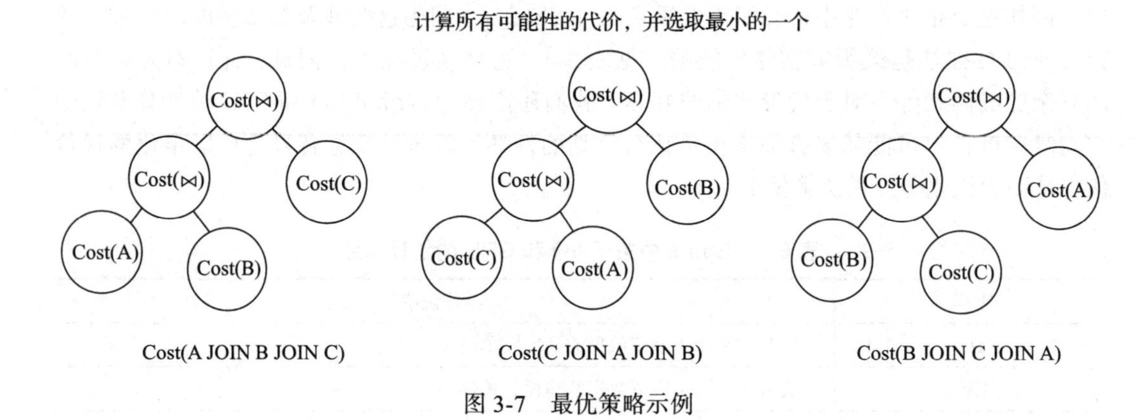

图 3-7 最优策略示例

3.3 两种优化的局限性

如图 3-8 所示，形象一点描述两种优化规则，RBO 更像是红绿灯，红灯停、绿灯行，严格按照既定的规则执行。而 CBO 更像是去购物，总要货比三家，购买性价比最高的物品。

图 3-8 两种优化规则

RBO 的执行机制非常简单，就是在优化器中嵌入若干种规则，执行的 SQL 语句符合某个规则，引擎就会按照规则制定出相应的执行计划。由于 RBO 只是简单地去匹配规则，所以它的执行计划在很多时候并不是最佳的。

以 Oracle 为例，某张表的其中一列数据分布非常不均匀，有 90% 的数据内容是一样的，并且在这个字段上有索引。如果在目标 SQL 语句的谓词里有这个字段，那么 RBO 就会选择索引。但这是一种非常慢的执行路径，因为 Oracle 要先访问索引块，在索引上找到相应的键值，然后按照键值上的 row id 再去访问表中的相应数据。其实，在这种情况下，选择全表扫描是最优的，但是 RBO 不会这么选择，这也暴露了 RBO 的缺陷。如果执行计划出了问题，RBO 很难做出调整。执行计划会受到目标 SQL 的写法、表在 WHERE 条件中出现的先后顺序等因素的影响。制定出差的执行计划的概率比较大。

RBO 忽略了 SQL 中表本身的统计信息情况，并且对数据不敏感。在表大小固定的情况下，无论中间结果数据怎么变化，只要 SQL 保持不变，生成的执行计划就都是固定的。

RBO 有一定的学习成本，因为开发人员总是需要熟悉引擎中的所有规则，才能确保所开发的 SQL 语句能够命中对应的优化规则，否则写出来的 SQL 查询性能可能会很差。

相比较 RBO 这种“呆板”“过时”“只认规则”的优化，CBO 无疑是更好的选择。该优化器根据优化规则对关系表达式进行转换，生成多个执行计划，然后会根据统计信息（Statistics）和代价模型（Cost Model）计算各执行计划的代价，并从中选用代价最低的执行方案。CBO 的原理是计算所有可能的物理计划的代价，并挑选出代价最小的物理执行计划，核心是评估一个给定的物理执行计划的代价。物理执行计划是一个树状结构，其代价等于每个执行节点的代价总和。所有缺陷都围绕在统计信息和代价模型上。

- CBO 会默认目标 SQL 语句 WHERE 条件中出现的各个列之间是独立的，没有关联关系，并且 CBO 会依据这个前提条件来计算组合的可选择率和基（Cardinality），进而估算成本并选择执行计划。但这种前提条件并不总是正确的，在实际的应用中，目标 SQL 的各列之间有关联关系的情况实际上并不罕见。在这种各列之间有关联关系的情况下，如果还用之前的计算方法来计算目标 SQL 语句整个 WHERE 条件的组合可选择率，并用它来估算返回结果集的基，那么估算结果可能就会和实际结果有较大的偏差，导致 CBO 选择错误的执行计划。目前可以用来缓解上述问题所带来的负面影响的方法是使用动态采样或者多列统计信息，但动态采样的准确性取决于采样数据的质量和采样数据的数量，而多列统计信息并不适用于多表之间有关联关系的情况，所以这两种解决方法都不能算是完美的解决方案。
- CBO 会假设所有的目标 SQL 都是单独执行，并且是互不干扰的，然而实际情况却并非如此。在执行目标 SQL 时所需要访问的数据块可能由于之前执行的 SQL 而已经被缓存在 Buffer Cache 中，所以这次执行时也许不需要耗费物理 I/O 去相关的存储上读取要访问的数据块，而只需要去 Buffer Cache 中读取相关的缓存块。所以，如果此时 CBO 还是按照目标 SQL 是单独执行，用不考虑缓存的方式去计算相关成本值的话，就可能会高估成本，进而导致选择错误的执行计划。

- CBO 在解析多表关联的目标 SQL 时，可能会漏选正确的执行计划（全局最优解和局部最优解的妥协）。因为随着多表关联的目标 SQL 所包含表的数量的递增，各表之间可能的连接顺序会呈几何级数增长，即该 SQL 各种可能的执行路径的总数也会随之呈几何级数增长。假设多表关联的目标 SQL 所包含表的数量为 n，则该 SQL 各表之间可能的连接顺序的总数就是 $n!$（n 的阶乘）。
- 获取统计信息的时机。因为大数据场景下，考虑到存算分离的场景，在什么时间或者契机去获取统计信息较为合适是一个难题。如果在每次 SQL 查询前，就先进行一次表信息统计，无疑最为准确，经过 CBO 优化后得出的执行计划也是最优的，但是信息统计的代价最大。如果通过定期刷新表统计信息的方式获取，每次 SQL 查询前就不需要进行表信息统计，但因为业务数据更新的不确定性，所以用这种方式进行 SQL 查询时得到的表统计信息可能不是最新的，那么 CBO 优化后得到的执行计划也有可能不是最优的。

可以说，两种方式都有其适用场景和局限性，并不能完全替换对方。CBO 适用于复杂查询，可以根据统计信息和成本模型生成高效的执行计划，适用于不同的数据分布和查询模式。但它需要准确的统计信息，且在某些情况下可能需要更多的计算资源。RBO 在简单查询场景下表现出色，因为它基于预定义规则生成执行计划。然而，它无法应对复杂查询，因此在现代数据库系统中的应用受到限制。

在实际应用中，我们需要根据查询的复杂性、数据分布和性能需求来选择合适的优化方式。有些数据库系统甚至提供了混合使用 CBO 和 RBO 的选项，以平衡性能和灵活性。

在大数据引擎中，由于统计信息获取的时机较难抉择，例如在处理数据时进行信息统计，会拖慢任务运行的时间；在数据处理完毕后再定期调度统计，那么信息可能失真，从而导致策略算法因为缺少统计信息的支撑，不一定能够计算出最优解。因此，虽然 Hive 和 Spark 分别做了 CBO 的部分尝试（Flink 没有 CBO 策略），但原则上还是以 RBO 的优化策略为主。总之，CBO 和 RBO 的共存使得数据库系统能够更好地适应不同类型的查询，充分发挥各自的优势。了解这两种优化方式的特点以及适用场景，对于 SQL 性能优化至关重要，可以确保在各种情况下都能取得最佳结果。

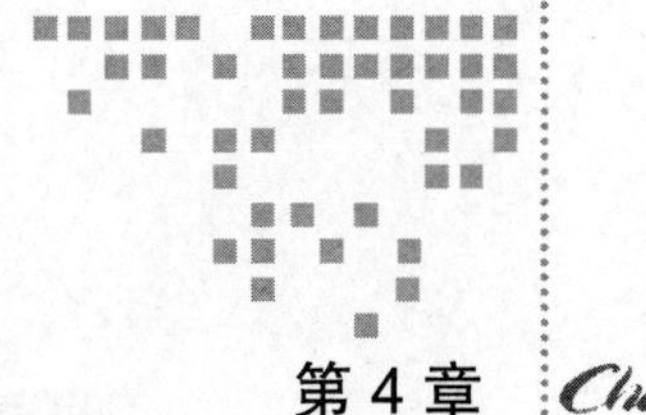

第 4 章 Chapter 4

调优解决方案

SQL 优化是一项复杂的任务，不能一蹴而就。众所周知，从需求提出到最终交付，其中的每个环节发生任何微小的偏差都可能导致成果不尽如人意。所谓的调优，并非简单地对任务进行大规模重构，而是需要深入理解背景和现状，分析潜在问题及其成因，并力求以最小的代价进行修改或调整。如图 4-1 所示，正所谓“工欲善其事，必先利其器”，无论是发现问题的根源，还是寻找解决方案，合适的工具、流程和思路都极为关键。下面将简要介绍在日常工作中解决问题的几个切入点。

4.1 理解业务，选择需求

数据岗位的第一要务是了解业务、了解数据。只有在了解业务流程，明确指标口径的前提下，开发的指标或者 SQL 才是可信的。图 4-2 所示为业务在行业中的定位。所谓业务，泛指非技术类的所有工作，是企业的销售、产品、营销、市场、运营等工作的笼统称呼，这些工作都是直面用户的，最终的目的都是“增加销量、换取利润、降低成本”。

因为数据在诸多环节中流动，所以真实、可量化、可衡量的数据一定会反映业务某方面的情形。数据最终的目的是赋能业务、驱动业务，以此为前提，我们就需要清晰地描述、展示业务现状，解决业务痛点，帮助业务人员提升业绩。而要做到以上各点，必须了解业务痛点，理解业务流程，分析出业务场景中可能存在的问题，以及判断各业务方的诉求是否合理、是否存在纰漏等。

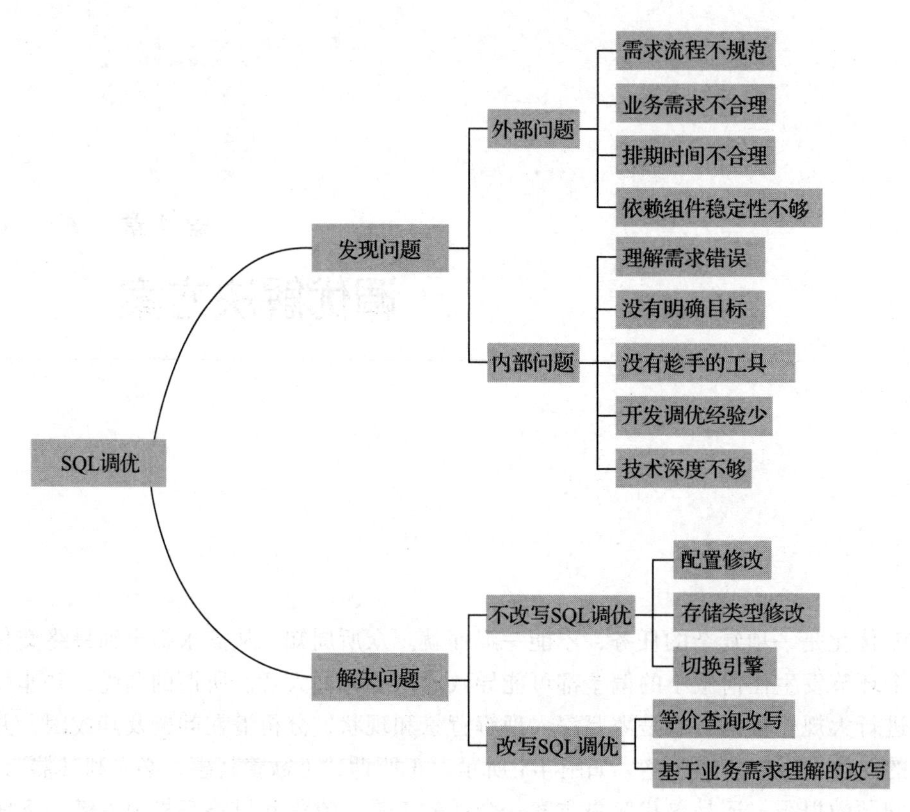

图 4-1　SQL 调优思路

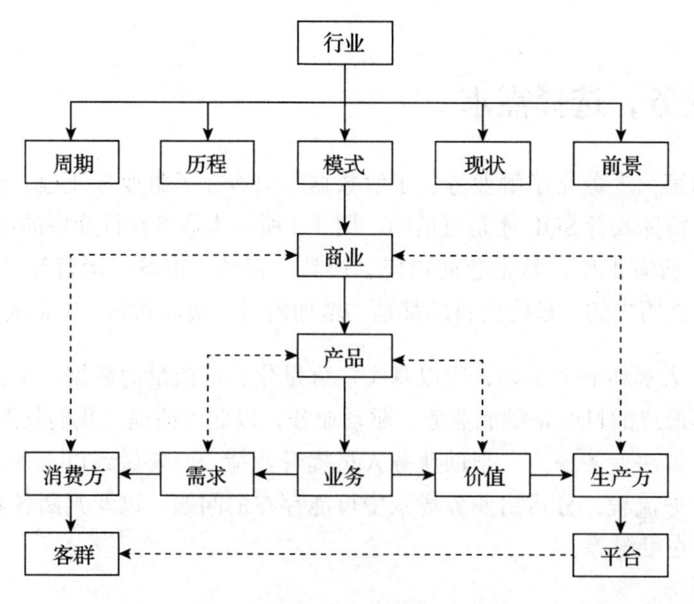

图 4-2　业务定位

所谓理解业务，宽泛而言，指的是了解行业的基本模式、运作的流程、供需之间如何流转。细节发散的话，则是需要清楚地知道某张后台表中具体字段的枚举值的含义。数据是客观存在的，而需求才是基于业务的，很多不必要的资源开销、冗长的沟通、费尽周折的查询优化，其实在源头阶段是可以避免的。只有了解业务，我们才有能力去甄别需求、选择需求乃至拒绝需求。在我们的优化迭代或开发工作开始之前，需要明确以下几点。

1. 明确需求

不要刚接到需求就马上执行，不妨多问问需求提供方或业务方究竟要做什么事情，想达到什么目的，然后反复核对需求文档和设计文档，最后再询问期望的结果、反馈和交付时间节点，这样的过程才谈得上是一个闭环，而不是埋头苦干一通，最后发现需要返工，或者被业务人员全盘否定。例如某业务需求是统计已经激活数字钱包，并且没有注销或者因风控策略而被封禁的用户数。业务侧提供的计算逻辑如下所示。

```
SELECT COUNT(DISTINCT ba.uid) AS distinct_uid_c
ount
FROM bank_account ba -- 银行账户表
LEFT JOIN user_register b -- 用户注册表
    ON ba.uid = b.uid
LEFT JOIN user_info a -- 用户个人信息表
    ON ba.uid = a.uid
WHERE ba.channel_id != 10004 -- 数字钱包服务
    AND ba.flag IN (1, 257); -- 用户没有被封禁
```

计算逻辑大致为，取 bank_account 表中属于数字钱包业务的，并且状态为激活且正常使用的用户列表，分别关联用户注册表和用户信息表，再将关联结果去重后求用户数。但仔细观察我们发现，用户注册表和用户信息表仅仅起到了关联作用，没有实际用途。此时可以对逻辑进行简化，只计算 bank_account 表的用户数即可。

```
SELECT COUNT(DISTINCT ba.uid) AS distinct_uid_count
FROM bank_account_tab ba
WHERE ba.channel_id != 10004 -- 数字钱包服务
    AND ba.flag IN (1, 257); -- 用户没有被封禁
```

改动的逻辑可以降低计算复杂度，不需要关联其他两张表，只做去重计数即可，这大大降低了资源开销（尤其是在流计算中）。

2. 不要只关注方法论和工具

例如归因分析，假设某月的订单量和 App 活跃人数下降了，对于很多数据分析人员或开发人员来说，接到需求或者抛出的问题后可能马上就会拿着数据去做多维交叉分析，分

析什么原因导致订单量下降，而不是主动去思考其中存在的业务痛点以及业务流程。订单交易量或者 MAU（月活跃用户人数）下降有很多原因，例如产品设计问题、购买流程问题，甚至在电商大促后，各项指标的回落都是合理且在预期范围内的。当数据指标出现异常时，我们不应急于从数据本身寻找答案，而应该深入探究背后的业务逻辑，因为真正的答案往往隐藏在那里。

3. 对现有技术栈有清晰认知

术业有专攻，大数据引擎或框架的种类繁多，都有各自的适用场景和局限性，再结合业务及需求复杂度，很难有大一统的方案能够解决所有问题。大多是一类场景对应一类解决方案。举个例子，我们不能要求 Spark 完成毫秒级的实时运算，也不能指望 Flink 来处理企业年度财报。需求方不了解也不关心引擎的具体实现和局限性，但数据分析和开发人员作为桥接人员，需要有一定广度和深度的知识储备，帮助或引导模糊的需求具象化、合理化。

4.2 利用执行计划

执行计划（Execution Plan，也叫查询计划或者解释计划）是执行 SQL 语句的具体步骤。我们可以通过 EXPLAIN 命令查看优化器针对指定 SQL 生成的逻辑执行计划。如果要分析某条 SQL 的性能问题，通常需要先查看 SQL 的执行计划，排查每一步 SQL 执行是否存在问题。所以读懂执行计划是 SQL 优化的先决条件，而了解执行计划的算子是理解 EXPLAIN 命令的关键。

```
EXPLAIN [LOGICAL | FORMATTED | EXTENDED | CODEGEN | COST] statement
```

例如以下的查询任务用于实时统计每小时用户领取优惠券后的消费累计金额。

```
-- Flink SQL
CREATE VIEW IF NOT EXISTS view_amount AS
SELECT user_id
       ,ctime AS etl_time
       ,(amount) AS etl_amount
       ,`state`
FROM (SELECT *
          ,ROW_NUMBER() OVER (PARTITION BY concat(CAST(t1.promotion_id AS
              STRING), CAST (t2.order_id AS STRING)) ORDER BY t1.mtime DESC,
              CAST(t1._event['ts_ns'] AS BIGINT) DESC) AS rn
FROM promotion t1
LEFT JOIN (SELECT *
          FROM `order`
```

```
            WHERE LOWER(reference_id) LIKE 'promo%'
            AND LOWER(_event['type']) IN ('insert', 'update')) t2
        ON t1.user_id = t2.user_id
    WHERE 1 = 1
        AND LOWER(t1._event['type']) IN ('insert', 'update')
        AND t2.amount IS NOT NULL
        AND t2.amount > 0) t
    WHERE rn = 1;

CREATE VIEW
IF NOT EXISTS view_aggr AS
SELECT DATE_FORMAT(TO_TIMESTAMP(FROM_UNIXTIME(etl_time, 'yyyy-MM-dd HH:mm:ss')),
    'yyyy-MM-dd HH:00:00') as etl_hour
        ,`state`
        ,SUM(etl_amount) AS total_amount
FROM view_amount
GROUP BY DATE_FORMAT(TO_TIMESTAMP(FROM_UNIXTIME(etl_time, 'yyyy-MM-dd
    HH:mm:ss')), 'yyyy-MM-dd HH:00:00'), `state`;

INSERT INTO result
SELECT UNIX_TIMESTAMP(etl_hour, 'yyyy-MM-dd HH:mm:ss')
        ,total_amount
        ,UNIX_TIMESTAMP()
FROM view_aggr
WHERE `state` = 17; -- 成功
```

查看 Flink SQL 的执行计划如下所示。

```
== Optimized Execution Plan ==
Sink(table=[catalog.database.result], fields=[EXPR$0, total_amount, EXPR$2])
+- Calc(select=[UNIX_TIMESTAMP(etl_hour, 'yyyy-MM-dd HH:mm:ss') AS EXPR$0, total_
    amount, UNIX_TIMESTAMP() AS EXPR$2])
    +- GlobalGroupAggregate(groupBy=[etl_hour, state], select=[etl_hour, state,
        SUM_RETRACT((sum$0, count$1)) AS total_amount])
        +- Exchange(distribution=[hash[etl_hour, state]])
            +- LocalGroupAggregate(groupBy=[etl_hour, state], select=[etl_hour,
                state, SUM_RETRACT(etl_amount) AS (sum$0, count$1), COUNT_
                RETRACT(*) AS count1$2])
                +- Calc(select=[DATE_FORMAT(TO_TIMESTAMP(FROM_UNIXTIME
                    (COALESCE(ctime), 'yyyy-MM-dd HH:mm:ss')), 'yyyy-MM-dd
                    HH:00:00') AS etl_hour, CAST(17 AS INTEGER) AS state, (amount)
                    AS etl_amount], where=[(state = 17)])
                    +- Rank(strategy=[AppendFastStrategy], rankType=[ROW_
                        NUMBER], rankRange=[rankStart=1, rankEnd=1],
                        partitionBy=[$16], orderBy=[mtime DESC, $15 DESC],
                        select=[ctime, mtime, state, amount, $15, $16])
                        +- Exchange(distribution=[hash[$16]])
                            +- Calc(select=[ctime, mtime, state, amount,
```

```
CAST(ITEM(_event, 'ts_ns') AS BIGINT) AS $15,
CONCAT(CAST(promotion_id AS VARCHAR(2147483647)),
CAST(order_id AS VARCHAR(2147483647))) AS $16])
+- Join(joinType=[InnerJoin], where=[(user_id =
   user_id0)], select=[ctime, promotion_id, mtime,
   state, user_id], leftInputSpec=[NoUniqueKey],
   rightInputSpec=[NoUniqueKey])
```

通过查看执行计划，我们可以得到表的读取顺序、表之间的引用、表连接的顺序、表连接的方式以及实际读取文件的位置等信息。尽管不同的框架实现会导致执行计划有所差异，但目的都是相同的。通过使用EXPLAIN关键字，可以模拟优化器执行SQL查询语句，从而理解引擎是如何处理SQL语句的。这样我们就能够分析提交的查询语句可能存在的性能瓶颈。例如，某业务需求需要统计非自营渠道的支付订单数，其计算逻辑如下所示。

```
SELECT get_json_object(a1.resp_payload_json,'$.data.device_id') AS device_id
       ,COUNT(DISTINCT t1.transaction_id)
FROM transaction AS t1
JOIN action_tab AS a1
    ON t1.transaction_id = a1.transaction_id
JOIN order AS o1
    ON t1.order_id = o1.order_id
WHERE a1.type = 44 -- 反欺诈，获取设备信息
    AND get_json_object(o1.order_info, '$.merchant_info.merchant_type')!='4'
    AND t1.type = 1 -- 支付 payment
    AND t1.state = 4 -- 支付成功
GROUP BY get_json_object(a1.resp_payload_json,'$.data.device_id');
```

在支付订单处理系统中，订单的流转涉及3个关键子模块。首先是表order，它详细记录了支付订单的流水信息，包括订单id、订单金额等关键数据。其次是表transaction，这里记录了卖家的信息，如商家id、商家类别等。最后是表action，它记录了买家的信息，例如买家的用户id和设备id等。通过这些表的关联分析，我们可以筛选出merchant_type不为4的订单记录，这些数据代表了非自营渠道的支付订单。

在任务发布后，业务团队反馈计算出的指标与实际情况存在偏差，即数据出现了失真。在与业务团队和数据产品团队多次确认计算逻辑无误之后，我们开始怀疑是否在任务执行过程中出现了所谓的“负优化”问题。为了验证这一猜想，我们查看了SQL查询的执行计划，并最终发现了导致数据失真的原因所在。

```
EXPLAIN EXTENDED
SELECT get_json_object(a1.resp_payload_json,'$.data.device_id') AS device_id
-- ...
WHERE a1.type = 44 -- 反欺诈，获取设备信息
    AND get_json_object(o1.order_info, '$.merchant_info.merchant_type') != '4'
```

```
+- Project [order_id#51]
   +- Filter (NOT (get_json_object(order_info#50, $.merchant_info.merchant_type)
      = 4) AND isnotnull(order_id#51))
      +- FileScan parquet order[order_info#50,order_id#51] Batched: true ...
```

在 order 表中，merchant_type 的分布如下。当 Spark SQL 执行查询任务时，它会将 order 表的过滤条件 merchant_type <> 4 优化为 NOT（merchant_type = 4）。然而，这个优化过程中引入了一个隐含的条件，即 NOT 条件会同时过滤掉 merchant_type 为 NULL 或为空字符串的情况。对于业务需求而言，这两种情况实际上也应该被包含在内，所以导致了计算指标失真。

```
-- merchant_type  数据条数
NULL     3255601
0        420435
1        2956067
2        11336
4        15639575
```

于是我们调整查询任务，过滤条件需要额外考虑 NULL 和空字符串的情况，指标就此恢复正常。

```
-- ...
WHERE a1.type = 44 -- 反欺诈，获取设备信息
    AND (get_json_object(o1.order_info, '$.merchant_info.merchant_type') != '4' OR
        get_json_object(o1.order_info, '$.merchant_info.merchant_type') IS NULL OR
        get_json_object(o1.order_info, '$.merchant_info.merchant_type') = '')
    AND t1.type = 1 -- 支付 payment
```

4.3 利用统计信息

前文提到了 CBO 在计算代价时，除考虑了固定的单位消耗外，还参考了一些统计数据。这很好理解，单价乘以数量才等于总价。而这些统计数据，由于和具体的数据内容有关，因此需要通过采集和计算才可以得到。我们可以将这些统计数据分为表级别的统计数据（如行数、大小等）和列级别的统计数据（如最大、最小值等）两类。

在 Hive 中，除了保存元数据库表之外，也会保存上述两类统计信息，包括表或分区的大小、行数等信息，这些信息对于查询优化至关重要，详见表 4-1。

Hive 会尽可能地在每次变更数据时更新统计信息，以确保其准确性。统计信息的主要用途在于辅助 CBO 制定更高效的查询计划，从而选择成本最低的执行路径。此外，当启用配置 hive.compute.query.using.stats（默认关闭）时，对于 COUNT(1)、MIN、MAX 等聚合查询，引擎会直接利用统计信息快速返回结果，而无须进行实际的文件扫描操作。

表 4-1 Hive 中表、分区和字段级别的统计信息

统计级别	统计信息	定义	何时更新
表、分区	numFiles	文件个数	每次通过 Hive 写入时都会更新
	totalSize	文件总大小	
	numRows	总行数	如果 hive.stat.autogather 开启，则写入时自动更新，或通过 ANALYZE 命令更新
	rawDataSize	数据解压后加载到内存的大小	
字段	min	字段在表中的统计值，包含最小值、最大值、空值个数、唯一值个数、平均长度、最大长度	如果 hive.stat.autogather 开启，则写入时自动更新，或通过 ANALYZE 命令更新
	max		
	num_nulls		
	distinct_count		
	avg_col_len		
	max_col_len		

在 Spark 中，尽管我们也使用 Hive Metastore 来管理库表的元数据，并且 Spark 能够兼容 Hive 表的读写操作，但 Spark 对于 Hive 统计信息的利用与 Hive 本身存在差异。具体来说，Spark 定义了一套自己的参数前缀（spark.sql.statistics...），并不直接使用 Hive 的统计信息。Spark 所依赖的统计信息的细节见表 4-2。

表 4-2 Spark 中表、分区和字段级别的统计信息

统计级别	统计信息	定义	何时更新
表、分区	spark.sql.statistics.totalSize	文件总大小	如果 spark.sql.statistics.size.autoUpdate.enabled 开启，则 Spark 写入时自动更新，或者使用 ANALYZE 命令更新
	spark.sql.statistics.numRows	总行数	仅使用 ANALYZE 命令更新
字段	spark.sql.statistics.cloStats.{column}.avgLen	字段在表中的统计值，包含平均长度、唯一值个数、最小值、最大值、最大长度、空值个数	仅在使用 ANALYZE TABLE {table} STATISTICS FOR COLUMNS 时更新
	spark.sql.statistics.cloStats.{column}.distinctCount		
	spark.sql.statistics.cloStats.{column}.min		
	spark.sql.statistics.cloStats.{column}.max		
	spark.sql.statistics.cloStats.{column}.maxLen		
	spark.sql.statistics.cloStats.{column}.nullCount		
	spark.sql.statistics.cloStats.{column}.histogram	将字段数据分布按百分位分成 N 个桶，记录每个桶的最小值、最大值、唯一值个数	仅当 spark.sql.statistics.histogram.enabled 开启，并且执行 ANALYZE TABLE {table} STATISTICS FOR COLUMNS 时更新

Spark 定义了一套自己的统计指标和规则体系，这意味着由 Spark 引擎写入的统计信息不会被其他引擎所利用和共享。此外，我们也可以观察到，Spark 在处理统计信息的写入时比 Hive 更为谨慎。在默认配置下，Spark 并不会在数据写入时自动更新统计信息，这导致 Hive Metastore 中的统计数据可能无法准确地反映表的当前状态。

Spark 主要通过 org.apache.spark.sql.execution.command.CommandUtils 类中的 update-TableStats 方法来更新表级别的统计信息，以下是相关的代码片段。其原理为，如果处理的是非分区表，它会递归遍历表存储路径下的所有文件，并对每个文件的大小进行求和。如果处理的是分区表，它会默认使用 listPartitions 方法获取所有分区的路径，然后并行计算每个分区的大小。最终，该方法只会更新表级别的 spark.sql.statistics.totalSize 属性。

```
def updateTableStats(sparkSession: SparkSession, table: CatalogTable): Unit = {
    // 参数开始
    if (sparkSession.sessionState.conf.autoSizeUpdateEnabled) {
        val newTable = catalog.getTableMetadata(table.identifier)
        // 计算目录总大小
        val (newSize, newPartitions) = CommandUtils.calculateTotalSize(sparkSession,
            newTable)
    }
}

def calculateTotalSize(
                        spark: SparkSession,
                        catalogTable: CatalogTable,
                        partitionRowCount: Option[Map[TablePartitionSpec,
                            BigInt]] = None):
(BigInt, Seq[CatalogTablePartition]) = {
    // 如果是非分区表，遍历路径下所有文件求大小
    val (totalSize, newPartitions) = if (catalogTable.partitionColumnNames.
        isEmpty) {
        val size = calculateSingleLocationSize(sessionState, catalogTable.identifier,
            catalogTable.storage.locationUri)
        (BigInt(size), Seq())
    } else {
        // 获取所有分区路径，再计算每个分区大小
        val partitions = sessionState.catalog.listPartitions(catalogTable.identifier)
    }
}
```

对于字段级别的统计信息，我们只能通过执行 ANALYZE TABLE ... COMPUTE STATISTICS FOR COLUMNS ... 命令来进行计算和写入。这个语句会记录某个字段在整张表中的最小值、最大值等统计信息，但并不会在分区维度上进行统计。字段级别的统计信息包括平均长度（avgLen）、唯一值的数量（distinctCount）、最小值（min）、最大值（max）、最大长度（maxLen）、空值数量（nullCount）以及直方图（histogram）。前几个统计值的含

义相对直观，而直方图（histogram）则较为特殊，需要在开启spark.sql.statistics.histogram.enabled后，再运行ANALYZE命令才能生成。直方图会将字段值的分布切分成n个百分比位（n = spark.sql.statistics.histogram.numBins，默认值为254），每一段内部会统计最小值、最大值和唯一值的数量。

表或字段的统计信息有助于我们更深入地了解表中数据的分布情况，从而规避潜在的问题。例如，单表数据量过大，就可以考虑将表转换为分区或分桶表；如果字段唯一值数量较少，在去重时就需要注意潜在的数据倾斜问题。

4.4 利用日志

日志有助于保护开发人员和用户免受应用程序和系统中大规模故障和问题的影响。由于我们无法24h实时监控查询任务，因此，当任务出现错误并失败时，我们需要确定原因，此时日志的重要性就显现出来了。日志对于程序执行的监控和问题定位至关重要。在系统设计、开发和实现的过程中，必须关注输出的日志，这对于查询任务的异常分析至关重要。

以Spark On Yarn为例，例如以下查询任务，我们需要通过多表关联来获取与订单支付、优惠券使用相关的统计指标，任务在执行2h后失败。

```
SELECT   user_id
        ,order_id
        ,item_id
        ,create_time
        ,gmv_usd
        ,nmv_usd
        ,is_official_shop -- 官方渠道
        ,IF(b.payment_l1_mapping = 'pay', 1, 0) AS is_pay -- 三方支付
        ,IF(b.payment_l1_mapping = 'wallet', 1, 0) AS is_wallet -- 钱包支付
        -- ...
        ,(item_rebate_usd + voucher_rebate_usd + coin_rebate_usd + shipping_
           rebate_usd) AS net_total_cost_usd -- 不包含增值税的所有费用
        ,(IF(c.promotion_id IS NOT NULL, pv_voucher_rebate_usd+pv_coin_rebate_
           usd, 0)+ if(d.promotion_id IS NOT NULL, sv_voucher_rebate_usd+sv_
           coin_rebate_usd, 0)+ if(e.promotion_id IS NOT NULL, shipping_rebate_
           usd, 0)) AS net_total_campaign_cost_usd
        ,IF(c.promotion_id IS NOT NULL AND c.voucher_type = 'voucher', pv_
           voucher_rebate_usd, 0) AS b_voucher_cost_usd -- 优惠券
        ,IF(c.promotion_id IS NOT NULL AND c.voucher_type = 'coin', pv_coin_
           rebate_usd, 0) AS a_voucher_cost_usd -- 金币
        ,IF(e.promotion_id IS NOT NULL, shipping_rebate_usd, 0) AS net_fsv_
           voucher_cost_usd
        ,IF(c.promotion_id IS NOT NULL OR d.promotion_id IS NOT NULL OR
```

```
            e.promotion_id IS NOT NULL, 1, 0) AS has_abc_voucher
        ,IF(a.pv_promotion_id IS NOT NULL OR a.sv_promotion_id IS NOT NULL OR
            a.fsv_promotion_id IS NOT NULL, 1, 0) AS has_any_voucher
FROM `order` a -- 支付流水表
LEFT OUTER JOIN payment b -- 支付渠道表
    ON a.payment_channel_id = b.payment_channel_id
LEFT OUTER JOIN voucher c -- 优惠券表
    ON a.abc_journey_id = c.journey_id
    AND a.abc_version_id = c.version_id
    AND CAST(a.pv_promotion_id AS STRING) = c.promotion_id -- 平台的优惠券id
LEFT OUTER JOIN voucher d -- 优惠券表
    ON a.abc_journey_id = d.journey_id
    AND a.abc_version_id = d.version_id
    AND CAST(a.sv_promotion_id AS STRING) = d.promotion_id -- 卖家的优惠券id
LEFT OUTER JOIN voucher e -- 优惠券表
    ON a.abc_journey_id = e.journey_id
    AND a.abc_version_id = e.version_id
    AND CAST(a.fsv_promotion_id AS STRING) = e.promotion_id; -- 免费配送的优惠券id
```

如图4-3所示，为了获取执行日志，分析任务失败的原因，我们需要在Yarn页面搜索对应的ApplicationID来找到自己的任务，然后单击左侧的Application Master链接进入Spark UI界面。

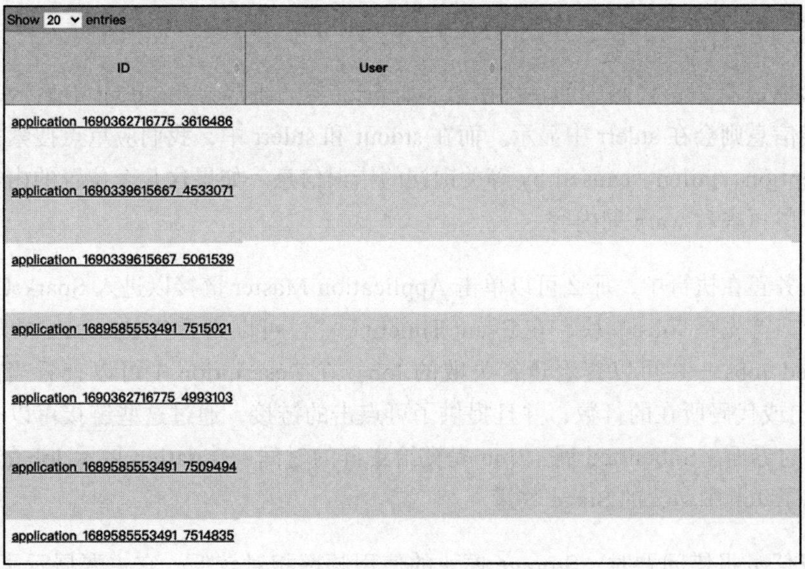

Show 20 entries

ID	User	
application_1690362716775_3616486		
application_1690339615667_4533071		
application_1690339615667_5061539		
application_1689585553491_7515021		
application_1690362716775_4993103		
application_1689585553491_7509494		
application_1689585553491_7514835		

图4-3 Yarn Application列表

如图4-4所示，进入Application的信息界面，FinalStatus显示了该Application的最后状态，单击下方的Logs按钮会进入Driver日志界面。

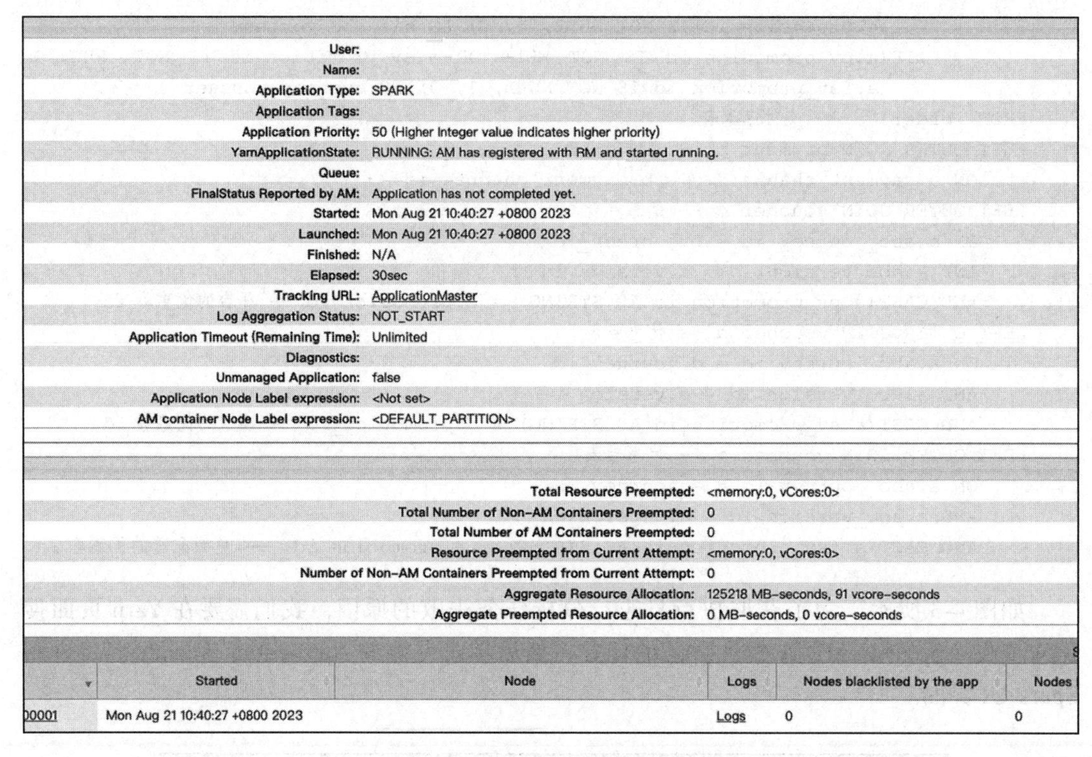

图 4-4 Application 的信息界面

对于 Driver 日志，代码中的输出函数（如 print 等）通常会在 stdout 中显示，而大部分重要的错误信息则会在 stderr 中显示。而在 stdout 和 stderr 中，我们应重点搜索并查看带有 error、exception、failed、caused by 等关键词的错误信息。如果这几个位置的内容都没有问题，那么可以再查看 warn 的内容。

如果任务正在执行中，那么可以单击 Application Master 链接以进入 Spark UI 界面。如图 4-5 所示，首先是 Jobs 模块，在 Event Timeline 一栏可以查看各 Executor 的加入与回收情况。Failed Jobs 一栏可以查看运行失败的 Job。在 Description 中可以查看当前 Job 执行的 SQL 语句或代码所在的行数，并且提供了可点击的链接，通过这些链接可以查看包含的各个 Stage 的界面。Submitted 展示 Job 提交给集群的时间，Duration 展示 Job 的执行时长，Stages 则展示 Job 中包含的 Stage 数量。

在排查任务报错问题时，Storage 模块的使用频率相对较低，它主要展示了各 RDD 数据在内存或磁盘中的存储状态。Environment 模块则展示集群和应用程序的配置信息，例如 JDK 版本、Scala 版本以及各项 Spark 配置参数的值（比如 Driver 的内存大小、Executor 数量等）。Executors 模块提供了 Driver 和 Executors 的详细信息。同时，Jobs 和 Stages 模块中记录的失败 Task 也会在 Executors 模块中展示，因此，我们也可以通过这个模块进入各个节点的 stdout 和 stderr 日志来查看错误信息，如图 4-6 所示。

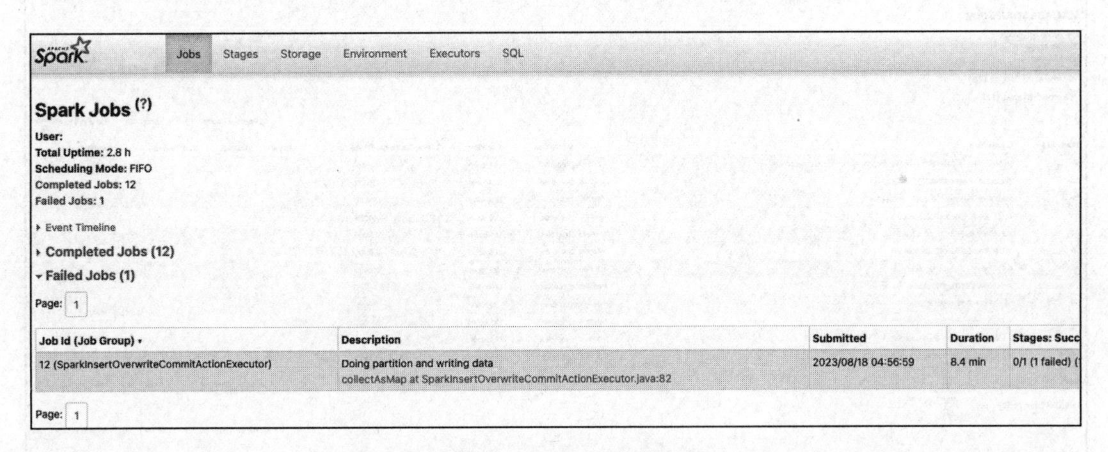

图 4-5　Spark UI 界面

Summary

	RDD Blocks	Storage Memory	Disk Used	Cores	Active Tasks	Failed Tasks	Complete Tasks	Total Tasks	Task Time (GC Time)	Input	Shuffle Read	Shuffle Write	Excluded
Active(149)	0	0.0 B / 1 TiB	0.0 B	296	28	0	9283	9482	58.9 h (8.3 h)	511 GiB	206.3 GiB	177.5 GiB	0
Dead(165)	0	0.0 B / 1.1 TiB	0.0 B	330	1	187	9180	9465	77.2 h (8.3 h)	452.8 GiB	216.7 GiB	187.9 GiB	0
Total(314)	0	0.0 B / 2.2 TiB	0.0 B	626	29	187	18463	18947	136.1 h (16.6 h)	963.7 GiB	423 GiB	365.4 GiB	0

Executors

Show 20 entries　　Search:

Executor ID	Address	Status	RDD Blocks	Storage Memory	Disk Used	Cores	Active Tasks	Failed Tasks	Complete Tasks	Total Tasks	Task Time (GC Time)	Input	Shuffle Read	Shuffle Write	Logs
driver		Active	0	0.0 B / 4.1 GiB	0.0 B	0	0	0	0	0	0.0 ms (0.0 ms)	0.0 B	0.0 B	0.0 B	stdout stderr
9		Dead	0	0.0 B / 7 GiB	0.0 B	2	0	0	240	240	58 s (0.2 s)	0.0 B	27.6 KiB	0.0 B	stdout stderr
89		Dead	0	0.0 B / 7 GiB	0.0 B	2	0	0	20	20	13 s (0.1 s)	0.0 B	5.3 KiB	0.0 B	stdout stderr
90		Dead	0	0.0 B / 7 GiB	0.0 B	2	0	0	2	2	9 s (0.1 s)	0.0 B	522 B	0.0 B	stdout stderr
91		Dead	0	0.0 B / 7 GiB	0.0 B	2	0	0	2	2	9 s (80.0 ms)	0.0 B	436 B	0.0 B	stdout stderr
92		Dead	0	0.0 B / 7 GiB	0.0 B	2	0	0	2	2	11 s (0.1 s)	0.0 B	576 B	0.0 B	stdout stderr
93		Dead	0	0.0 B / 7 GiB	0.0 B	2	0	0	16	16	13 s (0.1 s)	0.0 B	4.1 KiB	0.0 B	stdout stderr
94		Dead	0	0.0 B / 7 GiB	0.0 B	2	0	0	160	160	35 min (40 s)	714.4 MiB	2.5 GiB	3 GiB	stdout stderr

图 4-6　Spark UI Executors 模块

接下来，我们进入 Stages 模块。该模块展示了所有 Stage 的状态信息，其显示内容与 Jobs 模块类似，但增加了一些额外的信息。例如，Shuffle Read 一栏展示了从上一个 Stage 读取的数据量，Shuffle Write 一栏则展示该 Stage 写入的数据量，供下一个 Stage 使用。若有 Stage 执行失败，其失败原因也会在 Failure Reason 栏中列出，如图 4-7 所示。

在各个 Stage 的 Description 栏中，有指向详细信息界面的链接。单击这些链接可以查看该 Stage 的详细信息，包括总执行时长、任务的本地化级别、输入数据量（包括容量和条数）、输出到下一个 Stage 的数据量，以及当前执行任务的 DAG。详细信息如图 4-8 所示。

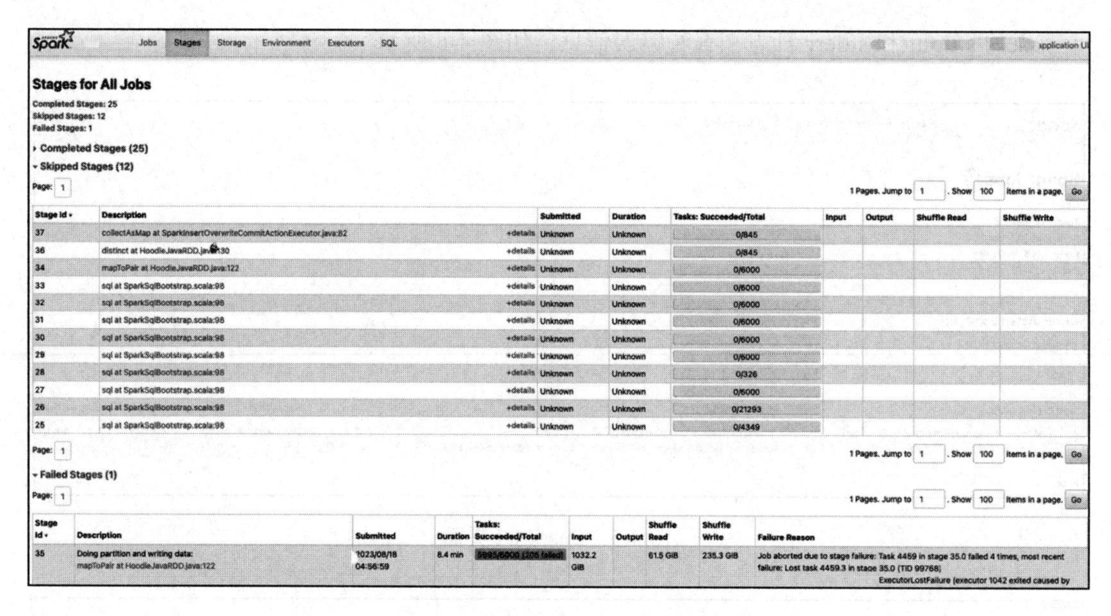

Stage Id	Description		Submitted	Duration	Tasks: Succeeded/Total	Input	Output	Shuffle Read	Shuffle Write
37	collectAsMap at SparkInsertOverwriteCommitActionExecutor.java:82	+details	Unknown	Unknown	0/845				
36	distinct at HoodieJavaRDD.java:130	+details	Unknown	Unknown	0/845				
34	mapToPair at HoodieJavaRDD.java:122	+details	Unknown	Unknown	0/6000				
33	sql at SparkSqlBootstrap.scala:98	+details	Unknown	Unknown	0/6000				
32	sql at SparkSqlBootstrap.scala:98	+details	Unknown	Unknown	0/6000				
31	sql at SparkSqlBootstrap.scala:98	+details	Unknown	Unknown	0/6000				
30	sql at SparkSqlBootstrap.scala:98	+details	Unknown	Unknown	0/6000				
29	sql at SparkSqlBootstrap.scala:98	+details	Unknown	Unknown	0/6000				
28	sql at SparkSqlBootstrap.scala:98	+details	Unknown	Unknown	0/326				
27	sql at SparkSqlBootstrap.scala:98	+details	Unknown	Unknown	0/6000				
26	sql at SparkSqlBootstrap.scala:98	+details	Unknown	Unknown	0/21293				
25	sql at SparkSqlBootstrap.scala:98	+details	Unknown	Unknown	0/4349				

Stage Id	Description	Submitted	Duration	Tasks: Succeeded/Total	Input	Output	Shuffle Read	Shuffle Write	Failure Reason
35	Doing partition and writing data: mapToPair at HoodieJavaRDD.java:122	2023/08/18 04:56:59	6.4 min	5995/6000 (205 failed)	1032.2 GiB		61.5 GiB	235.3 GiB	Job aborted due to stage failure: Task 4459 in stage 35.0 failed 4 times, most recent failure: Lost task 4459.3 in stage 35.0 (TID 99768) ExecutorLostFailure (executor 1042 exited caused by

图 4-7　Spark UI Stages 模块

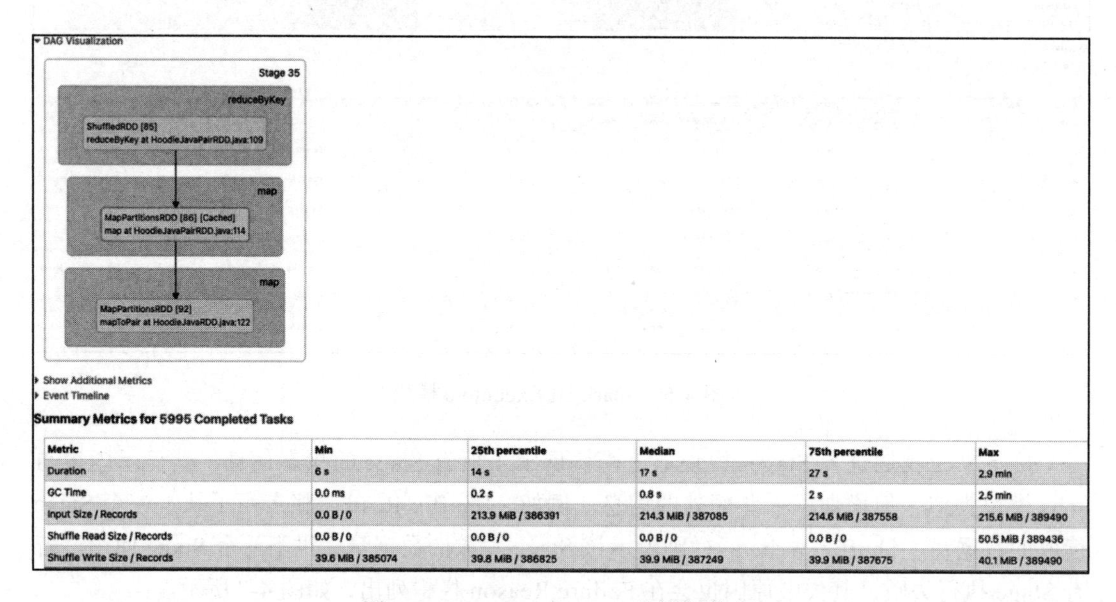

Metric	Min	25th percentile	Median	75th percentile	Max
Duration	6 s	14 s	17 s	27 s	2.9 min
GC Time	0.0 ms	0.2 s	0.8 s	2 s	2.5 min
Input Size / Records	0.0 B / 0	213.9 MiB / 386391	214.3 MiB / 387085	214.6 MiB / 387558	215.6 MiB / 389490
Shuffle Read Size / Records	0.0 B / 0	0.0 B / 0	0.0 B / 0	0.0 B / 0	50.5 MiB / 389436
Shuffle Write Size / Records	39.6 MiB / 385074	39.8 MiB / 386825	39.9 MiB / 387249	39.9 MiB / 387675	40.1 MiB / 389490

图 4-8　Spark UI 各 Stage 的详细信息

如图 4-9 所示，Tasks 表格中详细记录了该 Stage 中每个 Task 的执行情况，包括任务 id、尝试次数、状态、本地化级别、所属的执行器 id、所在的机器 IP 或域名、启动时间、持续时间以及调度延迟等信息。如果任务失败，失败原因也会展示出来。

如果在 Tasks 表格中展示的失败原因不够详细，还可以通过单击 Host 列中的 stdout 或

stderr 链接来查看该 Task 所在 Executor 更为完整的日志。如图 4-10 所示，我们按照上述过程逐步操作，根据日志最终定位到任务失败的原因是 OOM，也就是堆内存使用量达到最大内存限制。通过调整内存设置，任务得以恢复正常执行。

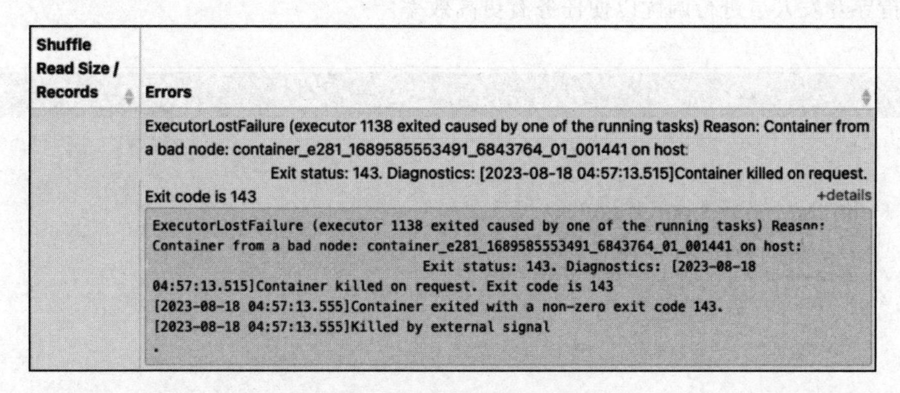

图 4-9　Spark UI Tasks 表格

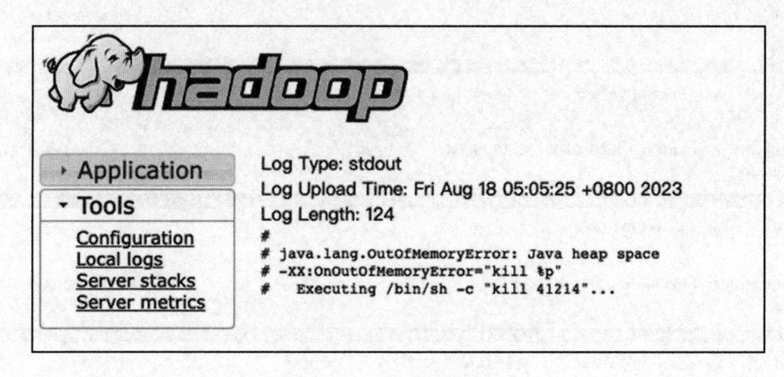

图 4-10　任务异常日志

4.5　利用分析工具

在 SQL 调优中，我们的目标就是使 SQL 任务的响应时间更快，数据吞吐量更大。除了利用 4.4 节中介绍的微观日志分析外，我们也可以利用宏观的监控及分析工具，收集 SQL 任务的各项指标，帮助我们快速找到调优的思路和方式，从而节约集群宝贵的计算资源与时间。接下来笔者将简单介绍在实际工作中会用到的几款性能分析工具。

4.5.1　Dr.Elephant

Dr.Elephant 于 2016 年 4 月由 LinkedIn 开源，是一个支持 Hadoop 和 Spark 的性能监控

和调优工具，其概览如图 4-11 所示。Dr.Elephant 能自动收集所有指标，进行数据分析，并以简单易用的方式进行呈现。与此同时，Dr.Elephant 也支持对 Hadoop 和 Spark 任务进行可插拔式、配置化以及基于规则的启发式 Job 性能分析，并且能根据分析结果给出合适的建议，来指导开发人员进行调优以使任务有更高效率。

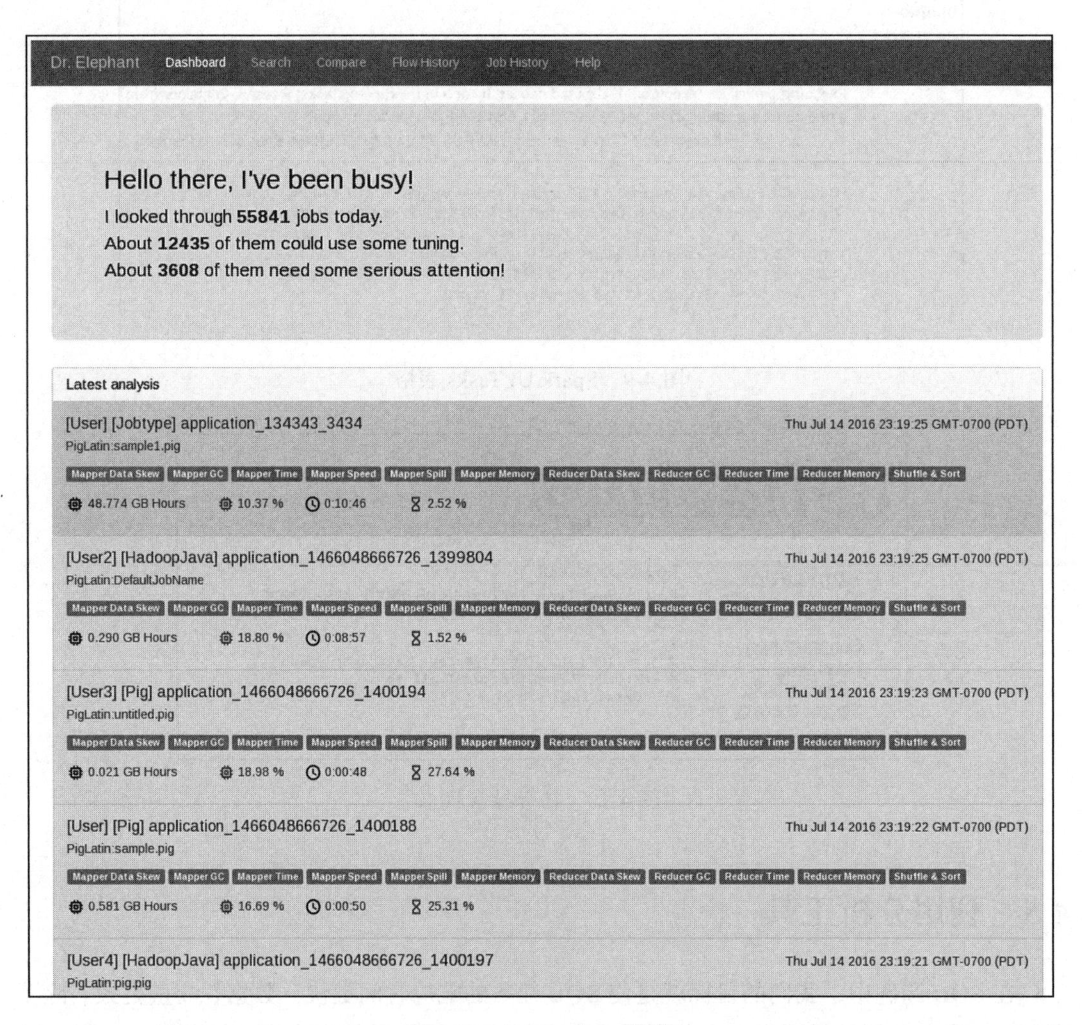

图 4-11　Dr.Elephant 概览

概览 Dashboard 页面按时间由近到远的顺序展示出 Job 的诊断结果。如图 4-12 所示，也可以通过 Search 页面搜索指定的 Job。

在单个作业的状态栏中，每一个 Tab 栏都对应一条规则，绿色表示没有问题，任务正高效运行。而其他颜色则表示需要优化，其中，NONE 表示不需要优化，LOW 表示有很小的优化空间，MODERATE 表示有一定优化空间，SEVERE 表示有更多的优化空间，

CRITICAL 表示有明显问题且必须优化。

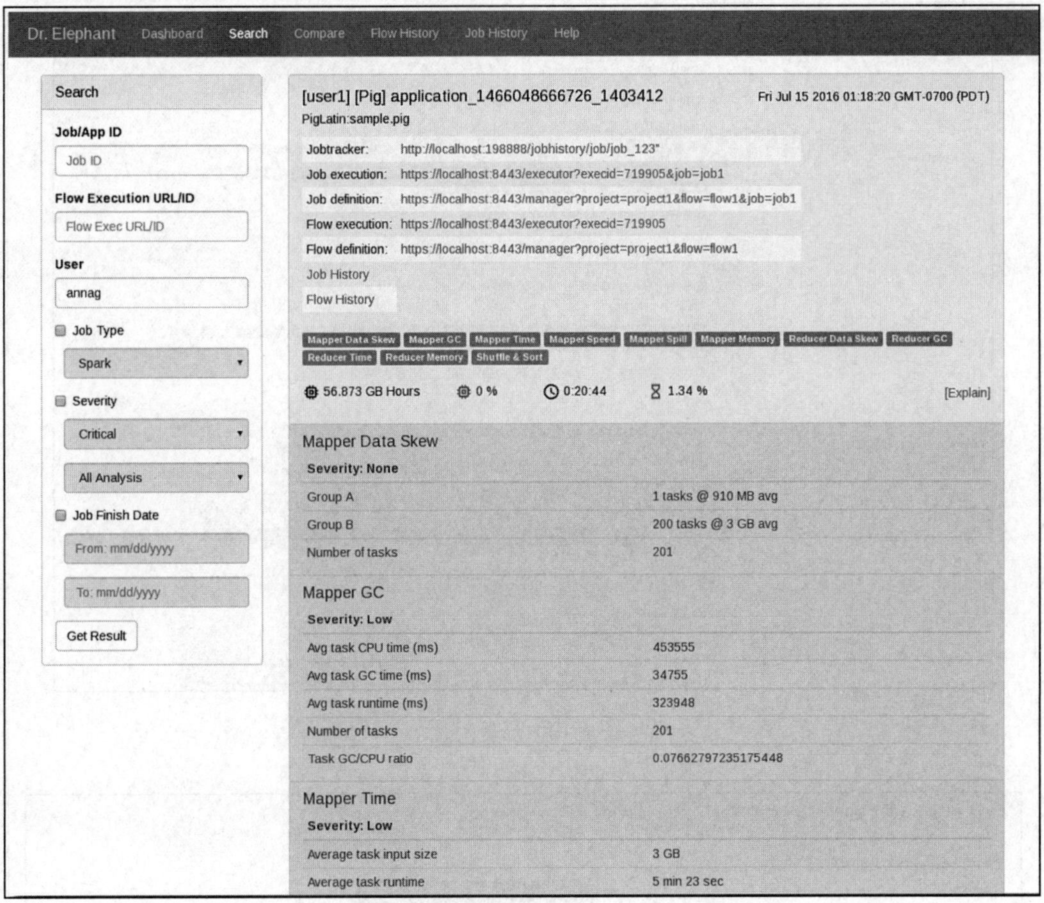

图 4-12 Dr.Elephant 搜索任务

除了搜索之外，Dr.Elephant 还支持图 4-13 所示的任务对比功能。

对于单个任务，Dr.Elephant 也支持展示任务性能表现的历史趋势，如图 4-14 所示。

优化建议如图 4-15 所示，主要围绕 Mapper 数量、Reducer 数量、内存设置以及生成的文件数量等参数配置展开。

Dr.Elephant 的系统架构如图 4-16 所示，主要包括以下 3 个部分。

- 数据采集，数据源为 Yarn Job History Server。
- 诊断和建议，即内置诊断系统。
- 存储和展示，包括 MySQL 存储和 Web UI 展示。

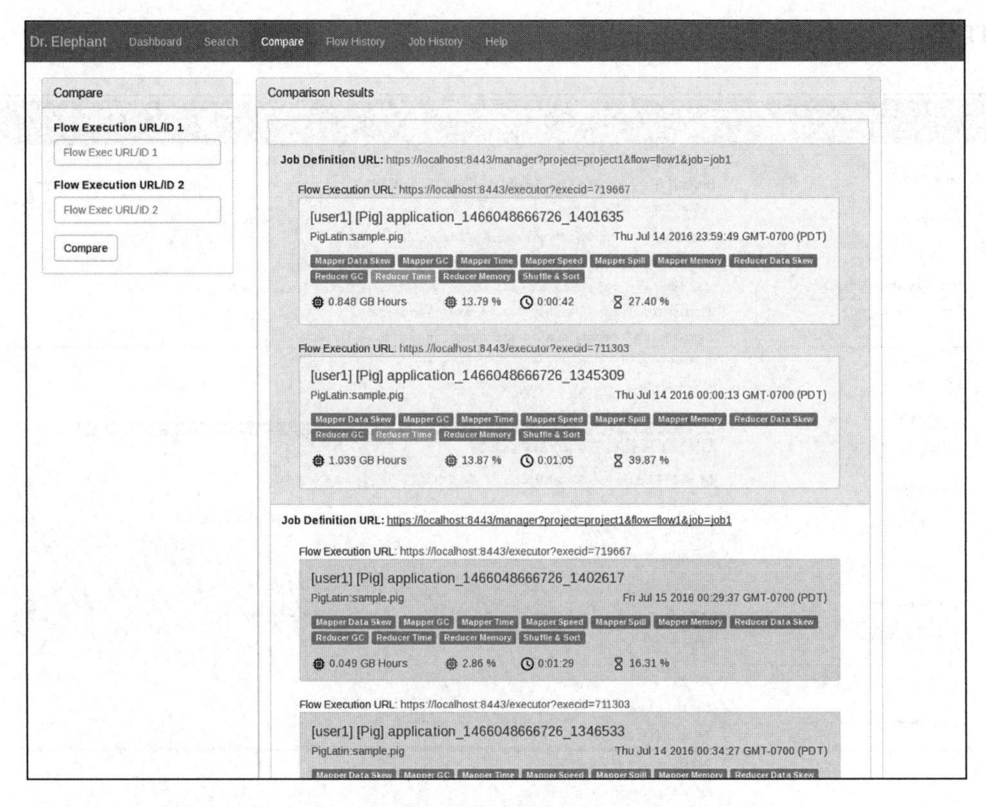

图 4-13　任务对比

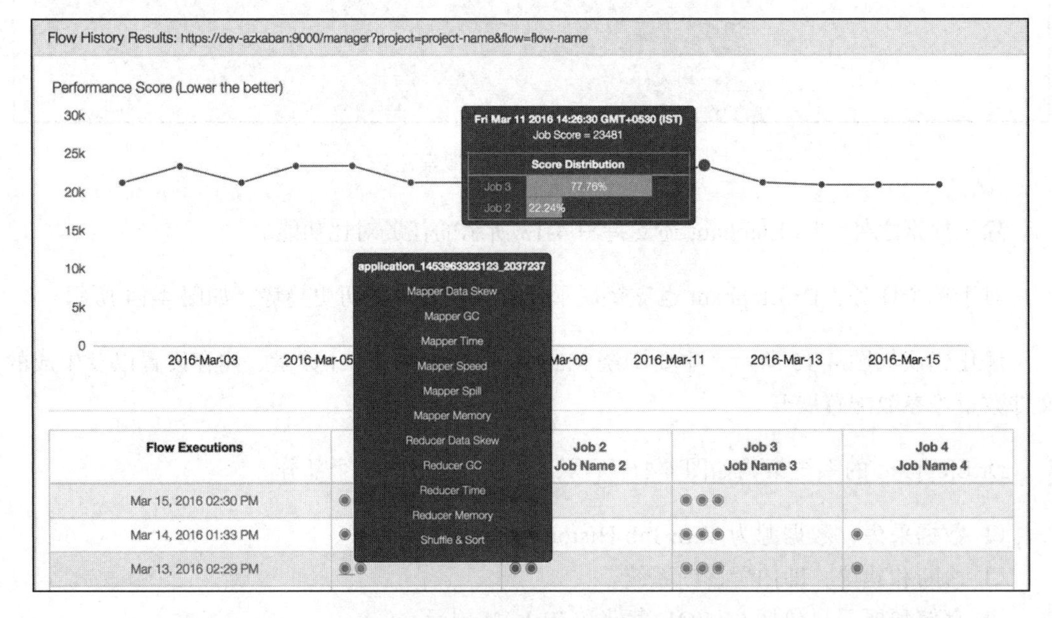

图 4-14　任务性能表现的历史趋势

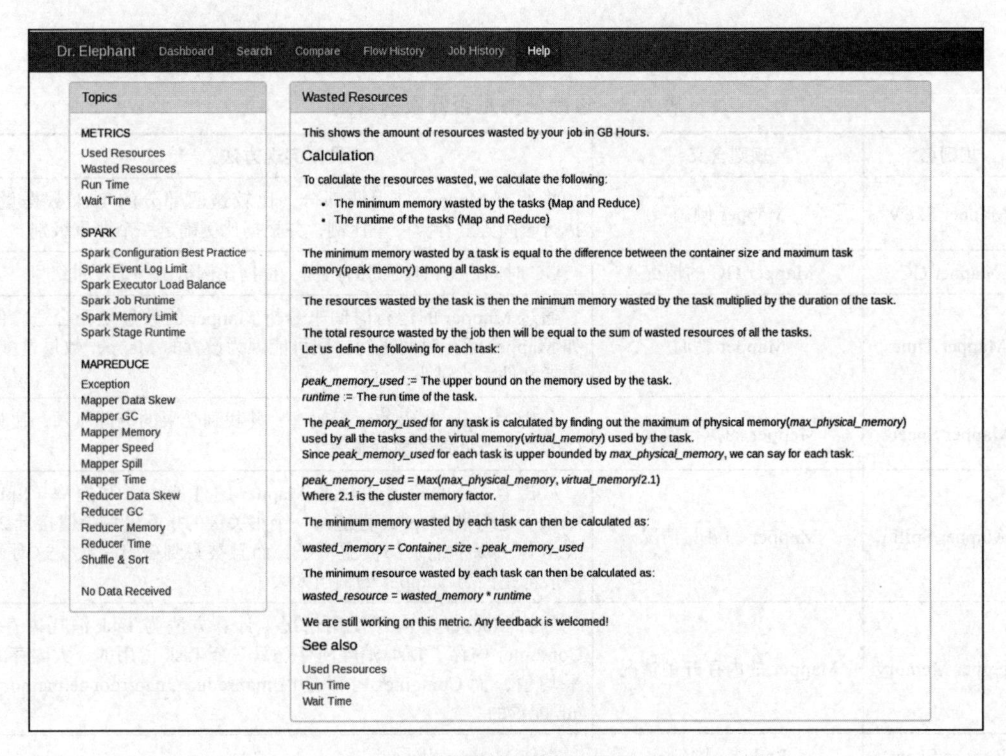

图 4-15　针对任务的优化建议

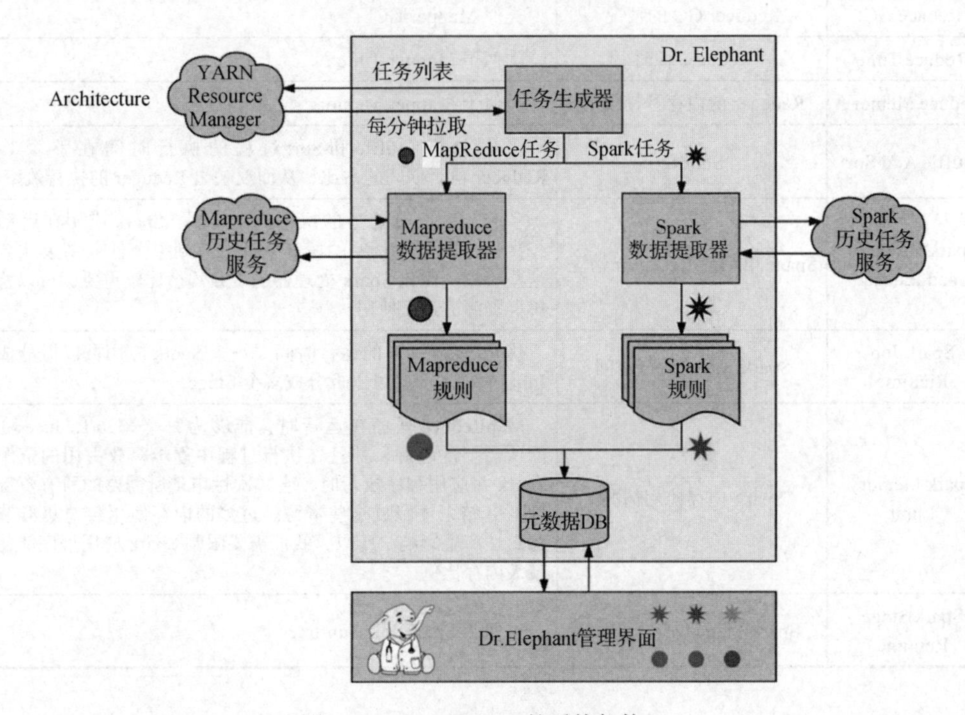

图 4-16　Dr.Elephant 的系统架构

除此之外，Dr.Elephant还具有丰富的用于诊断任务是否健康的规则，详见表4-3。

表4-3 诊断任务是否健康的规则

规则名	规则含义	具体实现方法
Mapper Skew	Mapper倾斜	将所有Mapper分为两部分，比较这两部分的Task数据量、执行时间等。计算一个比例，并根据比例确定一个严重级别
Mapper GC	Mapper GC的情况	GC时间占CPU时间的比例，根据比例给出一个严重级别
Mapper Time	Mapper耗时	通过Mapper的运行时间来分析Mapper的数量是否合适。例如Mapper运行时间很短，则可能因为设置的Mapper数量过多，或者文件大小过小
Mapper Speed	Mapper的执行效率	分析Mapper代码的运行效率，并找到受限的资源瓶颈，比如CPU，或者处理的数据量太大
Mapper Spill	Mapper的溢写情况	从磁盘I/O的角度去评测Mapper的性能。溢写速率（Spill Ratio）是衡量Mapper性能的一个很关键的指标。如果值接近2，表示几乎每个记录都被溢写了，而且被写到磁盘2次。这时候一般都是因为Mapper的输出太大了
Mapper Memory	Mapper的内存开销情况	分析Mapper的内存使用情况。计算方法为Task消耗内存/Container内存。Task消耗内存是每一个Task占用的最大内存的平均值，而Container内存是由mapreduce.map/reduce.memory.mb配置的
Reduce Skew	Reducer倾斜	类似Mapper Skew
Reduce GC	Reducer GC的情况	类似Mapper GC
Reduce Time	Reducer耗时	类似于Mapper Time
Reduce Memory	Reducer的内存开销情况	类似于Mapper Memory
Shuffle And Sort	Shullfe	可以分析Shuffle和Sort过程的执行时间在整个Task的Reducer执行期间的占比，从而反映出Reducer的执行效率
Spark Executor Load Balance	Spark申请的Executor情况	和MapReduce任务的执行机制不同，Spark应用在启动后会一次性分配它所需要的所有资源，直到整个任务结束才会释放这些资源。优化Spark处理器的负载均衡比较重要，可以避免对集群资源的过度使用
Spark Job Runtime	Spark Job的运行时间	优化Spark Job的运行时间。一个Spark应用可以拆分成多个Job，每个Job又可以拆分成多个Stage
Spark Memory Limit	Spark内存使用情况	MapReduce任务在运行时，能够为每个Map/Reduce阶段分配所需要的资源，并且在执行过程中逐步释放占用的资源。而Spark在应用程序执行时，会一次性申请所需要的所有资源，直到任务结束才释放这些资源。过多的内存使用会对集群节点的稳定性产生影响。所以，我们需要限制Spark应用程序能使用的最大内存比例
Spark Stage Runtime	Spark Stage的运行时间	类似于Spark Job Runtime

4.5.2　火焰图

火焰图（Flame Graph）是由 Linux 性能优化大师 Brendan Gregg 发明的。和其他的性能分析方法不同，火焰图以一个全局视野来看待时间分布，它由下向上地列出所有可能导致性能瓶颈的调用栈。图 4-17 所示是一个火焰图的示例。

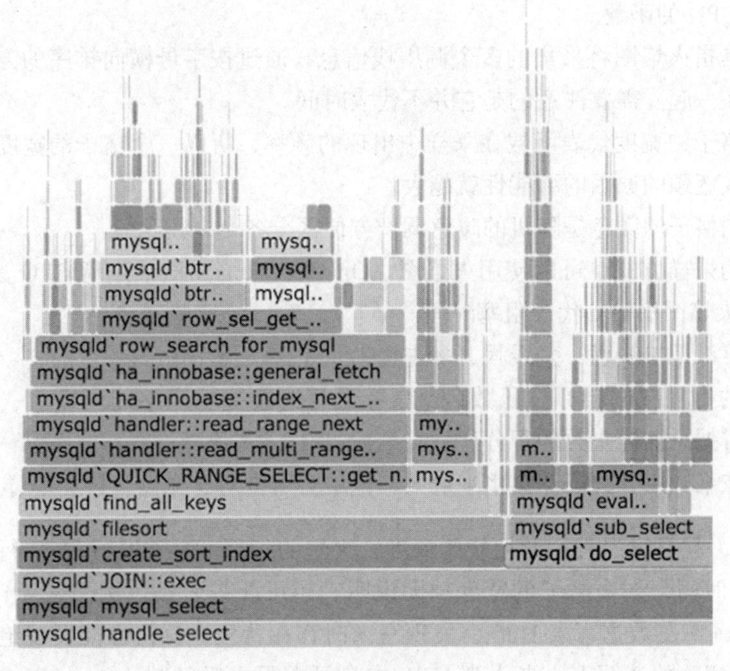

图 4-17　火焰图示例

火焰图具有多种类型，分别对应不同的使用场景，见表 4-4。

表 4-4　火焰图类型

火焰图类型	横轴含义	纵轴含义	解决问题	采样方式
On-CPU 火焰图	CPU 占用时间	调用栈	找出 CPU 占用高的问题函数，分析代码热路径	固定频率采样 CPU 调用栈
Off-CPU 火焰图	阻塞时间	调用栈	I/O、网络阻塞导致的性能下降，锁竞争、死锁导致的性能下降问题	固定频率采样阻塞事件调用栈
内存火焰图	内存申请 / 释放函数调用次数	调用栈	虚拟内存或物理内存泄漏问题，内存占用高的对象 / 申请内存多的函数	有 4 种方式：跟踪 malloc/free、跟踪 brk、跟踪 mmap、跟踪页错误
Hot/Cold 火焰图	On-CPU 火焰图和 Off-CPU 火焰图结合再一起综合展示	调用栈	需要结合 CPU 占用以及阻塞分析，Off-CPU 火焰图无法直观判断的问题	On-CPU 火焰图和 Off-CPU 火焰图结合

火焰图的调用顺序是从下到上，每个方块代表一个函数，它上面一层表示这个函数会调用哪些函数，方块的大小代表了占用 CPU 使用时间的长短。火焰图的配色并没有特殊的意义，默认的红、黄配色是为了更像火焰而已。火焰图具有以下的特点。

- 每一列代表一个调用栈，每一格代表一个函数。
- 纵轴展示了栈的深度，按照调用关系从下到上排列。最顶层的格子代表采样时正在占用 CPU 的函数。
- 横轴是指火焰图将采集的多个调用栈信息，通过按字母横向排序的方式将众多信息聚合在一起。需要注意的是它并不代表时间。
- 横轴格子的宽度代表函数在采样中出现的频率，所以一个格子的宽度越大，说明它是造成瓶颈的原因的可能性就越大。
- 火焰图格子的颜色是随机的暖色调，方便区分各个调用信息。
- 其他的采样方式也可以使用火焰图，On-CPU 火焰图横轴是指 CPU 占用时间，Off-CPU 火焰图横轴则代表阻塞时间。
- 采样可以是单线程、多线程、多进程甚至是多实例。
- 火焰的每一层都会标注函数名，鼠标悬浮时会显示完整的函数名、抽样抽中的次数、占据总抽样次数的百分比。
- 单击在某一层，火焰图会水平放大，该层会占据所有宽度，以显示详细信息。

总的来说，就是纵向表示调用栈的深度，火焰的尖部就是 CPU 正在执行的操作。而横向表示消耗的时间，一个格子的宽度越大说明它越可能是瓶颈。例如图 4-18 所示的 Flink 任务，从 Kafka 消费数据写入 Hudi，发现写入时存在背压，分析性能发现绝大多数的占用都在和 HDFS 相关的读写上，考虑到 Hudi 本身具有写入时复制（Copy on Write）的特性，因此怀疑是一次修改的分区文件太多，导致写性能变差从而产生背压。

火焰图可以帮助我们透过现象看本质，即使没有直接帮我们定位到问题的本质原因，但通过直观的数据比对，我们能够方便地排除对错误原因的猜想，减少了大量的试错成本。面对复杂的调优问题，不仅需要有敏锐的嗅觉和判断，更需要有全面的、称手的性能分析工具。

4.5.3 Prometheus

Prometheus 是由 SoundCloud 开源的监控告警解决方案，2012 年开始编写代码，2015 年开源，发展速度迅猛，社区活跃，并且被广泛应用于各大公司中，Prometheus 通过领先的开源监控解决方案为用户的指标和告警提供了强大的技术支持。Prometheus 的主要特性包括以下几个。

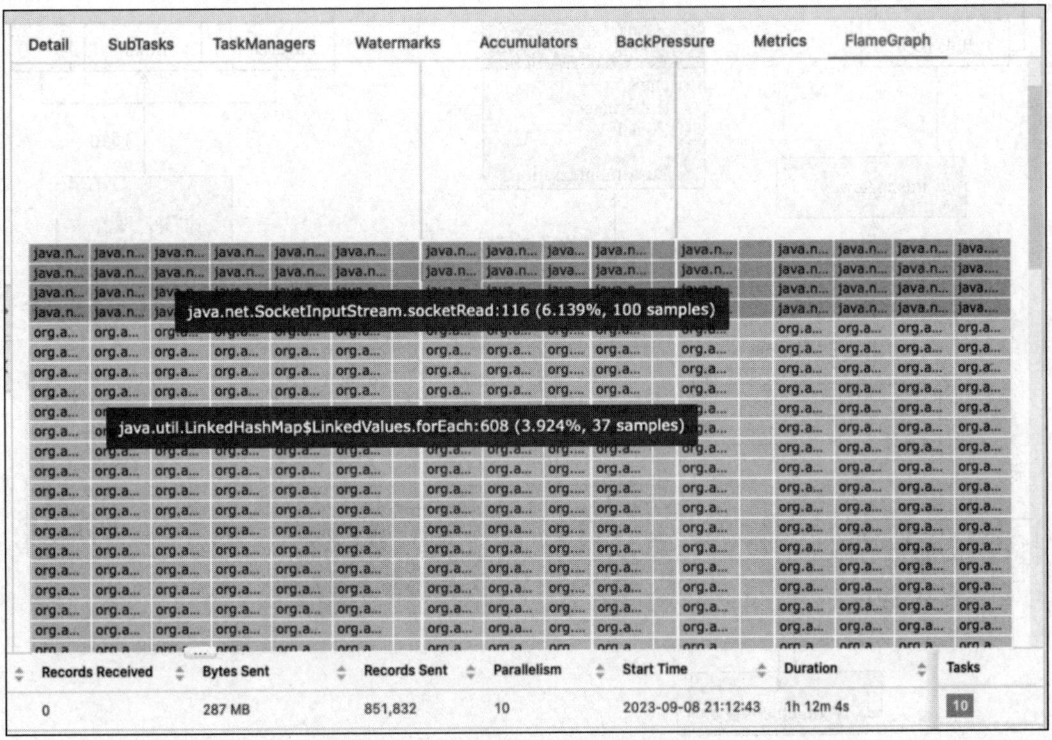

图 4-18　Flink SQL 写 Hudi 任务火焰图

- ❑ Prometheus 是一个多维数据模型，包含由指标名称和键 / 值对（Tag）标识构成的时间序列数据。
- ❑ PromQL 是一种灵活的查询语音，用于查询并利用这些维度的数据。
- ❑ 不依赖分布式存储，单个服务器节点是自治的。
- ❑ 时间序列收集是通过 HTTP 上的 Pull 模型进行的（支持 Pull）。
- ❑ 推送时间序列是通过一个中间网关来支持的（支持 Push）。
- ❑ 目标是通过服务发现的或通过静态配置发现的。
- ❑ 支持多种模式的图形和仪表盘。

此外对 Prometheus 的整体架构和具体的实现机理不予赘述，总的来说就是采用多维数据模型。如图 4-19 所示，Prometheus 支持通过 PromQL 查询语言、节点自治、HTTP 主动拉取或者网关主动推送的方式获取时间序列数据、自动发现目标、多种仪表盘等。

而 Prometheus 在底层存储上其实并没有对指标做类型方面的区分，都是以时间序列的形式存储，但是为了方便用户的使用和理解不同监控指标之间的差异，Prometheus 定义了几种不同的指标类型，见表 4-5。

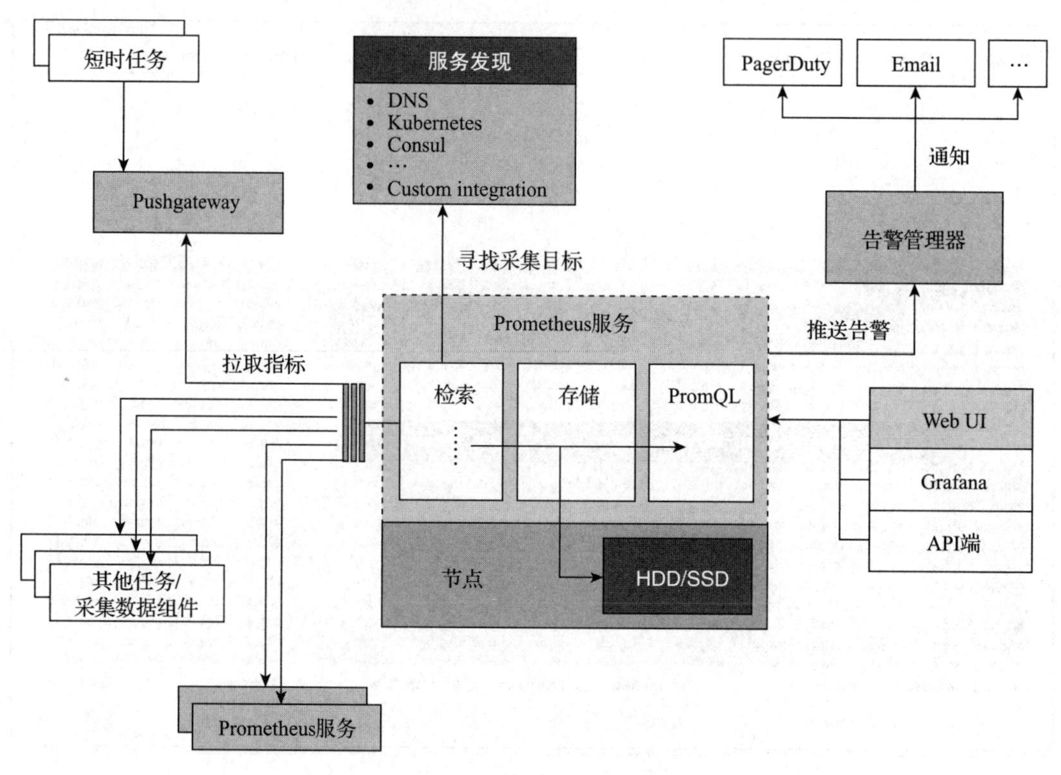

图 4-19　Prometheus 概览

表 4-5　Prometheus 指标分类

指标名	指标含义	具体方法
Counter	计数器	计数器是一个单调递增的计数器，其值只能在重启时递增或重置为零。例如，可以使用计数器来表示已服务的请求数、已完成的任务数或错误数。不要使用计数器来反映一个可能会减小的值
Gauge	计量器	与计数器不同，计量器是可增可减的，可以反映一些动态变化的数据，例如当前内存占用、CPU 利用、GC 次数等可动态上升或下降的数据
Histogram	直方图	直方图对观察结果（通常是请求持续时间或响应大小之类的指标）进行采样，并在可配置的桶中计数，并且提供了所有观测值的和
Summary	摘要	与柱状图类似，摘要可用于观察结果（通常是请求持续时间和响应大小之类的内容）。虽然它还提供了观测值的总数和所有观测值的总和，但它计算了一个滑动时间窗口上的可配置分位数

Prometheus 搭配可视化工具（例如 Grafana），可以衍生出各项围绕任务执行的监控指标以及看板。例如，在图 4-20 所示的 Flink 任务中，监控了消费 Kafka 的速率、是否有消费延迟等。

如图 4-21 所示，在 Spark 任务中，Prometheus 监控了 Executor 内存开销。

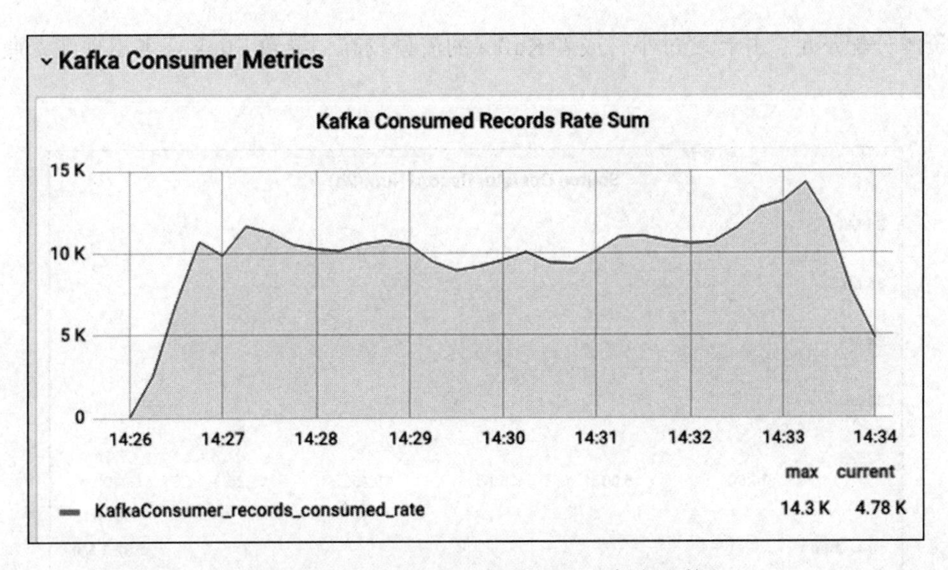

图 4-20　基于 Prometheus 的 Flink 任务监控

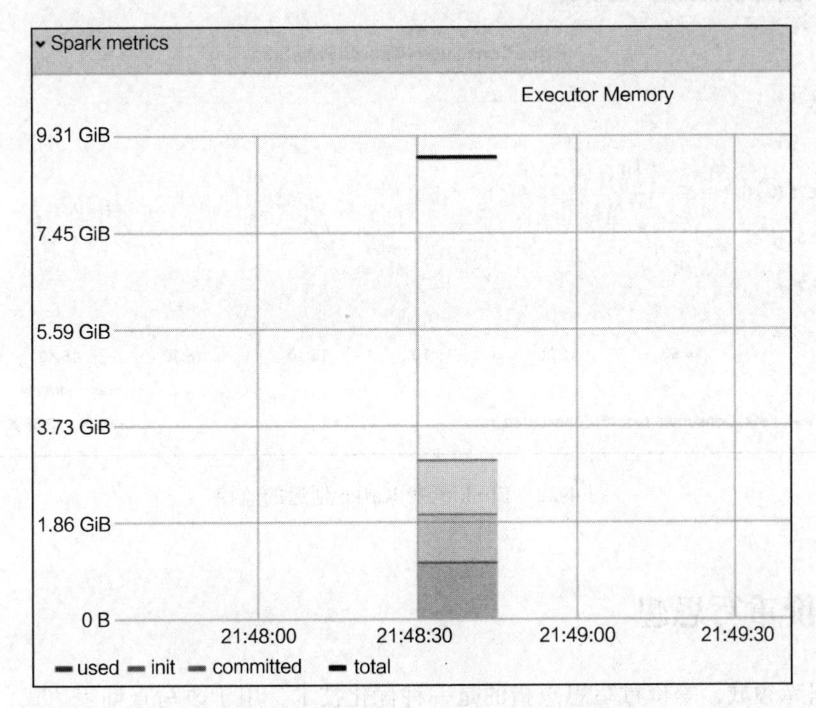

图 4-21　基于 Prometheus 的 Spark 任务监控

通过这些指标，我们可以很直观地看到任务的资源开销、耗时等情况，有助于判断任务执行是否健康，是否需要调整及优化等。如图 4-22 所示，我们发现一个 Flink 消费 Kafka 数据，并且三表关联写入 Kafka 的任务，消费延迟呈上涨趋势，这个时候就应该考虑是否因为资源分配不足、并行度过小，或者 Kafka 的流量较高，导致 Flink 任务出现消费瓶颈的问题。

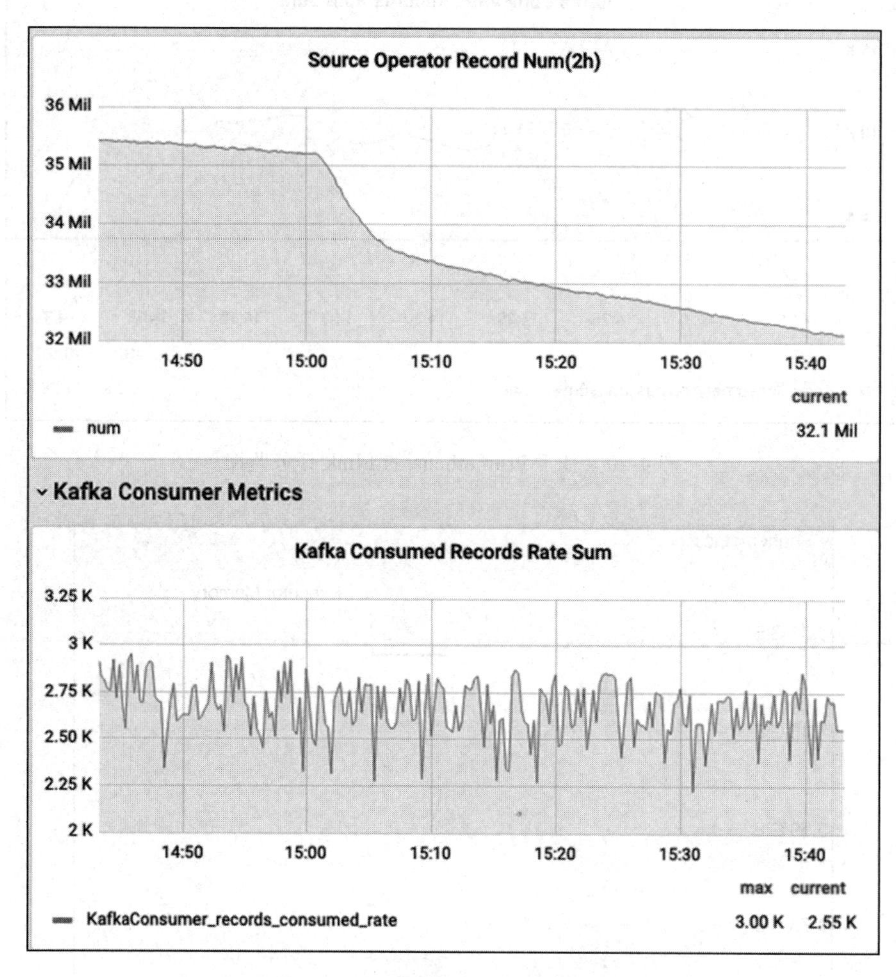

图 4-22　Flink 消费 Kafka 延迟的监控

4.6　等价重写思想

在数据库领域，等价重写思想指的是一种优化技术，用于改写查询表达式，使其等价于原始查询，但改写后的表达式在执行效率、性能或其他方面更有优势。等价重写的目标是通过重新组织查询结构，利用数据库系统的优化策略，减少查询的计算成本。尽管大数据引擎在物理实现上与关系型数据库有很大不同，但是在设计思想和实际使用中，这些差异并不明显。我们一方面可以利用引擎本身支持的优化功能（即基于关系代数和利用等价变换的规则)，另一方面可以通过改写查询语句，以此达到优化查询语句的目的。

4.6.1　关系代数

关系代数是以关系为运算对象的一组高级运算集合，最早由 E.F.Codd 在 1970 年提出。由于关系的定义是属性个数相同的元组的集合，因此集合代数的操作就可以引入到关系代数中。

关系代数中的操作主要分为以下几类：传统的关系操作，例如并、差、交、笛卡儿积(乘)、笛卡儿积的逆运算（除)，以及扩充的关系操作，例如对关系进行垂直分割（投影)、水平分割（选择)、关系的结合（连接、自然连接）等，具体的运算符见表 4-6。

表 4-6　关系代数运算符表

运算符	SQL 操作的语义	SQL 示例
选择	单个关系中筛选元组（记录）	SELECT * FROM R WHERE condition
投影	单个关系中筛选列	SELECT col1, col2 FROM R
连接	多个关系中根据列间逻辑运算筛选记录	SELECT r.col1, s.col2 FROM R, S WHERE condition
除	多个关系中根据条件筛选记录（NOT EXISTS 实现）	SELECT DISTINCT r1.x FROM R r1 WHERE NOT EXISTS(SELECT S.y FROM S WHERE NOT EXISTS(SELECT * FROM R r2 WHERE r2.x = r1.x AND r2.y = S.y))
并	多个关系合并记录（UNION 实现）	SELECT * FROM R UNION SELECT * FROM S
交	多个关系中根据条件筛选记录（NOT IN 实现）	SELECT * FROM R WHERE kr NOT IN (SELECT kr FROM R WHERE kr NOT IN (SELECT ks FROM S))
差	多个关系中根据条件筛选记录（NOT IN 实现）	SELECT * FROM R WHERE kr NOT IN (SELECT ks FROM S)
积	笛卡儿积或叉积	SELECT R.*, S.* FROM R,S
重命名	重命名关系的属性或关系自身	SELECT col1 AS col2 FROM R
自然连接	只返回两个关系中连接列相等的记录	SELECT * FROM R NATURAL JOIN S
θ- 连接	返回两个关系中满足操作符 θ（例如 >、<）的所有组合记录	SELECT * FROM R, S WHERE R.col1 >= S.col1
等值连接	当 θ 为 = 时的连接	SELECT * FROM R, S WHERE R.col1 = S.col1
半连接	在 S 中有在公共属性名字上相等的元组所有的 R 中的元组（SEMI JOIN 实现）	SELECT * FROM R LEFT SEMI JOIN S

（续）

运算符	SQL 操作的语义	SQL 示例
反连接	在 S 中没有在公共属性名字上相等的元组的 R 中的那些元组（ANTI JOIN 实现）	SELECT * FROM R LEFT ANTI JOIN S
左外连接	返回包括左关系中的所有记录和右关系中连接列相等的记录	SELECT * FROM R LEFT OUTER JOIN S
右外连接	返回包括右关系中的所有记录和左关系中连接列相等的记录	SELECT * FROM R RIGHT OUTER JOIN S
全外连接	左外连接∪右外连接	SELECT * FROM R FULL OUTER JOIN S

4.6.2 等价变换规则

等价交换指关系代数表达式的等价交换，就是两种不同形式的表达式可以相互转换，而又保持等价。所谓保持等价是指两个表达式所产生的结果关系具有相同的属性集和相同的元组集，但属性出现的次序可以不同。两个关系表达式 $E1$ 和 $E2$ 是等价的，记为 $E1 \equiv E2$。

我们知道，数据库基于关系代数构建的，而数据库的对外接口就是 SQL 语言，所以这种等价关系就为 SQL 优化提供了理论上的可能。例如表 4-7 所示为连接的交换律和结合律。

表 4-7 连接的交换律和结合律

名称	公式	SQL 示例
交换律	$E1 \bowtie E2 \equiv E2 \bowtie E1$	A INNER JOIN B ≡ B INNER JOIN A
结合律	$E1 \bowtie (E2 \bowtie E3) \equiv (E1 \bowtie E2) \bowtie E3$	B INNER JOIN C INNER JOIN A ≡ A INNER JOIN B INNER JOIN C

在具体实现上，我们假设查询语句可以表示为一棵二叉树，其中叶子是关系，内部节点是运算符（或称算子、操作符，如 LEFT OUT JOIN），表示为左右子树的运算方式。子树是子表达式或 SQL 片段，根节点是最后运算的操作符。根节点运算之后，得到的是 SQL 查询优化后的结果，那么一棵树就是一条查询的路径。多个关系连接，采用不同的连接顺序，可以得出多个类似的二叉树。

关系代数变换的理论规则或条件映射到具体实现上，就是找出代价最小的二叉树，即最优的查询路径。这些实现允许我们在不改变查询结果的前提下，对查询表达式进行代数上的等价变换，从而获得更高效的执行计划和更快的查询性能。

我们可以利用等价重写和具体的规则，重写 SQL 查询或作业，以此达到优化目的。例如以下两表关联的 SQL 任务。

```
SELECT COUNT(1)
FROM transaction t1
LEFT OUTER JOIN action t2
    ON t1.transaction_id = t2.transaction_id
WHERE t2.extinfo IS NULL;
```

查询任务耗时约 30s。

```
Time taken: 30.143 seconds, Fetched 1 row(s)
```

查看图 4-23 所示的执行计划，发现是先关联，再过滤 WHERE 条件。

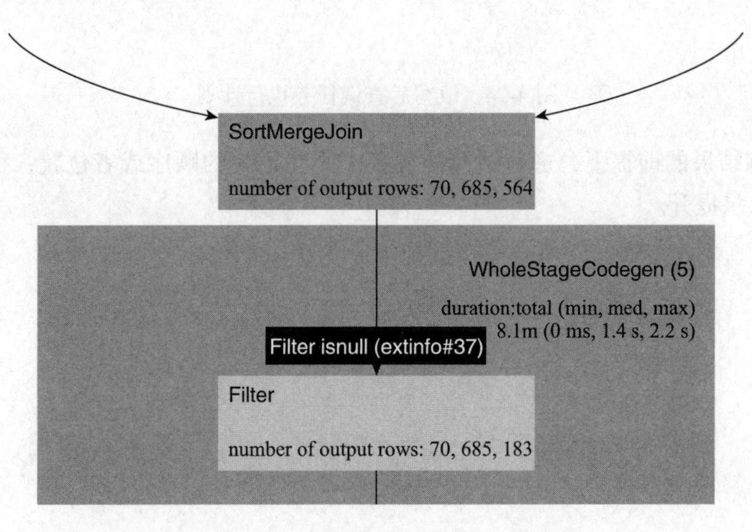

图 4-23 初始查询任务执行计划

那么按照等价重写的思想，我们完全可以先过滤 action 表，再把过滤后的结果和 transaction 表关联。

```
SELECT COUNT(1)
FROM transaction t1
LEFT OUTER JOIN (SELECT *
                 FROM action
                 WHERE extinfo IS NULL) t2
  ON t1.transaction_id = t2.transaction_id;
```

如图 4-24 所示，可以看到查询计划也是按照我们预期的方式执行的。

查询耗时从约 30s 降低至 20.761s。

```
Time taken: 20.761 seconds, Fetched 1 row(s)
```

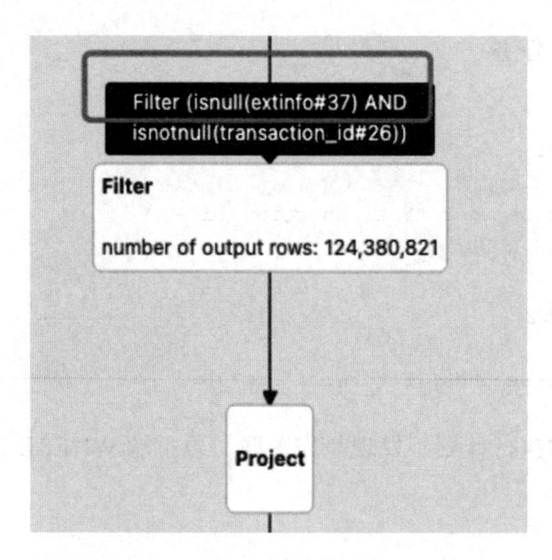

图4-24　改写后查询任务执行计划

在不影响结果的前提下，通过适当的变换、重写语句的顺序或者位置，往往会有意想不到的优化效果提升。

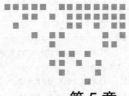

第 5 章 Chapter 5

结构与参数调优

从前文中我们了解到，尽管查询语句的提交和执行过程在不同的引擎之间大体相似，但每个引擎在物理实现上都有其独有的特点和方法。此外，由于依赖的外部组件不同，以及数据产生和流转方式的差异，致使 SQL 调优工作无法一蹴而就。本章将在不改写 SQL 语句的前提下，探讨如何通过调整参数配置、优化数据存储等方法，减少执行时间并提升任务效率。

5.1 参数调优

总的来说，大数据任务性能调优是一项浩大的工程。它不仅涉及框架自身的性能调优，还涉及更底层的硬件、操作系统和 Java 虚拟机等调优。接下来将重点讲解如何通过调整框架自带的一些参数配置，使作业运行效率达到最优。

5.1.1 并行执行

在 Hive 中，提交的查询会被转换成一个或多个 MapReduce 任务。默认情况下，这些任务根据上下游依赖关系依次执行，每次仅执行一个任务。然而在某些条件下，如果任务之间没有直接的依赖关系，就意味着这些任务可以并行执行。此时，也可以通过设置参数来启用并发执行，从而提高任务的执行效率。例如以下查询任务，计算 8 月份 App 的启动次数以及浏览商品页面的次数。

```
SELECT t1.partition_date
```

```
       ,t1.startup_cnt
       ,t2.view_item_cnt
FROM(SELECT partition_date -- SQL 片段 1，计算 App 的启动次数
            ,SUM(startup_cnt) AS startup_cnt
     FROM table1
     WHERE partition_date >= '2022-08-01'
         AND partition_date <= '2022-08-31'
     GROUP BY partition_date) t1
LEFT OUTER JOIN (SELECT partition_date -- SQL 片段 2，计算浏览商品详情页的次数
                        ,SUM(view_item_cnt) AS view_item_cnt
                 FROM table2
                 WHERE partition_date >= '2022-08-01'
                     AND partition_date <= '2022-08-31'
                 GROUP BY partition_date) t2
ON t1.partition_date = t2.partition_date;
```

如图5-1所示，在不开启并行执行的情况下，任务将首先执行SQL片段1部分的聚合。在SQL片段1执行完毕后，它才会开始执行SQL片段2部分的聚合。最后将SQL片段1产生的结果与SQL片段2产生的结果进行关联。

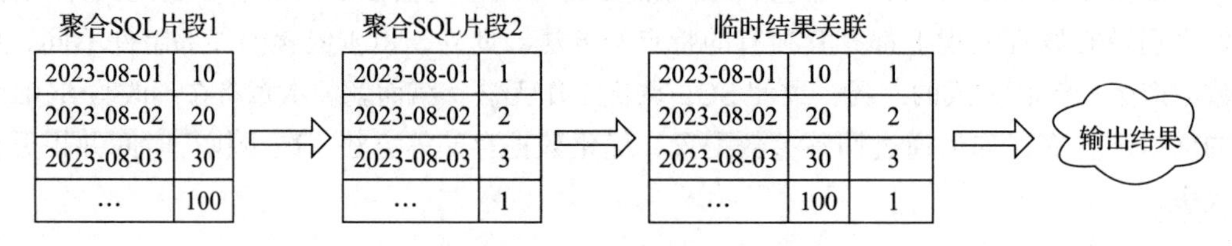

图5-1 初始查询任务执行过程

毫无疑问，这种串行执行方式的效率较低，运行时间也相对较长。我们可以观察到，任务需要约635s才能执行完毕并返回结果。

```
Time taken: 634.518 seconds, Fetched 31 row(s)
```

如果开启并行执行，即将hive.exec.parallel设置为TRUE，则可以通过调整参数配置来优化任务。这样可以同时执行多个任务的不同部分，从而缩短整体执行时间。

```
-- 开启并行执行
SET hive.exec.parallel=TRUE;
-- 同一个 SQL 允许的最大并行度，默认为 8
SET hive.exec.parallel.thread.number=8;
-- 输入 SQL 不变
SELECT t1.partition_date
       ,t1.startup_cnt
-- ...
```

在开启并行执行后，执行过程将如图5-2所示，查询任务同时执行SQL片段1和SQL

片段 2，并将 SQL 片段 1 的结果与 SQL 片段 2 的结果进行关联。

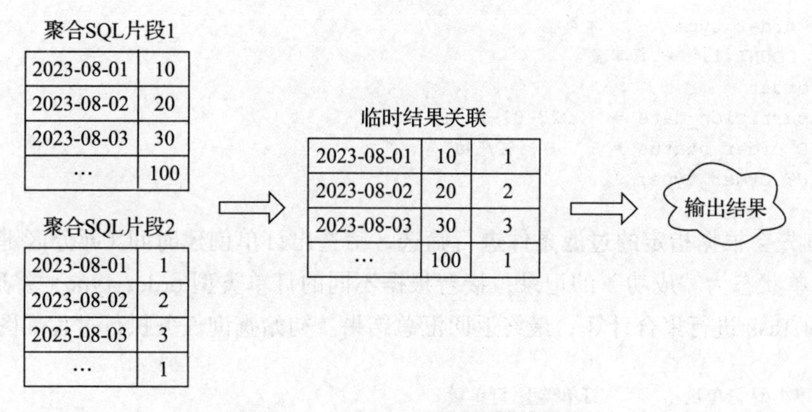

图 5-2　改写后查询任务执行过程

当开启并行执行后，可以观察到查询速度得到了小幅度的提升，执行时间缩短至约 493s。

```
Time taken: 493.343 seconds, Fetched 31 row(s)
```

我们还可以通过调整 hive.exec.parallel.thread.number 参数来进一步优化任务执行效率，即调整单个 SQL 任务允许的最大并行度数量，从而进一步缩短任务的运行时间。

```
-- 开启并行执行
SET hive.exec.parallel=TRUE;
-- 同一个 SQL 允许的最大并行度，从默认 8 调整为 16
SET hive.exec.parallel.thread.number=16;
-- 输入 SQL 不变
SELECT t1.partition_date
      ,t1.startup_cnt
-- ...
```

在增加最大并行度数量的配置之后，任务的执行时间缩短至约 345s。

```
Time taken: 344.581 seconds, Fetched 31 row(s)
```

为了最大化利用集群计算资源，加快执行效率，在提交时，我们可以为每个 SQL 任务配置允许的最大并行度，这样做可以并行执行更多的查询任务，从而缩短任务的完成时间。

5.1.2　预聚合

为了满足业务需求，需要对钱包服务进行数据分析，具体是统计每天支付成功的订单类型和订单数量。支付流水表 order 包含了订单状态 order_status、订单类型 order_type，以及基于订单创建时间的分区键 partition_date。提交的查询任务如下所示。

```
SELECT order_type -- 订单类型
      ,COUNT(1) -- 订单量
FROM `order`
WHERE partition_date = '2023-01-01'
    AND order_status = 1 -- 支付成功
GROUP BY order_type;
```

任务首先会根据指定的过滤条件进行筛选，筛选出订单创建时间（即分区键）为2023-01-01且订单状态为“成功”的记录；接着根据不同的订单类型 order_type，将这些记录分配给相应的 Task 进行聚合计算；最终返回汇总结果。初始查询任务执行过程如图5-3所示。

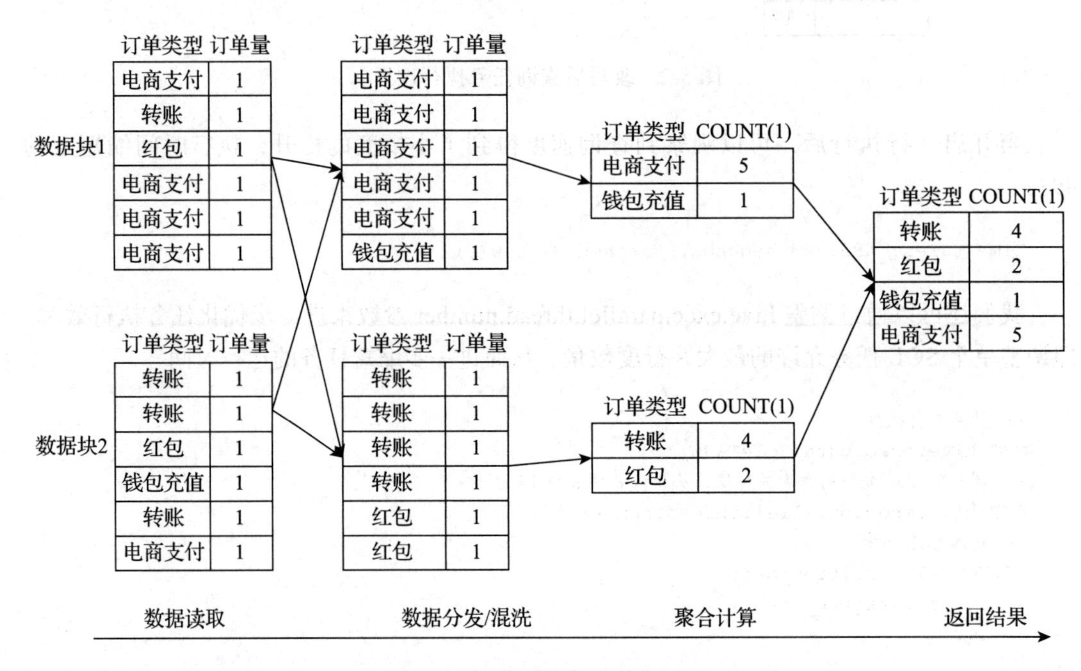

图5-3 初始查询任务执行过程

查询耗时约461s。

```
Time taken: 461.012 seconds, Fetched 10 row(s)
```

通过分析执行过程可以发现，并非所有计数求和类型的聚合查询都需要在 Reducer 端进行聚合。实际上，在数据读取和扫描之后，引擎可以先进行一次预聚合，然后再将聚合结果进行分发和 Shuffle。这样做可以减少在数据分发过程中的时间消耗和资源开销，从而加快查询进程。在 Hive 中，我们可以通过启用 Map 端预聚合的参数，并调整预聚合的数据条数，来决定是否进行预聚合。

```
-- 是否开启 Map 端聚合，默认为 TURE
SET hive.map.aggr=TRUE;
-- 在 Map 端进行聚合操作的条数
SET hive.groupby.mapaggr.checkinterval=100000;
-- 发生数据倾斜时，进行负载均衡。配置时需要注意，这样虽然可以解决数据倾斜的问题，但是不能让运行
   速度更快。在数据量小的时候，开启该配置反而有可能导致任务执行时长变长
SET hive.groupby.skewindata=TRUE;
-- SQL 不变
```

如图 5-4 所示，在执行过程中，数据被读取和扫描后，引擎会首先在 Map 端对具有相同键（在此场景中指的是订单类型）的数据进行预聚合。随后，这些预聚合的结果将被分发并进行最终的汇总。

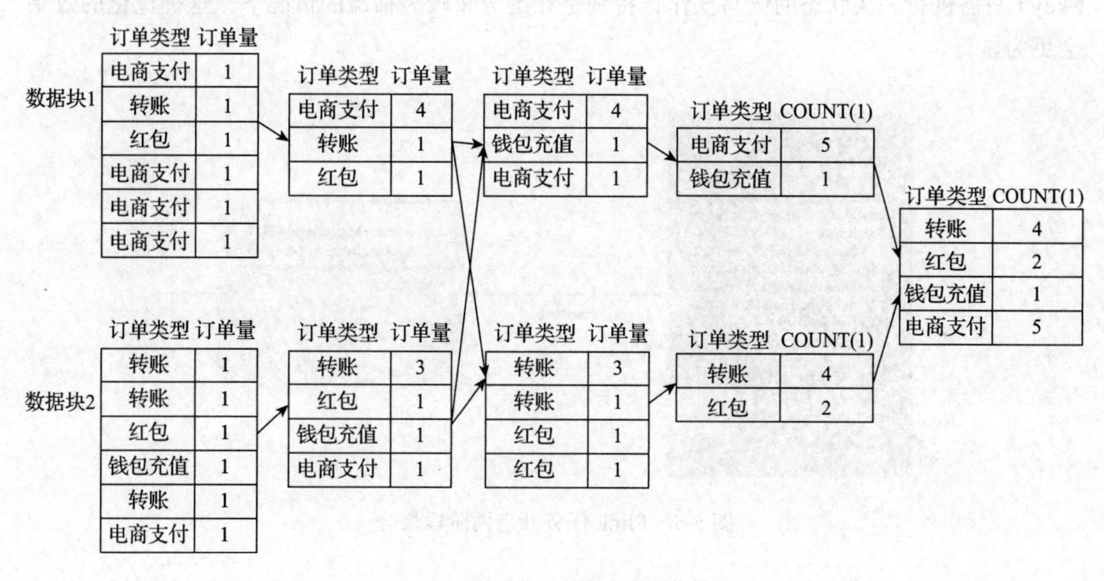

图 5-4　改写后查询任务执行过程

可以看到查询耗时降低至约 286s。

```
Time taken: 286.415 seconds, Fetched 10 row(s)
```

同样的预聚合思想也可以应用在其他数据处理引擎中。例如在 Flink 中，聚合操作可以通过启用微批处理和 Local-Global 策略来优化。这种方法将原本集中的聚合操作分解为两个阶段，首先在本地进行预聚合，然后在全局范围内再次进行聚合。这样做可以减少状态访问次数，提高处理吞吐量，并减少数据输出量。

```
-- 启用 mini batch
SET table.exec.mini-batch.enabled=TRUE;
-- 批量输出数据的时间间隔
SET table.exec.mini-batch.allow-latency=5s;
```

```
-- 批量输出数据的最大记录数
SET table.exec.mini-batch.size=5000;
-- 聚合策略，AUTO、TWO_PHASE（使用 LocalGlobal 两阶段聚合）、ONE_PHASE（仅使用 Global 一阶
   段聚合）。
SET table.optimizer.agg-phase-strategy=TWO_PHASE;
```

在默认设置下，聚合算子会对每条流入的数据执行一系列操作，例如读取状态、更新状态。当数据量较大时，这些状态操作的开销也会相应增加，从而影响整体效率，这种影响在使用如 RocksDB 这类序列化成本较高的 State Backend 时尤为明显。如图 5-5 所示，一旦启用了 Mini-Batch 处理，流入的数据会被暂存于算子内部的缓冲区中，直到达到预设的容量或时间阈值，然后才会进行聚合逻辑处理。这种方法使得同一批数据中的每个唯一键（key）只需进行一次状态的读写操作，特别是在键分布较为稀疏的情况下，这种优化的效果会更为显著。

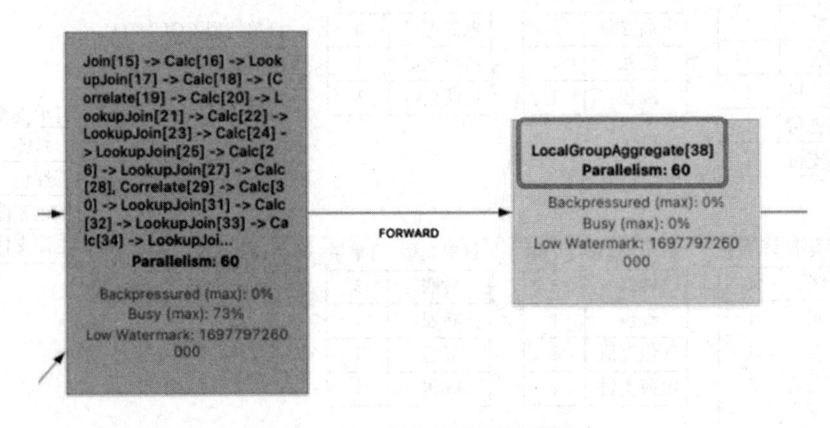

图 5-5 Flink 任务开启两阶段聚合

5.1.3 扩大并行度

分布式系统的核心思想在于“分而治之”。俗话说得好，众人拾柴火焰高，单个计算节点或实例的读写能力是有限的，存在天然的上限和瓶颈。通过将一个大问题水平分解为多个小问题，并行处理这些小问题，可以显著加快任务的执行速度。以某分析需求为例，我们需要统计每日支付成功的订单数量，并将它与历史数据进行累积统计，也就是所谓的存量与增量数据统计。具体操作是从订单表 order 中筛选出所有状态为“成功”的记录，然后区分出当日创建的订单与历史订单，最后对这些数据进行计数，以得出结果。

```
SELECT COUNT(1) AS total_order_cnt -- 历史订单量
      ,COUNT(CASE  WHEN  FROM_UNIXTIME(create_time,  'yyyy-MM-dd')  =  '2023-09-01'
         THEN 1 ELSE NULL END) AS today_order_cnt -- 订单创建时间为 2023-09-01 的订
         单量
```

```
FROM `order`
WHERE order_status = 1; -- 支付成功
```

如图 5-6 所示，执行计划按照前文描述的方法进行操作，过滤并聚合约 17 亿条数据。

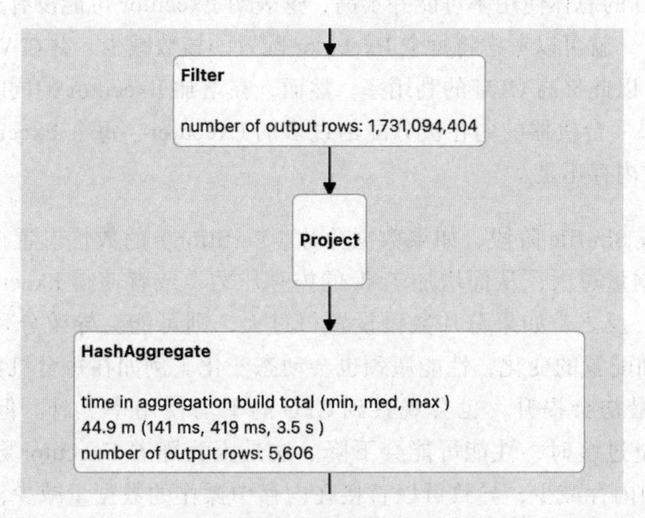

图 5-6　初始查询任务执行计划

初始查询任务提交参数如下所示。

```
spark-submit \
    --master yarn \
    --deploy-mode cluster \
    --queue "..." \
    --num-executors 10 \
    --executor-memory 20G \
    --driver-memory 4G \
    --executor-cores 1 \
```

任务的执行时间较长，大约需要 315s 才能完成并返回结果。

```
Time taken: 315.406 seconds, Fetched 1 row(s)
```

为了提高任务的执行效率，我们决定增加计算资源。具体来说，就是将 num-executors 的数量增加了 10 倍再重新提交任务。

```
spark-submit \
    --num-executors 100 \ #由 10 放大到 100
```

查询耗时降低至约 97s。

```
Time taken: 96.921 seconds, Fetched 1 row(s)
```

为了提升任务的执行效率，除了 Executor 的数量之外，还可以通过增加 CPU 核数和调整读取文件的分片数量来实现。例如每个 Executor 可以配置使用一个或多个核。通过监测 CPU 的使用率，可以了解计算资源的利用情况。常见的情况是，尽管一个 Executor 配置了多个核，但 CPU 的总体使用率可能并不高，这表明 Executor 可能没有充分利用多核的能力。在这种情况下，就可以考虑将每个 Executor 配置的核数减少，并在 Worker 节点下增加更多的 Executor，以此提高 CPU 的利用率。然而，在增加 Executor 的同时，必须注意内存消耗的问题。如果一台机器的内存被分配给过多的 Executor，每个 Executor 可用的内存就会减少，可能导致内存不足。

在数据读取或 Shuffle 阶段，如果数据分片（Partition）的数量设置得过小，可能会导致每个分片的数据量过大，从而增加 Task 的内存压力，或者使得 Executor 的计算能力并未得到充分利用。反之，如果分片数量设置得过大，则可能会导致分片过多，降低执行效率。随着参数和配置的变化，性能瓶颈也会动态变化。例如在每台机器上增加 Executor 的数量时，性能最初会提升，也会观察到 CPU 的平均使用率上升。但是，当单台机器上的 Executor 数量过多时，性能可能会下降。这是因为随着 Executor 数量的增加，每个 Executor 分配到的内存减少，导致可以直接在内存中操作的数据量减少，溢写到磁盘上的数据增多，从而影响了性能。

总的来说，扩大并行度的本质是通过增加资源投入以提高任务效率，这是一种以空间换时间的策略。与传统的串行处理相比，它不是顺序执行任务，而是将一个大任务分解成多个子任务，这些子任务可以同时进行。这样做的好处是可以同时利用多个处理单元或并行计算资源，在相同的时间内完成更多的工作。在分布式系统中，任务可以分散到多个节点上并行执行，这样可以显著提升引擎的整体处理能力。

在提高并行度以提高任务效率的同时，也必须注意它可能带来的额外影响和限制。当多个任务共享同一计算队列或资源时，任务间的资源竞争和资源抢占会成为不可避免的问题，并非简单地增加并行度就能解决所有问题，在某些情况下，这种做法可能适得其反，导致性能下降。因此，在调整参数以优化性能时，我们必须综合考虑任务逻辑、节点开销、集群资源限制等多种因素，以确保达到最优的执行效果。

例如以下直播业务需求，目的是评估推荐系统实验组 A/B 在测试中各项指标的效果。表 experiment_group_user 记录了各实验组命中的用户在当日的表现，包括观看直播的次数、购买数量、观看时长等数据。

```
SELECT experiment_group_id , -- 推荐实验组
       partition_date ,
       SUM(streaming_view_cnt_1d) AS streaming_view_cnt_1d , -- 直播间浏览数
       SUM(streaming_watch_time_1d) AS streaming_watch_time_1d ,-- 观看直播时长
```

```
        SUM(f24h_direct_order_gmv_usd_1d)  AS  f24h_indirect_order_gmv_usd_1d , --
            直播间 24 小时内订单金额
        SUM(atc_cnt_1d) AS atc_cnt_1d , -- 加购数
        SUM(buy_now_atc_cnt_1d) AS buy_now_atc_cnt_1d , -- 直播间点击立即购买数
        SUM(contain_slide_quality_watch_duration_1d)  AS  contain_slide_quality_
            watch_duration_1d , -- 小窗观看直播时长
        -- ...
FROM experiment_group_user
WHERE partition_date BETWEEN DATE_SUB(CAST('2023-09-02' AS DATE), 1)
    AND CAST('2023-09-02' AS DATE)
GROUP BY experiment_group_id,
        partition_date;
```

如图 5-7 所示，调度任务存在执行超时的偶发现象。

Execution Date	Operator	Start Date	End Date	Duration	Job Id	Hostname	Unixname	Priority Weight
06-04T19:30:00+00:00	SSHOperator	06-05T23:18:48.707801+00:00	06-06T00:12:16.459391+00:00	0:53:27.750000	371404273	04df137cb71e	airflow	61
06-03T19:30:00+00:00	SSHOperator	06-05T06:39:11.438517+00:00	06-05T07:09:49.522561+00:00	0:30:38.080000	370895332	12c78aa318c3	airflow	61
06-02T19:30:00+00:00	SSHOperator	06-03T22:22:32.628576+00:00	06-03T23:00:10.373945+00:00	0:37:37.750000	369928762	39e7671f6568	airflow	61
06-01T19:30:00+00:00	SSHOperator	06-03T02:43:37.738819+00:00	06-03T03:01:17.500250+00:00	0:17:39.760000	369290361	f1b1f7c2a596	airflow	61
05-31T19:30:00+00:00	SSHOperator	06-02T02:25:47.457186+00:00	06-02T02:43:30.095349+00:00	0:17:42.640000	368502971	9d0294fbc32a	airflow	61
05-30T19:30:00+00:00	SSHOperator	06-01T04:45:46.174615+00:00	06-01T05:05:38.446676+00:00	0:19:52.270000	367855900	9b3cd1771a28	airflow	61
05-29T19:30:00+00:00	SSHOperator	05-31T06:01:13.873913+00:00	05-31T06:20:26.853354+00:00	0:19:12.980000	367133058	ecf25c0c08ee	airflow	61
05-28T19:30:00+00:00	SSHOperator	05-29T22:32:06.320610+00:00	05-29T22:47:57.036512+00:00	0:15:50.716000	366150225	12c78aa318c3	airflow	61
05-27T19:30:00+00:00	SSHOperator	05-28T23:17:57.588700+00:00	05-28T23:44:37.713511+00:00	0:26:40.120000	365427431	0e283dfa7af7	airflow	61
05-26T19:30:00+00:00	SSHOperator	05-28T00:17:11.707811+00:00	05-28T00:43:09.068861+00:00	0:25:57.360000	364695427	6e217b23b532	airflow	61

图 5-7　调度任务执行耗时情况

如图 5-8 所示的 Spark UI 可以定位超时最为严重的部分。

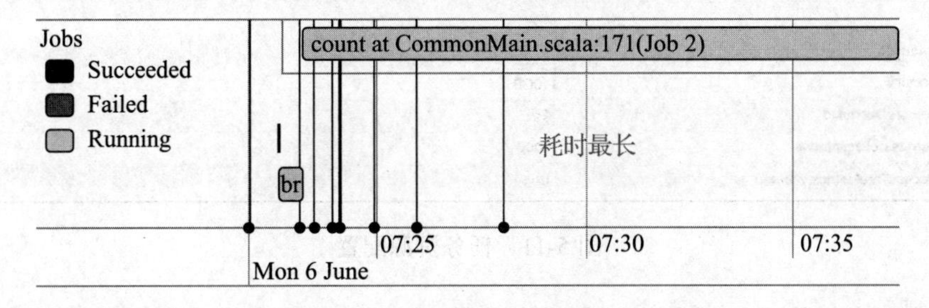

图 5-8　调度任务的 Spark UI

通过观察图 5-9，我们发现超时部分的 Job 2 中，Stage 3 和 Stage 5 可以并行运行，但出现了 Stage 5 等待 Stage 3 执行完毕后才开始的现象，并且处理的数据量都不大，因此推

测是资源分配不足。

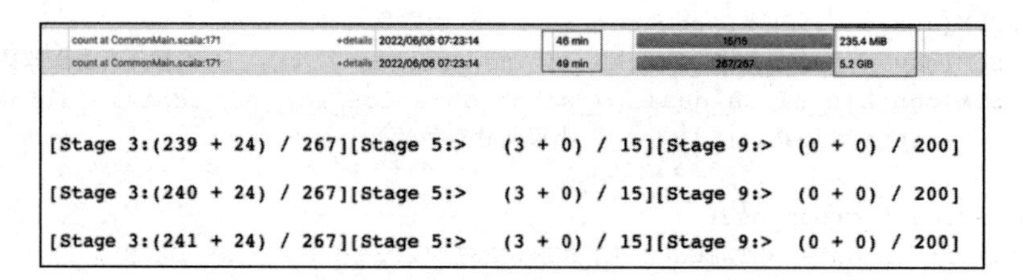

图 5-9　查看耗时最长的 Stage

通过查看任务运行期间，Yarn 队列资源使用情况，如图 5-10 所示，我们发现远没有达到队列可用资源的上限。

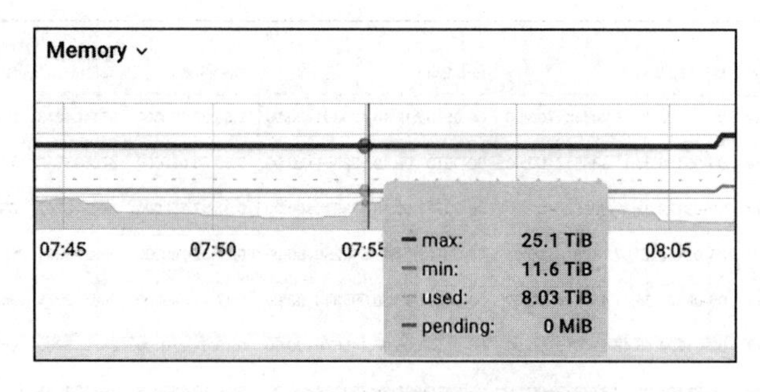

图 5-10　Yarn 队列资源使用情况

于是调整思路，继而检查如图 5-11 所示的任务资源配置。

spark.executor.cores	3
spark.executor.extraClassPath	/usr/share/java/hadoop/hadoop-gpl-compression-0.1.0.jar:/usr/share/java/hadoop/hadoop-4mc-2.2.0.jar:/usr/share/java/hadoop/alluxio-2.7.1-sdi-007-client.jar
spark.executor.extraJavaOptions	-XX:+UseG1GC -XX:ConcGCThreads=4 -XX:ParallelGCThreads=4
spark.executor.extraLibraryPath	/usr/share/java/hadoop/native:/usr/share/hadoop-client/lib/native:
spark.executor.id	driver
spark.executor.instances	8
spark.executor.memory	10GB
spark.executor.memoryOverhead	2g
spark.executor.metrics.pollingInterval	1000
spark.executor.processTreeMetrics.enabled	true

图 5-11　任务资源配置

我们发现实例数虽然只有 24，但内存分配了 80GB，这表明内存配置偏大而实例数偏少。因此调整配置，将 Executor 实例数增大至 16，核数设置为 4，内存设置为 8GB，以此提高并发。

5.1.4　内存分配

除了并行度的设置，内存分配的优化也至关重要。Spark 利用内存来存储数据和执行计算，因此，合理的内存配置对任务的性能和稳定性至关重要。在 Spark 的早期设计中，采用了静态内存管理机制，其中存储内存、执行内存和其他内存的大小在应用程序运行期间是固定的。这种机制的主要缺点是配置不够灵活，通常要求用户根据不同的任务手动进行参数调整。这不仅降低了开发效率，而且运行结果往往不尽如人意。为了解决静态内存分配带来的问题，Spark 现在采用了如图 5-12 所示的统一内存管理方式。与静态内存管理相比，统一内存管理的最大特点是存储内存和执行内存共享同一块空间，并能够动态地占用对方的空闲区域，从而实现不同用途内存之间的互相借用。

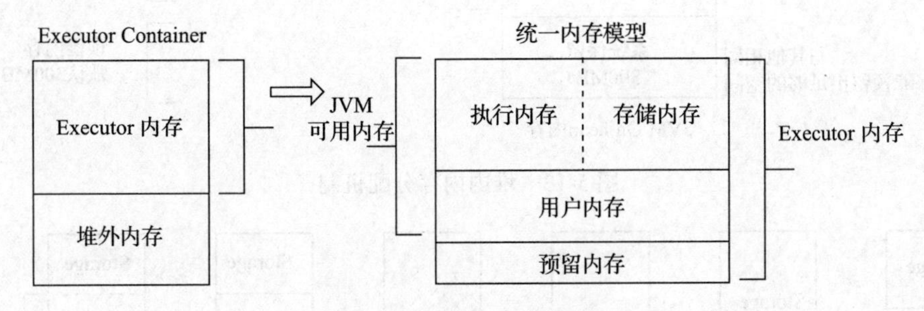

图 5-12　统一内存管理

在 Spark 中，堆内内存被整体划分为两大部分：可用内存（Usable Memory）和预留内存（Reserved Memory）。预留内存是为了避免出现内存溢出（Out of Memory，OOM）等异常情况而预留的内存区域，默认配置为 300MB。可用内存进一步细分为统一内存（Unified Memory）和其他内存（Other Memory），默认的占比为 6∶4。

在统一内存管理模式下，存储内存（Storage Memory）和执行内存（Execution Memory）以及其他内存的参数设置和使用范围与静态内存模式相同，具体细节如图 5-13 所示。不同之处在于，存储内存和执行内存之间现在启用了动态内存占用机制，允许这两部分内存在需要时动态地互相借用空间。

所谓动态内存占用机制，如图 5-14 所示，指的是在内存的初始值被设定之后，执行内存（Execution Memory）和存储内存（Storage Memory）都需要设定各自的内存区域范围，这里的默认参数是 0.5。在这种机制下，如果一方的内存不足而另一方有剩余，那么需要内存的一方可以借用对方的空间。如果两者的内存都不足，那么数据就需要落盘处理。当执行内存被借用时，存储内存需要将数据转存到硬盘并释放空间；而当存储内存被借用时，执行内存则不需要归还已占用的空间。

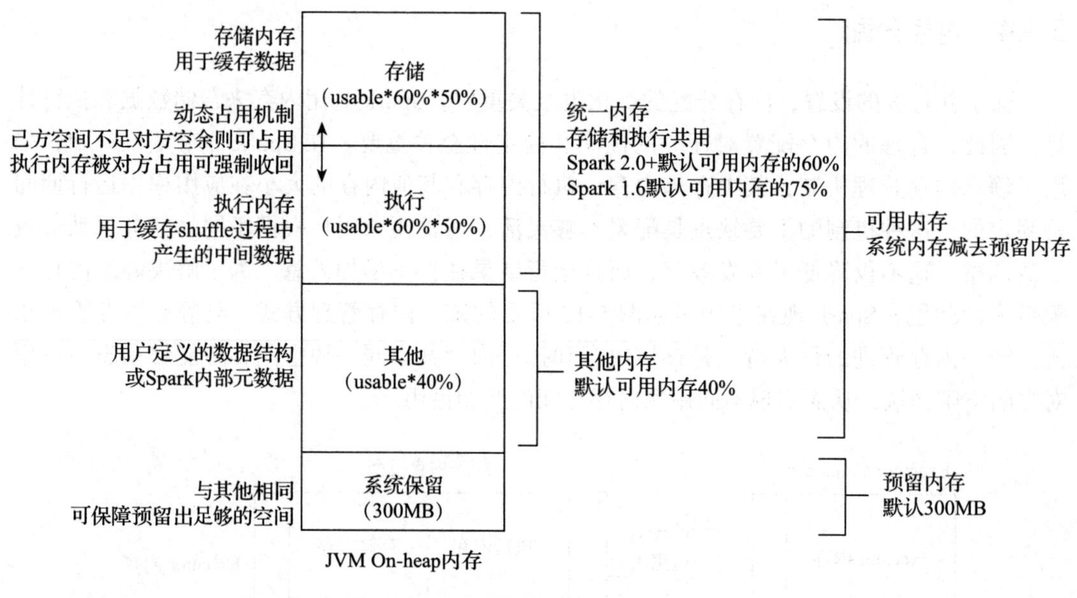

图 5-13　堆内内存分配机制

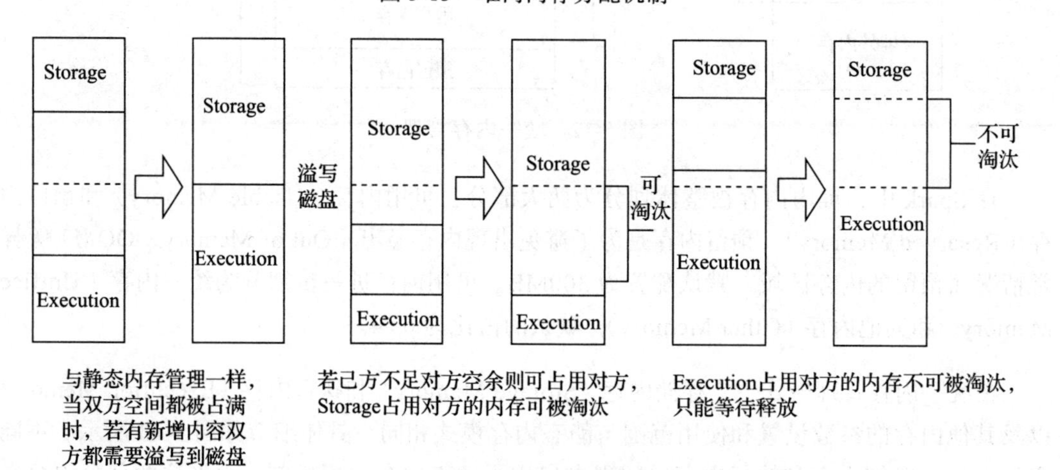

图 5-14　动态内存占用机制

而堆外内存的配置与静态内存管理模式保持一致，其默认值设定为 384MB。堆外内存主要分为两个部分：存储内存（Storage Memory）和执行内存（Execution Memory），并且这两部分内存采用了动态内存占用机制，详细配置如图 5-15 所示。在这种机制下，存储内存和执行内存的默认初始化占比均设为 0.5。堆外内存通常用于存储序列化后的二进制数据，即字节流。这些数据在存储空间中占据连续的内存区域，其大小可以精确计算。因此，在堆外内存配置中，不需要设置预留空间，以避免内存浪费。

在 Spark 任务内存管理中，任务与其消耗内存的映射关系通过 HashMap 存储。每个任务可以占用的内存大小在潜在可用计算内存的 1/2n 到 1/n 之间，其中潜在可用计算内存等于初始计算内存加上可抢占的存储内存。当剩余内存小于 1/2n 时，任务将被挂起，直到其他任务释放足够的执行内存，使得可用内存达到或超过 1/2n 的下限，此时任务才会被唤醒。这里的 n 代表当前 Executor 中活跃 Task 的数量。以 Execution 内存大小为 10GB 为例，如果当前 Executor 内运行的 Task 数量为 5，则每个 Task 可以申请的内存范围是 1GB～2GB。在任务执行过程中，如果需要更多内存，Task 会尝试申请。如果有空闲内存，内存申请会自动扩容成功；如果没有，则抛出内存溢出异常。

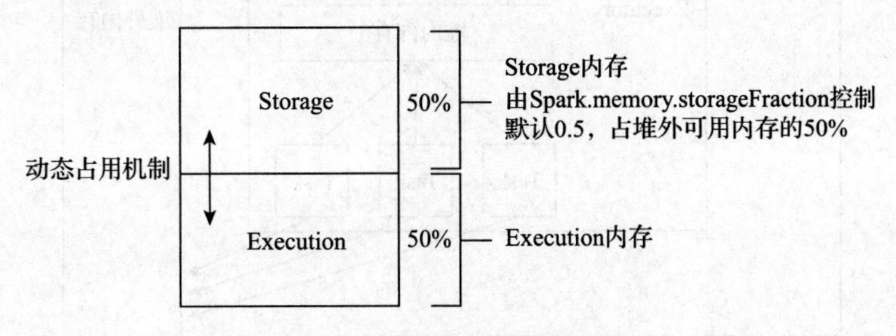

图 5-15　堆外内存分配机制

如图 5-16 所示，每个 Executor 中可同时运行的任务数量取决于 Executor 被分配的 CPU 核数 n 以及每个任务所需的 CPU 核心数 c。其中，n 由配置项 spark.executor.cores 定义，c 由 spark.task.cpus 定义。因此，每个 Executor 的最大任务并行度可以用 n/c 来表示。

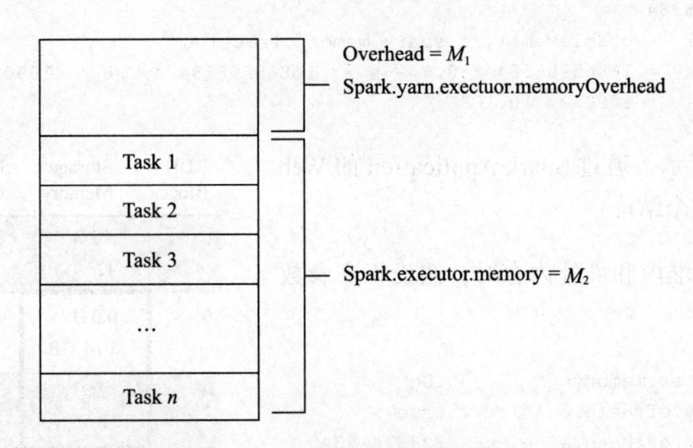

图 5-16　Task 分配内存示意

其中，Executor 向 Yarn 申请的总内存可表示为 $M = M_1 + M_2$。如果考虑堆外内存，其结构大致如图 5-17 所示。

我们均以 --executor-memory 18g 的提交参数为例，当仅使用了堆内内存时，资源占用的计算方式如下所示。

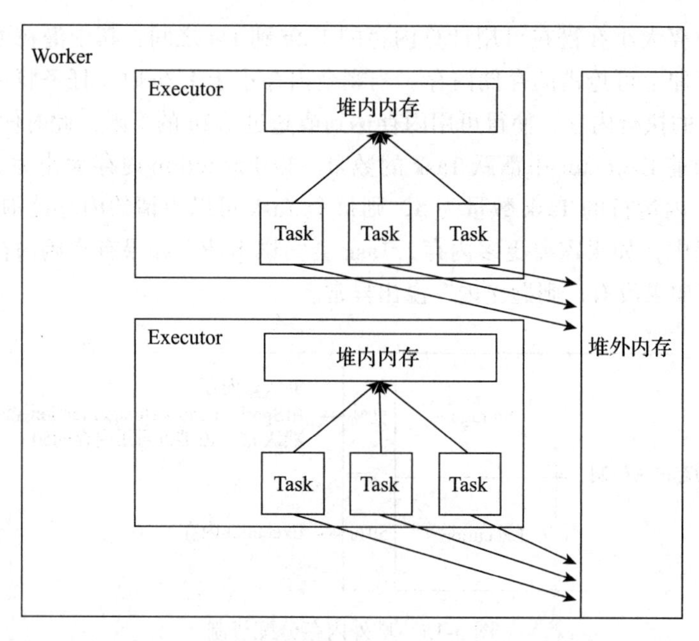

图 5-17　Executor 可以向 Yarn 申请的总内存

```
systemMemory = 17179869184 字节 // 通过 Runtime.getRuntime.maxMemory 得到
reservedMemory = 300MB = 300 * 1024 * 1024 = 314572800 // 固定 300MB
usableMemory = systemMemory - reservedMemory = 17179869184 - 314572800 =
    16865296384
StorageMemory = usableMemory * spark.memory.fraction
              = 16865296384 * 0.6 字节 =  16865296384 * 0.6 / (1000 * 1000 *
                1000) = 10.1GB
```

如图 5-18 所示，通过 Spark Application 的 Web UI 也可以验证这个结论。

RDD Blocks	Storage Memory	Disk Used	Cores
0	0.0 B/ 429.1 MB	0.0 B	0
0	0.0 B / 10.1 GB	0.0 B	1
0	0.0 B / 10.1 GB	0.0 B	1

图 5-18　只使用堆内内存的资源占用情况

当同时使用堆内和堆外内存时，假设提交参数如下所示。

```
spark.executor.memory            18g
spark.memory.offHeap.enabled     true
spark.memory.offHeap.size        10737418240
```

那么资源占用的计算方式则如下所示。

```
-- 堆内内存
systemMemory = 17179869184 字节
reservedMemory = 300MB = 300 * 1024 * 1024 = 314572800
usableMemory = systemMemory - reservedMemory = 17179869184 - 314572800 =
    16865296384
```

```
totalOnHeapStorageMemory = usableMemory * spark.memory.fraction
                         = 16865296384 * 0.6 = 10119177830
- 堆外内存
totalOffHeapStorageMemory = spark.memory.offHeap.size = 10737418240
-- 总占用
StorageMemory = totalOnHeapStorageMemory + totalOffHeapStorageMemory
              = (10119177830 + 10737418240) 字节
              = (20856596070 / (1000 * 1000 * 1000)) GB
              = 20.9 GB
```

如图 5-19 所示，通过 Spark Application 的 Web UI 也可以验证这个结果。

RDD Blocks	Storage Memory	Disk Used	Cores
0	0.0 B/ 11.2 GB	0.0 B	0
0	0.0 B / 20.9 GB	0.0 B	1
0	0.0 B / 20.9 GB	0.0 B	1

图 5-19　同时使用到堆内和堆外内存的资源占用情况

通常情况下，当并行度保持不变时，每个 Executor 分配的内存越大，能够在内存中处理的数据就越多。这样做可以减少数据溢写到磁盘的频率，从而避免了因磁盘读写而产生的额外时间开销，提高任务的执行效率。例如，如图 5-20 所示，一个执行任务在 Shuffle 过程中产生了大量数据。如果这些数据溢写到磁盘的量很大，那么增加 Shuffle 内存的比例将是一个明智的选择。这样做可以在内存中缓存更多的 Shuffle 数据，减少数据溢写到磁盘的次数，降低磁盘读写的开销，提高任务的执行速度。

Shuffle Read Size / Records	Shuffle Spill (Memory)	Shuffle Spill (Disk)
273.2 MB / 1923082	12.1 GB	319.0 MB
270.1 MB / 1881047	11.3 GB	315.3 MB

图 5-20　查询任务中溢写到磁盘的数据较多

5.1.5　数据重用

如果查询语句或任务中存在重复的查询块（即中间结果集）或子查询，可以采取数据重用（Reuse）策略。例如根据不同的过滤条件多次筛选相同的表，每筛选一次就需要重新扫描一次表，通过数据缓存等方式，相较于之前多次扫描数据，则只需进行一次扫描，从而减少对表的读取次数。这样不仅降低了读写 I/O 和网络的开销，还能加快任务的执行速度，缩短产出时间。

不同于常见的数据缓存（Cache），数据重用强调的是在程序中重复使用已计算的对象或结果，而缓存则是具体实现重用的一种机制。

在 Hive 中，可以通过调整 hive.optimize.cte.materialize.threshold 来实现查询效率的

优化。该参数默认设置为 -1，表示功能处于关闭状态。当这个参数设置为大于 0 的值时，例如设为 1，引擎会在 WITH AS 语句被引用至少一次的情况下，将 WITH AS 语句产生的临时结果集进行物化处理。这意味着临时结果集只会被计算一次，从而提高了查询的效率。

```
SET hive.optimize.cte.materialize.threshold=1;
WITH AS...
```

在 Spark 中则可以通过使用 CACHE TABLE 命令来实现类似的效率提升。例如以下查询任务，统计每个 transaction_id 在状态流转过程中的 status 值以及对应的最早创建时间。

```
SELECT *,
    LEAD(new_status, 1, NULL) OVER(PARTITION BY transaction_id ORDER BY min_ms_
        ctime, min_id) AS next_new_status, -- 流转的下一个状态
    LEAD(min_ctime, 1, NULL) OVER(PARTITION BY transaction_id ORDER BY min_ms_
        ctime, min_id) AS next_ctime -- 流转为下一状态的时间
FROM(SELECT transaction_id, -- 订单id
        new_status,
        MIN(ctime) AS min_ctime,
        MIN(id) AS min_id,
        MIN(COALESCE(CAST(get_json_object(REPLACE(CAST(get_json_object(changes,
        '$.extra_data') AS STRING), '\\', ''), '$.action_time_ms') AS
            BIGINT), CAST(ctime AS BIGINT)*1000)) AS min_ms_ctime -- 从扩展字段
            extra_data取出action_time_ms
    FROM audit_log
    WHERE FROM_UNIXTIME(ctime) >= DATE('2022-01-01')
    GROUP BY transaction_id,
            new_status);
```

在该结果集上执行计数和数据抽样操作，耗时情况如下。

```
-- COUNT
Time taken: 78.036 seconds, Fetched 1 row(s)
-- LIMIT 1
Time taken: 200.871 seconds, Fetched 1 row(s)
```

修改为 CACHE TABLE 后，通过执行计划可以看到，Spark 将上述的结果缓存到内存中。

```
== Physical Plan ==
-- 将查询结果缓存到内存中
CacheTableAsSelect txn_audit, Project [transaction_id#6L, new_status#12L, min_
    ctime#648L, min_id#649L, min_ms_ctime#650L, next_new_status#651L, next_
    ctime#652L], (SELECT *,
          LEAD(new_status, 1, NULL) OVER(PARTITION BY transaction_id
                                      ORDER BY min_ms_ctime, min_id) AS next_new_status,
```

```
    LEAD(min_ctime, 1, NULL) OVER(PARTITION BY transaction_id
                            ORDER BY min_ms_ctime, min_id) AS next_ctime
...
    GROUP BY transaction_id,
             new_status)), false
```

在执行 txn_audit 的其他操作时，例如抽样、关联或聚合计算，就可以直接从已缓存到内存中的临时结果集中读取数据。这样做可以显著加快任务的执行速度。

```
-- 抽样
SELECT *
FROM txn_audit limit 1;
-- 计数
SELECT COUNT(1)
FROM txn_audit;
```

通过分析执行计划，我们可以验证上述结论。查询过程不再需要扫描原始数据集，而是可以直接从内存中读取预先缓存的结果，进而执行聚合和 LIMIT 运算。

```
== Physical Plan ==
+- HashAggregate(keys=[], functions=[count(1)], output=[count(1)#810L])
    -- 从内存中扫描数据后 COUNT
    +- Exchange SinglePartition, ENSURE_REQUIREMENTS, [id=#207]
        +- HashAggregate(keys=[], functions=[partial_count(1)],
           output=[count#917L])
           +- Scan In-memory table txn_audit
               +- InMemoryRelation ...

== Physical Plan ==
CollectLimit 1
+- *(1) ColumnarToRow
    -- 从内存中扫描数据
    +- Scan In-memory table txn_audit [transaction_id#673L, new_status#674L, min_
        ctime#675L, min_id#676L, min_ms_ctime#677L, next_new_status#678L, next_
        ctime#679L]
```

与未使用 CACHE TABLE 的查询相比，查询性能提升了数倍。

```
-- COUNT
Time taken: 0.504 seconds, Fetched 1 row(s)
-- LIMIT
Time taken: 0.313 seconds, Fetched 1 row(s)
```

5.1.6 Kafka 限流

Kafka 因高吞吐、快速数据持久化、分布式架构、易于横向扩展以及丰富的生态，在众多消息中间件中脱颖而出，被广泛用于处理和传输海量实时数据的应用场景，如埋点日志收集和跨地域服务的数据传输。消息中间件的核心作用在于解耦和流量削峰，以防止流量激增导致集群过载，从而影响集群的稳定性和可用性。然而限流策略犹如一把双刃剑，虽然能保障系统稳定性，但也可能影响数据处理的及时性，并可能对消费任务产生一些意料之外的影响。以某Flink任务为例，其目的是整合新旧订单系统的Binlog数据，将它转换为统一的数据格式。在此过程中，它会对加密的敏感字段extinfo进行实时解密和数据脱敏处理，然后剔除不必要的信息。完成这些ETL（Extract-Transform-Load，数据抽取、转换、加载）操作后，任务会将清洗后的数据写入另一个Kafka Topic，供其他依赖订单数据的下游流处理任务使用。

```
-- 订单新表的binlog
CREATE TABLE new_order(
     amount STRING
    ,completed_time STRING
    ,create_time  STRING
    ,extinfo  STRING
    ,fee_amount STRING
    ,id STRING
    ,order_id  STRING
    ,order_status STRING
    ,order_type STRING
    ,update_time  STRING
    ,user_id  STRING
    ,`_event` MAP<STRING, STRING>
) WITH (
    'connector' = 'kafka'
    ,'scan.startup.mode' = 'timestamp'
    ,'topic' = 'new_order'
    ,'properties.allow.auto.create.topics' = 'false'
    ,'properties.group.id' = 'groupid'
    ,'value.format' = 'json'
    ,'value.json.ignore-parse-errors' = 'true'
    ,'value.json.fail-on-missing-field' = 'false'
);

-- 合并后放入订单数据Topic
CREATE TABLE order_merge_sink(
    `database`            STRING
    ,`table`              STRING
    ,`type`               STRING
    ,`maxwell_ts`         BIGINT
    ,`is_new_system`         INT
    ,`data` Map<STRING, STRING>
    ,PRIMARY KEY (`database`, `table`, `type`) NOT ENFORCED
) WITH (
```

```
        'connector' = 'upsert-kafka',
        'topic' = 'order_merge_sink',
        'properties.allow.auto.create.topics' = 'false',
        'key.format' = 'json',
        'value.format' = 'json',
);
CREATE VIEW IF NOT EXISTS view_new_order AS
-- 仿照Maxwell的数据结构拼接Binlog
SELECT   `_event`['database'] AS `database`
        ,`_event`['table'] AS `table`
        ,`_event`['type'] AS `type`
        ,CAST(`_event`['ts_ns'] AS BIGINT) AS `maxwell_ts`
        ,1 AS `is_new_system` -- 通过人为标识区分数据来源
        ,MAP['amount', amount
             ,'completed_time', completed_time
             ,'create_time', create_time
             ,'fee_amount', fee_amount
             ,'id', id
             ,'order_id', order_id
             ,'order_status', order_status
             ,'order_type', order_type
             ,'update_time', update_time
             ,'user_id', user_id
             ,'extinfo',  DECODE_PROTOBUF(extinfo,'class')  -- 将敏感字段解密脱敏后转
                 换为JSON字符串
             ]
FROM new_order
WHERE `_event`['type'] IN ('insert', 'update')
;
INSERT INTO uws_merge_sink
SELECT *
FROM new_order
UNION ALL
SELECT *
FROM view_old_order
;
```

如图5-21中的Flink任务Web UI所示，任务运行稳定，且未出现任何背压问题。

在某日因为网络波动等原因，导致抽取Binlog到Kafka的服务不可用。故障恢复后，为了避免数据丢失，我们对Binlog的点位额外回拨了一小段，也就是重复数据发送。当回拨抽取Binlog的服务调起后，通过如图5-22所示的任务监控可以看到，消费延迟的consume lag虽然整体呈下降趋势，但是下降的速率并不明显，消费延迟仍然触发了告警。

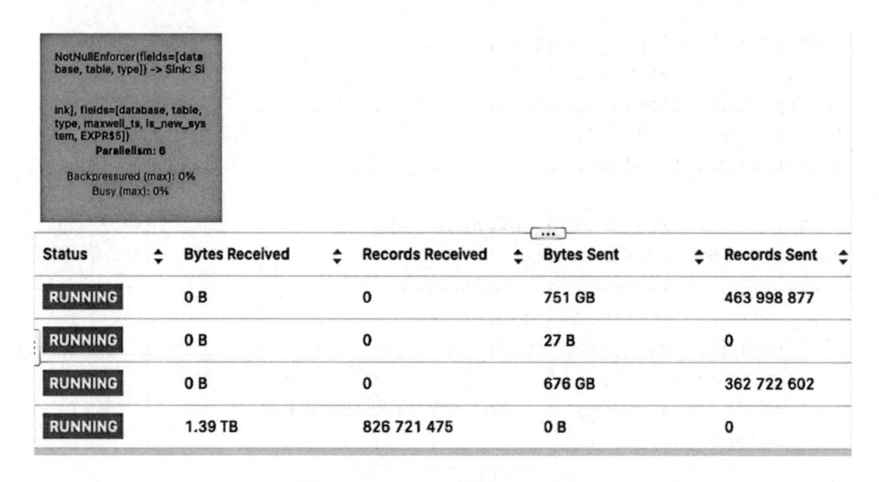

Status	Bytes Received	Records Received	Bytes Sent	Records Sent
RUNNING	0 B	0	751 GB	463 998 877
RUNNING	0 B	0	27 B	0
RUNNING	0 B	0	676 GB	362 722 602
RUNNING	1.39 TB	826 721 475	0 B	0

图 5-21　Flink 任务 Web UI

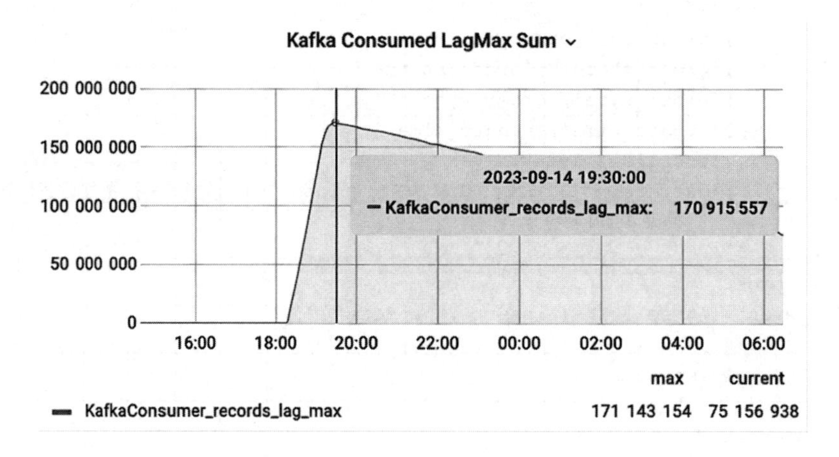

图 5-22　Flink 任务消费监控

我们在排查任务时，初步推断消费数据量的激增可能导致现有的任务并行度不足，因此将任务的并行度提高了一倍。然而，这一调整并未缓解延迟问题。

```
$FLINK_HOME/bin/flink run -s hdfs://flink-checkpoints/... -D
'classloader.check-leaked-classloader=false' \
-D 'env.java.opts=-Duser.timezone=GMT+08 -XX:+UseG1GC' \
-D 'restart-strategy.failure-rate.max-failures-per-interval=3' \
-D 'taskmanager.memory.jvm-metaspace.size=256mb' \
-D 'pipeline.auto-watermark-interval=1s' \
-D 'execution.checkpointing.prefer-checkpoint-for-recovery=true' \
-D 'execution.runtime-mode=STREAMING' \
-D 'parallelism.default=12' \ # 从 6 放大至 12
-D 'taskmanager.numberOfTaskSlots=1' \
```

```
-D 'taskmanager.memory.process.size=2g' \
-D 'execution.checkpointing.mode=EXACTLY_ONCE' \
-D 'table.exec.source.idle-timeout=5s'
```

接着推测可能是由于数据量的急剧增加导致Kafka分区在读写操作上达到了瓶颈。从消费端来看，如果Source的并行度超过了Kafka分区的数量，那么超出的并行度将无法消费数据，这可能会影响Flink的Checkpoint。鉴于已经将计算资源扩大了一倍，因此决定将消费端和写入端的Topic分区数也增加一倍，即对Kafka分区进行横向扩容。尽管如此，消费延迟的问题依旧没有得到改善。

既然增加Flink的资源和Kafka分区的数量都未能解决消费延迟问题，我们转变思路，推测问题可能是由于使用相同的client id或user id的其他消费组（任务）之间存在消费竞争，从而导致任务消费速率未能达到预期。如图5-23所示，在对Kafka生产消费配额进行监控后，终于在fetch流量中发现了一些线索。

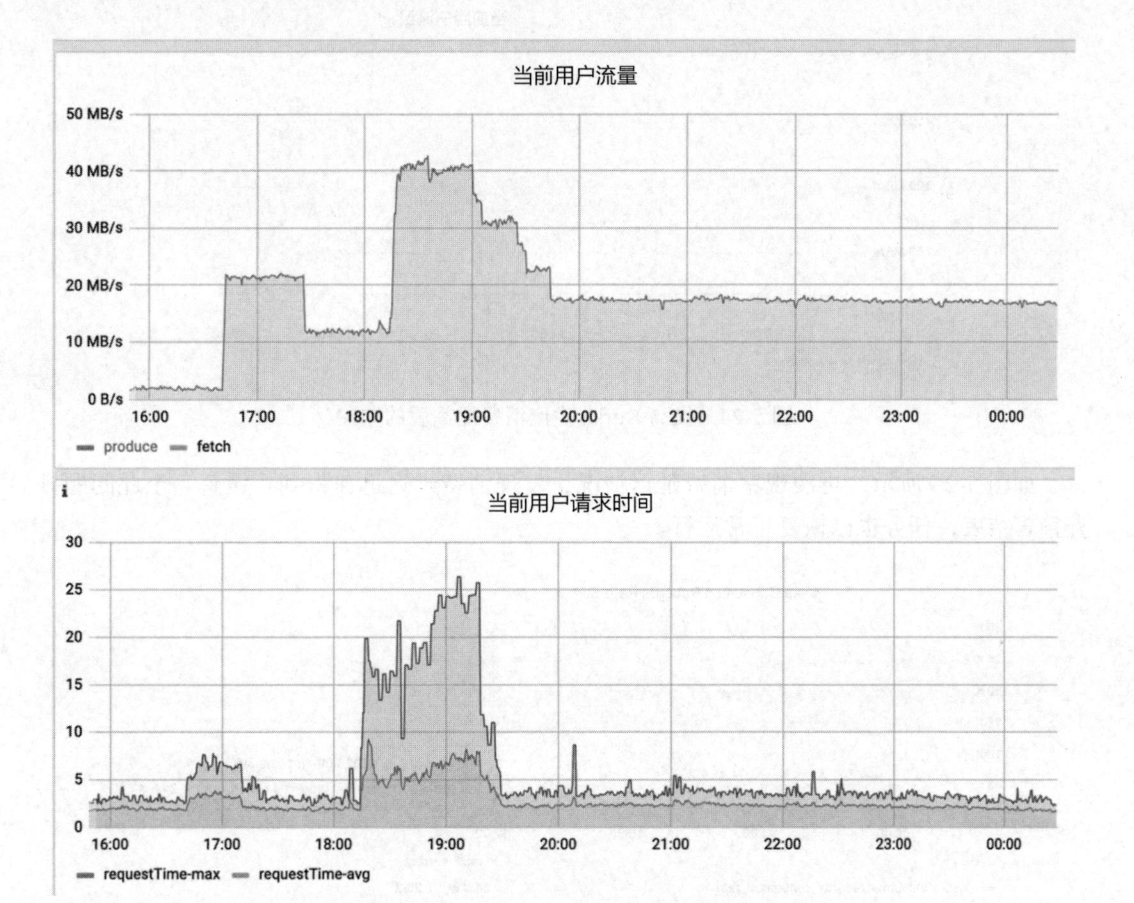

图5-23　Kafka生产消费配额监控

Kafka 配额（限流）的初衷是考虑到生产者（Producers）和消费者（Consumers）在数据处理时会消耗大量带宽，在非物理隔离的多租户集群中，流量可能会不均衡。例如主营业务与新业务产生的数据量差异巨大，这可能导致个别任务或用户对 Broker 资源的垄断，或是个别任务因超大请求和吞吐量而使 Broker 不堪重负，达到性能瓶颈。为了防止这种情况，Kafka 通过结合用户和客户端标识（user id 及 client id）的多种配置方式，限制生产者或消费者的生产（Produce）或拉取（Fetch）操作的上限。集群默认的配额设置为每个 Broker 的每个 client id 拥有 5MB/s 的拉取流量，集群规模为 4 台 Broker。

从图 5-23 可以看出，在数据量陡增的起始时间开始，除了瞬时拉取流量外，client id 一直处于满配额的状态。所有消费任务使用相同的 client id，组内也存在流量争抢的问题。因此将单个 Broker 的消费配额从 5MB/s 调整至 100MB/s，配置生效后，如图 5-24 所示，流量监控表明这一调整取得了显著效果。

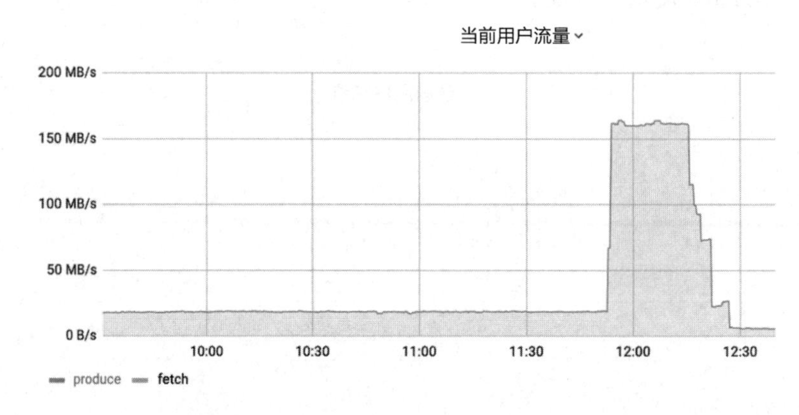

图 5-24　提高 Kafka 生产消费配额后的监控

如图 5-25 所示，再次观察消费延迟情况，发现消费延迟迅速得到了缓解。至此问题排查宣告结束，任务也已恢复正常运行。

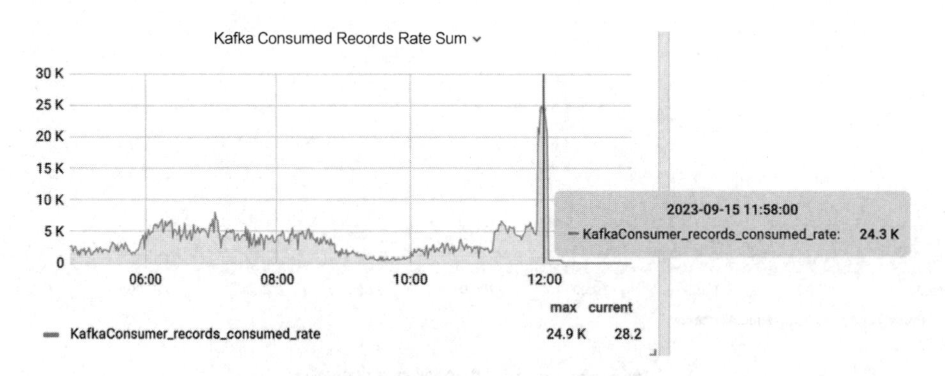

图 5-25　提高消费配额后的 Flink 任务消费监控

5.2　利用 Hint

在关系型数据库中，Hint 是一种查询优化提示，它指导优化器按照特定的方式生成执行计划以进行优化。这为用户的 SQL 语句提供了更高的灵活性。Hint 可以根据表的连接顺序、连接方法、访问路径和并行处理等规则，对 DML（Data Manipulation Language，数据操纵语言）语句施加影响。

```
-- MySQL 强制使用索引，以下 SQL 语句只使用建立在 FIELD1 上的索引，而不使用其他字段上的索引
SELECT *
FROM TABLE1 FORCE INDEX (FIELD1) …;
```

在常用的大数据处理引擎中，Hint 的主要作用可以分为以下几类。

首先是配置传递。以 Flink SQL 为例，用户可以通过 Hint 指定消费 Kafka 时的相关配置，如任务的并行度等。这种方法适用于配置多个数据内容相同的 Topic 任务，能有效减少开发工作量。

```
-- 创建 Kafka 逻辑表
CREATE TABLE `traffic` (
     event_id STRING
    ,event_timestamp BIGINT
    ,log_timestamp BIGINT
    ,user_id BIGINT
    ,device_id STRING
    ,process_time AS PROCTIME()
) WITH (
    'connector' = 'kafka'
);
-- 通过 Hint 控制消费和写入 Topic 的配置
INSERT INTO kafka_sink /*+ OPTIONS('sink.semantic' = 'at-least-once','topic' =
    '...','properties.bootstrap.servers' = '...','format' = 'json','properties.
    ack' = '1','sink.parallelism' = '4') */
SELECT ...
FROM traffic /*+ OPTIONS('topic'='topic','properties.group.id' = '...',
    'properties.bootstrap.servers'='...') */
WHERE ...;
```

其次在写入数据之前对数据进行重分区，可以优化数据分布，减少小文件的产生，从而降低 Hadoop 集群的负担。

```
-- 重分区为 1 个文件后写入表 author
INSERT OVERWRITE TABLE author PARTITION (partition_date="...",country="...")
SELECT /*+REPARTITION(1)*/ uid AS user_id
                                    FROM_UNIXTIME(CAST(MIN(ctime) AS bigint)/1000, 'yyyy-
                                        MM-dd') AS first_publish_date
```

```
                                FROM_UNIXTIME(CAST(MAX(ctime) AS bigint)/1000, 'yyyy-
                                    MM-dd') AS last_publish_date
                                CASE WHEN FROM_UNIXTIME(CAST(MIN(ctime) AS
                                    bigint)/1000, 'yyyy-MM-dd') = "..." THEN 1
                                ELSE 0 END AS is_new_author
FROM ...
WHERE ...
GROUP BY uid;
```

最后是强制改变JOIN操作的方式。Shuffle操作通常分为Hash Shuffle和Sort-Based Shuffle。当数据量较小或计算资源相对充足时，Hash Shuffle通过构建哈希表来完成数据匹配，这通常比Sort-Based Shuffle更快，因为后者需要先对数据进行排序。

```
-- 关联表payment_channel时强制指定JOIN方式为broadcastjoin
SELECT /*+ broadcastjoin(payment_channel) */ item_tab.channel_item_id AS channel_
    item_id
                                                    ,item_tab.user_id AS user_id
                                                    -- ...
FROM item_tab
LEFT JOIN linked_tab
    ON item_tab.item_ref = linked_tab.id
AND item_tab.user_id = linked_tab.user_id
LEFT JOIN payment_channel
    ON item_tab.channel_id = payment_channel.id;
```

通过Hint的指定，在不改动查询任务的前提下，通过改变Join的策略或方式，可以加快任务的执行速度，缩短产出时间，从而达到优化任务的目的。

5.3 合理的表设计

表设计在大数据查询中起到至关重要的作用，合理的表设计可以减少对存储的占用、提升查询的性能以及减少内存的使用。接下来，我们将深入分析小文件合并、分区表和分桶表等关键因素如何影响查询效率，并提供一些实用的设计原则和技巧。

5.3.1 小文件合并

在HDFS中，文件大小若小于256MB（在Hadoop 1.x默认为64MB，Hadoop 2.x默认为128MB，而当前标准通常为256MB）则被视为小文件。我们知道，NameNode是整个Hadoop系统架构中最关键、最复杂的组件，也是最容易出现问题的部分。一旦NameNode发生故障，整个Hadoop集群将无法提供服务。

NameNode负责管理整个HDFS文件系统的元数据，其职责大致分为两部分，分别是Namespace管理层，负责维护文件系统的树状目录结构以及文件与数据块的映射关系；块管理层，负责文件的物理块与实际存储位置之间的映射关系，即BlocksMap。这些信息都存储在NameNode的内存中，随着文件数量的增加，元数据的体积也随之增大，这在一定程度上会成为集群的瓶颈。小文件的增多会导致NameNode节点的内存使用急剧增加，从而严重影响集群的整体性能，并在极端情况下致使集群无法提供服务。此外，小文件的存在增加了文件读写时间，因为客户端需要从NameNode中获取元数据，然后从DataNode中读取相应的数据。同时，小文件的增多还会导致执行任务时Mapper/Task的数量增加，因为Mapper/Task的数量与源数据的文件数量和文件大小等因素有关，这间接降低了执行效率和资源利用率。

在Hive中，通常通过配置参数在任务执行过程中进行小文件的合并，将多个小文件合并成一个较大的文件以优化处理效率。

```
-- 每个Map的最大输入大小(这个值决定了合并后文件的数量)
SET mapred.max.split.size=256000000;
-- 一个节点上split大小的下限(这个值决定了多个DataNode上的文件是否需要合并)
SET mapred.min.split.size.per.node=100000000;
-- 一个交换机下split大小的下限(这个值决定了多个交换机上的文件是否需要合并)
SET mapred.min.split.size.per.rack=100000000;
-- 执行Map前进行小文件合并
SET hive.input.format=org.apache.hadoop.hive.ql.io.CombineHiveInputFormat;
-- 设置Map端输出进行合并，默认为TRUE
SET hive.merge.mapfiles=TRUE;
-- 设置Reduce端输出进行合并，默认为FALSE
SET hive.merge.mapredfiles=TRUE;
-- 设置合并文件的大小
SET hive.merge.size.per.task=256*1000*1000;
-- 当输出文件的平均大小小于该值时，启动一个独立的MapReduce任务进行文件merge
SET hive.merge.smallfiles.avgsize=16000000;
```

而在Spark中则没有这样的参数配置，通常小文件的合并是在结果集计算完成后进行的。这可以通过在完成计算后，写入文件前强制降低并行度来实现，或者在数据写入完成后，启动异步任务来对表数据文件进行重写和合并。例如，在下面的查询任务中，可以使用Hint在写入文件之前添加一个Shuffle操作，并通过参数来控制生成的文件数量。这种操作简便，不会影响全局的并行度，既可以增加也可以减少文件数量，而且生成的文件大小也相对均匀。

```
INSERT OVERWRITE TABLE feed_item PARTITION (partition_date="xx")
SELECT /*+REPARTITION(6)*/ t.item_id,
                           t.shop_id,
                           t.feed_id,
```

```
                    t.uid,
                    t.content_type
FROM (SELECT t2.items['item_id'] AS item_id,
-- ...
```

然而，这种方法的缺点是增加了一步Shuffle操作，这可能会延长任务的执行时间。此外，Hint参数需要手动设置，不能动态配置。如图5-26所示，如果设置过高可能仍会产生小文件，如果设置过低则可能导致单个文件过于庞大。

```
[root@hadoop01 ~]$ hdfs dfs -du -h /hdfs/hive/prod/table/tracking/partition_date=2023-10-01/partition_hour=12
520.9 M  /hdfs/hive/prod/table/tracking/partition_date=2023-10-01/partition_hour=12/compact-00187-35fb65b3-593e-4eaa-bb8e-4a18a5480096.c000
522.9 M  /hdfs/hive/prod/table/tracking/partition_date=2023-10-01/partition_hour=12/compact-00202-35fb65b3-593e-4eaa-bb8e-4a18a5480096.c000
517.7 M  /hdfs/hive/prod/table/tracking/partition_date=2023-10-01/partition_hour=12/compact-00242-35fb65b3-593e-4eaa-bb8e-4a18a5480096.c000
514.6 M  /hdfs/hive/prod/table/tracking/partition_date=2023-10-01/partition_hour=12/compact-00272-35fb65b3-593e-4eaa-bb8e-4a18a5480096.c000
526.4 M  /hdfs/hive/prod/table/tracking/partition_date=2023-10-01/partition_hour=12/compact-00396-35fb65b3-593e-4eaa-bb8e-4a18a5480096.c000
524.6 M  /hdfs/hive/prod/table/tracking/partition_date=2023-10-01/partition_hour=12/compact-00398-35fb65b3-593e-4eaa-bb8e-4a18a5480096.c000
```

图5-26 分区文件过大

当然，除了REPARTITION之外，还可以通过COALESCE来控制文件数量。与REPARTITION不同，COALESCE没有Shuffle操作，因此基本不影响性能。但缺陷在于，Hint参数仍需人工手动设置，而且生成的文件大小可能不够均匀。

```
INSERT OVERWRITE TABLE feed_item PARTITION (partition_date="xx")
SELECT /*+COALESCE(6)*/ t.item_id,
-- ...
```

如果不使用Hint方式，例如通过DataFrame提交作业，在任务完成后，可以通过调用DataFrame.count()方法来获取数据条数，并据此计算分配的文件数量。与Hint方法相比，这种方式可以自动获取分配文件数，生成的文件大小也相对均匀。然而，这种方法也存在一定的局限性，对于那些数据条数众多但单条记录占用空间较小的表，可能会生成多个小文件。相反，对于数据条目不多，但包含大容量字段的表，可能会生成较大的文件。总的来说，这种方法无法精确控制单个文件的大小。

```
/**
    * 合并小文件并写入hive表
    * @param df
    * @param tableName 表名
    * @param schema 表的schema，可选默认值
    * @param isPersist 是否对df进行缓存，如果在调用这个方法之前已经缓存了，那么需传入
      false
    * @param isUnPersist  是否在写入hive表后立即释放缓存，如果后续代码中需要复用这个df，
      那么最好传入false(不立即释放)
    * @param saveMode 默认 overwrite
    * @param sinkFormat 默认 parquet
    */
def repartitionIntoTable(df: DataFrame,tableName: String,schema: String = schema,
```

```
isPersist: Boolean = true,isUnPersist: Boolean = true,saveMode: String =
"overwrite",sinkFormat:String = "parquet"):Unit = {
if(isPersist){
    df.persist(StorageLevel.MEMORY_AND_DISK_SER)
}
// 统计数据量大小
val dataSize = df.count()
// 根据数据量计算重分配的文件数
val targetPartitions = (dataSize / DEFAULTPARTITIONROWSIZE)+1

logger.info(s"logg   写入数据条数: ${dataSize}，调整成${targetPartitions}个分区。
    目标表:${schema}.${tableName}")

df.repartition(targetPartitions.toInt)
    .write.mode(saveMode).format(sinkFormat).insertInto(schema+"."+tableName)
if(isUnPersist){ //写完数据是否马上释放缓存
    df.unpersist()
}
}
```

通过数据量判断应该分配的文件数量并不够精准，因此可以调整策略，通过统计已存储数据的大小来自动判断文件数量。具体来说，就是在数据写入完成后，获取数据的总大小，并据此计算出应该重分配的文件数量，然后通过REPARTITION再次写入数据。与之前的方法相比，这种策略能够有效解决单个文件过大或过小的问题，生成的文件大小可以控制在(mergeSize/2, mergeSize]的范围内。不过，这种方法的缺点是需要对表数据额外进行一次读写操作。

```
import org.apache.hadoop.conf.Configuration
import org.apache.hadoop.fs.ContentSummary
import org.apache.hadoop.fs.FileSystem
import org.apache.hadoop.fs.Path

/**
    * 根据文件夹内的文件大小计算应该生成的文件数，之后再执行repartitionIntoTable方法
    */
    def getFileNeedRepartitionNum(tableFileABSLocation: String, mergeSize: Int,
        url: String = "hdfs://"): Int ={
    val hdfs: FileSystem = FileSystem.get(new URI(url), new Configuration())
    val path: Path = new Path(tableFileABSLocation)
    // 获取hdfs文件大小、文件数量等
    val result = hdfs.getContentSummary(path)
    // 从字节数转换为MB
    val inputPathFileSize: Long = result.getLength / 1024 / 1024
    // 计算重分配的文件数
    val targetPartitionsNum: Int = scala.math.floor(inputPathFileSize / mergeSize +
        1).toInt
```

```
    targetPartitionsNum
}
```

5.3.2 分区表

数据分区的概念已经存在很久了，通常使用分区来水平分散压力，将数据从物理上移动到离使用频率最高的用户更近的地方，以此来实现其目的。在大数据领域，如 Hive 或基于 Hadoop 的存储查询系统中，分区表实际上对应 HDFS 文件系统上的独立文件夹，该文件夹包含了该分区的所有数据文件。在 Hive 中，分区相当于不同的目录，它允许将一个大型数据集根据业务需求划分为更小的数据集。在查询时，可以通过 WHERE 子句中的表达式来选择所需的特定分区，这样就避免了全表扫描，从而减少资源消耗并提高查询效率。

Hive 的分区可以分为静态分区和动态分区。如果分区的值已经确定，那么就称之为静态分区，即在新增分区或加载分区数据时，分区名已经被明确指定。而动态分区则是指分区的值不是预先确定的，而是由输入数据在处理过程中动态确定。

```
-- 非分区表
CREATE TABLE `tmp` (`rowkey` STRING)
STORED AS PARQUET;

-- 分区表
CREATE TABLE `tmp`(`rowkey` STRING)
PARTITIONED BY (`grass_date` string)
STORED AS PARQUET;
```

分区表的主要作用是根据分区键读取数据，与全表扫描相比，可以显著提高读取时间。例如统计订单表中每日订单量时，如果订单表 order 没有设置时间分区，我们就需要扫描全部数据并筛选出当天创建的订单数据，然后对这些数据进行求和以得出结果。

```
SELECT COUNT(1)
FROM `order`
WHERE create_time BETWEEN UNIX_TIMESTAMP('2023-08-01 00:00:00', 'yyyy-MM-dd
    HH:mm:ss')
    AND UNIX_TIMESTAMP('2023-08-01 23:59:59', 'yyyy-MM-dd HH:mm:ss'); -- 从全量数
        据中筛选订单创建时间为 2023-08-01 的所有记录
```

可以观察到，查询执行的速度较慢，约 3.2min 才执行结束。

```
Time taken: 190.229 seconds, Fetched 1 row(s)
```

查看执行计划，引擎对订单表进行了全表扫描，以筛选出创建时间为 2023 年 8 月 1 日

的记录。这一步骤耗时极长。

```
== Physical Plan ==
+- HashAggregate(keys=[], functions=[count(1)], output=[count(1)#113L])
   +- Exchange SinglePartition, ENSURE_REQUIREMENTS, [id=#41]
      -- 计数
      +- HashAggregate(keys=[], functions=[partial_count(1)],
         output=[count#115L])
         +- Project
            -- 扫描全量数据，并筛选 create_time 在 2023-08-01 范围内的数据
            +- Filter ((isnotnull(create_time#105L) AND (create_time#105L >=
               1690819200)) AND (create_time#105L <= 1690905599))
```

如果我们将时间戳字段 create_time 格式化为日期格式，并将它用作分区表的分区键，那么查询语句将相应地进行调整。

```
SELECT COUNT(1)
FROM order
WHERE partition_date = '2023-08-01'; -- 将订单创建时间 create_time 格式化后的分区字段
```

通过分析查询计划，可以看到原本的全表扫描并过滤的操作，优化为直接读取相应的分区数据。

```
== Physical Plan ==
+- HashAggregate(keys=[], functions=[count(1)], output=[count(1)#175L])
   +- Exchange SinglePartition, ENSURE_REQUIREMENTS, [id=#112]
      -- 计数
      +- HashAggregate(keys=[], functions=[partial_count(1)], output=
         [count#177L])
         +- Project
         -- 扫描分区 partition_date=2023-08-01 的数据
         +- FileScan parquet order[partition_date#20] Batched: true,
            DataFilters: [], Format: Parquet, Location: InMemoryFileIndex(1
            paths)[hdfs://.., PartitionFilters: [isnotnull(partition_
            date#20), (partition_date#20 = 2023-08-01)]
```

相比全表扫描的方式，查询时间大幅缩短，约 5.7s 就执行结束。

```
Time taken: 5.691 seconds, Fetched 1 row(s)
```

相比较于没有分区的普通表，使用分区将会有以下的收益：

- 分区表可以大幅提升查询性能。当执行查询时，Hive 只需要扫描与查询条件匹配的特定分区，而不需要扫描整张表。这减少了查询的数据量，从而加速查询。
- 分区表使数据加载更加高效。数据加载过程可以分批进行，只需要加载新增的分区，而不是整张表。

- 分区表可以更好地管理存储和计算资源。如果只需要查询或处理特定分区的数据，可以只分配资源给这些分区，而不会在不相关的数据上浪费资源。
- 分区表可以使数据组织更加清晰，易于管理。数据按照分区键值被分割成多个子目录，这样可以更轻松地查找和管理数据。
- 分区表支持基于多个分区键进行分区，这允许用户处理更复杂的数据访问和查询需求。
- 对于时间序列数据，用户可以按照日期、年份、月份等来分区，便于快速进行时间范围内的查询。
- 分区表可以根据分区键值来轻松实现数据的保留和归档。旧数据可以归档到不同的目录中，从而管理存储和访问。

尽管 Hive 分区表在管理和查询大数据时带来了许多好处，但也存在一些潜在的弊端和限制，需要在使用时考虑。以下是一些可能的弊端：

- 分区表的维护可能会变得复杂。随着分区的增加，管理分区和处理分区键的变化可能变得烦琐。
- 不正确的分区键选择可能导致数据倾斜，即某些分区中的数据量远远超过其他分区。这会导致查询性能下降，需要进行额外的调优。
- 虽然分区表在许多查询场景中表现优异，但并不是所有查询模式都能得到性能提升。某些查询可能涉及多个分区，这将导致额外的 I/O 开销。
- 分区表可能导致数据分布不够均衡。某些分区可能包含更多数据，而其他分区可能很少。这可能影响查询性能和资源使用。
- 在多用户环境下，不同查询可能涉及不同的分区，导致查询性能和资源消耗不均衡。
- 过多的分区可能会降低元数据管理的效率，从而导致查询性能下降。

5.3.3 分桶表

与分区相似，分桶也是一种优化表存储模式的调优策略。然而分桶与分区的不同之处在于，分区是将表数据拆分到不同的子目录中存储，而分桶则是将数据分散到多个文件中。如图 5-27 所示，分桶通过对分桶键进行哈希取模的方式，将数据分配到若干个桶文件中。如果以 id 字段作为分桶键，假设 id 字段包含的数据范围是 1～10，并且决定将这些数据分配到 3 个桶中。在这种情况下，我们会对 id 值按照桶的数量进行哈希取模操作。具体来说，id 为 3、6、9 的记录将被分配到第一个桶文件中；id 为 1、4、7、10 的记录将被分配到第二个桶文件中；而 id 为 2、5、8 的记录则会被分配到第三个桶文件中。每个桶文件包含的是相应桶中的数据记录。

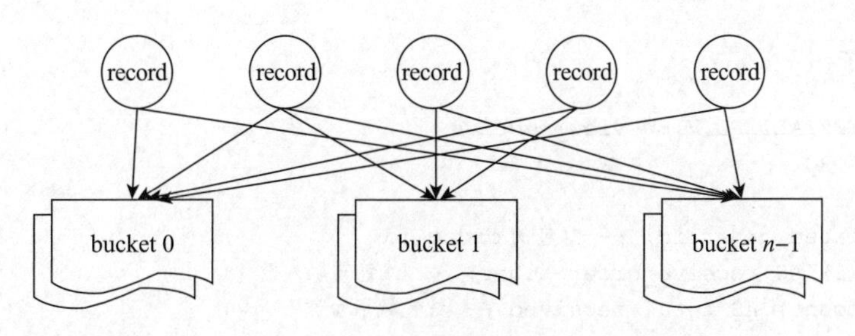

图 5-27　分桶表示例

分桶操作的目的在于通过改变数据的存储分布，以提升查询、取样、JOIN 等特定操作的执行效率。分桶后，在执行数据查询时，可以根据分桶键的过滤条件，通过哈希取模直接定位到相应的桶文件，这样就减少了需要处理的数据量。在处理海量数据的场景中，这种方法能显著提高数据处理的效率。在进行数据取样时，可以选择性地仅对特定的桶文件进行操作，从而缩短取样所需的时间。

此外，在 Hive 中，如果两张表需要进行连接操作，在转换为 MapReduce 或 Spark 任务后，通常会经历一个时间消耗较大的 Shuffle 过程。然而，如果这两张表都以 id 字段为分桶键，并且分桶的数量相同，那么在 JOIN 操作时，就可以直接将对应的桶文件相互连接，从而提高处理效率。这是因为具有相同 id 的数据会根据相同的哈希取模规则被存放在相同的桶文件中。因此，当两张表的桶数量相同或者是成倍关系时，JOIN 操作的效率将得到显著提升。

5.3.4　物化视图

物化视图被广泛应用于 Doris、Clickhouse、Hive 中，其主要功能是预先计算并存储那些耗时较多的操作结果，如表连接或聚合。这样在执行查询时，就可以避免重复进行这些耗时的操作，从而快速获得所需结果。物化视图通过查询重写（Query Rewrite）机制，无须修改现有的查询语句，引擎会自动选择合适的物化视图进行查询重写，对应用程序是完全透明的。

物化视图与普通视图的主要区别在于其存储特性。普通视图是虚拟的，仅在逻辑层面存在，它们定义了数据的组织方式，但并不存储任何数据。相反，物化视图是实际存在的，它们在物理层面存储预计算的数据。可以将物化视图视为一种特殊的“表”，在创建时就将数据缓存起来；而普通视图则相当于一张虚拟表，它只有表结构而没有数据，实际查询时需要实时改写 SQL 语句以访问底层的数据表。

总的来说，普通视图的目的是简化和降低查询的复杂度，而物化视图的目的则是提高查询性能。例如，在统计钱包 App 中用于红包发放的指标时，使用物化视图可以显著提高统计任务的效率。

```
CREATE MATERIALIZED VIEW view_receive
STORED AS ORC
AS
SELECT related_order_id, -- 红包的 order id
    COUNT(1) AS receive_order_count, -- 红包领取人数
    SUM(amount) AS total_received -- 红包领取金额
FROM `order`
WHERE order_type = 18 -- 接收红包
AND order_status = 1 -- 成功
GROUP BY related_order_id;
```

当物化视图创建完毕后，在后续提交的查询任务中，引擎会自动判断是否可以通过从物化视图中扫描数据来优化查询，从而提高效率。

```
SELECT create_date,
        order_id,
        order_status,
        user_id,
        amount,
        fee_amount,
        virtual_card_category_id,
        virtual_card_id,
        user_quantity_input,
        angbao_type,
        receive_order_count,
        total_received
FROM (SELECT from_unixtime(create_time, 'yyyy-MM-dd') AS create_date,
             order_id,
             CASE WHEN order_status = 1 THEN 'SUCCESS'
                  WHEN order_status = 2 THEN 'PROCESSING'
                  WHEN order_status = 3 THEN 'CONFIRMING'
                  WHEN order_status = 4 THEN 'REFUNDING'
                  WHEN order_status = 5 THEN 'FAILED'
                  WHEN order_status = 6 THEN 'REFUNDED'
                  WHEN order_status = 7 THEN 'CANCELLED' END AS order_status,
                      -- 订单状态，此处指领取红包的状态
             user_id,
             amount,
             get_json_object(extinfo,
                 '$.angbao_send_parent_extinfo.virtual_card_category_id') AS
                     virtual_card_category_id, -- 发放红包的卡类型
             nvl(get_json_object(extinfo,
                 '$.angbao_send_parent_extinfo.virtual_card_id'), 'Unknown') AS
                     virtual_card_id, -- 发放红包的卡 id
             nvl(get_json_object(extinfo,
                 '$.angbao_send_parent_extinfo.total_count'), 'Unknown') AS user_
                     quantity_input, -- 发放红包金额
```

```
                CASE WHEN get_json_object(extinfo,
                    '$.angbao_send_parent_extinfo.angbao_type') = 1 THEN 'Random'
                WHEN get_json_object(extinfo,
                    '$.angbao_send_parent_extinfo.angbao_type') = 2 THEN 'Fixed'
                ELSE 'Unknown' END AS angbao_type -- 红包算法类型
        FROM order
        WHERE order_type = 17) AS send -- 发红包
    INNER JOIN (SELECT related_order_id
                    ,COUNT(1) AS receive_order_count
                    ,SUM(amount) AS total_received
                FROM `order`
                WHERE order_type = 18 -- 接收红包
                AND order_status = 1 -- 成功
                GROUP BY related_order_id) AS receive
    -- 将直接改写为
    -- INNER JOIN view_receive
        ON send.order_id = receive.related_order_id
    GROUP BY create_date,
             order_id,
             order_status,
             user_id,
             amount,
             fee_amount,
             virtual_card_category_id,
             virtual_card_id,
             user_quantity_input,
             angbao_type,
             receive_order_count,
             total_received;
```

物化视图能显著提升查询处理的速度。在处理复杂查询语句或视图时，物化视图可以作为等价替换。在使用物化视图时，应当考虑以下几个关键问题：

- 物化视图的创建和数据存储方式。
- 当基表数据更新时，物化视图的同步更新机制。
- 如何在查询语句中高效地进行物化视图的等价替换。

为了确保可以有效替换，并保持查询结果的一致性，必须满足以下前提条件。

物化视图中能够产生查询 Query 需要的所有数据行。如果物化视图和查询具有相同的基表，那么它们是否能够等价替换主要取决于过滤条件中的谓词过滤范围是否一致。定义视图的限制条件为 W_v（即谓词 p 的集合，$W_v = p_{v,1} \wedge p_{v,2} \wedge \cdots \wedge p_{v,n}$），查询的限制条件为 W_q。为了确保视图中能够产生查询所需要的所有行，那么 W_q 应该是 W_v 的子集，也就是查询的限制条件更为严格，代数关系为 $W_q \Rightarrow W_v$。为了识别限制条件之间的从属关系（例如包含关系或等价性），可以通过谓词的等价性或交换律来进行判断。

$$相等：(A+B)=(B+A)$$
$$不等：(A>B) \neq (B<A)$$

同时谓词可以分为等值谓词（PE, $(T_i.C_p=T_j.C_r)$），range 谓词（PR，$T_i.C_p$ op c）和其他谓词（PU）。

$$(\mathrm{PE}_q \wedge \mathrm{PR}_q \wedge \mathrm{PU}_q \Rightarrow \mathrm{PE}_v \wedge \mathrm{PR}_v \wedge \mathrm{PU}_v)$$

进一步拆分为以下表达式。

$$(\mathrm{PE}_q \wedge \mathrm{PR}_q \wedge \mathrm{PU}_q \Rightarrow \mathrm{PE}_v) \wedge$$
$$(\mathrm{PE}_q \wedge \mathrm{PR}_q \wedge \mathrm{PU}_q \Rightarrow \mathrm{PR}_v) \wedge$$
$$(\mathrm{PE}_q \wedge \mathrm{PR}_q \wedge \mathrm{PU}_q \Rightarrow \mathrm{PU}_v)$$

假设存在谓词 A、B、C，如果 $A \Rightarrow C$，则 $(A \Rightarrow C) \Rightarrow (AB \Rightarrow C)$，因此又可以转换为以下表达式。

$$(\mathrm{PE}_q \Rightarrow \mathrm{PE}_v)(等值谓词校验)$$
$$(\mathrm{PE}_q \wedge \mathrm{PR}_q \Rightarrow \mathrm{PR}_v)(\text{Range} 谓词校验)$$
$$(\mathrm{PE}_q \wedge \mathrm{PU}_q \Rightarrow \mathrm{PU}_v)(其他谓词校验)$$

也就是对上述提到的 3 种类型的谓词进行检查。对于等值谓词，需要检查视图中的每个等价类，如果可以在查询中找到所属的等价类，即 $W_q \Rightarrow W_v$，如果两者完全一致，例如视图中的谓词类型为（$A = B$ and $B = C$），而查询中的谓词类型为（$A = C$ and $C = B$），那么两者视为等价，即 $A = B = C$；否则当视图的多个等价类 $E_1, E_2, \cdots, E_n$ 都对应到同一个查询等价类 E 时，需要从 E_i 和 E_{i+1} 的任意列构成补偿谓词。

对于 range 谓词，只需要判断 range 是否可以保证视图的范围包含查询的范围，并使用更紧凑的 range 边界构建针对视图的补偿 range 谓词，从而保证语义上替换前后一致。例如谓词类型为（$T_i.C_p \leqslant c$），则表示上限为当前值和 c 的最小值。谓词类型为（$T_i.C_p \geqslant c$），则表示上限为当前值和 c 的最大值。

对于其他谓词，主要是进行文本匹配。表达式由文本字符串和列的列表表示，将视图和查询的 PU 都转换为文本形式，但其中的列引用留空。做匹配时，先比较文本，再依次比较留空的列引用所对应的等价类，有任何不匹配则认为谓词不一致。

基于视图的输出行，查询必须能够执行后续的筛选操作。因为查询可能会被包含补偿谓词的视图替代，所以只需判断这些补偿谓词是否能够通过视图的输出列进行计算即可。对于等值补偿谓词，需要考虑视图内部的等价类，以确定每个列是否可以引用视图的输出列。对于range补偿谓词，则需要考虑查询内的等价类。至于其他类型的补偿谓词，同样需要考虑查询内的等价类，以确保每个列的引用都能对应到视图的输出列。

查询的投影列可以从视图的输出列中得到。如果投影列仅涉及单个列，则需确认该列是否能对应到视图的输出列。若投影列是一个表达式，则必须核实该表达式是否与视图的某个输出表达式完全匹配，若匹配，则可直接用相应的视图列替换；如果不匹配，则需检查表达式中的每个引用列是否都能对应到视图的输出列。

在确保视图和查询的输出结果行集相同，以及重复行出现次数也相同的前提下，对于基于相同基表的视图，这一条件自然得到满足。然而，如果视图涉及了更广泛的基表范围，则需要进行额外的考虑。基于这些前提条件，可以对以下几种类型的视图进行改写。

对于由SPJ（SELECT-PROJECT-JOIN，选择、投影、连接）构造的视图或查询语句，例如以下查询任务。

```
-- 视图
CREATE VIEW V2 WITH schemabinding AS
SELECT l_orderkey
       ,o_custkey
       ,l_partkey
       ,l_shipdate
       ,o_orderdate
       ,l_quantity * l_extendedprice AS gross_revenue
FROM dbo.lineitem
    ,dbo.orders
    ,dbo.part
WHERE l_orderkey = o_orderkey
AND l_partkey = p_partkey
AND p_partkey >= 150
AND o_custkey >= 50
AND o_custkey <= 500
AND p_name LIKE '%abc%';

-- 查询 Query
Select l_orderkey
       ,o_custkey
       ,l_partkey
       ,l_quantity*l_extendedprice
From lineitem
    ,orders
    ,part
WHERE l_orderkey = o_orderkey
  AND l_partkey = p_partkey
  AND l_partkey >= 150
  AND l_partkey <= 160
```

```
  AND o_custkey = 123
  AND o_orderdate = l_shipdate
  AND p_name LIKE '%abc%'
  AND l_quantity * l_extendedprice > 100;
```

改写步骤如下。

检查等值谓词。对于视图，存在 {l_orderkey, o_orderkey}, {l_partkey, p_partkey}；对于查询，存在 {l_orderkey, o_orderkey}, {l_partkey, p_partkey}, {o_orderdate, l_shipdate}，因此需要额外的补偿谓词 o_orderdate = l_shipdate。

检查 range 谓词。对于视图，存在 {l_partkey, p_partkey} ∈(150, +∞), {o_custkey} ∈(50, 500)；对于查询，存在 {l_partkey, p_partkey} ∈(150, 160), {o_custkey} ∈(123, 123)，可以看出视图包含查询的 range 谓词范围，且上限不匹配，因此需要补充额外的补偿谓词 {l_partkey, p_partkey} ≤ 160 和 o_custkey = 123。

检查其他谓词。查询和视图均为 p_name LIKE'%abc%'，故不需要补充额外的补偿谓词。之后再确保查询能够基于视图做后续的投影、过滤运算，以及确保视图和查询的输出结果相同，由于此时视图和查询的基表相同，因此满足条件。经过上述的内容检查、谓词补偿后，查询任务可以改写为以下形式：

```
SELECT l_orderkey
      ,o_custkey
      ,l_partkey
      ,gross_revenue
FROM V2
WHERE l_partkey <= 160
  AND o_custkey = 123
  AND o_orderdate = l_shipdate
  AND gross_revenue > 100;
```

如果视图中包含更多的表，例如查询包含表集合 $T_1, T_2, \cdots, T_n$，而视图包含表集合 $T_1, T_2, \cdots, T_n, S$，则要求与 S 的连接中，需要满足 Cardinality-Preserving Join，也就是对于表 T 的每一行，表 S 有且只有一行可以关联上，对于整个查询而言，相当于只是扩展了表 S 的列。

当视图中多出不止一张表时，可以考虑构建 Join Graph 来解决。Join Graph 是一个以关系为节点，联接为边的图。INNER JOIN 的条件表示为无向边，OUTER JOIN 的条件表示为有向边。Join Graph 由查询关系代数树构建而来，通过比较 Join Graph 就可以检查视图和查询是否包含相同的连接关系。对比过程大致为，在构建时，当表 T_i 和 T_{i+1} 的 JOIN 谓词满足上面提到的 Cardinality-Preserving Join 条件时，构建一条 $T_i \rightarrow T_{i+1}$ 的边，在消除时，如果一个节点只有一条入边而没有出边，则删除该顶点和对应的入边。由于入边的删除，可能导致其他更多顶点的删除，因此当所有的表都被删除后，查询和视图的基表仍然保持一致的话，则可以进行重写。例如以下查询语句。

```
-- 视图
CREATE VIEW V3 WITH schemabinding AS
SELECT c_custkey,
       c_name,
       l_orderkey,
       l_partkey,
       l_quantity
FROM dbo.lineitem,
     dbo.orders,
     dbo.customer
WHERE l_orderkey = o_orderkey
  AND o_custkey = c_custkey
  AND o_orderkey >= 500;

-- 查询 Query
SELECT l_orderkey,
       l_partkey,
       l_quantity
FROM lineitem
WHERE l_orderkey BETWEEN 1000 AND 1500
  AND l_shipdate = l_commitdate;
```

上述查询语句可以重写为以下结构。

```
SELECT l_orderkey,
       l_partkey,
       l_quantity
FROM V3
WHERE l_orderkey BETWEEN 1000 AND 1500
  AND l_shipdate = l_commitdate;
```

如果视图或查询语句中包含聚合函数。除上述的检查条件外，还需要额外检查查询的分组集合是否与视图的分组集合相同（或被包含的关系，即视图是更细粒度的聚合）。再尝试是否可以对视图做二次聚合汇总，或者查询所需的列能否都可以从视图的输出中计算出来。例如以下查询语句。

```
-- 视图
CREATE VIEW V4 WITH schemabinding AS
SELECT o_custkey
       ,count_big(*) AS cnt
       ,SUM(l_quantity * l_extendedprice) AS revenue
FROM dbo.lineitem,
     dbo.orders
WHERE l_orderkey = o_orderkey
```

```
GROUP BY o_custkey;

-- 查询 Query
SELECT c_nationkey,
       SUM(l_quantity * l_extendedprice)
FROM lineitem,
     orders,
     customer
WHERE l_orderkey = o_orderkey
  AND o_custkey = c_custkey
GROUP BY c_nationkey;
```

上述查询语句可以改写为以下结构。

```
SELECT c_nationkey,
       SUM(revenue)
FROM customer,
     V4
WHERE c_custkey = o_custkey
GROUP BY c_nationkey;
```

5.4. 存储调整

数据在文件系统上以何种形式进行存储、以何种形式进行查询是大数据技术需要解决的关键问题。在传统的关系型数据库中，数据是以行相关的存储格式进行空间分配的。在基于行的存储中，数据是逐行存储的，当前行的第一列将紧挨着前一行的最后一列，如图 5-28 所示。

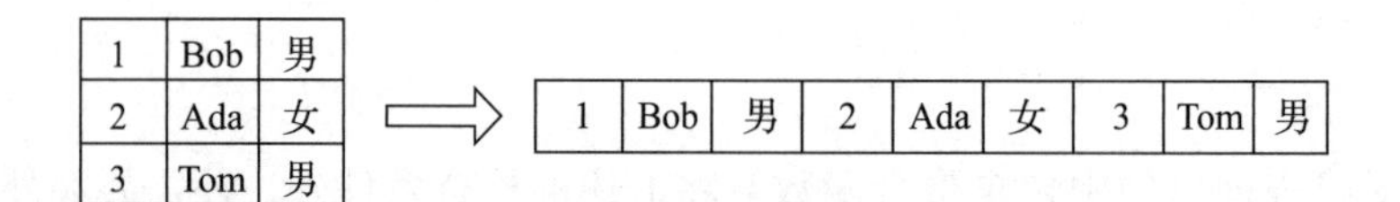

图 5-28　行式存储结构

这种结构很适合需要同时访问或处理整行数据的情况，也同样适用于经常对行数据进行增删改操作的场景，常用于联机事务型数据处理。对于写入的每条记录，由内存拼接好整行记录，再一次性写入磁盘中，只需要少量 I/O 操作。但是行式存储在读取时，可能会有读取冗余现象。在查询操作中，计算机是按照磁盘块为基本单位进行读取的，同一个磁盘块中的其他记录也需要读取至内存中，并在内存中进行过滤处理。即使查询只涉及少数字段，也需要读取完整的行记录。在数据压缩时，也是根据每行数据进行压缩操作，但由于每行的数据类型并不一致，压缩率相对较低。

在一些场景中，要求快速得出涉及多个维度的查询结果，例如针对某一列求取平均值与最大值。基于行式存储结构的查询效率比较低。在基于列的存储中，数据的存储方式是按照相同列分布的，每一行都与同一列的其他行相邻，列式存储结构如图 5-29 所示。

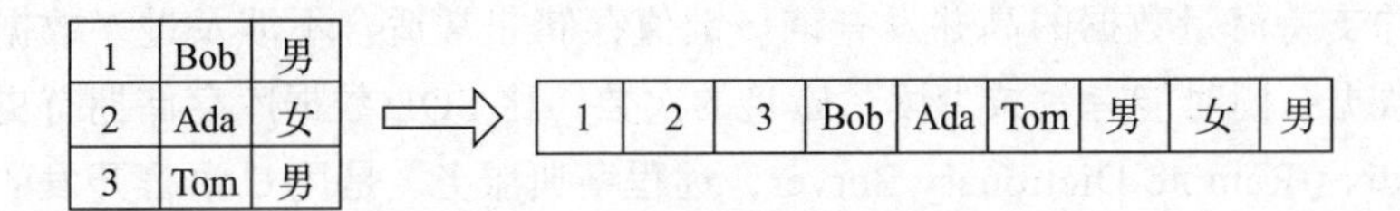

图 5-29 列式存储结构

这在执行只需要在非常大的数据集上检查列的子集的分析查询时最有用，这种处理数据的方式通常出现在联机分析处理场景中。在这类场景下，数据更新操作少，以大批量写入为主，数据的查询过程可能较为复杂，查询的数据量通常也较大。

列式存储可以通过对齐相同类型的数据和优化稀疏列的值来提供更大的压缩率。由于相同列的值会在一起存储，在对列进行分析时，数据库可以通过减少需要从磁盘读取的数据量来提高性能。从查询优化的角度来看，列式存储结构还可以通过映射下推和谓词下推来减少不必要的数据扫描，尤其是表结构比较庞大的时候更加明显，由此也能够带来更好的查询性能。

两种存储格式都有各自的优缺点，在合适的场景下选择合适的格式才能发挥其最大作用。行存储的写入是一次性完成，消耗的时间比列存储少，并且能够保证数据的完整性，缺点是数据读取过程中会产生冗余数据，数量大可能会影响到数据的处理效率。列存储在写入效率、保证数据完整性上都不如行存储，但是在读取过程中会有更好的读取性能。

因此有的存储体系结构中又提出了混合存储格式，先将整个表空间划分为不同的行子集，每个子集内都是独立的不同行，再针对每个行子集内采用列存储的方法。这样在兼顾行存储优势的同时，又利用到了列存储的长处。

尽管有着多种多样的优化手段，但传统数据库在超大规模数据与高并发时依旧面临了更大的挑战，行式存储结构与列式存储结构在不同的业务场景下也接受了很大挑战，在此时非关系型的数据库由于本身的特点得到了非常迅速的发展。

NoSQL 数据库的产生就是为了解决大规模数据集和多重数据种类带来的问题，特别是大数据应用领域的难题。在一些大数据场景下，数据维度比较多，但是每一行数据却并不是都具备所有信息，于是就形成了稀疏矩阵。如果采取过去的存储方式的话，将会浪费大量的空间，在存储时，还需要将没有数据的内容置空，这里的置空也是需要消耗存储空间的，并且也会增加寻址的时间，在大数据情景下尤为明显。在大数据时代，需求变化很快，造成数据表结构也变化很快，数据库应该能够高效应对这种常态。键值存储结构、文档型存储结构、图形存储结构和时序存储结构都是这类场景下的体系结构。

键值存储结构按照键值对的形式进行组织和存储，键值对存储结构采用哈希函数来实现键到值的映射。当查询数据时，基于此键的哈希值会直接定位到数据所在的位置，实现快速查询，并支持海量数据的高并发查询。键值存储非常适合不涉及过多数据关系、业务关系的业务数据，同时能有效减少读写磁盘的次数，比SQL数据库存储拥有更好的读写性能。其中Redis（Remote Dictionary Server，远程字典服务）是用C语言开发的一个开源的高性能键值对内存数据库，在很多场景中被广泛使用。

文档型存储结构会将数据作为JSON或者XML格式的文档进行存储和查询。文档数据库允许开发人员使用与他们在其应用程序代码中使用的相同的文档模型格式，更轻松地在数据库中存储和查询数据。文档和文档数据库的灵活、半结构化和层级性质允许它们随应用程序的需求而变化。文档模型可以很好地与目录、用户配置文件和内容管理系统等案例配合使用，其中每个文档都是唯一的，并会随时间而变化。文档数据库支持灵活的索引、强大的临时查询和文档集合分析。文档型数据库通过将整个文档整理为称作集合的组来扩展键值数据库的概念。它们支持嵌套的键值对，并且允许查询文档中的任何属性。

图形存储结构使用基于节点和边缘的模型来表示互连数据，能够简化复杂关系的存储和导航。节点表示实体，边缘表示这些实体之间的关系。节点和边缘都可以包含一些属性用于提供有关该节点或边缘的信息，类似于表中的列。边缘还可以包含一个方向用于指示关系的性质。

时序数据具有按照时间顺序排序的默认特性，时序存储结构根据该特性可以有针对性地进行存储和查询方面的优化。时序数据一般会在一秒内产生上千万的数据，并且对这上千万的数据进行聚合计算等。大量写入加少部分读取的操作，使得时序存储结构往往会采用LSM树进行数据的存储，通过内存写和后续磁盘的顺序写入获得更高的写入性能，避免了随机写入，同时牺牲了部分查询性能。

没有哪种存储结构可以在所有场景里均优于其他所有结构，根据数据的业务场景，选择合适的存储结构才能更好地发挥存储与计算性能。

5.4.1 存储格式

本小节针对有代表性的数据存储结构进行了介绍，从数据可读性角度分别介绍了文本型格式、二进制数据格式，它们是数据格式中的代表性格式，还按照行式存储与列式存储的存储体系，分别介绍了几种有代表性的存储格式。

1. 可读性文本存储格式

JSON 是一种包含记录的文本格式，也是一种可读性很高的文本格式。作为一种相对轻量级的文本格式，JSON 的 Schema 与数据同时存在，采用完全独立于编程语言的文本格式来存储和表示数据，也因此支持模式演化。简洁和清晰的层次结构使得 JSON 成为理想的数据交换语言。JSON 易于人阅读和编写，同时也易于机器解析和生成，并能有效地提升网络传输效率。

XML 是由 W3C 创建的标记语言，用于定义人类和机器可读的编码文档的语法。XML 允许定义更多或更少的复杂语言，还能够建立用于应用程序之间交换的标准文件格式。在 JSON 和 XML 中，数据结构与数据同时存在，因此在大数据场景下，它们会占用更大的存储空间。

在数据存储格式中，文本格式是以某些特定字符分割行与列的文本文件结构。Hadoop 文件输出格式中实现了以“\t”分割列、以“\n”分割行的输出格式，Hive 中也支持类似的输出格式。CSV 也是这一类的文本格式，可以选择将标头视为数据模式，数据结构清晰明了、容易理解。

从存储的体系结构角度分析，文本格式是行式存储结构，默认每一行就是一条数据。数据的存储格式为非二进制的文本结构，可以直接通过文件访问工具进行查看。

2. 容器存储格式

在 HDFS 中，小文件是指单个文件小于 Block 块的文件。这样的文件会给 Hadoop 的扩展性和性能带来严重问题，例如会占用更多的元数据存储空间，也会导致分布式计算任务的速度变慢。SequenceFile 文件是 Hadoop 为了存储二进制形式的数据对而设计的一种文件格式。可以把 SequenceFile 当作一个容器，把所有的文件打包到少数几个 SequenceFile 中可以高效地对小文件进行存储和处理。SequenceFile 的存储结构如图 5-30 所示，在每条记录中都会记录总数据长度、键长度、键和值。不过也因为 SequenceFile 是二进制格式，所以无法使用文本编辑工具直接对该类型文件进行查看。

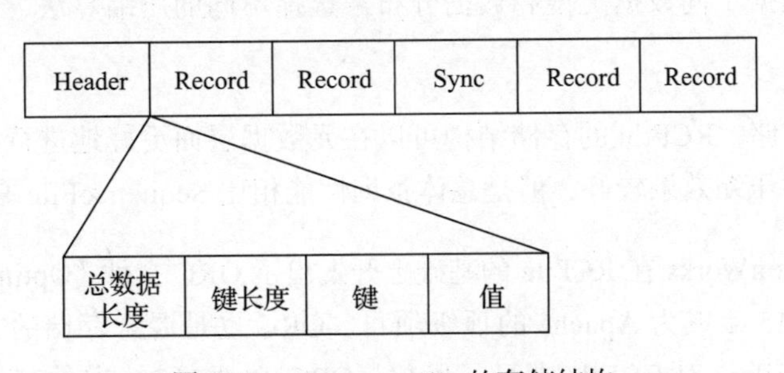

图 5-30　SequenceFile 的存储结构

SequenceFile是支持数据压缩的，根据场景不同可以针对某条数据的值或一整条数据进行压缩。普通压缩文件在大数据环境下不能拆分，所以会作为一个整体处理。这是因为输入格式的记录阅读器无法将自身从一个块无缝定位到另一个块。SequenceFile是支持切分的，一个SequenceFile可以切分为多个数据分片，原因是它在数据记录的间隔中插入了若干同步标记。序列文件中的同步标记或同步指针包含了有关块边界的信息。

MapFile也是Hadoop所提出的一种文件格式，同样可以用于解决小文件问题。MapFile可以视为排序后带有索引的SequenceFile，可以按键（文件名）快速进行数据查找。相比SequenceFile，MapFile的检索效率更高，代价是消耗部分内存来存储索引数据。

3. 列式二进制存储格式

RCFile(Record Columnar File）文件格式是FaceBook开源的一种Hive的文件存储格式，提供了分布式文件系统中按照行与列混合存储的文件结构，首先需要将表按照行划分为几个行组，再按列对每个行组内的数据进行划分。RCFile存储格式如图5-31所示。

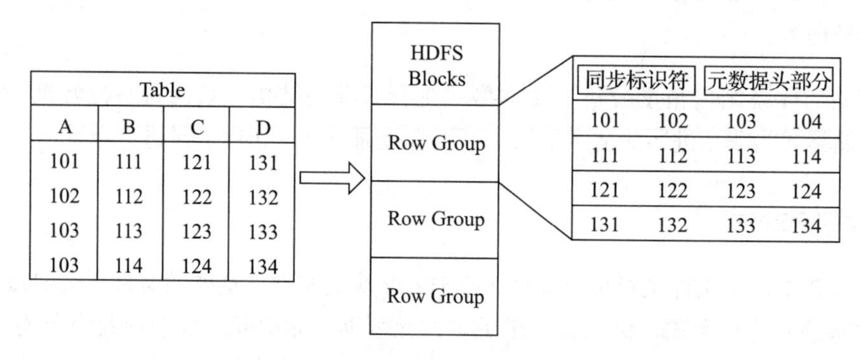

图5-31　RCFile存储格式

RCFile在数据压缩上是将每个行组的元数据头部分和表数据部分分别压缩。元数据头使用RLE算法进行压缩，方便快速查找数据的元数据信息。表数据部分没有作为一个整体进行压缩，而是将每一列都单独使用Gzip进行压缩，以获得更高的压缩比。RCFile允许扩展，每一列可根据不同数据类型和数据分布来选择不同的压缩算法，以达到最佳的压缩效果。

相比于行式存储，RCFile的存储结构可以在元数据层面更好地进行谓词下推与查询优化，RCFile的文件压缩效果较好，但是总体查询性能相比SequenceFile来说提升较为有限。

2013年，HortonWorks在RCFile的基础上开发出了ORC文件（Optimied Row Columnar File）格式，在2015年成为Apache的顶级项目。ORC也是混合存储的文件结构，在一定程度上扩展了RCFile，对RCFile进行了优化。ORC文件在RC文件基础上引申出来条带

（Stripe）和注脚（Footer）等概念。每个 ORC 文件首先会被横向切分成多个 Stripe，而每个 Stripe 的内部以列存储，所有的列存储在一个文件中，而且每个 Stripe 的默认大小是 250MB，相对于 RCFile 默认 4MB 的行组大小，更大的文件意味着更少的文件数量，处理起来会更高效。ORC 文件的存储结构如图 5-32 所示。

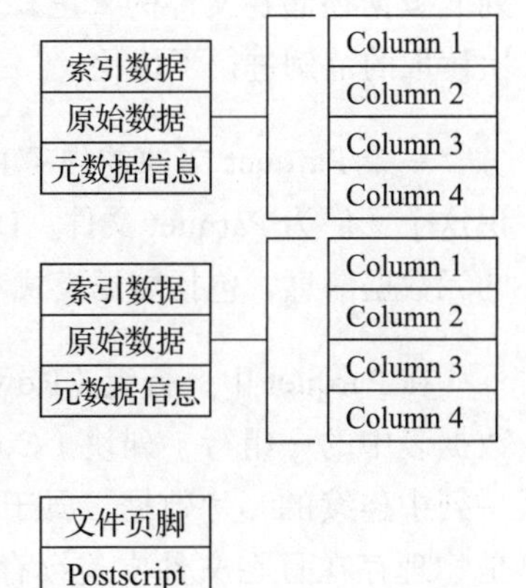

图 5-32 ORC 文件的存储结构

Stripe 中包含 3 个部分：索引数据（Index Data）、原始数据（Row Data）和元数据信息（Stripe Footer）。索引数据和原始数据部分都按列划分，索引数据部分用于存储每列的统计数据，通过这种轻量化索引，引擎在读取时只需要读取所需列的数据。ORC 具有很好的压缩比。

ORC 和 RC 一样可以进行谓词下推。ORC 文件结构对数据的查找和索引本质上是通过三层过滤结合位置指针来实现的，即文件级别、Stripe 级别、行级别。文件和 Stripe 级别的列统计信息位于页脚中，因此很容易访问它们以确定是否需要读取文件的其余部分。行级别索引包括每个行组的列统计信息和查找行组开始的位置。在 ORC 中，索引可以包含布隆过滤器，它提供了更具选择性的过滤器。

因为轻量化索引，ORC 相较于 RC 有着更为详细的统计数据，也可以对查询过程进行深度优化。这样可以把最终实际要扫描读取的数据减少到部分 Stripe 的部分 Row，不用扫描整个文件。也就是，先从文件末尾往前读文件元数据，再跳着读 Stripe 元数据，最终读需要的 Stripe 中的部分数据。

ORC 文件格式是支持 ACID 事务的。曾经在 Hive 中以原子方式向表中添加数据的唯一方法是添加一个新分区。更新或删除分区中的数据需要删除旧分区并将它与新数据一起添加回来，并且不可能以原子方式执行。通过 ORC 进行记录插入、更新和删除操作时，会依赖基础文件和增量文件的追加写入实现事务更新操作。ORC 虽然实现了原子性、一致性、隔离性和持久性的 ACID 事务，但是并不适用于 OLTP 等应用场景，ORC 可以支持每个事务更新数百万行，但它不能支持每小时更新数百万个事务。

Parquet 是 Hadoop 生态系统的开源文件格式。Parquet 是 Twitter 和 Cloudera 在捐赠给 Apache 基金会之前开发的一种面向列的开源存储格式。Parquet 旨在改进 Hadoop 现有的存储格式，包括各种性能指标，如通过压缩减少磁盘上的数据大小和加快分析查询的读取速度。随着时间的推移，越来越多的项目和公司采用了 Parquet，它已经成为那些希望让用户更容易导入和导出数据的项目的通用交换格式。

Parquet 像 ORC 格式一样按列存储数据。它提供高效的数据压缩和编码方案，具有增强的性能，可以批量处理复杂数据。Parquet是一个二进制文件，包含有关其内容的元数据。列元数据存储在文件的末尾，这样可以进行快速的一次性写入。Parquet针对一次写入、多次读取的范例进行了优化。

一个Parquet文件的内容由Header、Data Block和Footer三部分组成。Header用于标识这个文件为Parquet文件。Data Block是具体存放数据的区域。Footer中包含了非常重要的元数据信息，包括数据模式和每个行组的元数据。

在Parquet中，行组（Row Group）是指逻辑上数据表中的一组行，列块（Column Chunk）是指某一列中连续的一片数据，属于行组的一部分，但它是物理存在且在文件中连续存储的。页（Page）是列块的一部分，是一个不可分的逻辑单元，主要应用在压缩编码中。一个列块面可能由几个不同类型的页分别压缩。Parquet的存储结构如图5-33所示。该文件分为行组，每个行组由每一列的列块组成。每个列块被分成页，主要应用于压缩编码。

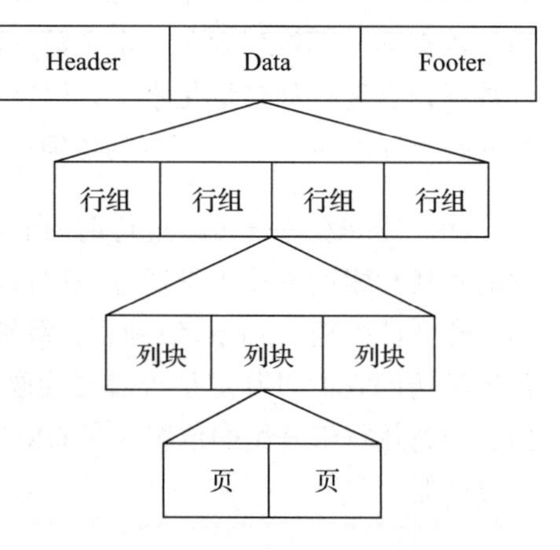

图5-33　Parquet的存储结构

Parquet按列组织文件，可以获得更好的压缩率。Parquet能够简单地列出某一个值在该列中出现的次数，尽量避免将同一个值多次存储在磁盘上，从而节省了大量空间。基于Footer中的元数据信息以及数据中的统计信息，查询优化引擎可以对读取进行优化，包括列裁剪与谓词下推等。

4. 行式二进制存储格式

Protobuf由Google开发并于2008年开源。它是一种语言中立的可扩展机制，用于序列化结构化数据、通信协议、数据存储等，很容易被人类阅读和理解。Protobuf是一种行式存储，需要额外的模式来解释数据。当拥有一组预定义的数据类型时，在Protobuf上序列化的消息可以由负责交换它们的代码自动验证。

Protobuf不适合处理大消息。由于它不支持随机访问，因此在使用时必须读取整个文件，即使只想访问特定项目也是如此。

Apache Avro是Hadoop的一个子项目，是一个数据序列化系统，使用基于行的存储格式，广泛应用于序列化过程中，来设计支持大批量数据交换的应用。它的主要特点有：

- ❑ 支持二进制序列化方式，可以便捷、快速地处理大量数据。

- 动态语言友好，Avro 提供的机制使动态语言可以方便地处理 Avro 数据。
- 高度支持模式演化，schema 和数据保存在一起，允许对数据进行全面处理。
- 支持压缩。

如图 5-34 所示，Avro 的模式元数据文件以 JSON 格式存储，易于被任何程序读取和解释。数据本身通过紧凑和高效的方式以二进制格式存储。

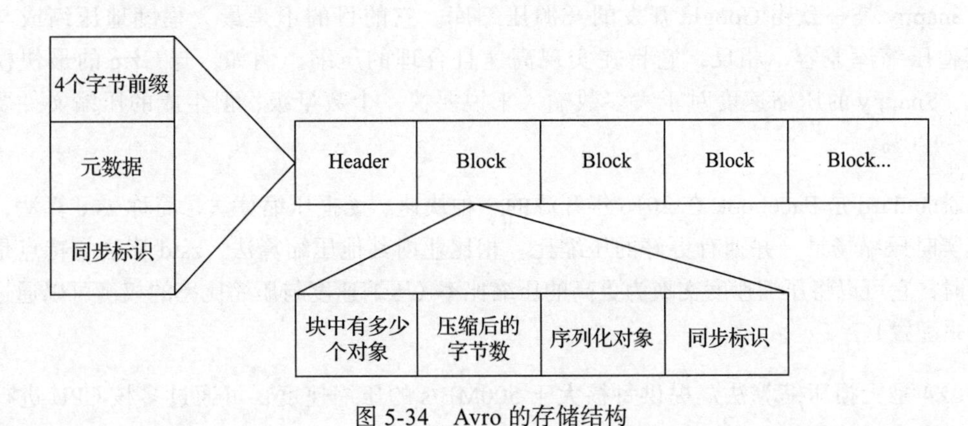

图 5-34　Avro 的存储结构

5.4.2　压缩类型

在数据存储与查询的过程中，磁盘读写速度一直是备受关注的指标。提高磁盘读写速度一方面可以选用更高规格的磁盘，例如从机械硬盘升级为固态硬盘；另一方面可以使用压缩减少存储的数据集的大小，从而减少要执行的读取 I/O 量，同时还可以减少磁盘的占用量，加快文件在网络上的传输速度。压缩的副作用是需要增加 CPU 资源的消耗，因此当系统带宽成为瓶颈的时候，可以考虑开启数据压缩功能减少网络开销。

压缩算法可以根据数据是否有损分为无损压缩（Lossless Compression）与有损压缩（Lossy Compression）。无损压缩是利用数据的统计冗余进行压缩，可完全恢复原始数据而不引起任何失真，分析型数据对数据质量较高，一般都采用无损压缩。对于图片、视频的处理，则可以采用有损压缩，压缩过后的数据相较压缩之前略有损失，但是图片和视频丢掉几帧，在很多情况下是可以被允许的。

与基于行的存储相比，基于列的存储带来了更高的压缩率和更好的性能。列式存储中的数据按照列进行存储，因此相似的数据块存储在一起，对包含多个 NULL 值的稀疏列特别有效。

目前的业务有多种压缩算法，可以从压缩比、压缩速度、解压速度、可分割性等几个角度进行分析。

Gzip最早由Jean-loup Gailly和Mark Adler创建，用于UNIX系统的文件压缩。我们在Linux中经常会用到后缀为.gz的文件，它们就是GZIP格式的。现今，GZIP已经成为Internet上使用非常普遍的一种数据压缩格式，或者说一种文件格式。Zlib是另一款由两位作者开发的压缩算法，其中使用的压缩算法与Gzip和Zip中的压缩算法基本相同，都起源于PKWARE的PKZIP 2.x的“deflate”方法。

Snappy是一款由Google开发的开源压缩库。它的目的不是最大程度地压缩或与任何其他压缩库兼容，相反，它旨在实现高速且合理的压缩。例如，与Gzip的最快模式相比，Snappy的压缩速度对于大多数输入来说要快一个数量级，但生成的压缩文件要大20%～100%。

Zstandard是Facebook在2016年开源的一种快速、无损压缩算法，简称zstd算法，适用于实时压缩场景，并拥有更好的压缩比。相比业内其他压缩算法，zstd算法的特点是当需要时，它可以将压缩速度交换为更高的压缩比率（压缩速度与压缩比率的权衡可以通过小增量来配置）。

LZ4是无损压缩算法，提供每核大于500MB/s的压缩速度，可通过多核CPU进行扩展。它具有极快的解码器，每个内核的速度可达数GB/s，通常在多核系统上达到RAM速度限制。一方面，LZ4的速度可以动态调整，即选择一个“加速”因子，以压缩比换取更快的速度。另一方面，它还提供了高压缩率的衍生产品LZ4_HC，以CPU时间换取更高的压缩率。所有版本都具有相同的解压缩速度。

LZO是一个用ANSI C语言编写的无损压缩库。它能够提供非常快速的压缩和解压功能。解压并不需要内存的支持，即使使用非常大的压缩比例缓慢压缩出的数据，依然能够非常快速地解压。LZO遵循GPL。

针对上文列出的几种有特点的压缩算法，表5-1列出了在Ubuntu 20.04系统上进行的测试和比较，测试配备了Core i7-9700K CPU @ 4.9GHz的CPU以及Silesia压缩语料库。

表5-1　不同压缩算法的性能对比

压缩算法	压缩率	压缩吞吐	解压吞吐
zstd 1.5.1 -1	2.887	530 MB/s	1700 MB/s
zstd 1.5.1 --fast=1	2.437	600 MB/s	2150 MB/s
zstd 1.5.1 --fast=3	2.239	670 MB/s	2250 MB/s
zstd 1.5.1 --fast=4	2.148	710 MB/s	2300 MB/s
zlib 1.2.11 -1	2.743	95 MB/s	400 MB/s
lz4 1.9.3	2.101	740 MB/s	4500 MB/s
snappy 1.1.9	2.073	550 MB/s	1750 MB/s
lzo1x 2.10 -1	2.106	660 MB/s	845 MB/s

在多种压缩算法的性能对比中，LZ4是吞吐量最大的压缩算法，Zstandard拥有最高的压缩比。但是不同的算法采用的开源许可证并不相同，除了压缩速度与压缩率外，根据项目需求选择合适的开源协议项目也是一个重点。

在大数据开源系统中，Hadoop、Kafka、Pulsar等都支持若干种压缩协议，ORC、Parquet、Avro等文件格式也支持其中大部分压缩算法。在大数据系统中，尤其是在HDFS中，压缩后的文件是否可拆分也是一个重要考量标准，LZO、LZ4等格式是支持拆分的，Zstandard也通过Hadoop 4mc实现了可拆分性。

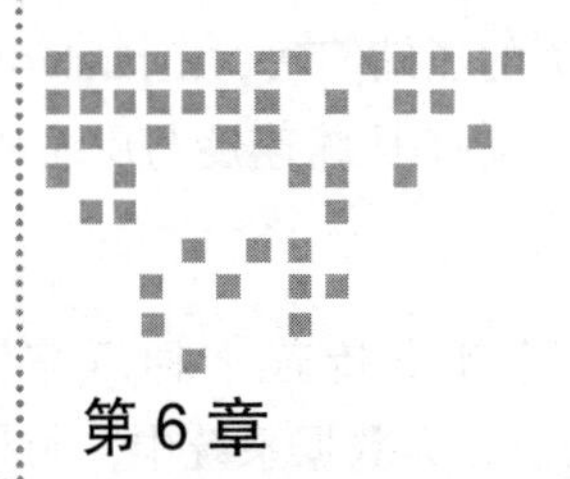

Chapter 6 第 6 章

子查询优化案例解析

子查询是查询语句中非常常见的操作，它将查询结果作为中间结果，供其他 SQL 语句调用。下面是一个示例：

```
SELECT c_custkey
FROM customer
WHERE 1000000 < (SELECT SUM(o_amount)
                 FROM orders
                 WHERE orders.o_custkey = customer.c_custkey);
```

在上述示例中，子查询 SELECT SUM（o_amount）FROM orders WHERE o_custkey = customer.c_custkey 用于计算每个用户的订单总金额。然后，外部查询使用这个子查询的结果来筛选出满足条件“订单总金额大于 1 000 000”的用户的 c_custkey 列。

子查询通常可以分为多种类型。按照语义分类，即执行是否依赖于父查询，子查询可以分为以下几类：

- 关联子查询：子查询的执行依赖于父查询的参数或属性值。在关联子查询中，子查询使用了父查询的列或条件作为子查询的输入，以便进行相关的计算或过滤。
- 非关联子查询：子查询的执行不依赖于父查询的参数或属性值，可以独立执行。非关联子查询通常是独立的查询语句，它可以在没有父查询的情况下执行，并返回结果集。

按照位置分类，即在外部查询中出现的位置，子查询可以分为以下几类：

- FROM/JOIN ON 子查询：子查询跟在 FROM 或 JOIN 之后。在这种情况下，子查询用于从另一个表或查询的结果集中获取数据，并将其作为表参与到外部查询中。这种类型的子查询通常用于生成临时表或视图，以供外部查询使用。

- WHERE 子查询：子查询出现在 WHERE 条件中。在这种情况下，子查询用于根据特定条件过滤外部查询的结果集。子查询的结果将用作 WHERE 条件的一部分，以决定哪些数据应该出现在最终的查询结果中。
- EXISTS 子查询：子查询出现在 EXISTS 子句中。在这种情况下，子查询用于检查外部查询的结果集中是否存在满足特定条件的行。EXISTS 子查询返回一个布尔值，指示是否存在满足条件的行。
- IN 子查询：子查询出现在 IN 子句中。在这种情况下，子查询用于确定外部查询的结果集中的值是否存在于子查询的结果集中。IN 子查询返回一个布尔值，指示外部查询的每个值是否在子查询的结果集中。

按照结果分类，子查询可以分为以下几类：

- 标量子查询：子查询得到的结果是一个标量值，即一行一列。这种子查询通常用于在外部查询中使用子查询的结果作为一个单一的值，例如作为条件判断或计算的一部分。
- 列子查询：子查询得到的结果是一列多行。这种子查询通常用于在外部查询中使用子查询的结果作为一个列，可以用于 IN 子句、SELECT 列表或其他需要多个值的地方。
- 行子查询：子查询得到的结果是一行多列。这种子查询通常用于在外部查询中使用子查询的结果作为一个行，可以用于比较整个行的值或作为子查询的输入。
- 表子查询：子查询得到的结果是一个表，即多行多列。这种子查询通常出现在 FROM 子句之后，作为一个临时表或视图，可以在外部查询中进行进一步的操作和连接。

6.1　案例分享

大部分情况下，容易出现问题以及我们需要重点关注和优化的，主要是 IN 和 EXISTS 子查询，接下来将分享这两类子查询优化相关的案例。

6.1.1　子查询改写为 JOIN

需求背景为统计在当天有下单但是前一天没有支付订单的用户群的总订单量。经过数据探查，了解到每天的订单量大约在百万级。

```
-- 统计日期    订单量
```

```
2023-09-03    3044393
2023-09-04    3453457
```

初始查询任务采用子查询来完成业务需求。使用子查询统计在2023年9月4日有下单但在2023年9月3日没有支付订单的用户群的总订单量。

```
SELECT COUNT(1)
FROM `db`.`order`
WHERE partition_date = '2023-09-04'
  -- 2023-09-04下单的用户id不在2023-09-03支付过订单的用户id列表中
  AND user_id NOT IN (SELECT user_id
                      FROM `db`.`order`
                      WHERE partition_date = '2023-09-03');
```

查询运行时间非常长，已经超过4小时，但仍然没有返回结果。通过分析执行计划，发现查询引擎最终选择了BroadcastNestedLoopJoin作为子查询的执行策略。

```
== Physical Plan ==
*(4) HashAggregate(keys=[], functions=[count(1)], output=[count(1)#25L])
+- Exchange SinglePartition
    -- JOIN结果再计数
    +- *(3) HashAggregate(keys=[], functions=[partial_count(1)],
        output=[count#28L])
        +- *(3) Project
            -- JOIN方法为BroadcastNestedLoopJoin
            +- BroadcastNestedLoopJoin BuildRight, LeftAnti, ((user_id#8 = user_
                id#8#26) || isnull((user_id#8 = user_id#8#26)))
                :- *(1) Project [user_id#8]
                +- BroadcastExchange IdentityBroadcastMode
                    +- *(2) Project [user_id#8 AS user_id#8#26]
```

BroadcastNestedLoopJoin策略是将子查询的结果集广播到所有参与连接操作的节点中，通过本地数据集与广播后的子查询数据集进行JOIN连接的方式。对于外部查询中的每一条记录，该算法会遍历广播过来的子查询数据集，检查每个元素以确定是否满足连接条件。如果条件匹配，则将相应的结果输出。这种连接方式在处理较小的子查询数据集时效率较高，因为广播操作的资源开销相对较小。然而对于大规模数据集，由于需要广播大量数据并在每个节点上执行密集的遍历操作，这种方法的效率会显著降低，有时甚至可能威胁到整个查询作业或集群的稳定性。

Spark中BroadcastNestedLoopJoin处理BuildRight、LeftAnti的源码如下所示，实际上就是对Join两侧的数据做笛卡儿积运算，导致数据量呈指数级增长。在本案例中，左右表各自有约三百万的数据量，笛卡儿积膨胀到将近万亿行。

```
private def leftExistenceJoin(relation: Broadcast[Array[InternalRow]], exists:
```

```
    Boolean): RDD[InternalRow] = {
    buildSide match {
        case BuildRight =>
            // 扫描表 db.order 中 partition_date = '2023-09-04' 的所有数据
            streamed.execute().mapPartitionsInternal { streamedIter =>
                val buildRows = relation.value
                val joinedRow = new JoinedRow
                    // 条件是否定义，也就是执行计划中的 (user_id#8 = user_id#8#26) ||
 isnull((user_id#8 = user_id#8#26))
                if (condition.isDefined) {
                    streamedIter.filter(l =>
                        // 根据 joinType (此处为 LeftAnti) 来进一步条件判断数据的返回与否
                        buildRows.exists(r => boundCondition(joinedRow(l, r))) ==
                            exists
                    )
                } else if (buildRows.nonEmpty == exists) {
                    streamedIter
                } else {
                    Iterator.empty
                }
            }
    }
}
```

如图 6-1 所示，查看执行计划，可以看到执行 2h 后的已经扫描的数据量，大约占分区日期 2023-09-04 总数据量的 1/30。

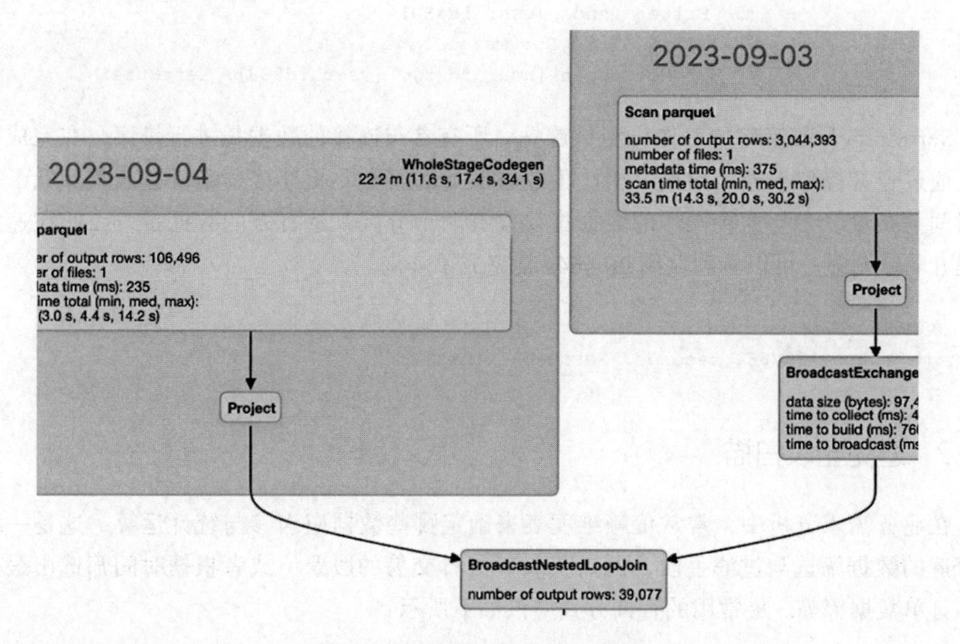

图 6-1　初始查询任务执行计划

再重新回顾下需求，我们需要筛选出那些在当天（9月4日）有订单，但在前一天（9月3日）没有支付订单的用户，并统计他们的订单数量。这在逻辑上与LEFT OUTER JOIN操作十分相似，也就是左表（9月4日的数据）的用户在右表（9月3日的数据）中不存在或者无法关联。经过调整后的查询语句如下所示：

```
SELECT COUNT(1)
FROM `db`.`order` t1
LEFT OUTER JOIN (SELECT user_id
                 FROM `db`.`order`
                 WHERE partition_date = '2023-09-03') t2
  ON t1.user_id = t2.user_id
WHERE t1.partition_date = '2023-09-04'
    -- 2023-09-04 LEFT OUTER JOIN 2023-09-03
    -- 且2023-09-03的用户id 为NULL
    AND t2.user_id IS NULL;
```

通过查看执行计划，可以看到JOIN的方式从BroadcastNestedLoopJoin变成了SortMergeJoin。

```
== Physical Plan ==
*(6) HashAggregate(keys=[], functions=[count(1)], output=[count(1)#97L])
+- Exchange SinglePartition
    +- *(5) HashAggregate(keys=[], functions=[partial_count(1)],
        output=[count#99L])
        +- *(5) Project
            +- *(5) Filter isnull(user_id#80)
                -- JOIN实现变更为SortMergeJoin
                +- SortMergeJoin [user_id#5], [user_id#80], LeftOuter
```

SortMergeJoin策略的工作机制是首先对所有参与连接的数据集进行排序，在完成排序后，通过合并操作来连接数据。相比于效率低下的笛卡儿积连接策略，它有效降低了算法的时间复杂度，参与连接操作的数据集仅仅有两个分区，近百万的数据量，因此在速度上的提升非常明显。可以看到仅用20.664s就完成了查询。

```
2381500
Time taken: 20.664 seconds, Fetched 1 row(s)
```

6.1.2 避免全表扫描

在业务需求分析中，常常依赖维度表来确定哪些数据应当参与统计运算，这是一种非常普遍的数据筛选与过滤手段，例如获取T+1日交易的股票，或者根据时间筛选出最近的交易订单数据等等。最常用的查询方式应该如下所示：

```
SELECT order_id
FROM `order`
-- 根据place_date最大的日期来计算order表数据
WHERE partition_date IN (SELECT MAX(partition_date)
                        FROM `place_date`);
```

首先获取表 place_date 中最大的分区键对应的日期值，然后将它传递给外部查询以返回明细数据。然而，查询的执行时间并没有像我们预期得那样迅速。

```
3805989
Time taken: 77.649 seconds, Fetched 1 row(s)
```

在查看执行计划时，发现查询引擎扫描了表 place_date 的所有分区，实际上进行了全表数据扫描。倘若表 place_date 的数据量极为庞大，全表扫描将导致整个查询的耗时变得难以接受。

```
== Physical Plan ==
*(3) HashAggregate(keys=[], functions=[count(order_id#4)], output=[count(order_
    id)#161L])
+- Exchange SinglePartition
    +- *(2) HashAggregate(keys=[], functions=[partial_count(order_id#4)],
        output=[count#163L])
        +- *(2) Project [order_id#4]
            +- *(2) BroadcastHashJoin [cast(partition_date#23 as string)],
                [max(partition_date)#92], LeftSemi, BuildRight
                :- *(2) FileScan PartitionCount: 594
                +- BroadcastExchange HashedRelationBroadcastMode(List(input[0,
                    string, true]))
                    +- SortAggregate(key=[], functions=[max(partition_date#90)],
                        output=[max(partition_date)#92])
                        +- Exchange SinglePartition
                            +- SortAggregate(key=[], functions=[partial_
                                max(partition_date#90)], output=[max#165])
                                +- *(1) FileScan PartitionCount: 488
```

如图 6-2 所示，通过查看任务的执行计划，我们可以进一步验证这一结论。

优化思路也较为简单，预先计算表 place_date 的最大分区键，避免使用标量子查询的方式进行操作。

```
SELECT COUNT(order_id)
FROM `order` t1
-- 先计算place_date表最大的日期，再INNER JOIN
INNER JOIN (SELECT MAX(partition_date) AS max_partition_date
            FROM place_date) t2
    ON t1.partition_date = t2.max_partition_date;
```

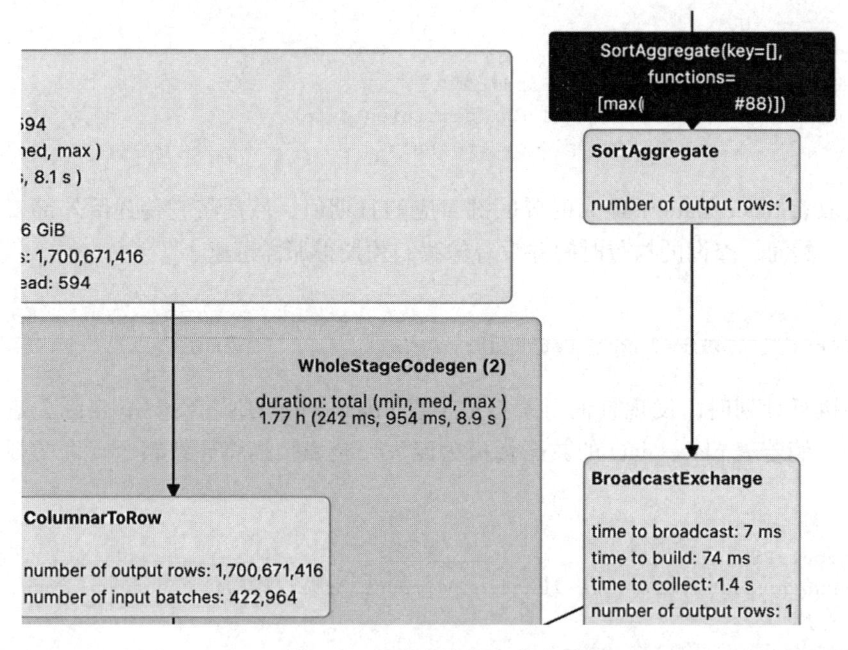

图 6-2　初始查询任务执行计划

执行计划也做出相应的调整，首先计算右表的最大分区键值，然后执行 INNER JOIN 操作，这样有效避免了子查询的使用。

```
== Physical Plan ==
*(4) HashAggregate(keys=[], functions=[count(order_id#4)], output=[count(order_
    id)#93L])
+- Exchange SinglePartition
    +- *(3) HashAggregate(keys=[], functions=[partial_count(order_id#4)],
        output=[count#162L])
        +- *(3) Project [order_id#4]
            +- *(3) BroadcastHashJoin [cast(partition_date#23 as string)], [max_
                partition_date#0], Inner, BuildRight
                +- BroadcastExchange HashedRelationBroadcastMode(List(input[0,
                    string, false]))
                    +- *(2) Filter isnotnull(max_partition_date#0)
                        +- SortAggregate(key=[], functions=[max(partition_
                            date#90)], output=[max_partition_date#0])
                            +- Exchange SinglePartition
                                +- SortAggregate(key=[], functions=[partial_
                                    max(partition_date#90)], output=[max#164])
```

可以看到查询任务在执行速度上也有一定的提升，约 49s 就执行结束。

```
3805989
Time taken: 48.901 seconds, Fetched 1 row(s)
```

6.1.3 避免无效过滤条件

需求背景为统计自营电商在 2023-01-01 的订单数量。在订单表中，表示是否自营的标识通过 JSON 字符串 order_info 中的 merchant_partner_type 进行区分，merchant_partner_type 不存在或者枚举值不等于 2 均表示自营。这一设计主要是为了配合订单系统迭代升级，兼容老系统的订单流量。初始的查询任务如下所示，过滤创建时间为 2023-01-01 的所有数据，通过进一步过滤列 order_info 中，merchant_partner_type 为空或者 merchant_partner_type 不等于 2 的数据，筛选出自营订单并进行统计。

```
SELECT COUNT(order_id)
FROM `order`
WHERE partition_date = '2023-01-01'
    -- merchant_partner_type 为空
    AND get_json_object(order_info, '$.merchant_partner_type') IS NULL
    -- merchant_partner_type 不等于 2
    OR get_json_object(order_info, '$.merchant_partner_type') != '2';
```

任务执行后，我们遇到了两个问题。首先，查询任务的执行时间过长，接近 179s 才执行完成；其次，计算结果与预期存在显著差异。尽管当天分区的数据量仅有五百多万，计算出的数值却高达到四千多万。

```
430862144
Time taken: 178.794 seconds, Fetched 1 row(s)
```

分析执行计划后，我们发现问题出在过滤条件上。任务原本计划通过时间分区和 merchant_partner_type 进行筛选，但由于查询语句中的 OR 条件，导致任务扫描了所有分区，这也正是查询任务执行异常的根本原因。

```
== Physical Plan ==
*(3) HashAggregate(keys=[], functions=[count(order_id#7)], output=[count(order_
    id)#19L])
+- Exchange SinglePartition
    +- *(2) HashAggregate(keys=[], functions=[partial_count(order_id#7)],
        output=[count#21L])
        +- *(2) Project [order_id#7]
            -- (日期为 2023-01-01 AND merchant_partner_type IS NULL) OR merchant_
                partner_type <> '2'
            +- Filter (((cast(partition_date#17 as string) = 2023-01-01) &&
                isnull(get_json_object(order_info#6, $.merchant_partner_type))) ||
                NOT (get_json_object(order_info#6, $.merchant_partner_type) = 2))
```

发现问题之后，改写的查询任务需要保证对 merchant_partner_type 的过滤与对分区键的过滤在查询中处于同一层级。因此我们对任务进行了调整，并以新的方式提交执行。

```
SELECT COUNT(order_id)
FROM `order`
WHERE partition_date = '2023-01-01'
    AND (get_json_object(order_info, '$.merchant_partner_type') IS NULL
    OR get_json_object(order_info, '$.merchant_partner_type') != '2');
```

再次查看执行计划，可以确认新的过滤机制完全符合预期。

```
== Physical Plan ==
*(2) HashAggregate(keys=[], functions=[count(order_id#7)], output=[count(order_
    id)#25L])
+- Exchange SinglePartition
    +- *(1) HashAggregate(keys=[], functions=[partial_count(order_id#7)],
        output=[count#27L])
        +- *(1) Project [order_id#7]
            -- 日期为2023-01-01 AND (merchant_partner_type IS NULL OR merchant_
                partner_type <> '2')
            +- Filter (isnull(get_json_object(order_info#6, $.merchant_partner_
                type)) || NOT (get_json_object(order_info#6, $.merchant_partner_
                type) = 2))
                +- FileScan... PartitionCount: 1, PartitionFilters:
                    [isnotnull(partition_date#17), (cast(partition_date#17 as
                    string) = 2023-01-01)]
```

最终的查询性能得到显著提升，任务执行时间缩短至33.93s，并且返回的数据完全符合预期。

```
1262237
Time taken: 33.93 seconds, Fetched 1 row(s)
```

6.1.4 子查询改写为窗口函数

需求背景为，运营团队正致力于分析订单数据，目的是提取每位用户最近一次购买的订单中包含的卖家信息。通过研究这些数据，团队希望能够深入了解用户的购买偏好和行为模式。这一分析对于识别吸引用户关注的卖家至关重要，同时也有助于观察用户在不同卖家之间的选择差异。此外，该分析能够指出哪些卖家可能需要更多的支持或激励措施，以提高销售额。初始的查询任务如下文所示。

```
SELECT t1.payer_id -- 支付用户id
      ,t1.order_id
      ,t1.create_time
      ,t1.merchant_id -- 卖家id
      ,t2.merchant_name -- 店铺名
FROM `order` t1
INNER JOIN `merchant_info` t2
```

```sql
 ON t1.merchant_id = t2.merchant_id
WHERE t1.order_id IN (SELECT t3.order_id -- 获取支付用户最近一笔订单id
                        FROM `order` t3
                        INNER JOIN (SELECT payer_id
                                          ,MAX(create_time) AS last_pay_time
                                    FROM `order`
                                    GROUP BY payer_id) t4
                          ON t3.payer_id = t4.payer_id
                         AND t3.create_time = t4.last_pay_time);
```

为了确保运营团队能够有效地分析这些订单数据，需要从订单流水表order中提取关键信息，该表包含用户id、卖家id、订单id、下单时间等字段。同时，卖家信息表merchant_info中存储了卖家id和卖家名称等相关信息。这两个表通过merchant_id字段关联。在执行查询时，首先在子查询中筛选出每个用户最近一次付款的订单列表。然后，外层查询调用这个子查询的结果集，以确定最终的查询结果。当前订单表的数据量约为14亿，用户数量在千万级别，而卖家数量大约在百万级别。

在任务执行后，我们遇到了性能瓶颈。如下所示，查询的执行效率十分低下，即使经过约20min的处理时间，仍然无法得出结果。

```
23/09/28 02:26:01 WARN [main] SessionState: METASTORE_FILTER_HOOK will be
    ignored, since hive.security.authorization.manager is set to instance of
    HiveAuthorizerFactory.
[Stage 8:============================================> (195 + 10) / 200]
23/09/28 02:47:37 ERROR FileFormatWriter: Aborting job f248cf1f-5889-4c69-bb45-
    40b7841b9265.
```

在查看执行计划时，我们发现主要的瓶颈在于使用IN子查询。该子查询通过额外的关联调用来确定每个用户最近一次的购买行为所对应的订单列表，这一过程直接拖慢了任务的执行速度。

```
== Physical Plan ==
+- *(11) BroadcastHashJoin [merchant_id#7], [merchant_id#20], Inner, BuildRight
    -- t1.order_id的每条记录都需要调用IN子查询内的语句
    :- SortMergeJoin [order_id#5], [order_id#45], LeftSemi
    :          +- *(8) SortMergeJoin [payer_id#44, create_time#46L], [payer_
                    id#48, last_pay_time#0L], Inner
    :                  +- *(6) HashAggregate(keys=[payer_id#48], functions=
                          [max(create_time#50L)], output=[payer_id#48, last_pay_
                          time#0L])
    +- BroadcastExchange HashedRelationBroadcastMode(List(input[0, decimal(20,0),
        true]))
    +- *(10) Project [merchant_id#20, merchant_name#21]
```

需求的关键在于如何有效地提取每个用户最近一次购买的订单id，为此需要按用户id

对订单进行分组，并对每个用户的所有订单按下单时间进行降序排列。通过这种方式，可以选取每个用户最近的一笔订单，即每组中的第一条记录，作为我们想要获取的结果。而这一过程恰好与窗口分析函数的工作原理相吻合。窗口分析函数允许我们在分组的基础上对数据进行排序，并且能够轻松选取每个分组中的首条或末条记录。因此，我们现在将调整查询任务，采用窗口分析函数来筛选出每个用户最近的订单信息，并将这些信息与卖家信息表进行关联。

```
SELECT t1.payer_id
      ,t1.order_id
      ,t1.merchant_id
      ,t1.create_time
      ,t2.merchant_name
FROM (SELECT payer_id
            ,order_id
            ,create_time
            ,merchant_id
             -- 分组排序，每个用户按订单创建时间降序，取最大的一条
            ,ROW_NUMBER() OVER (PARTITION BY payer_id ORDER BY create_time DESC)
               AS rn
      FROM order) t1;
```

可以看到执行计划也做出了对应的调整，现在不再需要额外调用子查询。

```
== Physical Plan ==
+- *(2) Project [payer_id#53, order_id#54, merchant_id#56, create_time#55L]
    +- *(2) Filter (isnotnull(rn#49) && (rn#49 = 1))
        -- 调用窗口函数
        +- Window [row_number() windowspecdefinition(payer_id#53, create_
           time#55L DESC NULLS LAST, specifiedwindowframe(RowFrame,
           unboundedpreceding$(), currentrow$())) AS rn#49], [payer_id#53],
           [create_time#55L DESC NULLS LAST]
```

执行任务的时间得到了显著提升。查询任务的执行时间从原来的20多分钟无法完成，到优化后大约714s就可以得出结果。

```
Time taken: 713.524 seconds, Fetched 91539060 row(s)
```

6.1.5 复杂UDF缓存

在日常工作中，面对多样化的业务需求，仅仅依赖引擎内置的查询函数往往是不够的。这些需求可能包括二进制数据解析、敏感数据的加密与解密，以及标准时区处理等。在这种情况下，开发和使用UDF成为一种自然而然的选择。大数据引擎通常都支持UDF的定义和使用，以适用于灵活多变的查询场景。

例如，在用户进行支付时，除了记录订单 id、金额和用户 id 等基本信息，通常还需要存储银行卡号、开户行等敏感信息。这些信息通过 Protobuf 格式传输，其优势在于数据在传输过程中不可读，只有通过反序列化才能获取到可理解的内容，从而提高了安全性。由于 Protobuf 采用的是二进制格式，其序列化数据的体积远小于 JSON 和 XML，这使得它更适合在网络带宽有限的分布式系统中进行跨系统传输。然而，对于数据分析和数据仓库任务来说，这种不可直接阅读的数据格式并不友好。开发 UDF 来处理这些数据存在一定难度，用户可能会觉得难以使用和接受。因此，作为数据开发人员，我们的任务是解决这一问题——将 Protobuf 数据反序列化并转换为 JSON 格式，同时在此过程中去除或脱敏用户敏感信息。我们还需要将处理后的数据分解成若干个字段，并将这些数据表开放给用户使用。鉴于原始数据量相对较小（大约 18 亿行记录），初始的 ETL 任务逻辑并不复杂，定义 UDF 后选取所需列，并写入表 result。查询任务如下所示。

```
-- 定义 UDF
CREATE OR REPLACE TEMPORARY FUNCTION pb_to_json AS 'com.xx.udf' USING JAR 'hdfs
    path';
INSERT OVERWRITE TABLE result
-- 将 extinfo 转换为 JSON 字符串，取支付渠道 id、银行卡 id、卡指纹等
SELECT get_json_object(pb_to_json(get_json_object(`data`, '$.extinfo'), 'class'),
    '$.info.channel_id')
    ,get_json_object(pb_to_json(get_json_object(`data`, '$.extinfo'), 'class'),
        '$.bank.id_no')
    ,get_json_object(pb_to_json(get_json_object(`data`, '$.extinfo'), 'class'),
        '$.bank.fingerprint')
FROM `order`;
```

首先从 JSON 字符串 data 中提取 extinfo 的值，然后通过 UDF 将 extinfo 转换为 JSON 格式。接下来，我们从转换后的 JSON 中提取若干字段，并将这些字段写入到结果表 result 中。如图 6-3 所示，执行结果并不理想，任务在 55min 后仍未完成。

在分析执行计划时，我们发现了效率低下的主要原因。为了从每一行的 extinfo 中提取写入目标表的字段，引擎对写入的每一列数据，都需要重复执行将 extinfo 转换为 JSON 格式并从中提取对应数据的过程。这一重复步骤严重影响了整体的执行效率。

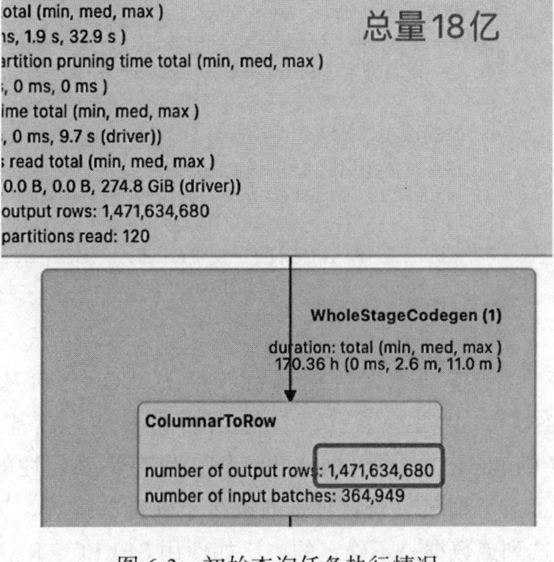

图 6-3 初始查询任务执行情况

```
== Physical Plan ==
Execute InsertIntoHadoopFsRelationCommand...
-- 每一列都需要从data中取出extinfo，转换为JSON字符串，再取出对应键的值
+- Project
[ansi_cast(get_json_object(HiveGenericUDF#com.xx.udf(get_json_object(data#5,
    $.extinfo),class), $.info.channel_id) as string) AS a#16,
ansi_cast(get_json_object(HiveGenericUDF#com.xx.udf(get_json_object(data#5,
    $.extinfo),class), $.bank.id_no) as string) AS b#17,
ansi_cast(get_json_object(HiveGenericUDF#com.xx.udf(get_json_object(data#5,
    $.extinfo),class), $.bank.fingerprint) as string) AS c#18]
    +- *(1) ColumnarToRow
```

一种直观的解决方案是，考虑到分开执行会导致重复操作，我们可以在一个子查询中完成JSON的转换过程，然后在外层查询中直接引用这个子查询的结果，这样应该能够实现缓存的效果。因此，我们对查询语句进行了如下调整。

```
-- 定义UDF
CREATE OR REPLACE TEMPORARY FUNCTION pb_to_json AS 'com.xx.udf' USING JAR 'hdfs path';
INSERT OVERWRITE TABLE result
SELECT get_json_object(info, '$.info.channel_id')
      ,get_json_object(info, '$.bank.id_no')
      ,get_json_object(info, '$.bank.fingerprint')
-- extinfo转为JSON字符串的子查询
FROM (SELECT pb_to_json(get_json_object(`data`, '$.extinfo'), 'class') AS info
     FROM `order`) t;
```

但观察查询任务的执行计划，依然没有任何改变。虽然有子查询的处理，但引擎依然将过程优化成了执行3次。

```
== Physical Plan ==
Execute InsertIntoHadoopFsRelationCommand ...
-- 每一列都需要从data中取出extinfo，转换为JSON字符串，再取出对应键的值

+- Project [ansi_cast(get_json_object(HiveGenericUDF#com.xx.udf(get_json_
    object(data#6, $.extinfo),class), $.info.channel_id) as string) AS a#17,
    ansi_cast(get_json_object(HiveGenericUDF#com.xx.udf(get_json_object(data#6,
    $.extinfo),class), $.bank.id_no) as string) AS b#18, ansi_cast(get_json_
    object(HiveGenericUDF#com.xx.udf(get_json_object(data#6, $.extinfo),class),
    $.bank.fingerprint) as string) AS c#19]
    +- *(1) ColumnarToRow
```

子查询先将数据解密转换为JSON，再从外层查询直接引用的优化手段没有发挥作用，也揭示了引擎自优化的局限性。在基于规则的优化中，有一条称为“合并列”（CollapseProject）的优化规则，旨在将确定性的SELECT操作（比如当SELECT语句指定了某个列名，或者对该列执行了确定的运算，这个列的结果就是确定性的。相反，如果所选列或数据是不确定的，比如使用SELECT RAND()，每次返回一个随机数，那么结果就是

非确定性的）的执行计划进行合并，以此减少不必要的处理开销。然而，这个规则的缺点在于，引擎无法识别复杂或资源开销大的函数（Expensive Functions），在这种情况下，引擎自优化的作用可能适得其反，导致性能下降。

首先可以确认的是，使用子查询先行转换 JSON 是正确的做法，因为这一步骤的耗时和计算资源开销是最大的。出发点是确保每行数据只进行一次转换，这是无可挑剔的。既然引擎的优化规则仅适用于确定性的列，我们可以改变策略，尝试在外层查询中引用子查询中的不确定性列，这样就能避开这一负优化问题。

```
-- 定义 UDF
CREATE OR REPLACE TEMPORARY FUNCTION pb_to_json AS 'com.xx.udf' USING JAR 'hdfs
   path';
INSERT OVERWRITE TABLE result
SELECT get_json_object(info, '$.info.channel_id')
      ,get_json_object(info, '$.bank.id_no')
      ,get_json_object(info, '$.bank.fingerprint')
FROM (SELECT pb_to_json(get_json_object(`data`, '$.extinfo'), 'class') AS info --
    将 extinfo 转为 JSON 字符串
            ,RAND() AS random_key -- 定义返回 0-1 之间随机数的字段
    FROM `order`) t
WHERE random_key < 2; -- 外层查询调用，且条件恒为 TRUE
```

与之前的做法相比，只需增加一个名为 random_key 的列，并在外层查询中对它进行筛选即可。由于 RAND() 函数生成的是一个 0 到 1 之间的随机数，每次执行的结果都是不同的，这使得 random_key 成为一个不确定性的列。在外层查询中引用子查询的 random_key 列，并设置条件为 random_key < 2，由于这个条件始终为真，因此不会影响最终的查询结果。这样的改动导致执行计划发生变化，确保了 JSON 转换过程只执行一次。

```
== Physical Plan ==
Execute InsertIntoHadoopFsRelationCommand ...
-- 每一列从子查询中已经转换后的 JSON 字符串中取出对应键的值
+- Project [ansi_cast(get_json_object(info#20, $.info.channel_id) as string) AS
   a#30, ansi_cast(get_json_object(info#20, $.bank.id_no) as string) AS b#31,
   ansi_cast(get_json_object(info#20, $.bank.fingerprint) as string) AS c#32]
   +- *(2) Filter (random_key#21 < 2.0)
      -- 每一行从 data 中取出 extinfo，转换为 JSON 字符串，只执行一次
      +- Project [HiveGenericUDF#com.xx.udf(get_json_object(data#6,
         $.extinfo),class) AS info#20, rand(-7066662226034366829) AS random_
         key#21]
         +- *(1) ColumnarToRow
```

任务的执行效率得到了显著提升，现在仅需大约 27min 即可完成。

```
Time taken: 1631.954 seconds
```

6.1.6 子查询改写为半连接

EXISTS子句的作用是根据其子查询的结果集是否为空来返回一个布尔值。具体来说，它将父查询的每一行作为参数传递给子查询进行检验。如果子查询返回非空的结果集，则EXISTS子句返回TRUE，表明该行符合条件，可以作为父查询的结果集的一部分；反之，如果返回结果为空，则该行不会被包含在结果集中。例如，下面的查询旨在统计特定用户群的留存情况或连续登录行为，即统计在2022-06-23登录（其中action = 0表示登录）的用户中，有多少在2022-06-24也进行了登录。

```
SELECT *
FROM(SELECT '7' AS metric_index
        ,'Number of churn login users, who had login in the counting period
           but no login in the following period' AS metric_definition
        ,COUNT(DISTINCT(uid)) AS `value`
    FROM user_login_log AS login_2
    WHERE from_unixtime(`time`, 'yyyy-MM-dd') >= '2022-06-23'
        AND from_unixtime(`time`, 'yyyy-MM-dd') <= '2022-06-23'
        AND `action` = 0 -- 0=登录 1=退出
        AND EXISTS (SELECT uid
                FROM user_login_log AS login_1
                WHERE from_unixtime(`time`, 'yyyy-MM-dd') >= '2022-06-24'
                  AND from_unixtime(`time`, 'yyyy-MM-dd') <= '2022-06-24'
                  AND `action` = 0
                  AND login_1.uid = login_2.uid ));
```

统计用户留存的重要性在于，可以帮助我们衡量用户连续登录或签到的频率，从而评估App的用户留存或营销活动的效果。例如在一个营销活动中，用户可能需要连续签到以领取优惠券，或者可能需要追踪活动发布后用户的次日留存、7日留存和30日留存等数据。这些信息对于增强用户黏性和推动消费至关重要。

```
7    Number of churn login users...    156400
Time taken: 81.726 seconds, Fetched 1 row(s)
```

在处理EXISTS子查询时，常见的优化策略包括将子查询改写为半连接（SEMI JOIN）或反半连接（ANTI JOIN）。SEMI JOIN是一种SQL连接操作，它只返回左表中与右表相匹配的行，而不返回左表中未在右表中找到匹配的行。简而言之，SEMI JOIN用于从左表中筛选出与右表中某列相匹配的行，这在逻辑上与EXISTS子查询相等价。在大数据引擎中，由于通常缺乏索引功能，因此可供选择的优化手段比较少，可能根据成本评估来决定是否进行全表扫描会更加高效。

```
== Physical Plan ==
*(6) HashAggregate(keys=[], functions=[count(distinct uid#7)], output=[metric_
    index#48, metric_definition#49, value#50L])
```

```
-- 转换为 SEMI JOIN
+- SortMergeJoin [uid#7], [uid#7#55], LeftSemi
  :     +- *(1) Project [uid#7]
  -- 过滤 2023-06-23 的登录用户
  :      +- *(1) Filter (((isnotnull(action#8) && (from_unixtime(time#11L,
               yyyy-MM-dd, Some(Asia/Singapore)) >= 2022-06-23)) && (from_
               unixtime(time#11L, yyyy-MM-dd, Some(Asia/Singapore)) <= 2022-
               06-23)) && (action#8 = 0))
               +- *(3) Project [uid#7 AS uid#7#55]
                  -- 过滤 2023-06-24 的登录用户
                  +- *(3) Filter (((isnotnull(action#8) && (from_
                      unixtime(time#11L, yyyy-MM-dd, Some(Asia/Singapore)) >=
                      2022-06-24)) && (from_unixtime(time#11L, yyyy-MM-dd,
                      Some(Asia/Singapore)) <= 2022-06-24)) && (action#8 = 0))
```

如果直接用 SEMI JOIN 关键字实现，查询任务将改写为以下方式。

```
SELECT '7' AS metric_index,
       'Number of churn login users, who had login in the counting period but no
           login in the following period' AS metric_definition,
       COUNT(DISTINCT login_2.uid) AS `value`
FROM user_login_log AS login_2
LEFT SEMI JOIN user_login_log AS login_1
    ON login_2.uid = login_1.uid
    AND from_unixtime(login_1.`time`, 'yyyy-MM-dd') >= '2022-06-24'
    AND from_unixtime(login_1.`time`, 'yyyy-MM-dd') <= '2022-06-24'
    AND login_1.`action` = 0
WHERE from_unixtime(login_2.`time`, 'yyyy-MM-dd') >= '2022-06-23'
    AND from_unixtime(login_2.`time`, 'yyyy-MM-dd') <= '2022-06-23'
    AND login_2.`action` = 0;
```

执行计划和返回结果与 EXISTS 子句完全等价。对于不熟悉或不习惯使用 SEMI JOIN 的情况，可以采用 LEFT OUTER JOIN 来实现相同的功能。

```
SELECT '7' AS metric_index,
       'Number of churn login users, who had login in the counting period but no
           login in the following period' AS metric_definition,
       COUNT(DISTINCT login_2.uid) AS `value`
FROM user_login_log AS login_2
LEFT OUTER JOIN user_login_log AS login_1
    ON login_2.uid = login_1.uid
    AND from_unixtime(login_1.`time`, 'yyyy-MM-dd') >= '2022-06-24'
    AND from_unixtime(login_1.`time`, 'yyyy-MM-dd') <= '2022-06-24'
    AND login_1.`action` = 0
WHERE from_unixtime(login_2.`time`, 'yyyy-MM-dd') >= '2022-06-23'
    AND from_unixtime(login_2.`time`, 'yyyy-MM-dd') <= '2022-06-23'
    AND login_2.`action` = 0
    AND login_1.uid IS NOT NULL;
```

需要注意的是，LEFT SEMI JOIN 和 LEFT OUTER JOIN 在实现上存在细微差别。LEFT SEMI JOIN 相当于 in(keyset) 的关系，当左表的记录在右表中找到匹配时，即使右表中有重复记录，也只会选择一条记录，这提高了效率。相反，LEFT OUTER JOIN 会遍历右表中的所有匹配记录，导致每个重复值都会生成一条记录。此外，LEFT SEMI JOIN 在使用上有更多限制。在 JOIN 子句中，右表的过滤条件只能在 ON 子句中设置，而不能在 WHERE 子句、SELECT 子句或其他位置设置。与之相比，LEFT OUTER JOIN 则没有这些限制。以临时表 tmp_user 和 tmp_user_ext 为例，它们的表结构和数据内容如下所示。

```
spark-sql> SELECT user_id
         > FROM tmp_user;
-- user_id
1
2
2

spark-sql> SELECT user_id
         >        ,name
         > FROM tmp_user_ext;
-- user_id name
1          A
2          B
2          B
```

当执行 LEFT SEMI JOIN 时，则筛选出表 tmp_user 中那些在表 tmp_user_ext 中有对应记录的数据。这将返回表 tmp_user 的所有相关记录 .

```
SELECT t1.user_id
FROM tmp_user t1
LEFT SEMI JOIN tmp_user_ext t2
    ON t1.user_id = t2.user_id;
-- 将返回表 tmp_user 中所有记录
1
2
2
```

当执行 LEFT OUTER JOIN 时，由于它不会在遇到重复记录时跳过，而是会继续遍历关联，因此返回的结果集中可能会包含多条重复记录。

```
SELECT t1.user_id
FROM tmp_user t1
LEFT OUTER JOIN tmp_user_ext t2
    ON t1.user_id = t2.user_id;
```

如下所示，在执行 LEFT OUTER JOIN 的等值连接时，实际返回的记录数是 m×n，即左表中的每条记录与右表中匹配的记录数相乘的总和（左表第一条记录匹配的右表记录

数 × 右表第一条记录匹配的左表记录数 + 左表第二条记录匹配的右表记录数 × 右表第二条记录匹配的左表记录数，以此类推）。

```
-- 返回 tmp_user*tmp_user_ext 的匹配记录
1
2
2
2
2
```

如果在 LEFT OUTER JOIN 之后的操作中包含了 DISTINCT 或 MAX 等聚合函数，那么这些函数将不会影响最终的结果集。然而，如果后续涉及计数、求和或者生成明细数据，那这些操作不仅会影响结果，还可能延长任务的执行时间。因此，在开发查询任务时需要特别注意这一点。

6.2 深度剖析

子查询是 SQL 中极为常用的操作，因其语义和逻辑与人类思维相近、可读性强，并且可以反复嵌套。它在 SQL 查询中占据着多样的位置，并能与其他算子相结合。这些特点使得子查询的优化无论在关系型数据库还是在大数据引擎中都是一个极为复杂的问题。由于大多数大数据引擎不支持索引和事务，因此借鉴关系型数据库的优化理论只能在有限的范围内进行。大部分优化策略集中在改写为关联操作和缩小数据集上。在本节中，笔者将主要讨论改写子查询的理论基础，并提取不同生态系统中引擎的共性部分。

6.2.1 让人又爱又恨的子查询

之所以需要对子查询进行优化，主要是因为尽管子查询在语义和逻辑上易于理解，但它们通常在执行效率上表现不佳。例如以下所述的子查询。

```
SELECT c_custkey
FROM customer
WHERE 1000000 < (SELECT SUM(o_totalprice)
                 FROM orders
                 WHERE orders.o_custkey = customer.c_custkey);
```

如果将其转换成未经优化的子查询执行计划，结果将如图 6-4 所示。

可以观察到，子查询实际上是嵌套在 Filter 表达式中的。当执行器到达 Filter 表达式时，它会调用表达式执行器。然而，由于条件表达式中包含了标量子查询，执行器必须再次被调用以计算标量子查询的结果。这种循环调用的方式与 MySQL 中的 Nested Loop Join

有着相似之处，但它是极其低效的。特别是当Filter操作涉及大量数据时，每一行记录都需要触发一次调用，这将导致计算开销巨大，严重影响查询性能。因此，这种情况下进行优化是必要的。

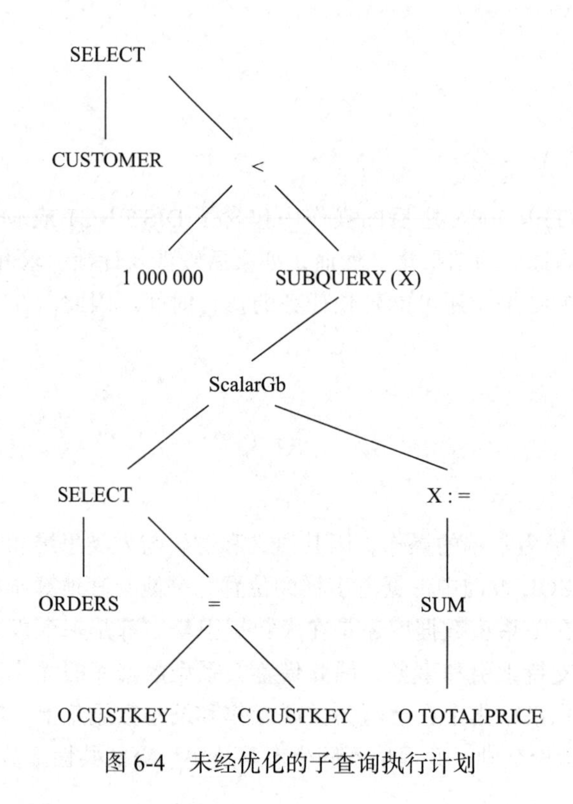

图6-4 未经优化的子查询执行计划

6.2.2 子查询消除算法

1. 简单表子查询消除

简单表子查询的特点为，父查询仅仅是提取子查询的结果，而没有进行任何计算处理。因此，我们可以去除父查询的嵌套结构，从而简化查询。例如以下的子查询。

```
SELECT *
FROM (SELECT item_id
           ,item_name
    FROM item
    WHERE item_id > 1000) t;
```

可以省略简单表的子查询，直接对基表item进行查询。

```
SELECT item_id
```

```
    ,item_name
FROM item
WHERE item_id > 1000;
```

2. 基于 Apply 算子的子查询消除

在之前的讨论中，我们指出了未经优化的子查询在实际执行时会逐行调用，并返回符合条件的记录，这在语义上与 JOIN 操作颇为相似。我们希望能够利用这两者之间的相似性，通过引入新的算子或代数表达式，来解决循环调用所带来的问题。

为了解决这一问题，我们提出了 Apply 算子，这在一些数据库服务或学术论文中也被称为 Correlated Join，这一算子的概念源自 LISP 语言中的 Apply 函数。如图 6-5 所示，Apply 算子接受两个关系树作为输入。与常规的 JOIN 操作不同，Apply 算子的右子树可以接受带参数的输入。对于左子树中的每一行记录，右子树会完成计算并将结果与左子树的记录进行连接，从而生成最终的合并输出。

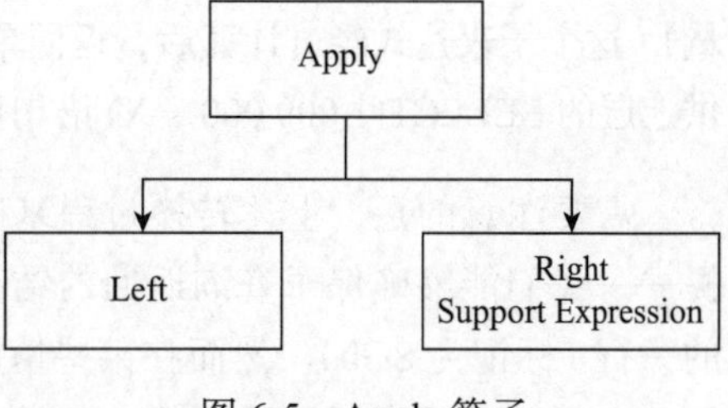

图 6-5　Apply 算子

代数表达式如下所示。

$$RA \otimes E = \bigcup_{r \in R} (\{r\} \otimes E(r))$$

其中，A 表示 Apply 算子，$\otimes$ 表示 Apply 左右子树的 JOIN 关系，语义上与 JOIN 一致，如 CROSS JOIN（代数符号为 $A^{\times}$）、LEFT OUTER JOIN（代数符号为 A^{LOJ}）、LEFT SEMI JOIN（代数符号为 $A^{\exists}$）、LEFT ANTI JOIN（代数符号为 $A^{\nexists}$）等，R 表示外层驱动表，r 表示 R 中的一个元组（tuple），$E(r)$ 表示子查询，可以把子查询 E 理解为一个函数，r 就是函数的参数。例如在示例 SQL 中，子查询就变为 SELECT SUM(o_totalprice) FROM orders WHERE o_custkey = c_custkey_row1，其中 c_custkey_row1 是来自外层驱动表的一个元组的参数。对于 R 中的每个元组 r，执行 $r \otimes E(r)$，并将所有结果通过并集（UNION）合并，形成最终的结果集。

Apply 适用于标量子查询（Scalar 或 Row-Vauled），它与其他代数关系算子的不同之处在于，Apply 是按照 tuple-at-a-time（一次执行一个 tuple）的方式执行的。

我们继续以前文提到的查询为例，将其改写为包含 Apply 算子的查询计划，目的是消除原始查询中的嵌套子查询。这一改写将遵循下述的代数表达式。

$$\odot_{e(Q)} R \rightsquigarrow \odot_{e(q)}(RA \otimes Q)$$

其中，R 表示关系表，$\odot$表示 R 的关系操作符，Q 表示子查询，e 表示 Q 的一个标量参数。A 表示 Apply 算子，$\otimes$ 表示 Apply 左右子树的 JOIN 关系，语义上与 JOIN 一致。q 作为一个新的列，用于绑定子查询的结果，这意味着子查询针对左表的每一个元组生成一个值，该值将绑定到 q 中，然后返回给上层查询。

根据上述表达式，我们将原始子查询提取出来，其结果展示在图 6-6 中。

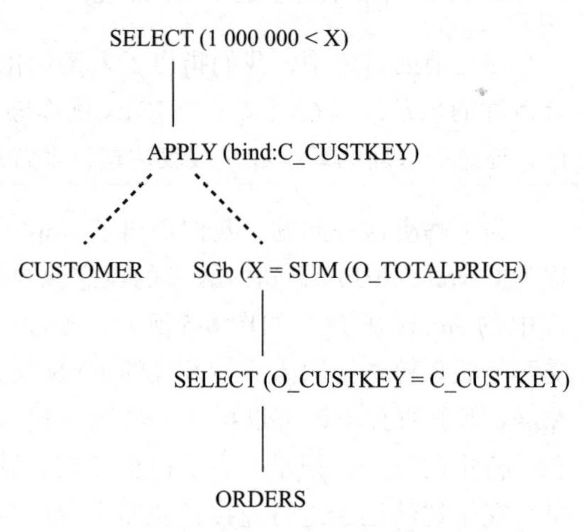

图 6-6　转换为带有 Apply 算子的查询计划

在执行过程中，对于表 custom 的每一行，引擎都会执行右侧的表达式（SELECT O_CUSTKEY = C_CUSTKEY，C_CUSTKEY 为常量)，这个子表达式经过计算后，返回单行结果，供上层的 SELECT(1 000 000 < X) 语句使用。

需要注意的是，上述转换过程基于一个前提——我们能够确保子查询返回的结果是唯一的一行（标记为 SGb）。然而在某些情况下，可能无法保证子查询返回零行或一行结果。为了处理这种不确定性，我们引入了额外的 Max1Row 算子，以确保对这种情况进行适当的约束。

$$\text{Max1Row}(E)=\begin{cases}\text{空}, & \text{如果}\ |E|=0\\ E, & \text{如果}\ |E|=1\\ \text{错误，除以上两种情况外，均抛异常} & \end{cases}$$

在引入 Apply 算子后，子查询的转换过程就演变为以下执行步骤：

1）如果某个算子的表达式中出现了子查询，我们就把这个子查询提取到 Apply 算子下面（留下一个子查询的结果变量 X)。

2）根据 Apply 算子 JOIN 类型的不同，将其区分为 CROSS JOIN、LEFT OUTER JOIN、LEFT SEMI JOIN、LEFT ANTI JOIN 等。

3）必要时增加 Max1Row 算子约束。

在完成初步的转换后，其实并没有完全消除嵌套查询。因此需要通过以下等价变换规则，对 Apply 算子进行进一步的消除。

$$RA\otimes E = R\otimes_{\text{true}} E \tag{6-1}$$

如果 E 中不包含从 R 中解析出的参数

$$RA\otimes(\sigma_p E) = R\otimes_p E \tag{6-2}$$

如果 E 中不包含从 R 中解析出的参数

$$RA^{\times}(\sigma_p E) = \sigma_p(RA^{\times}E) \tag{6-3}$$

$$RA^{\times}(\pi_v E) = \pi_{v \cup \text{columns}(R)}(RA^{\times}E) \tag{6-4}$$

$$RA^{\times}(E_1 \cup E_2) = (RA^{\times}E_1) \cup (RA^{\times}E_2) \tag{6-5}$$

$$RA^{\times}(E_1 - E_2) = (RA^{\times}E_1) - (RA^{\times}E_2) \tag{6-6}$$

$$RA^{\times}(E_1 \times E_2) = (RA^{\times}E_1) \bowtie_{R.\text{key}} (RA^{\times}E_2) \tag{6-7}$$

$$RA^{\times}(\mathcal{G}_{A,F}E) = \mathcal{G}_{A \cup \text{columns}(R), F}(RA^{\times}E) \tag{6-8}$$

$$RA^{\times}(\mathcal{G}_F^1 E) = \mathcal{G}_{\text{columns}(R), F'}(RA^{\text{LOJ}}E) \tag{6-9}$$

而上述的这九条代数表达式，奠定了子查询优化的基本思想。这些规则的基本原则是将 Apply 算子下推，直到 Apply 算子的右侧表达式不再依赖于左侧表达式的元组为止。在处理子查询时，我们应尽可能地将 Apply 算子下推，并将 Apply 算子下方的算子上移，以实现过滤、投影、聚合和集合运算的优化。

规则一，非相关子查询转换为 JOIN，即 Apply 算子的左右表无 JOIN 条件。如图 6-7 所示，如果 Apply 算子的右侧表达式不包含来自左侧的参数，则它与直接进行 JOIN 操作是等价的。

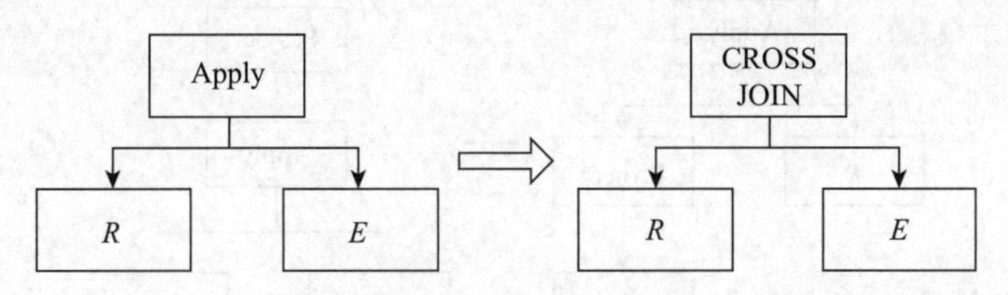

图 6-7　规则一示意

规则二，Apply 算子中仅包含等价于 JOIN ON 的过滤条件。如图 6-8 所示，这与规则一的语义相符，但不同之处在于 Apply 算子的右侧包含了过滤条件。

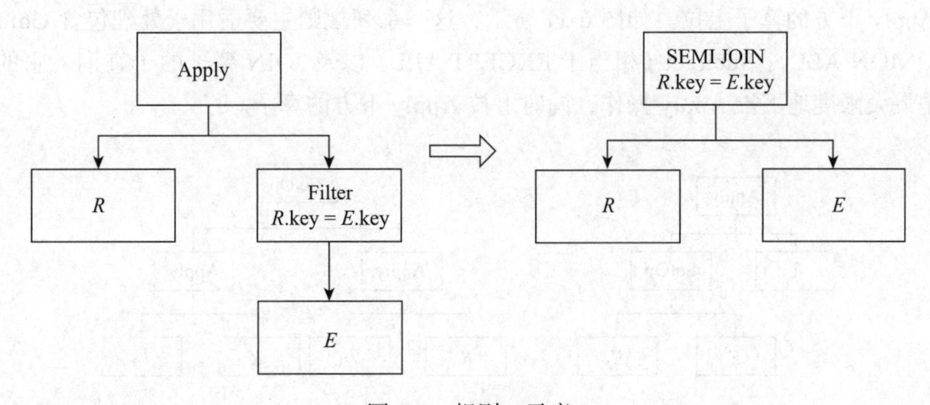

图 6-8　规则二示意

规则三，如果Apply算子中除包含等价于JOIN的过滤条件外，还包含其他过滤条件，则上拉这个过滤条件。如图6-9所示，选择上拉而非下推条件的主要原因是，Filter中原先包含的表达式涉及关联变量。将这些条件提升至Apply之上后，关联变量将转变为普通变量，从而允许我们根据规则一或规则二将Apply转换为JOIN操作，完成子查询去关联化的优化。

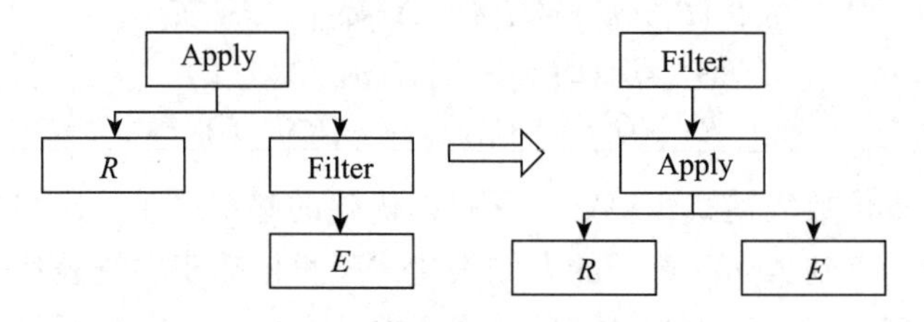

图6-9　规则三示意

规则四，Apply算子的右表达式中存在投影操作，则应将该投影操作提前至Apply操作之前，并将其转换为先执行JOIN操作，然后进行投影。这样做之后，我们可以依据规则一或规则二将其转换为JOIN操作。如图6-10所示，这一原理和基本意图与规则三是一致的。

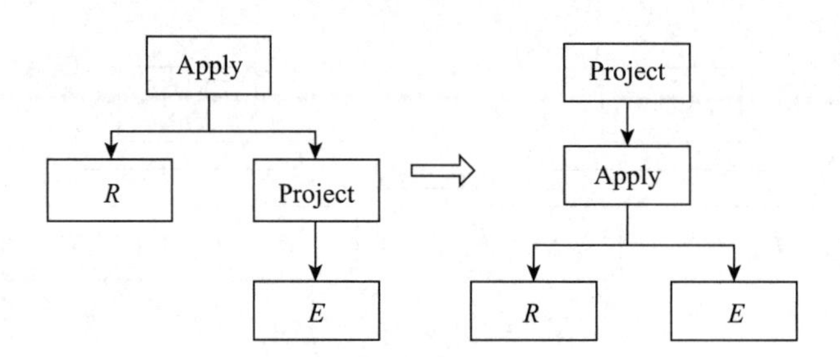

图6-10　规则四示意

规则五至七涉及集合运算的去关联化过程，其核心在于尽可能地将Apply操作下推，并将Apply下方的算子上拉。如图6-11所示，这一系列规则主要适用于处理包含Union（相当于UNION ALL）、Subtract（相当于EXCEPT ALL）以及JOIN算子的子查询。它的主要理念是最大限度地下推Apply操作，同时上拉Apply下方的算子。

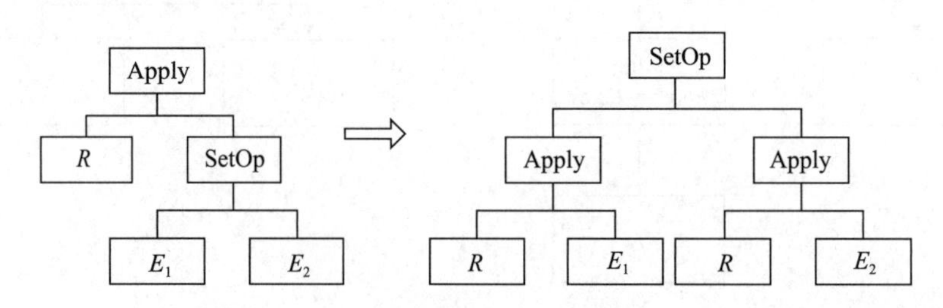

图6-11　规则五至七示意

规则八至九，聚合运算去关联化，上拉聚合算子，如图 6-12 所示，

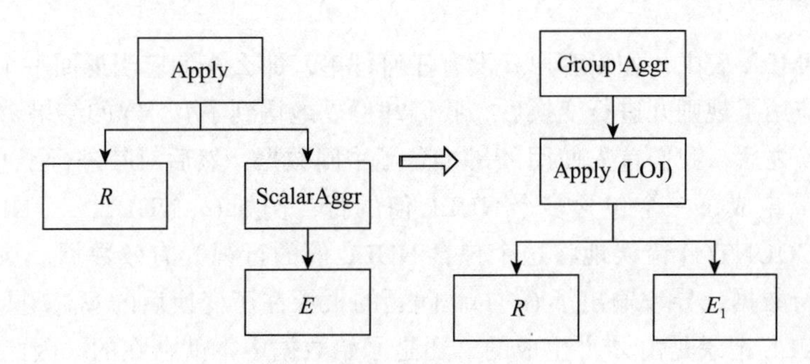

图 6-12　规则八至九示意

其中 $\mathcal{G}_{(A,F)}$ 表示带有 GROUP BY 分组的聚合，A 表示分组的列，F 表示聚合函数的列。

```
-- GROUP Aggr
SELECT o_orderdate
      ,SUM(o_totalprice)
FROM `orders`
GROUP BY o_orderdate;
```

而 $\mathcal{G}_F^1$ 表示不带有分组的聚合，也就是 Scalar Aggr。

```
-- Scalar Aggr
SELECT SUM(o_totalprice)
FROM `orders`;
```

在进行聚合运算上拉之后，必须确保每条数据只产生一条结果。这要求新生成的聚合函数中的 GROUP BY 键必须是能够唯一标识表中一行数据的主键、唯一索引，或者类似于 row id 的字段。

在规则九中，当聚合操作被上拉后，聚合的类型也会相应地发生变化（由 $\mathcal{G}_F^1$ 转变为 $\mathcal{G}_{(A,F)}$）。在变换之前，我们对每一行数据进行了聚合计算，然后将这些聚合结果合并。而在变换之后，我们会先准备所有待聚合的数据（即中间结果），然后一次性地完成所有聚合操作。这正是 Apply 算子的类型从 $A^{\times}$ 变更为 A^{LOJ} 的原因。A^{LOJ} 的特点是，即使输入为空，它也会生成一个 $r \cdot \text{NULLs}$ 的结果，这与 $\mathcal{G}_F^1$ 输入空集时返回的结果是一致的。同时，实际调用的聚合函数也会发生变化，从代数关系中的 F 转变为 F'。这种变化代表了运算过程中一些特殊场景的处理。以下面的查询为例。

```
SELECT c_custkey, (
    SELECT COUNT(*)
    FROM ORDERS
    WHERE o_custkey = c_custkey
```

```
) AS count_orders
FROM CUSTOMER;
```

在CUSTOMER表中，如果客户 a 没有任何订单，那么查询应当返回一个包含 $(a, 0)$ 的行。然而，在应用了规则九进行变换后，我们却意外地得到了 $(a, 1)$ 的结果。这一错误的产生是因为在变换之后，我们首先使用 A^{LOJ} 准备了中间数据，然后对其进行了 $\mathcal{G}_{(A, F)}$ 操作。这个过程为客户 a 生成了一个包含多个NULL值的行，例如 $(a, \text{NULL}, \cdots, \text{NULL})$。在随后的聚合阶段，COUNT(*)错误地将这个包含NULL值的行视为有效数据，从而认为客户 a 的分组中有一行数据，导致输出了 $(a, 1)$。问题的根源在于变换后的 $\mathcal{G}_{(A, F)}$ 操作无法区分中间数据中的NULL记录是由 A^{LOJ} 生成的，还是原始数据中本就存在的。因此，对于上述例子，我们需要进行额外的变换，例如使用COUNT（某个非空列）来替换COUNT(*)，以确保只计算非空的记录。

```
SELECT c_custkey, (
    SELECT COUNT(o_orderkey)
    FROM ORDERS
    WHERE o_custkey = c_custkey
) AS count_orders
FROM CUSTOMER;
```

总体而言，对于子查询基于Apply算子的去关联化过程如图6-13所示，其步骤概述如下：

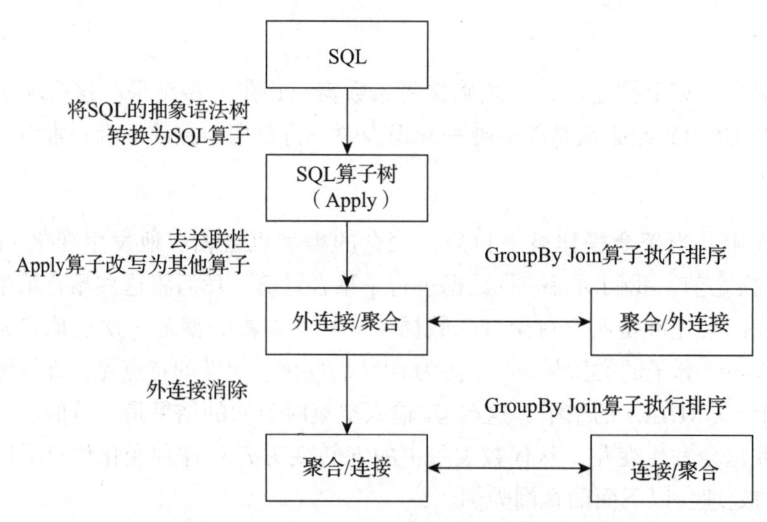

图6-13　子查询基于Apply算子的去关联化过程

1）对于任意查询的关系树，首先将关联子查询从表达式中分离出来，并用Apply算子来表示。

2）逐步消除非基础关系算子。例如，通过等价变换移除 UNION 算子。

3）进一步简化算子集合，消除 OUTER JOIN、SEMI JOIN 以及 ANTI JOIN。

4）最终移除所有 CROSS JOIN，此时，关系树仅包含基础的关系算子。至此，去关联化过程完成。

对于示例中提到的查询。

```
SELECT c_custkey
FROM customer
WHERE 1000000 < (SELECT SUM(o_totalprice)
                 FROM orders
                 WHERE orders.o_custkey = customer.c_custkey);
```

基于 Apply 算子的特性，我们知道它与 JOIN 操作是等价的。因此，我们可以将 Apply 算子等效地转换为以下的 JOIN 查询语句。

```
SELECT c.c_custkey
FROM customer c
JOIN (SELECT o_custkey
          ,SUM(o_totalprice) AS total_price
      FROM orders
      GROUP BY o_custkey) o
    ON c.c_custkey = o.o_custkey
WHERE o.total_price > 1000000;
```

3. 基于窗口函数的子查询消除

本质上，由于外层查询已经包含了内层查询所需的相关表，我们可以直接利用下推后的内层查询结果来执行聚合操作。这可以通过将聚合结果以窗口函数（Window Function）的形式作为额外的列添加到结果集中来实现。然后，外层查询可以基于这个经过窗口函数处理过的结果集进行后续的计算。以图 6-14 中的子查询为例。

其中 *T*1、*T*2、*T*3、*T*4 是一组表（TABLE 或 VIEW）。在内层查询中，*T*1 作为一个与 *T*3 无直接相关性的表，必须与 *T*3 执行无损连接（Lossless Join，指在数据库设计中，将一个关系模式分解为若干个关系模式后，如果通过自然连接还能恢复原来的关系模式，则称这个分解为无损连接），确保在连接操作中不会丢失任何符合条件的数据行。而在外

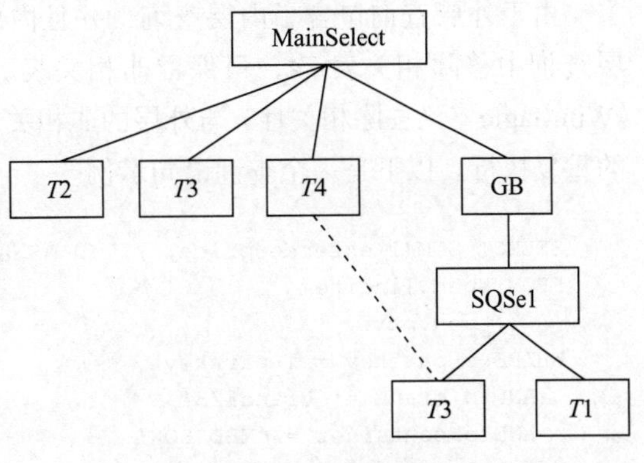

图 6-14　子查询示意

层查询中，*T*2作为外层无关表，不能直接与*T*4进行JOIN，这是为了维护*T*3与*T*4之间的数据一致性。子查询必须包含聚合函数，这样才能使窗口函数发挥作用。同时，为了不改变查询的执行流程，我们不能使用会导致不同执行流程产生不同结果的函数，如RAND函数。此外，子查询中也不能包含Top-*N*这类截断性操作，因为这会破坏内外层数据的一致性。内层的聚合函数必须有对应的窗口函数版本，例如MIN、MAX、SUM、COUNT，且不能使用DISTINCT，以保持聚合的一致性。内外层查询之间必须存在包含关系，以确保数据的完整性。如果内层查询涉及其他非相关表，这些表也必须执行无损连接，以保证相关表的数据不会因为连接操作而丢失或增加。

那么在转换时，如图6-15所示，可以将*T*4下推到子查询中计算窗口函数，转为WinMagic，直接与*T*2进行JOIN即可。

具体过程为先将内层的聚合操作转换为窗口函数，并以内层相关列作为窗口函数的PARTITION BY列。随后，外层相关表*T*4被压入内层，与内层表进行连接操作。如果外层相关列是主键或唯一键列，那么将其拉入内层也不会增加内表的数据量。因为内层的每一行最多只能与外层的一行相连接。由于外层包含了内层表及其过滤条件，内层过滤掉的数据在外层也会被过滤掉，从而保证了数据的内外一致性，在这种情况下，窗口函数的PARTITION BY列是内层的相关列。如果外层的相关列不是主键或唯一键，将其拉入内层后可能会导致内层表的数据量增加，因为外层的相关列可能会出现重复。在这种情况下，我们需要确保对于外表的每一行，内表都进行一次聚合操作，因此窗口函数的PARTITION BY列应该包括外表的主键和内层的相关列。

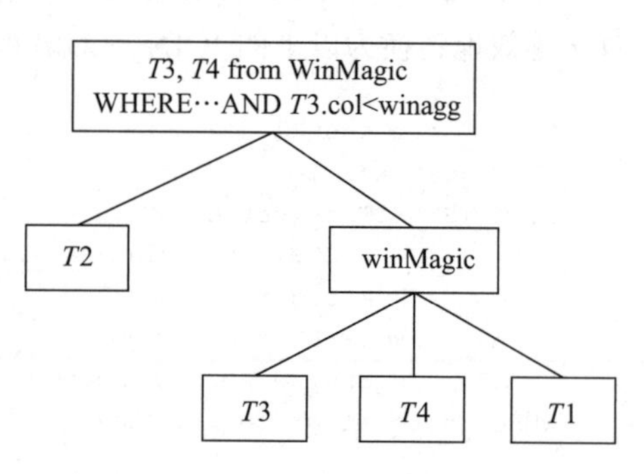

图6-15　基于窗口函数转换示意

由于外层查询包含了内层查询，并且内层查询已经包含了所有相关表，我们可以在外层查询中移除相关表*T*4，只保留非相关表。然后，我们可以将这个经过处理的内层查询（WinMagic，已去除相关性）与外层的非相关表进行连接。这样，我们就避免了对相关表*T*4的重复执行。以下是一个查询语句示例。

```
SELECT SUM(l_extendedprice) / 7.0 AS avg_yearly
FROM tpcd.lineitem
    ,tpcd.part
WHERE p_partkey = l_partkey
  AND p_brand = 'Brand#23'
  AND p_container = 'MED BOX'
  AND l_quantity < (SELECT 0.2*avg(l_quantity)
```

```
            FROM tpcd.lineitem
            WHERE l_partkey = p_partkey);
```

内层和外层都涉及表 tpcd.lineitem，并且它们通过条件 l_partkey = p_partkey 进行关联。根据之前讨论的执行过程，我们可以将外层查询中的表 tpcd.part 下推到内层查询中，并与表 tpcd.lineitem 进行连接。在这个连接的结果集上，基于相关列 p_partkey 执行窗口函数，这实际上是对每个相关值进行局部聚集结果的计算。然后，我们将这些聚集结果作为额外的列添加到 JOIN 操作的结果集末尾。在此之后，我们应用外层查询的其他过滤条件对这个结果集进行进一步的筛选，从而完成查询优化。经过这样的转换，查询语句可以被重写为以下形式：

```
WITH WinMagic AS (SELECT l_extendedprice
                        ,l_quantity
                        ,AVG(l_quantity) OVER(PARTITION BY p_partkey)AS avg_l_quantity
                  FROM tpcd.lineitem
                      ,tpcd.part
                  WHERE p_partkey = l_partkey
                    AND p_brand = 'Brand#23'
                    AND p_container = 'MED BOX'),

SELECT SUM(l_extendedprice) / 7.0 as avg_yearly
FROM WinMagic
WHERE l_quantity < 0.2 * avg_l_quantity;
```

6.2.3　子查询合并算法

在某些条件下，例如两个子查询返回的结果集类型相同，且仅过滤条件有所不同，可以将它们合并为一个子查询来执行。这种做法被称为子查询合并（Subquery Coalescing），它能有效减少子查询的执行次数及其相关的计算成本。虽然这种合并需要逐对进行，但可以重复执行此过程，以便将多个子查询合并成一个。子查询合并可以分为以下几种情况。

1. 完全相同的查询块

无论是使用 AND 还是 OR，还是涉及 EXISTS 或 NOT EXISTS 的子句，都可以通过消除重复的子查询来简化查询语句。例如以下查询语句。

```
SELECT *
FROM t1
WHERE a1 < 10
    AND (EXISTS (SELECT a2 FROM t2 WHERE t2.a2 < 5 AND t2.b2 = 1) OR
        EXISTS (SELECT a2 FROM t2 WHERE t2.a2 < 5 AND t2.b2 = 1));
```

在查询语句中，如果两个EXISTS子查询都是通过对表t2进行筛选，并且它们的过滤条件及返回的结果集完全相同，那么我们可以消除其中一个子查询，以简化整个查询过程。

```
SELECT *
FROM t1
WHERE a1 < 10
    AND (EXISTS (SELECT a2 FROM t2 WHERE t1.a2 < 5 and t2.b2 = 1));
```

2. 相同EXISTS类型的查询块

假设子查询块sqb1包含子查询块sqb2，并且由于sqb2有更多的限制条件*p*2，因此返回的结果集更小。基于这种情况，可以得出以下结论：

1）EXISTS(sqb1) AND EXISTS(sqb2) ≡ EXISTS(sqb2)，因为sqb2更严格，满足sqb2必然满足sqb1。

2）NOT EXISTS(sqb1) OR NOT EXISTS(sqb2) ≡ NOT EXISTS(sqb2)，和第1条结论等价。

3）EXIST(sqb1) OR EXIST(sqb2) ≡ EXIST(sqb1)，当sqb1的条件得到满足时，结果为TRUE。如果sqb1不满足，那么由于sqb2的条件更加严格，sqb2也不会满足，因此结果为FALSE。

4）NOT EXISTS(sqb1) OR NOT EXISTS(sqb2) ≡ NOT EXISTS(sqb1)，和第3条结论等价。

即使sqb1和sqb2之间没有直接的包含关系，但如果它们的大部分条件相同或等价，我们仍然可以通过合并相同的条件来简化查询。例如以下的查询语句。

```
SELECT o_orderpriority, COUNT(*)
FROM orders
WHERE o_orderdate >= '1993-07-01' AND
    EXISTS (SELECT *
        FROM lineitem
        WHERE l_orderkey = o_orderkey AND
            l_returnflag = 'R')  OR
    EXISTS (SELECT *
        FROM lineitem
        WHERE l_orderkey = o_orderkey AND
            l_receiptdate > l_commitdate)
GROUP BY o_orderpriority;
```

可以看到，两个EXISTS子查询包含相同的条件l_orderkey = o_orderkey，那么就可以将它们合并。此外，其余两个过滤表达式可以使用OR条件合并。因此，查询可以重写为以下形式。

```
SELECT o_orderpriority, COUNT(*)
FROM orders
WHERE o_orderdate >= '1993-07-01' AND
    EXISTS (SELECT *
        FROM lineitem
        WHERE l_orderkey = o_orderkey AND
             (l_returnflag = 'R' OR
              l_receiptdate > l_commitdate))
GROUP BY o_orderpriority;
```

3. 不同 EXISTS 类型的查询块

假设子查询块 sqb1 包含子查询块 sqb2，并且由于 sqb2 有更多的限制条件 $p2$，因此返回的结果集更小。基于这种情况，可以得出以下结论：

- EXISTS(sqb2)AND NOT EXISTS(sqb1)，如果满足更严格的 sqb2 中的条件 $p2$，则 sqb1 也必然满足，因此 NOT EXISTS(sqb1) 部分为假，整个表达式结果为假。如果不满足 sqb2，则整个表达式同样为假。所以，无论哪种情况，整个表达式的结果都将是假。
- EXISTS(sqb1)AND NOT EXISTS(sqb2)，如果有行满足 sqb1 中的条件 $p1$，但没有任何行同时满足 sqb2 中的条件 $p2$，则整个表达式的结果为真。反之，如果有任何满足 sqb1 中 $p1$ 的行也满足 sqb2 中的 $p2$，则结果为假。

综合这两种情况，我们可以得出结论，至少有一行满足 sqb1 中的条件 $p1$，且这些行均不满足 sqb2 中的条件 $p2$ 时，整个表达式才为真。如果这些满足 $p1$ 的行中有任何一行也满足 $p2$，结果则为假。以下是一个具体的查询示例。

```
SELECT s_name
FROM supplier, lineitem L1
WHERE s_suppkey = l_suppkey
  AND EXISTS (SELECT *
              FROM lineitem L2
              WHERE l_orderkey = L1.l_orderkey
                AND l_suppkey <> L1.l_suppkery)
  AND NOT EXISTS (SELECT *
                  FROM lineitem L3
                  WHERE l_orderkey = L1.l_orderkey
                    AND l_suppkey <> L1.l_suppkery
                    AND l_receiptdate > l_commitdate);
```

注意到 NOT EXISTS 的条件更为严格。基于上述结论，我们可以将其重写为以下查询语句。

```
SELECT s_name
FROM supplier, lineitem L1
WHERE s_suppkey = l_suppkey
    AND EXISTS (SELECT 1
        FROM lineitem L2
        WHERE l_orderkey = L1.l_orderkey
            AND l_suppkey <> L1.l_suppkery
        HAVING SUM(CASE WHEN l_receiptdate > l_commitdate THEN 1
                        ELSE 0 END) == 0);
```

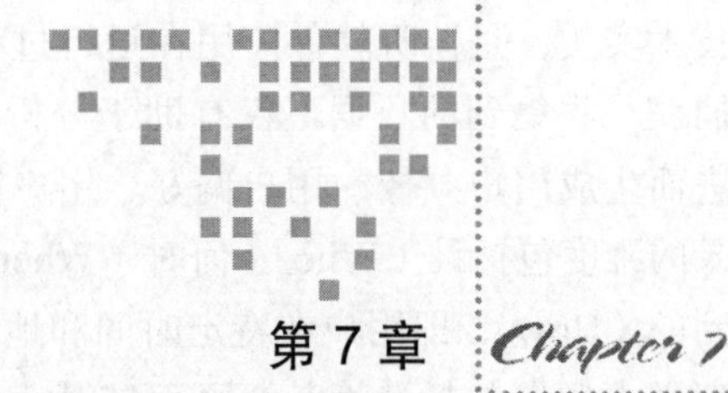

第 7 章 Chapter 7

连接优化案例解析

在 SQL 中，连接（JOIN）语句的作用是将数据库中的两个或多个表结合起来，由连接操作生成的结果集可以存储为新表，或者直接作为一个表来使用。JOIN 语句的核心是将两个表的记录通过它们的共有值关联起来。

基于 ANSI 标准的 SQL 定义了五种主要的 JOIN 类型，分别是内连接（INNER JOIN）、全外连接（FULL OUTER JOIN）、左外连接（LEFT OUTER JOIN）、右外连接（RIGHT OUTER JOIN）以及交叉连接（CROSS JOIN），如图 7-1 所示。在某些特定场景下，一个表（无论是基表、视图还是已连接的表）也可以与自身进行连接，这种情况被称为自连接（Self-Join）。

7.1 案例分享

由于业务表的设计原则通常是尽量减少数据冗余，因此有助于提升数据库性能。然而在数据分析和数据仓库中，我们经常遇到需要处理大时间粒度、多维度和跨多业务流程的数据查询或任务。在这些场景中，JOIN 操作是一种极其常见且不可或缺的数据处理手段。接下来，笔者将分享在实际工作中遇到的查询瓶颈以及对应的优化策略。

7.1.1 改写为 UNION

在基于用户行为的数据分析中，“埋点”是一种至关重要的数据收集手段。所谓埋点，指的是针对特定用户行为或事件进行捕获、处理和发送的相关技术及其实施过程。埋点的技术实质，是监听软件应用在运行过程中的事件，并当需要关注的事件发生时进行判断和捕获。收集到的数据不仅有助于分析网站或App的使用情况，还能揭示用户的使用习惯，进而生成用户画像、用户偏好、用户行为路径分析等一系列数据产品和服务。埋点通常记录的维度包括谁（Who）、何时（When）、做了什么（What）、在哪里（Where），以及如何做到的（How），即用户在特定时间和地点，通过某种方式进行了特定的操作。围绕埋点的典型需求场景包括计算某个页面或某个Banner（如轮播图、横幅广告等）的曝光次数和点击次数。

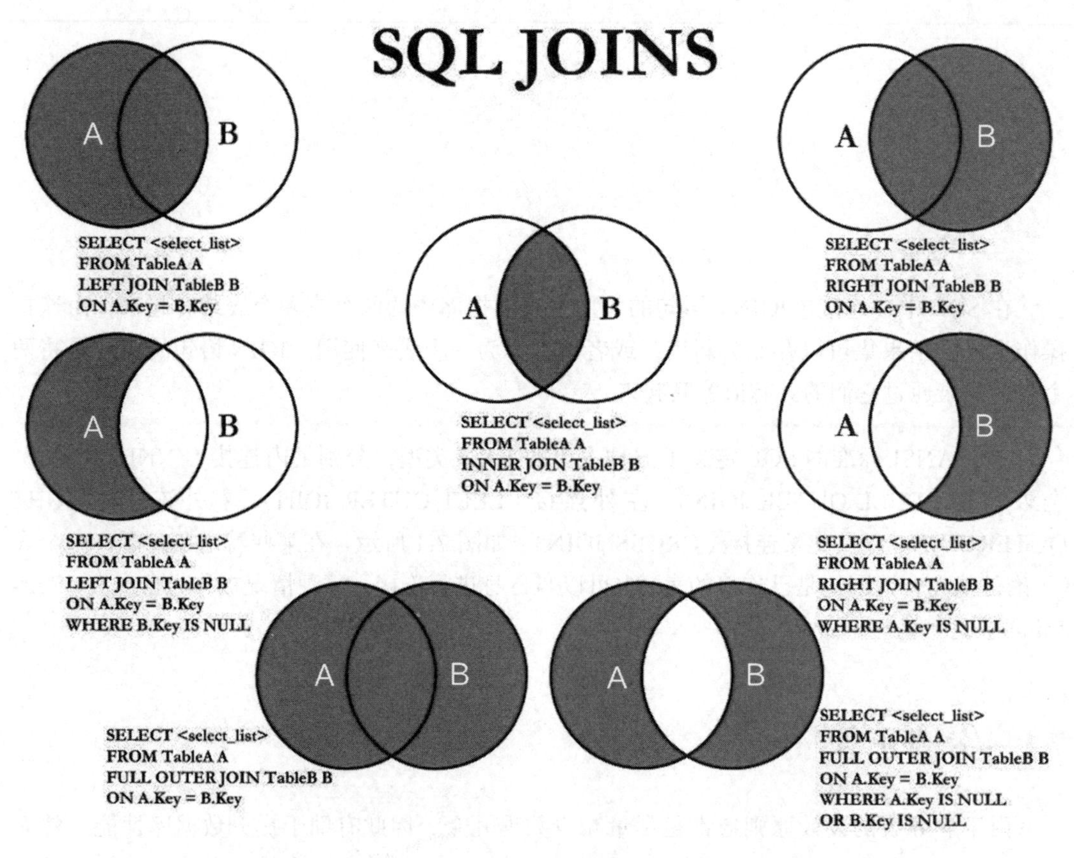

图7-1　JOIN的类型

```
SELECT t1.page_type -- 访问页面
      ,COUNT(DISTINCT t1.user_id) AS imp_uv -- 页面曝光人数
      ,COUNT(t1.user_id) AS imp_pv -- 页面曝光次数
      ,COUNT(DISTINCT t2.user_id) AS click_uv -- 页面点击人数
      ,COUNT(t2.user_id) AS click_pv -- 页面点击次数
FROM impression_table t1
LEFT JOIN (SELECT page_type
                 ,user_id
```

```
          FROM click_table
          WHERE country = 'ID'
            AND partition_date = '2023-09-09') t2
   ON t1.page_type = t2.page_type
  AND t1.user_id = t2.user_id
WHERE t1.country = 'ID'
  AND t1.partition_date = '2023-09-09'
GROUP BY t1.page_type;
```

首先从埋点曝光事件表 impression_table 和埋点点击事件表 click_table 中筛选出所需的明细数据。考虑到用户可能对曝光的活动横幅不感兴趣而不进行点击，所以我们采用左外连接（LEFT OUTER JOIN）的方式来合并数据，这样可以确保即使没有点击事件，曝光事件也会被计入。接下来，通过执行计数和去重操作来得到最终结果，然而查询效率远未达到预期——经过约 54 分钟的处理，查询结果仍未返回。

```
23/09/15 15:45:32 WARN [main] SessionState: METASTORE_FILTER_HOOK will be
    ignored, since hive.security.authorization.manager is set to instance of
    HiveAuthorizerFactory.
[Stage 16:=====================================================>(199 + 1) / 200]
23/09/15 16:39:37 org.apache.spark.SparkException: Job 10 cancelled as part of
    cancellation of all jobs
```

通过分析查询的执行计划，我们发现影响查询时间的主要因素在于 JOIN 操作以及在执行多维度去重计算时数据量的急剧增加。

```
== Physical Plan ==
    -- 计数 / 去重计数
    +- HashAggregate(keys=[page_type#22], functions=[partial_count(if((gid#202 =
        1)) t1.`user_id`#203L else null), partial_first(if ((gid#202 = 0))
        count(t1.`user_id`)#207L else null, true), partial_count(if ((gid#202 =
        2)) t2.`user_id`#204L else null), partial_first(if ((gid#202 =
        0)) count(t2.`user_id`)#209L else null, true)], output=[page_
        type#22, count#217L, first#218L, valueSet#219, count#220L, first#221L,
        valueSet#222])
            -- 按 GROUP BY 和 DISTINCT 的列 / 条件进行数据膨胀
            +- Expand [ArrayBuffer(page_type#22, null, null, 0, user_id#9L, user_
                id#72L), ArrayBuffer(page_type#22, user_id#9L, null, 1, null,
                null), ArrayBuffer(page_type#22, null, user_id#72L, 2, null,
                null)], [page_type#22, t1.`user_id`#203L, t2.`user_id`#204L,
                gid#202, t1.`user_id`#205L, t2.`user_id`#206L]
        -- JOIN 连接
        +- SortMergeJoin [page_type#22, user_id#9L], [page_type#85, user_id#72L],
            LeftOuter
```

正如图 7-2 所示，连接操作后的数据膨胀非常严重，这直接降低了整个任务的性能。

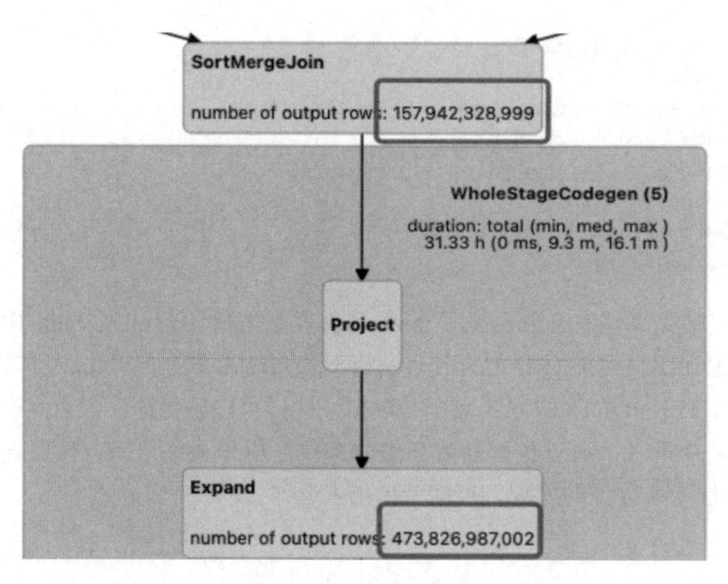

图 7-2　连接后多维聚合导致的数据膨胀

我们转换一下思路，采用另一种有效率的方式来进行表连接。连接操作的本质目的是将相同关联键（即同一页面的同一用户）的不同埋点事件记录进行合并。这一过程的最终目标是统计每个页面的曝光人次数和点击人次数。鉴于直接进行 JOIN 操作后的聚合会因数据膨胀而导致性能下降，我们可以采取分而治之的策略，先将明细数据进行 UNION 合并，然后再进行聚合，或者先分别计算各个部分，再将聚合的结果进行关联。这样做可以有效提升查询效率。

```
SELECT page_type
      ,COUNT(DISTINCT CASE WHEN operation = 'impression' THEN user_id ELSE NULL
         END) AS imp_uv -- 页面曝光人数
      ,COUNT(CASE WHEN operation = 'impression' THEN 1 ELSE NULL END ) AS imp_pv
         -- 页面曝光次数
      ,COUNT(DISTINCT CASE WHEN operation = 'click' THEN user_id ELSE NULL END)
         AS click_uv -- 页面点击人数
      ,COUNT(CASE WHEN operation = 'click' THEN 1 ELSE NULL END) AS click_pv --
         页面点击次数
FROM (SELECT page_type
            ,'impression' AS operation -- 不同埋点事件人为赋值，用于CASE WHEN的判断
            ,user_id
      FROM impression_table
      WHERE country = 'ID'
        AND partition_date = '2023-09-09'
      UNION ALL
      SELECT page_type
            ,'click' AS operation
            ,user_id
```

```
      FROM click_table
      WHERE country = 'ID'
        AND partition_date = '2023-09-09') t
GROUP BY page_type;
```

如图 7-3 所示，改写后的查询执行计划与之前有所不同。在新的执行计划中，数据首先通过 UNION ALL 进行合并，同时使用 operation 字段人为区分不同的埋点事件类型。这样做的好处是，它避免了额外的数据混洗（Shuffle）过程。一旦数据集被过滤并选出了所需的记录，负责读取的算子便可以立即膨胀数据并启动聚合运算。

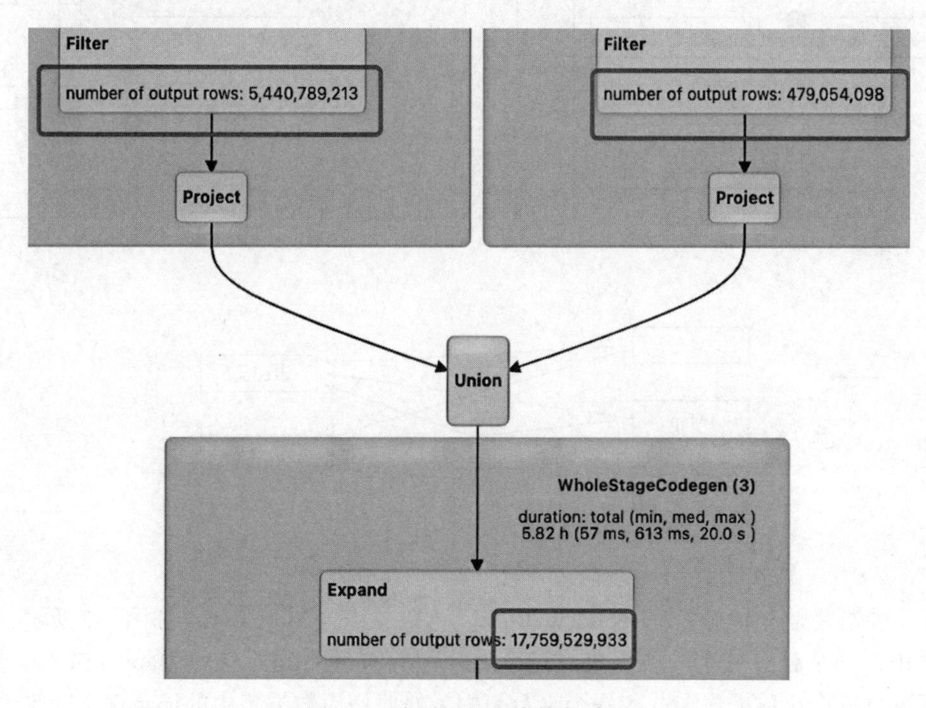

图 7-3　改写后的查询执行计划

查询效率的提升显而易见，仅用 247.85s 便返回了结果。

```
Time taken: 247.85 seconds, Fetched 83 row(s)
```

7.1.2　强制广播

Hash Join 操作提供了两种主要策略。一种策略是重分区连接（Repartition Join），亦称为 Reduce Join。如图 7-4 所示，在这种策略中，Map 阶段的主要职责是从多个数据集中提取数据，并为每行数据确定一个连接键，并且基于这些键的值，数据被适当地分配到各个 Reducer 节点。在 Reduce 阶段，每个 Reducer 节点负责收集所有来自 Mapper 节点拥有相同输出键的数据，并将这些数据划分到不同的分区。之后，每个 Reducer 对其分配的分区进行笛卡儿积连接运算，从而生成最终的完整结果集。

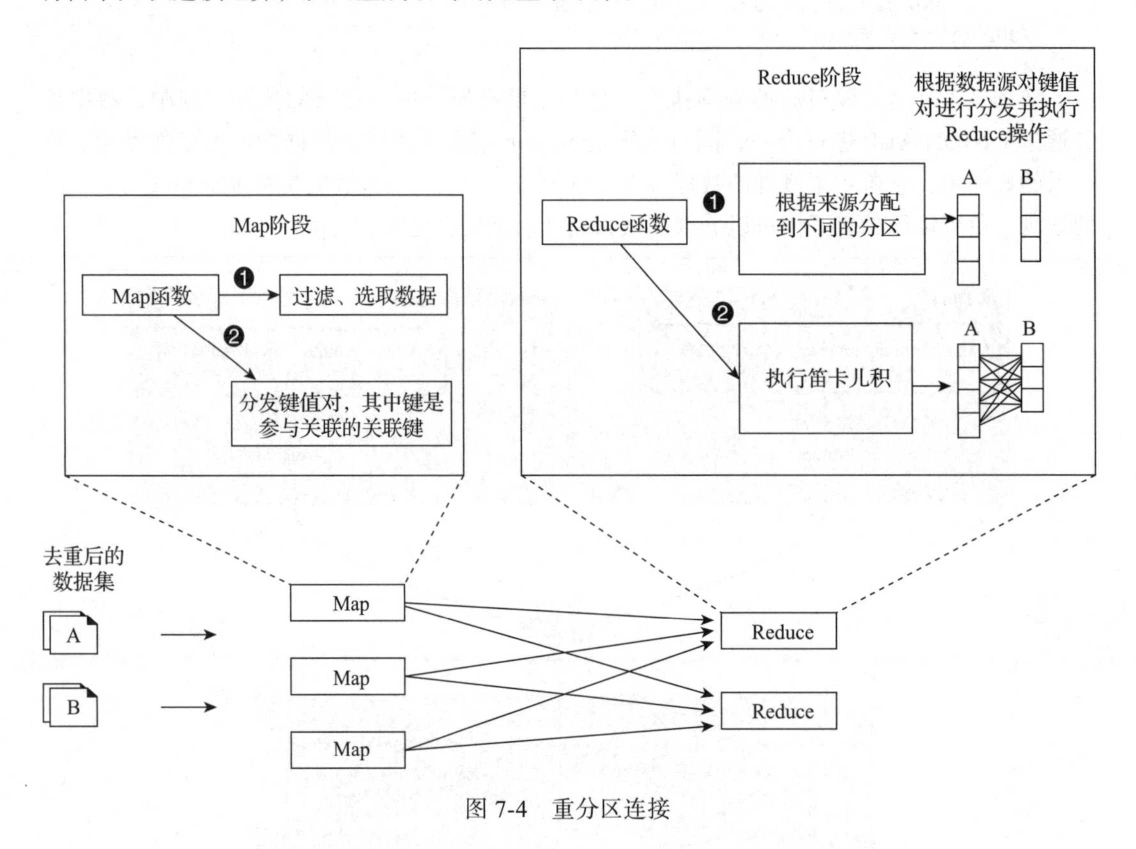

图 7-4　重分区连接

另一种策略是复制连接（Replicate Join），通常被称为 Map Join。如图 7-5 所示，在这种方法中，一个相对较小的数据集通过分布式缓存被复制到所有的 Mapper 节点。然后，Map 任务将这个小数据集加载到一个哈希表中，并使用大数据集中的记录逐个与哈希表中的数据进行比对，再输出所有符合连接条件的结果。

相较于 Reduce Join，Map Join 可以视为一种典型的以空间换取时间的策略，它通过牺牲一定的资源开销来加快连接操作的速度。大多数大数据处理框架都提供了这一策略的成熟实现，例如 Spark 和 Flink，它们均支持 BroadcastHashJoin。不过为了防止程序出现内存溢出（OOM）的情况，这些引擎通常会设定例如数据量和文件大小的限制。在实际工作中，为了满足业务需求或提高查询效率，我们通常会放宽这些资源限制，或者强制指定 BroadcastHashJoin 作为连接方式，以此达到预期的目的。例如需要计算某国家的支付日报，该日报包括支付成功的笔数、失败笔数、支付金额、失败原因等信息。查询任务如下所示。

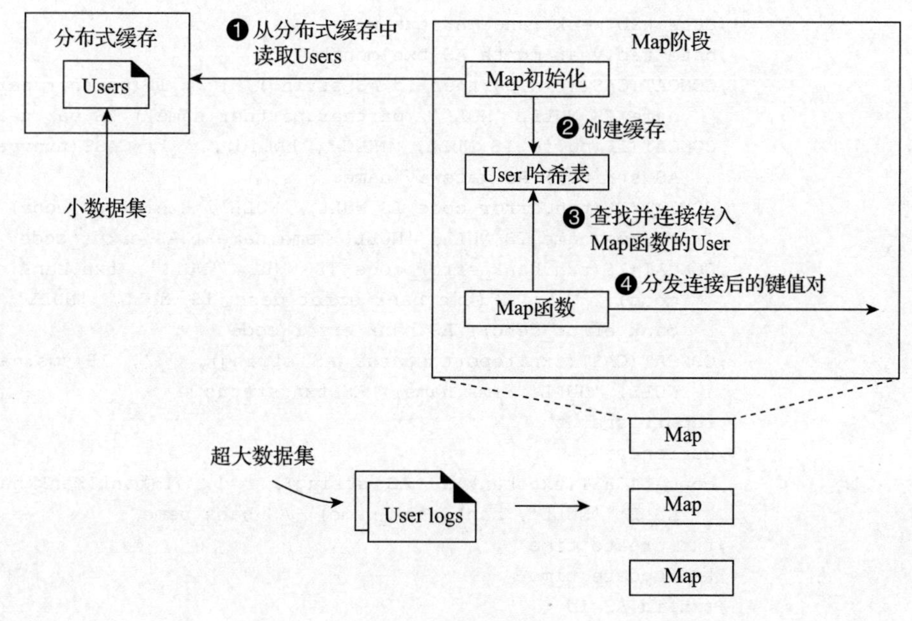

图 7-5　复制连接

```
WITH base AS (SELECT id
                     ,partner_id -- 渠道 id
                     ,from_unixtime(txn.create_time) AS txn_date
                     ,gateway -- 支付网关
                     ,error_code -- 错误码
                     ,get_json_object(extra_data, '$.bank_error_code') AS bank_
                        error_code -- 错误码对应的银行
                     ,get_json_object(extra_data, '$.bank_error_desc') AS bank_
                        error_desc -- 具体描述信息
                     ,report_status
                     ,currency
                     ,bank_id -- 卡 id
                     ,amount
                     ,update_time
                     ,create_time
                     ,country
              FROM remittance txn),
-- 时间维度表
date_tab AS(SELECT `date`
                   ,year_month
                   ,week_begin
                   ,week_range
            FROM date_mapping),
-- 支付明细表
dwd_txn AS(SELECT
                  country
                 ,txn_date
```

```
                    ,date_tab.week_range AS txn_week
                    ,date_tab.year_month AS txn_month
                    ,CONCAT(CAST(txn.partner_id AS string), '_', IF(partner.partner_
                       name IS NULL, 'NULL', partner.partner_name)) AS partner_name
                    ,CONCAT(IF(bg.id IS NULL, 'NULL', bg.id), '_', CAST(txn.gateway
                       AS string)) AS gateway_name
                    ,CONCAT(IF(txn.error_code IS NULL, 'NULL', txn.error_code), '_',
                       IF(sme.name IS NULL, 'NULL', sme.name)) AS error_code
                    ,CONCAT(IF(txn.bank_error_code IS NULL, 'NULL', txn.bank_error_
                       code), '_', IF(txn.bank_error_desc IS NULL, 'NULL', txn.
                       bank_error_desc)) AS bank_error_code
                    ,CONCAT(CAST(txn.report_status AS string), '_', IF(sms.name IS
                       NULL, 'NULL', sms.name)) AS txn_status
                    ,report_status
                    ,currency
                    ,concat(CAST(txn.bank_id AS string), '_', IF(bank.bank_name IS
                       NULL, 'NULL', bank.bank_name)) AS bank_name
                    ,txn.create_time
                    ,txn.update_time
                    ,txn.id AS id
                    ,txn.amount AS amount
    FROM base txn
    LEFT JOIN  partner
     ON txn.partner_id = partner.partner_id
   LEFT JOIN  bank
     ON txn.bank_id = bank.id
   LEFT JOIN  bg
     ON txn.gateway = bg.gateway_name
   LEFT JOIN sme
     ON txn.error_code = sme.id
    AND sme.field_name = 'error_code'
   LEFT JOIN sms
     ON txn.report_status = sms.id
    AND sms.field_name = 'report_status'
   LEFT JOIN date_tab
        ON DATE(txn.txn_date) = date_tab.`date`)

SELECT country
       ,txn_date
       ,txn_week
       ,txn_month
       ,partner_name
       ,gateway_name
       ,error_code
       ,bank_error_code
       ,txn_status
       ,currency
       ,bank_name
```

```
    ,COUNT(DISTINCT id) AS txn_count
    ,COUNT(DISTINCT IF(report_status=4, id, NULL)) AS success_txn_count
    ,COUNT(DISTINCT IF(report_status=5, id, NULL)) AS fail_txn_count
    ,SUM(amount) AS txn_amount
    ,COUNT(DISTINCT IF(report_status=4, amount, NULL)) AS success_txn_amount
    ,COUNT(DISTINCT IF(report_status=5, amount, NULL)) AS fail_txn_amount
    ,SUM(IF(report_status=4, update_time - create_time, NULL)) AS success_
       process_time_s
    ,AVG(CAST(IF(report_status=4, update_time - create_time, NULL) AS DOUBLE))
       AS success_process_time_avg_s
    ,APPROX_PERCENTILE(CAST(IF(report_status=4, update_time - create_time,
       NULL) AS DOUBLE), 0.25) AS success_process_time_p25_s
    ,APPROX_PERCENTILE(CAST(IF(report_status=4, update_time - create_time,
       NULL) AS DOUBLE), 0.50) AS success_process_time_p50_s
    ,APPROX_PERCENTILE(CAST(IF(report_status=4, update_time - create_time,
       NULL) AS DOUBLE), 0.75) AS success_process_time_p75_s
    ,APPROX_PERCENTILE(CAST(IF(report_status=4, update_time - create_time,
       NULL) AS DOUBLE), 0.95) AS success_process_time_p95_s
    ,SUM(IF(report_status=5, update_time - create_time, NULL)) AS fail_
       process_time_s
    ,AVG(CAST(IF(report_status=5, update_time - create_time, NULL) AS DOUBLE))
       AS fail_process_time_avg_s
    ,APPROX_PERCENTILE(CAST(IF(report_status=5, update_time - create_time,
       NULL) AS DOUBLE), 0.25) AS fail_process_time_p25_s
    ,APPROX_PERCENTILE(CAST(IF(report_status=5, update_time - create_time,
       NULL) AS DOUBLE), 0.50) AS fail_process_time_p50_s
    ,APPROX_PERCENTILE(CAST(IF(report_status=5, update_time - create_time,
       NULL) AS DOUBLE), 0.75) AS fail_process_time_p75_s
    ,APPROX_PERCENTILE(CAST(IF(report_status=5, update_time - create_time,
       NULL) AS DOUBLE), 0.95) AS fail_process_time_p95_s
FROM dwd_txn
GROUP BY 1,
         2,
         3,
         4,
         5,
         6,
         7,
         8,
         9,
         10,
         11;
```

查询任务的计算逻辑为通过订单表 txn，分别关联计算时间维度表 date_tab、银行信息表 bank、支付网关日志表 gateway、支付渠道信息表 partner，获取各支付渠道和支付开户行等各项信息，并执行后续的计数求和以及分位数操作。如下所示，801.685s 后任务才执行结束。

```
Time taken: 801.685 seconds, Fetched 95171 row(s)
```

查看查询执行计划，发现所有的Join操作都采用了Sort Merge Join。

```
== Physical Plan ==
    -- 全部连接方式都是Sort Merge Join
    +- SortMergeJoin [cast(txn_date#922 as date)], [date#944], LeftOuter
       ...
       :    +- SortMergeJoin [report_status#381], [cast(id#973 as int)],
                LeftOuter
       :    :- *(18) Sort [report_status#381 ASC NULLS FIRST], false, 0
       :    :    +- SortMergeJoin [error_code#392], [cast(id#438 as int)],
                     LeftOuter
       :    :    :    +- SortMergeJoin [gateway#382], [gateway_name#421],
                          LeftOuter
       :    :    :    :    +- SortMergeJoin [cast(bank_id#380L as
                               decimal(20,0))], [id#409], LeftOuter
       :    :    :    :    :    +- SortMergeJoin [cast(partner_id#378L as
                                    decimal(20,0))], [partner_id#398], LeftOuter
```

经过数据探查，我们发现整个连接逻辑类似于星型模型，以订单表txn为中心关联各类属性表。考虑到其他子表的数据量最大为亿级，我们决定将partner、bank、bg、sme、sms和date_tab这些能够广播的表全部进行广播，以此改变Join的执行计划，并采用BroadcastHashJoin来进行连接操作。

```
-- 改写后的SQL，除订单表外其余的表强制广播
-- ...
dwd_txn AS(SELECT /*+ broadcastjoin(partner,bank,bg,sme,sms,date_tab) */
                   region
                  ,txn_date
-- ...
```

改写后的查询任务效率显著提高，约206s就执行结束并返回结果。

```
Time taken: 205.936 seconds, Fetched 95171 row(s)
```

7.1.3 使用Bucket Join

正如第5章所述，当单纯的分区表无法满足查询性能要求时，我们可以考虑采用分桶表的策略。这种策略基于相同的主键或代理键对表内容进行哈希分桶，以改善性能。JOIN操作在分布式计算任务中尤为棘手，主要是因为数据分布往往是无规律的。例如，假设用户id为1的所有记录都存储在节点A的文件a中，而用户id为2的记录都存储在节点B的文件b中。在计算任务中，需要从不同节点读取数据，并根据特定的分发规则将数据分配到不同的计算节点上，这就是我们经常提到的Shuffle操作。

如果我们采用分桶表的方法，例如卖家流水表 order 和卖家信息表 merchant_info，它们都被分成了 10 个桶。这样，所有尾号为 9 的卖家 id 的流水记录都会被存储在编号为 9 的桶文件中。在执行关联操作时，就无须进行数据混洗，因为我们可以直接提取两个表中编号为 9 的桶文件中的所有数据进行匹配。如果数据是无序的，我们可以使用 Hash Join；如果数据是有序的，我们可以使用 Sort Merge Join。这种关联操作的实现方式被称为 Bucket Join。

以 Hash Join 为例，我们可以利用 Spark 支持的 RDD 算子 zipPartitions。这个方法允许我们将多个 RDD 按照分区组合成一个新的 RDD。为了使用这个函数，需要组合的 RDD 必须具有相同数量的分区。由于我们的左表和右表的桶数是相同的，这满足了 zipPartitions 算子的要求，因此伪代码的实现方式如下所示。

```
def join(leftRDD: RDD[(String, String)], rightRDD: RDD[(String, String)]) {
    val joinedRDD: RDD[(String, Option[String], Option[String])] = leftRDD
        .zipPartitions(rightRDD) { (leftIter, rightIter) =>
        // 将 rightIter 的所有元素转换为一个 Map
        val rightMemMap = rightIter.toMap
        // 对于 leftIter 中的每个元素，尝试从 rightMemMap 中寻找相同 k 的值
        leftIter.map { case (k, v) => (k, Some(v), rightMemMap.get(k)) }
    }
}
```

在处理大量且分布稀疏的数据时（即没有明显的热点或倾斜记录），采用分桶表的方法可以作为一种有效的解决方案。这种方法的优势在于，执行过程中无须对记录进行排序，也不需要进行 Shuffle——后者往往是资源消耗最大的操作之一，此外实现这种方法也相对比较简单。然而，它也有明显的缺点：

- 在大多数情况下，一旦确定了分桶数量，就无法进行修改。随着数据量的增长，桶的数量可能会成为瓶颈。因此，在设计时需要考虑采用一致性哈希的分配策略。
- 分桶的键必须保持一致。这对于两个表的关联操作相对简单，但对于涉及多个表和不同键的关联操作，几乎没有有效的解决方案。例如，当我们执行 a JOIN b ON a.id = b.id JOIN c ON b.uid = c.uid 这样的查询时，就无法使用 Bucket Join 方法进行关联。
- 如果哈希分配不够均匀，数据倾斜的问题仍然无法避免。
- 当 Spark 读取 HDFS 文件时，HDFS 文件块的 id 必须与 Spark 分区的 id 一致。
- 对于大 HDFS 文件，一旦进行了 Split 切分，可能会出现无法对应分区 id 的问题。

尽管存在这些劣势或缺陷，分桶表方法在处理大数据量且数据分布稀疏的情况下，仍然是一种方便的关联和读写操作的解决方案。

7.1.4 数据打散

在关联逻辑中，关联键的均匀分布至关重要。如果关键链的分布不均匀，则执行节点在进行JOIN操作时需要移动大量数据，这可能会导致某些计算节点的资源开销远大于其他节点，从而降低整个任务的查询效率和增加查询耗时。面对这种情况，我们需要考虑是否可以通过改写SQL来实现关联键的均匀分布，以提高查询效率。

以某数据分析需求为例，需求背景为统计某支付网关在收单业务逻辑中，每个卖家接收到的订单数量和总金额，并且需要包含卖家的基本信息，如店铺名称、店铺类型、注册时间和地点等。最初的查询任务如下所示：

```
SELECT t1.merchant_id -- 卖家id
      ,t2.merchant_name  -- 卖家名称
      ,COUNT(1) AS cnt -- 订单量
      ,SUM(amount) as amount -- 订单金额
FROM `order` t1
LEFT OUTER JOIN merchant_info t2
  ON t1.merchant_id = t2.merchant_id
GROUP BY t1.merchant_id
        ,t2.merchant_name;
```

为了获取卖家的基本信息，我们需要将订单表order与商家信息表merchant_info进行关联，再执行包括计数求和的聚合运算。如下所示，任务的执行时间超过了17min，且在某些Stage出现了停滞不前的情况。

```
23/09/16 00:43:47 WARN [main] SessionState: METASTORE_FILTER_HOOK will be
    ignored, since hive.security.authorization.manager is set to instance of
    HiveAuthorizerFactory.
[Stage 5:=====================================================>      (70 + 14) / 77]
23/09/15 00:51:23 org.apache.spark.SparkException: Job 3 cancelled as part of
    cancellation of all jobs
```

在分析执行计划时，我们发现连接操作采用了Sort Merge Join，这是大表之间进行关联时的常见方法，本身并无问题。聚合操作仅涉及卖家id和店铺名称，并未出现额外的去重或数据膨胀现象。

```
== Physical Plan ==
-- 计数求和
+- *(5) HashAggregate(keys=[merchant_id#232, merchant_name#83],
    functions=[partial_count(1), partial_sum(amount#204)], output=[merchant_
    id#232, merchant_name#83, count#263L, sum#264, isEmpty#265])
    +- *(5) Project [amount#204, merchant_id#232, merchant_name#83]
        -- 先连接
        +- SortMergeJoin [merchant_id#232], [cast(merchant_id#82L as
```

```
    decimal(20,0))], LeftOuter
   :- *(2) Sort [merchant_id#232 ASC NULLS FIRST], false, 0
   :  +- Exchange hashpartitioning(merchant_id#232, 200, None), ENSURE_
        REQUIREMENTS, [id=#141]
```

如图 7-6 所示，我们在检查任务具体的执行 Stage 时，注意到两个 Task 的执行负载远远高于其他 Task。正是这两个未能及时完成的 Task 导致了整个任务的耗时增加，并对任务性能产生了负面影响。

Search: run

Shuffle Read Size / Records	Spill (Memory)	Spill (Disk)	Errors
2.8 GiB / 517208871	26.3 GiB	2.6 GiB	
2.8 GiB / 517208871	26.3 GiB	2.6 GiB	

图 7-6　执行 Task 的数据量分布

商家信息表 merchant_info 作为维度表，并不存在数据倾斜的现象。然而通过对订单表 order 的数据探查揭示了数据分布不均衡的现象，在业务场景中，头部卖家的订单交易量远远高于普通卖家是非常普遍的业务现象。经过统计，订单量最大的卖家拥有超过 5 亿的订单，而最小的卖家仅有 1 单。这种情况表明，在执行关联查询时可能发生了数据倾斜。某些 Task 处理的数据量远大于其他任务，从而导致查询速度异常缓慢。

```
SELECT MAX(cnt)
       ,MIN(cnt)
FROM (SELECT merchant_id
            ,COUNT(1) AS cnt
      FROM `order`
      GROUP BY merchant_id)t;
-- 返回
-- 最大订单量    最小订单量
516852833     1
```

为了解决数据在执行节点间分布不均匀的问题，就需要考虑策略来避免热点关联键的现象。虽然可以尝试修改表 order 关联键的生成方式，例如通过对关联键进行哈希取模来分散数据，但这种方法并不能从根本上解决数据倾斜的问题。一个更好的解决方案是对列 merchant_id 添加随机前缀或后缀。然而，这个方法遇到了一个障碍，merchant_info 作为维度表，其中的卖家 id 是唯一且不重复的。order 表中添加的随机前缀会妨碍关联完成，这与我们的最终目标不符。

因此，我们需要对表 merchant_info 进行扩容，即按照取模数将数据扩大 *n* 倍。一个常用的方法是使用EXPLODE炸裂函数。例如，如果我们分成10个桶，那么数据量将增加10倍。这样，每个卖家id都会在扩容后的表中出现10次，每次都带有不同的前缀，从而在左表中实现更均匀的数据分布。通过这种方式可以有效地缓解由于数据倾斜导致的查询性能问题。

```
SELECT *
FROM (SELECT SEQUENCE(0, 9) AS number_list) tmp
LATERAL VIEW EXPLODE(number_list) t as pre;

-- 拆分 [0,1,2,3,4,5,6,7,8,9] 并膨胀到 10 行记录
[0,1,2,3,4,5,6,7,8,9]     0
[0,1,2,3,4,5,6,7,8,9]     1
-- ...
[0,1,2,3,4,5,6,7,8,9]     9
```

通过炸裂函数对维度表merchant_info进行扩展，使其数据量增加10倍。这一操作确保了表order中每个带有随机前缀的记录都能在维度表中找到对应项。

```
SELECT CONCAT(pre, '_', merchant_id) as new_merchant_id -- 对卖家 id 拼接前缀，例如 0_1231
     ,merchant_name
FROM (SELECT merchant_id
          ,merchant_name
          ,SEQUENCE(0, 9) AS number_list
     FROM merchant_info) t2
LATERAL VIEW EXPLODE(number_list) t AS pre; -- 根据 number_list 列表放大 10 倍
```

如图7-7所示，我们在执行计划中也观察到数据膨胀的情况。

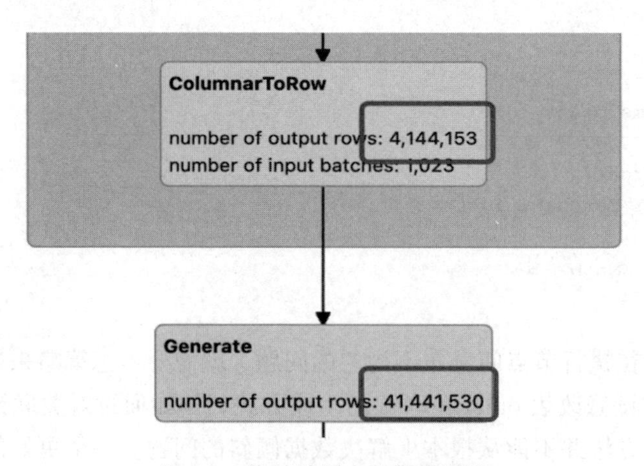

图7-7　执行计划中的数据膨胀

再将放大10倍后的表merchant_info和表order进行关联。

```
SELECT t1.new_merchant_id
      ,t3.merchant_name
```

```
        ,COUNT(1) AS cnt
        ,SUM(amount) as amount
FROM (SELECT CONCAT(FLOOR(RAND() * 10), '_', merchant_id) AS new_merchant_id --
    对流水表的卖家 id 拼接前缀
            ,*
    FROM `order`) t1
LEFT JOIN (SELECT CONCAT(pre, '_', merchant_id) AS new_merchant_id
                ,merchant_name
        FROM (SELECT merchant_id
                    ,merchant_name
                    ,SEQUENCE(0, 9) AS number_list
              FROM merchant_info) t2
        LATERAL VIEW EXPLODE(number_list) t AS pre) t3
    ON t1.new_merchant_id = t3.new_merchant_id
GROUP BY t1.new_merchant_id
    , t3.merchant_name;
```

如图 7-8 所示，通过这种方法，可以在一定程度上缓解数据倾斜的问题。与之前相比，现在每个 Task 处理的数据量更为均匀。

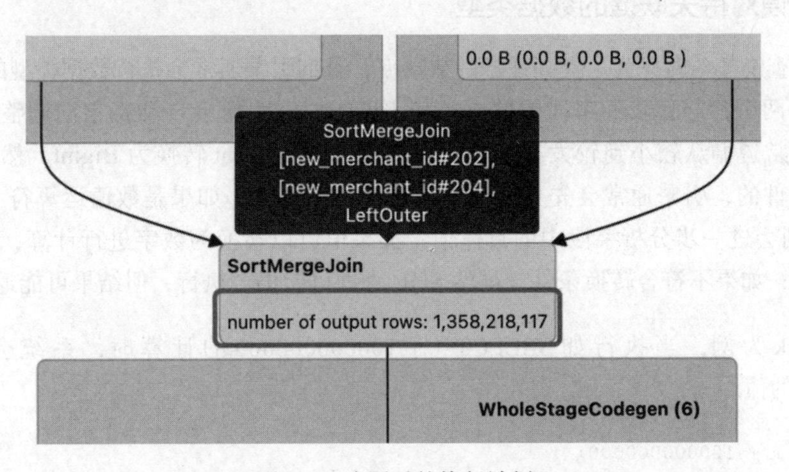

图 7-8　改写后的执行计划

将关联后的数据进行初步聚合，并对拼接的随机前缀进行拆分，以便进行二次聚合。这样，我们就能计算出最终所需的查询结果。

```
SELECT SPLIT(t4.new_merchant_id, '_')[1] AS merchant_id
      ,t4.merchant_name
      ,SUM(cnt)
      ,SUM(amount)
FROM (SELECT t1.new_merchant_id
            ,t3.merchant_name
            ,COUNT(1) AS cnt
            ,SUM(amount) AS amount
      FROM (SELECT CONCAT(FLOOR(RAND() * 10), '_', merchant_id) AS new_merchant_id
```

```
                ,*
            FROM `order`) t1
        LEFT JOIN (SELECT CONCAT(pre, '_', merchant_id) AS new_merchant_id
                        ,merchant_name
                  FROM (SELECT merchant_id
                              ,merchant_name
                              ,SEQUENCE(0, 9) AS number_list
                        FROM merchant_info) t2
                  LATERAL VIEW EXPLODE(number_list) t AS pre) t3
          ON t1.new_merchant_id = t3.new_merchant_id
      GROUP BY t1.new_merchant_id
            , t3.merchant_name) t4
GROUP BY SPLIT(t4.new_merchant_id, '_')[1] -- 去除前缀进行二次聚合
        ,t4.merchant_name;
```

经过改写后，可以看到查询任务耗时 263.4s 就顺利完成，这符合我们的预期。

```
Time taken: 263.4 seconds, Fetched 284524 row(s)
```

7.1.5 谨慎对待关联键的数据类型

在执行查询任务时，为了提高任务的成功率，查询引擎通常会执行数据类型的隐式转换。这意味着当两个参与比较的字段的数据类型不匹配时，引擎会自动将它们调整为一致的类型。转换通常遵循从较小到较大类型的兼容规则，例如从 Int 转换为 Bigint。然而这种转换并不是无条件的，引擎通常会先分析两个字段间的运算符，如果是数值运算符（如加、减、乘、除），则会进一步分析字段中的具体值，如果值可以转换为数字进行计算，系统便会自动执行转换；如果不符合转换条件，虽然 SQL 查询可能仍会执行，但结果可能返回 NULL。

以 Spark 为例，当执行如 SELECT 1 + 100000000000 的计算时，系统会返回一个 Bigint 类型的值。

```
SELECT 1 + 100000000000;
=> 100000000001
=> Project [100000000001 AS (CAST(1 AS BIGINT) + 100000000000)#11L]
```

隐式类型转换的优势在于它提升了开发效率并增加了任务的灵活性。在应对复杂数据模型处理，或涉及多种数据类型的应用程序时无须编写烦琐的类型转换代码。然而，隐式转换也有其缺陷。引擎无法考虑所有情况，在处理海量数据时，开发者可能不完全了解数据表中的内容。此外，不同框架或版本间的差异，有时可能导致隐式转换产生负优化的效果。以某分析需求为例，统计某年度报告中各子公司的营收情况，以及当年盈利的子公司列表。

```
SELECT *
FROM year_report
WHERE revenue > 0; -- 有盈利的分公司列表
```

在处理精确金额的场景中，通常采用 Decimal 数据类型，或者将金额乘以一个倍数转换为 Bigint 类型，又或者直接使用字符串类型来返回值。这样做可以规避在跨系统传输或在未通知其他团队的情况下发生的金额精度损失。在年度报告的数据表中，营收金额 revenue 使用的是字符串类型。正是这种便捷的做法，导致了在不同版本的 Spark 中，即使是简单的过滤和返回操作，也可能产生截然不同的结果。例如，假设某子公司 A 的年营收为 2 697 000 000.00 元。在 Spark 2.1 版本中，返回结果为真，而在 Spark 2.4 版本中，相同的操作却返回 NULL。

```
-- Spark 2.1 版本
SELECT "2697000000.00" > 0;
=> TRUE
-- Spark 2.4 版本
SELECT "2697000000.00" > 0;
=> NULL
```

在 Spark 2.1 版本中，隐式转换将字符串 '2697000000.00' 转换为 Double 类型，即 CAST('2697000000.00' AS DOUBLE) > 0。而在 Spark 2.4 版本中，隐式转换将字符串 '2697000000.00' 转换为 Int 类型，即 CAST ('2697000000.00' AS INT) > 0。由于 Int 类型的最大值为 2 147 483 647，所以这个转换会导致数据类型溢出，结果直接返回 NULL。

```
-- Spark 2.1 版本
Project [true AS (CAST(2697000000.00 AS DOUBLE) > 0)#7]

-- Spark 2.4 版本
*(1) Project [null AS (CAST(2697000000.00 AS INT) > 0)#7]
```

这种类型转换问题，不仅在过滤和计算结果时会产生影响，在执行 JOIN 操作时也同样会带来问题。例如在统计用户支付订单所使用的银行卡的开户行的分布情况时，在支付流水表 order 中，支付卡的相关信息（如卡号）是存储在加密字段中的。我们需要将这些信息解密成 JSON 结构并提取出来，然后与银行卡信息的维度表 card_info 进行关联，以获取用户的开户银行信息。

```
SELECT t1.user_id AS client_user_id,
       t1.create_time,
       t1.order_id AS client_order_id,
       amount AS client_transaction_amount,
       nvl(t2.bank_name, if(order_type=6, 'DEFAULT', NULL)) AS destination_bank,
           -- 支付银行
       t1.order_status, -- 订单状态
       t1.bank_account_id -- 银行卡 id
FROM(SELECT order_type,
            user_id,
            create_time,
```

```
            update_time,
            completed_time,
            order_id,
            amount,
            fee_amount,
            order_status,
            reference_id,
            get_json_object(extinfo, '$.new.account_id') AS bank_account_id,
      FROM `order`
      WHERE partition_date >= '2023-05-27'
        AND order_type in (1, 12, 13)
        AND order_status in (1,2,7,8,12)) t1
LEFT JOIN card_info t2
  ON t1.bank_account_id = t2.bank_account_id;
```

支付卡的相关信息极为敏感，因此在任何情况下都不能以明文形式存储，也不能通过逆向工程推断出真实的卡号。卡号的 id 没有固定的规律，甚至不同银行之间的要求也不尽相同，id 不一定都是数值类型。因此在表 order 中，卡 id 的数据分布情况如下所示。

```
-- 正常数值类型
1000
10000
-- 超出 Bigint 范围
10000000000000000000000000001
10000000000000000000000000002
-- 字符串类型
21232f297a57a5a743894a0e4a801fc3
5f4028d328260db1066a6ab837f04776
```

在执行关联操作时，由于表 bank_info 中的字段 bank_account_id 是 Bigint 类型，如图 7-9 所示，因此引擎执行了隐式类型转换，并假定从表 order 中解析出来的相应字段也应为 Bigint 类型。

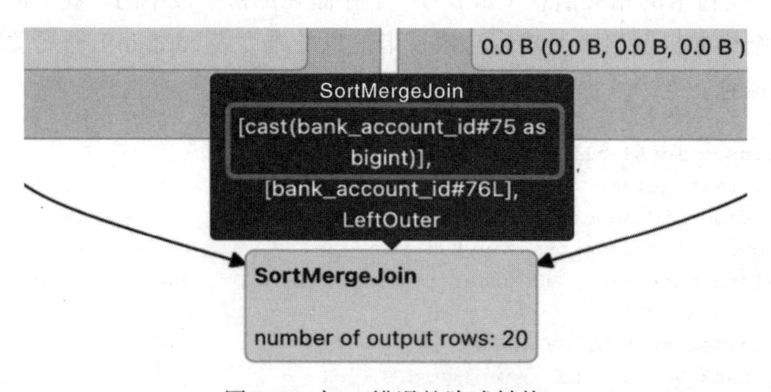

图 7-9　卡 id 错误的隐式转换

结合前文所述，我们知道在使用 CAST 函数将表 order 中解析后的 bank_account_id 转换为 Bigint 类型时，如果参数是字符串，则函数会返回 NULL 值。因此，那些无法转换的记录会被分配到同一个 Task 中执行，这显然增加了数据倾斜的风险。

```
SELECT CAST('100000000000000000000000000001' AS BIGINT);
=> NULL
SELECT CAST('21232f297a57a5a743894a0e4a801fc3' AS BIGINT);
=> NULL
```

在实际执行任务时，我们也确认正是这一原因拖慢了整体的查询效率。如图 7-10 所示，可以看到大多数 Task 执行得都非常迅速，而个别 Task 处理的数据量却非常大，导致其执行时间也相应地增加。

Duration	GC Time	Shuffle Read Size / Records
	27.0 ms	316.8 MiB / 19762367
0.9 s		2 MiB / 278749
1 s		2 MiB / 278905
2 s		2 MiB / 278570
0.9 s		2 MiB / 279600
1 s		2 MiB / 279426

图 7-10　Task 数据倾斜

解决方法同样简单，查询语句只需显式地将右表中的相应字段转换为字符串类型即可。首先，在源头上确保数据类型转换不会导致数据丢失或潜在的数据倾斜问题。然后，结合本章其他小节介绍的优化策略，进行第二轮处理。

```
-- 关联键显式转换成 String 类型
LEFT JOIN card_info t2
  ON t1.bank_account_id = CAST(t2.bank_account_id AS STRING);
```

7.1.6　倾斜数据分离

以 7.1.4 节中提到的业务需求为例，从前文了解到订单表存在数据分布不均匀的问题。在实际业务场景中，头部卖家的订单交易量远超过普通卖家，这是一个非常普遍的业务现象。统计数据显示，订单量最大的卖家拥有超过 5 亿笔订单，而订单量最小的卖家可能只有 1 笔订单。这种极端的数据分布表明，在执行关联查询时可能会遇到数据倾斜问题，即某些 Task 处理的数据量远大于其他 Task，从而导致查询速度显著下降。

```
SELECT MAX(cnt)
      ,MIN(cnt)
FROM (SELECT merchant_id
            ,COUNT(1) AS cnt
      FROM order
      GROUP BY merchant_id)t;
-- 返回
-- 最大订单量    最小订单量
516852833     1
```

在7.1.4节中，我们探讨了通过扩充卖家信息表merchant_info并为关联键增加随机前缀的方法，以实现数据在不同执行节点上的均匀分布。然而这种方法存在一个潜在风险，如果右表merchant_info的数据量本身就很大，在数据膨胀（例如扩大10倍或100倍）的情况下，执行任务的负担会逐渐加重，最终可能导致执行失败。

因此，我们转换思路。鉴于我们已经识别出订单流水表order中存在数据分布不均匀的问题，可以尝试统计这部分卖家的列表，并将其作为独立的任务或执行模块进行处理。接着将这些任务的结果与其他卖家的统计信息使用UNION ALL进行合并，从而得到最终的查询结果。这种方法将可能存在统计不均或热点的数据剥离出来，被称为"倾斜数据分离"。例如，在任务开始之前，我们可以先统计出交易量较大的头部卖家，并将这些信息存储在临时会话表中，或者将其转化为物理表。

```
-- 统计订单量最多的前100名卖家
CREATE TABLE tmp AS
SELECT merchant_id
FROM `order`
GROUP BY merchant_id
ORDER BY COUNT(1) DESC
LIMIT 100;
```

随后，将临时表作为附加的维度表，重新与基表关联，并分别处理。

```
SELECT t1.merchant_id
      ,t3.merchant_name
      ,COUNT(1) AS cnt
      ,SUM(amount) as amount
FROM order t1
INNER JOIN tmp t2
    ON t1.merchant_id = t2.merchant_id
LEFT OUTER JOIN merchant_info t3
    ON t1.merchant_id = t3.merchant_id -- 关联前100名卖家
GROUP BY t1.merchant_id
        ,t3.merchant_name
UNION ALL
SELECT t1.merchant_id
```

```
        ,t3.merchant_name
        ,COUNT(1) AS cnt
        ,SUM(amount) as amount
FROM order t1
LEFT OUTER JOIN tmp t2
    ON t1.merchant_id = t2.merchant_id
    AND t2.merchant_id IS NULL -- 关联其余的卖家
LEFT OUTER JOIN merchant_info t3
    ON t1.merchant_id = t3.merchant_id
GROUP BY t1.merchant_id
        ,t3.merchant_name;
```

如图 7-11 所示，整个执行计划被划分为两个主要部分，一部分处理腰尾部数据，另一部分处理头部数据，然后分别进行连接和聚合操作，最终将结果合并输出。

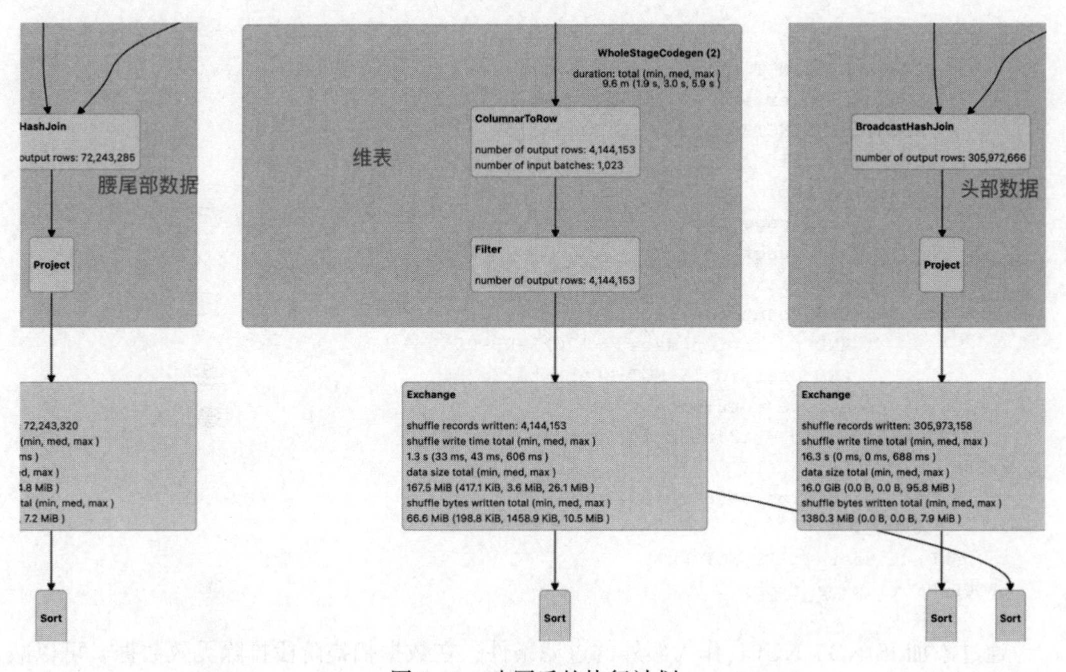

图 7-11　改写后的执行计划

另一种处理倾斜数据的方法是直接排除无效数据。例如在统计某 App 各个页面的有效曝光人数和次数时，应当剔除未登录用户或游客的数据。

```
SELECT t1.page_type
        ,COUNT(DISTINCT t1.user_id) AS imp_uv
        ,COUNT(t1.user_id) AS imp_pv
        ,COUNT(DISTINCT t2.user_id) AS click_uv
        ,COUNT(t2.user_id) AS click_pv
FROM impression_table t1
```

```
LEFT JOIN (SELECT page_type
                 ,user_id
           FROM click_table
           WHERE country = 'ID'
             AND partition_date = '2023-09-09') t2
  ON t1.page_type = t2.page_type
  AND t1.user_id = t2.user_id
WHERE t1.country = 'ID'
  AND t1.partition_date = '2023-09-09'
GROUP BY t1.page_type;
```

在该App中，即使用户未登录也可以自由访问活动页面。由于在游客状态下无法获取用户id（尽管通常能够获取到设备id），因此这部分无法有效记录用户行为的数据应予以剔除。

```
SELECT t1.page_type
      ,COUNT(DISTINCT t1.user_id) AS imp_uv
      ,COUNT(t1.user_id) AS imp_pv
      ,COUNT(DISTINCT t2.user_id) AS click_uv
      ,COUNT(t2.user_id) AS click_pv
FROM impression_table t1
LEFT JOIN (SELECT page_type
                 ,user_id
           FROM click_table
           WHERE country = 'ID'
             AND partition_date = '2023-09-09'
             AND user_id IS NOT NULL) t2
    ON t1.page_type = t2.page_type
    AND t1.user_id = t2.user_id
WHERE t1.country = 'ID'
    AND t1.partition_date = '2023-09-09'
    -- 剔除无效用户
    AND t1.user_id IS NOT NULL
GROUP BY t1.page_type;
```

通过添加IS NOT NULL作为额外的过滤条件，在数据扫描阶段排除无效数据，可以减少参与Shuffle的数据量和关联键的数量，从而间接提高执行速度。

7.1.7 慎用外连接

众所周知，外连接包括左外连接（LEFT OUTER JOIN）、右外连接（RIGHT OUTER JOIN）和全外连接（FULL OUTER JOIN）。在执行连接操作时，外连接的左右表的位置不能随意互换。此外，当外连接与其他类型的连接顺序发生变化时，必须满足连接的顺序不会影响最终的查询结果这一特定条件，才能保证等价交换。这种性质限制了优化器在选择连接顺序时的灵活性，同时也限制了优化 SQL 查询任务的可能性。

全外连接的实现机制较为特殊。如图 7-12 所示，全外连接会返回左右表中所有记录的查询结果。与左外连接或右外连接相比，全外连接通常会带来更大的资源开销。此外，一旦涉及连接操作，尤其是在分布式存储环境中，Shuffle 是不可避免的，这将导致资源开销和执行耗时的增加。因此除了拉链表这种以时间换取空间的实现方式外，在实际工作中通常不推荐使用全外连接。

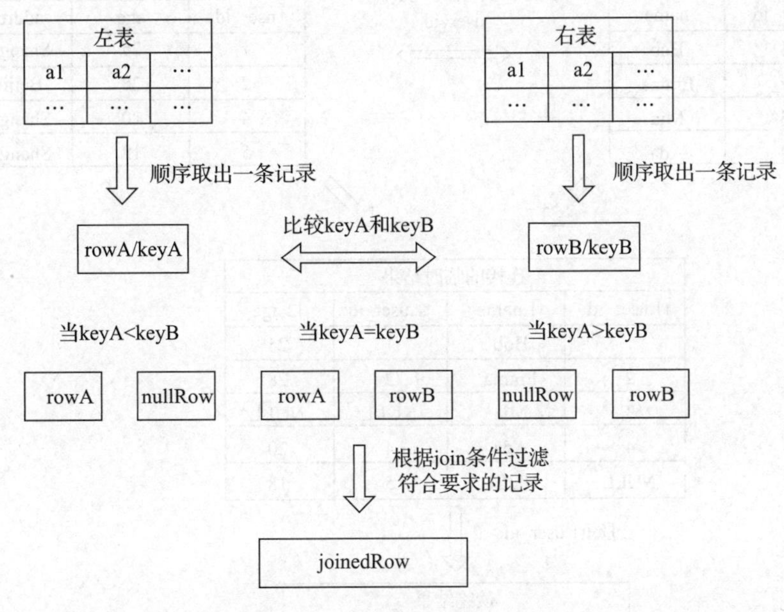

图 7-12　全外连接的实现机制

在处理涉及全外连接的业务需求或者查询任务时，通常考虑以下解决方案：

- 尽量将全外连接转换为内连接或左、右外连接。
- 参照 7.1.1 节的内容，将 JOIN 操作转换为 UNION 操作，再根据条件进行合并和聚合。
- 采用全量存储方式或其他数据结构来保存数据。例如在计算连续登录天数、活跃用户数、用户留存等指标时，可以保留每日的全量历史数据，或者使用 Bitmap 来存储活跃用户。

例如某业务需求需要关联用户的相关属性信息，这涉及两张维度表。表 tmp_user_info 包含了用户名、地址等信息，而表 tmp_user_info_ext 则包含了用户的年龄、性别等信息。

```
SELECT  t1.user_id
       ,t1.name
```

```
       ,t2.age
FROM tmp_user_info t1
FULL OUTER JOIN tmp_user_info_ext t2
  ON t1.user_id = t2.user_id
WHERE t1.user_id > 2;
```

执行过程如图 7-23 所示。

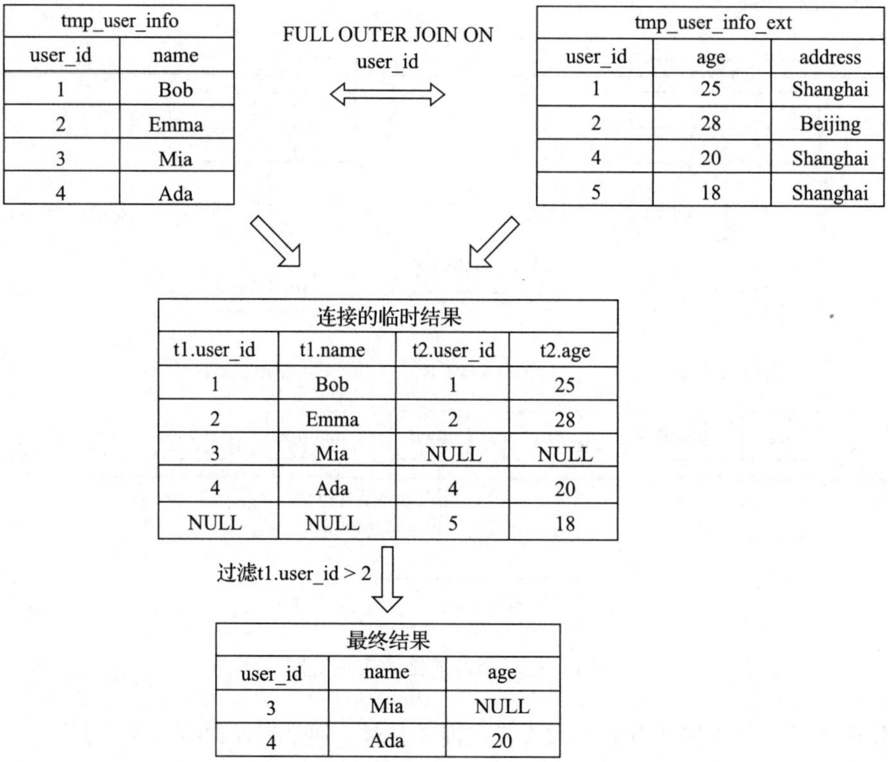

tmp_user_info	
user_id	name
1	Bob
2	Emma
3	Mia
4	Ada

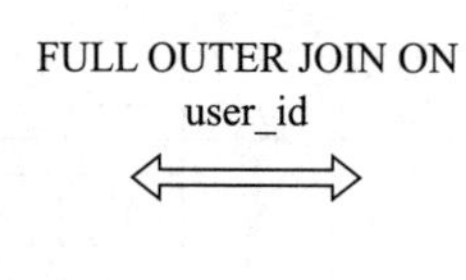

tmp_user_info_ext		
user_id	age	address
1	25	Shanghai
2	28	Beijing
4	20	Shanghai
5	18	Shanghai

连接的临时结果			
t1.user_id	t1.name	t2.user_id	t2.age
1	Bob	1	25
2	Emma	2	28
3	Mia	NULL	NULL
4	Ada	4	20
NULL	NULL	5	18

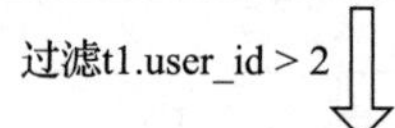

最终结果		
user_id	name	age
3	Mia	NULL
4	Ada	20

图 7-13　FULL OUTER JOIN 执行示意

由于左表 t1 经过了筛选操作，在筛选出 t1.user_id > 2 的记录的同时，也排除了那些因全外连接而未能找到匹配项的记录。因此，这一过程可以转换为图 7-14 所示的左外连接，以实现等效的查询结果。

因此可以将查询语句从全外连接优化为左外连接，以提高效率。此外还可以通过采取措施，如强制广播小表，进一步加速查询过程。

```
SELECT  t1.user_id
       ,t1.name
       ,t2.age
FROM tmp_user_info t1
```

```
LEFT OUTER JOIN tmp_user_info_ext t2
  ON t1.user_id = t2.user_id
WHERE t1.user_id > 2;
```

tmp_user_info	
user_id	name
1	Bob
2	Emma
3	Mia
4	Ada

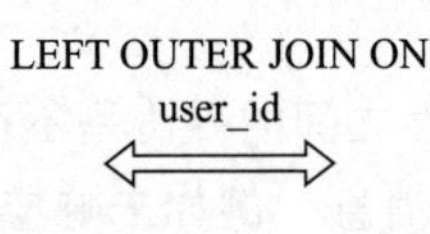

tmp_user_info		
user_id	age	address
1	25	Shanghai
2	28	Beijing
4	20	Shanghai
5	18	Shanghai

连接临时结果			
t1.user_id	t1.name	t2.user_id	t2.age
1	Bob	1	25
2	Emma	2	28
3	Mia	NULL	NULL
4	Ada	4	20

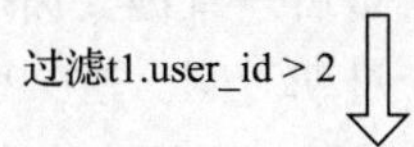

最终结果		
user_id	name	age
3	Mia	NULL
4	Ada	20

图 7-14　全外连接转为左外连接

7.1.8　流 Join 的实现

在流式计算中，数据关联通常指的是流与流之间的 Join 以及多流 Join，它始终是一个棘手的问题。在分布式环境下，数据关联面临着确保消息精准一次性处理（Exactly Once Message Processing）、消息顺序性以及消息重复性等多个挑战。流式处理中无界数据的特性进一步增加了实现常规 Join 的复杂性和局限性：

- 在离线或批处理中，任务执行和数据扫描的阶段具有明确的数据内容和时间边界。尽管存在处理数据漂移的方法，但对于那些远远超出时间窗口限制的迟到数据，大多数情况下的解决策略都是将其丢弃。然而在流处理场景中，数据到达的时间和触发计算的时机（即便有水位）是未知的，无限期的等待会妨碍产出的及时性，过度依赖状态缓存数据同样会危及任务的稳定性。

- 为了确保消息的确定性（Deterministic）计算，需要关注两个关键环节：处理（Process）和写入（Sink）。在消息传输过程中实现消息只生产或只消费一次是极其困难且理想化的，因此更实际的目标是确保消息即使被处理多次，其写入结果也保持不变。这意味着无论数据被重新计算多少次，只要输入保持一致，输出结果也应当是相同的。
- 在分布式系统中，可用性与一致性之间的妥协是不可避免的。由于缺乏完善的故障检测机制，当节点未能及时响应消息，例如未响应PING或未按时发送心跳信号，主节点（Master）必须在及时性和可靠性之间做出决策和平衡。这种情况下，主节点面临两个选项。第一，假设节点尚未崩溃或宕机，则继续等待；第二，判断节点已经出现故障，则执行故障转移，将任务交由其他节点处理。第一个选项可能会影响任务或集群的可用性，因为如果节点确实已经失效，无休止地等待将导致计算无法继续。而第二个选项可能会影响系统的一致性，因为如果节点实际上并未失效（例如僵尸进程），则需要额外处理可能发生的消息重复发送问题。
- 为了确保消息能够精确地被处理一次，通常依赖于框架自带的状态缓存或外部存储系统来确定消息的顺序或执行去重逻辑。然而，状态的持续累积可能会严重影响任务的稳定性，大状态的保存和任务的平滑重启一直饱受诟病。此外，状态数据通常具有时效性，例如可能会为状态设置一个过期时间。这又引导我们回到了两个核心问题，数据将在何时到达，以及某条记录是否已在历史中出现过或被重复计算。

见表7-1，作为流式数据框架的代表，Flink提供了丰富的JOIN语义，以支持复杂的数据处理需求。然而，这些实现在不同程度上都依赖于前文提到的几个关键要素。因此，下面将重点介绍在不采用Flink原生JOIN语义的情况下，其他成本较低的JOIN实现方法，并分析其优缺点。

表7-1 Flink JOIN语义

JOIN语义	简要实现	实时性	准确性	支持的时间戳类型
Regular Join	和传统数据库的Join语法完全一致。对于左表和右表的任何变动，都会触发实时计算和更新，因此它的结果是“逐步逼近”最终精确值的，也就是下游可能看到变来变去的结果	高	先低后高	事件时间、处理时间
Interval Join	左右表仅在某个时间范围（给定上界和下界）内进行关联，且只支持普通Append数据流，不支持含Retract的动态表	中	中	事件时间、处理时间
Window Join	以窗口为界，对窗口里面的左表、右表数据进行关联操作。由于Flink支持滑动（TUMBLE）、滚动（HOP，也叫作SLIDING）、会话（SESSION）等不同窗口类型，因此可以根据业务需求进行选择。窗口Join不强制要求左、右表必须包含时间戳字段，但是如果用户使用时间相关窗口的话，也需要提供相关的时间戳来划分窗口	低	低	事件时间、处理时间

（续）

JOIN 语义	简要实现	实时性	准确性	支持的时间戳类型
Temporal Join	可以根据左表记录中的时间戳，在右表的历史版本中进行查询和关联	中	高	事件时间
Temporal Table Function Join	允许用户对一个自定义表函数 UDTF 执行关联操作。也就是 UDTF 可以返回一张虚拟表，它可以是从外部系统中实时查到的，也可以是动态生成的，非常灵活	中	高	事件时间、处理时间

我们知道，无论使用何种方式实现 JOIN 操作，其本质都是进行键值对匹配，正如图 7-15 所示。这涉及判断两个数据集中的记录是否拥有相同的关联键（key），这里我们仅考虑等值连接的情况，并在匹配成功时输出各自的值。

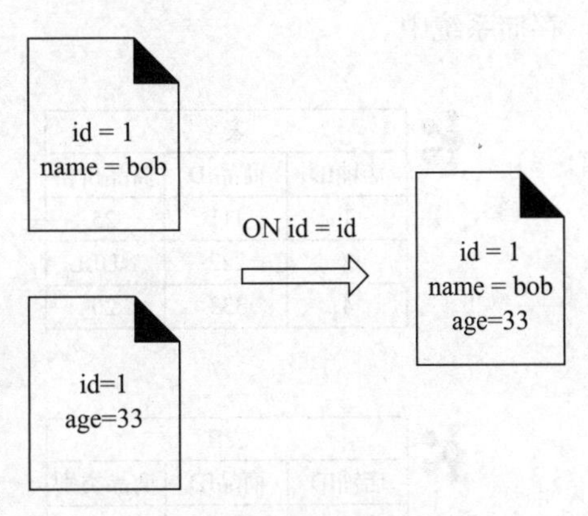

图 7-15　键值对匹配

基于键值对匹配的本质，可以探索 3 种变体的实现方法。第一种方法，如图 7-16 所示，是利用键值存储（KV 存储）或者使用支持根据主键更新非空列的外部存储系统。这样可以将 JOIN 操作转换为标准的 ETL 任务，以此达成我们的目的。

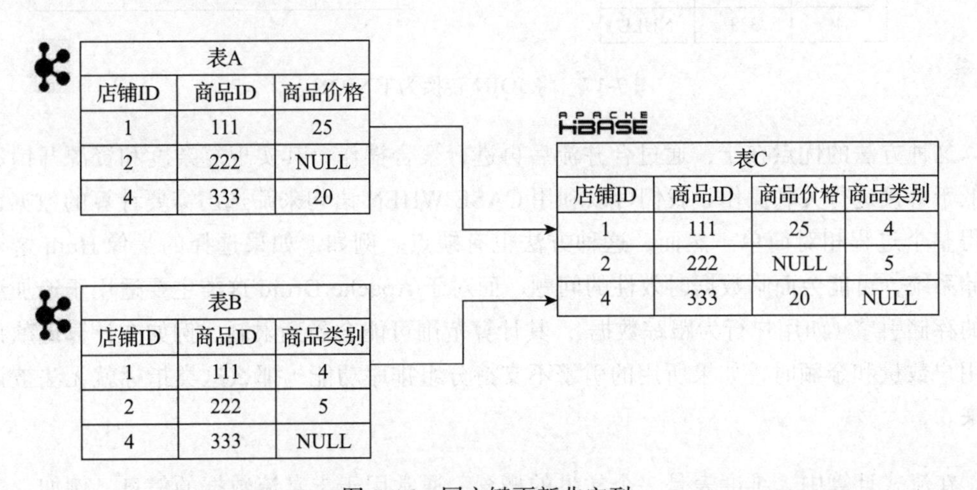

图 7-16　同主键更新非空列

例如，在使用 HBase 或 Hudi 时，可以将关联键设定为主键（即 HBase 中的 rowkey 或 Hudi 中的 record key）。这样，流处理任务可以是单个或多个，具体取决于业务定义的更新时间戳（或事件触发时间），并以此来确定消息的顺序并决定是否执行更新。这种方法的优点是，它简化了对消息时序和延迟数据问题的处理。只要数据未丢失，无论何时到达，它们最终都会被更新。整个流处理任务也相对轻量，不需要大量的计算资源消耗。然而缺点在于，如果使用Hudi，数据的实时性可能会受到影响。在涉及多表关联且主键不一致的JOIN操作时，这种方法可能会显得有些力不从心（尽管HBase提供了二级索引的实现方案）。此外，在某些KV存储系统中，根据value值过滤rowkey可能会非常困难。

第二种方案如图7-17所示，参照7.1.1节的讨论，我们可以将流式JOIN操作转换为标准的ETL任务，先对数据流进行UNION操作，然后将结果写入类似Apache Druid这样的存储系统中。

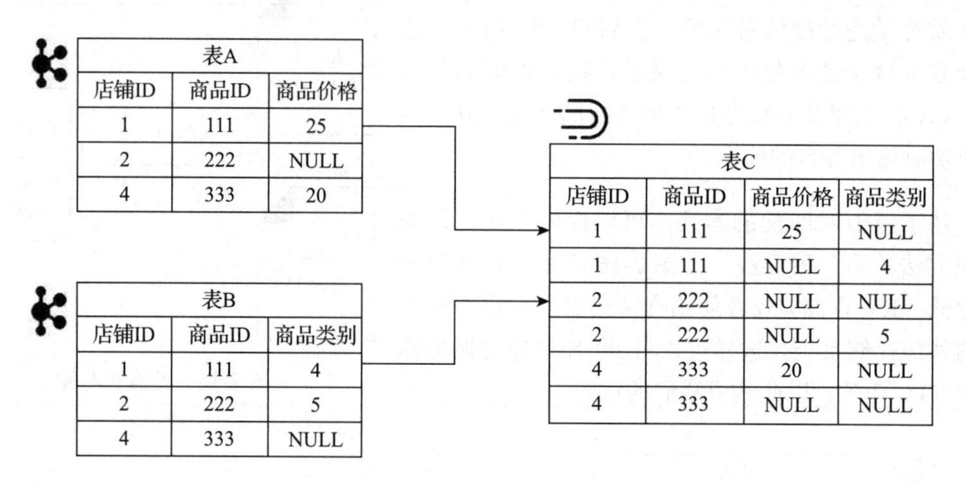

图7-17 将JOIN转换为UNION

这种方法的优点在于，通过合并流后再进行聚合操作，其实现复杂度和资源开销通常远低于直接进行关联操作。我们可以利用CASE WHEN语句来筛选出需要计算的数据，这使得整个过程相对简单。然而，这种方法也有缺点。例如，如果选择的是像Hudi这样的存储系统，可能会面临数据时效性的问题。而对于Apache Druid这类主要适用于追加流数据的存储引擎（如用户行为跟踪数据），其计算范围可能会受到限制。例如在计算退款订单的用户数量和金额时，如果所用的引擎不支持分组排序功能，那么这类指标就无法被计算出来。

在流式计算中，维度表是一个常见的概念，通常用于丰富流数据的信息。例如，实时消费的用户支付订单数据中可能只包含商品id，而不包含商品名称、价格、类别等信息。在进行数据分析时，我们需要这些额外的信息来补全数据。维度表的信息一般存储在外部数据库中，如MySQL、HBase、Redis等。

Lookup Join的工作原理是在JOIN操作执行的时刻，对维度表进行查询以实现数据的关联，这通常被称为点查数据，此方法仅支持等值连接。例如，我们可能在HBase中维护一张名为dim的表，用于存储商品价格等信息。

```
CREATE TABLE dim(rowkey STRING -- 商品 id为rowkey
                ,cf ROW<`price` string ...> -- 保存商品价格等信息
                ,PRIMARY KEY (rowkey) NOT ENFORCED
) WITH (
    'connector' = 'hbase-2.2'
    ,'table-name' = 't'
    ,'zookeeper.quorum' = 'zk'
    ,'lookup.async' = 'true'
    ,'lookup.max-retries' = '5'
    ,'lookup.cache.ttl' = '10 second'
    ,'lookup.cache.max-rows' = '10000'
);
```

在实时消费Kafka时，关联dim表并获取其中的属性。

```
SELECT t1.*
      ,t2.cf.price
FROM `source` t1
LEFT JOIN dim FOR SYSTEM_TIME AS OF t1.proctime AS t2
  ON t1.item_id = t2.rowkey
WHERE t2.rowkey IS NOT NULL;
```

点查数据匹配的实现方式相对简单，且查询返回速度较快。然而，这种方法也有其明显的缺点。首先，如果采用同步查询，每次请求都需要直接访问数据库，这会对数据库造成巨大的读取压力。其次，如果转为异步查询，在缓存尚未失效时，维度表记录的任何变更都可能导致关联错误的查询结果，且无法实时或迅速地捕捉到这些变化。点查产生的是一次性结果，即基于处理或查询时间（process time）请求数据库后返回的结果，对已经关联的数据无法进行回撤，也就是说，不支持重新触发下游计算。

如果改用Flink CDC的方式，我们会一次性读取维度表的存量数据，并在加载完成之前阻塞事实数据流的消费。一旦维度表加载完毕，增量数据可以通过Binlog订阅变更记录，并转换为Change Log流。这种方法通过广播将数据发送给各个TaskManager，并依赖Flink自身的状态管理来存储维度表信息，从而提高请求和返回的效率。此外，由于是增量订阅，一旦维度表数据发生变化，任务可以立即感知并做出相应的处理。如果下游算子需要执行聚合操作，如COUNT或SUM，它们也可以轻松地进行数据回撤，即先删除旧记录，再插入新记录，这种实现方式相对轻量。不过，这种方法的缺点是会增加一定的资源消耗，并且维度表的大小不宜过大，以避免Flink面临大状态存储和平滑重启的问题。

7.1.9　手动过滤下推

在前文中，我们提到了引擎具备自优化功能，包括基于规则的优化（RBO）和基于代价

的估算等。在RBO中，一个经典的优化策略是谓词下推，其目的是在JOIN或聚合操作之前尽可能地减少输入数据集的大小（例如在数据扫描阶段），以此提高任务性能并减少资源开销。然而，谓词下推并非在所有情况下都适用。当关联键包含非确定性函数或者返回不确定结果时，谓词下推就无法实施。最典型的例子是使用RAND函数，在这种情况下，引擎会直接抛出异常。

```
SELECT *
FROM order t1
INNER JOIN `transaction` t2
    ON IF(t1.order_id IS NULL, RAND() * -10000, t1.order_id) = t2.order_id
WHERE t1.type = 3;
```

查询会直接报错，提示不允许使用非确定性函数。

```
Error in query: nondeterministic expressions are only allowed in
Project, Filter, Aggregate or Window, found:
((IF((t1.`order_id` IS NULL), (rand() * CAST(-10000 AS DOUBLE)), CAST(t1.`order_
    id` AS DOUBLE))) = CAST(t2.`order_id` AS DOUBLE))
in operator Join Inner, (if (isnull(order_id#10)) (rand(-5238923786736555158) *
    cast(-10000 as double)) else cast(order_id#10 as double) = cast(order_id#25L
    as double))
```

必须先通过表的子查询进行预计算，然后再执行关联操作。

```
SELECT *
FROM (SELECT IF(order_id IS NULL, RAND() * -10000, order_id) AS order_id
            ,type
      FROM order) t1
INNER JOIN transaction t2
   ON t1.order_id = t2.order_id
WHERE t1.type = 3;
```

如图7-18所示，在执行计划中也可以验证这一结论。

同样，如果WHERE子句中包含OR条件进行过滤，也会阻止下推操作的执行。

```
SELECT *
FROM order t1
LEFT OUTER JOIN transaction t2
  ON t1.order_id = t2.order_id
WHERE t1.type = 3
  OR t2.payer_id = 200;
```

如图7-19所示，在执行计划中也可以验证这一结论。

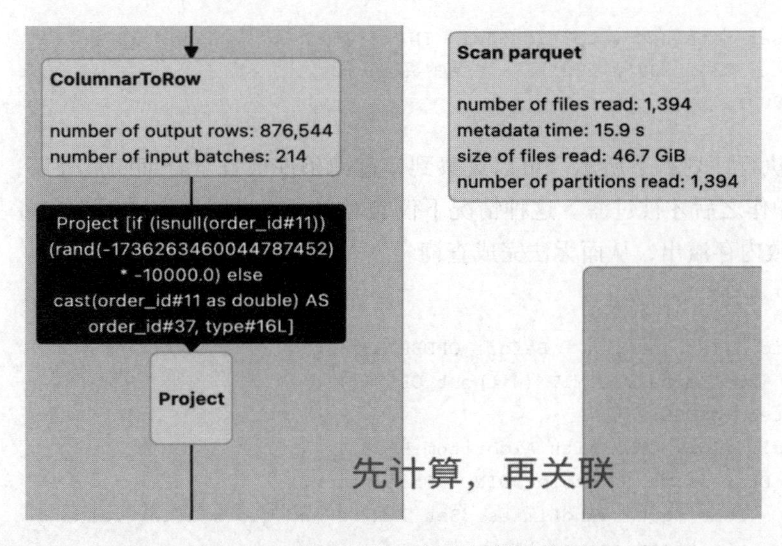

图 7-18　非确定性函数先计算再关联

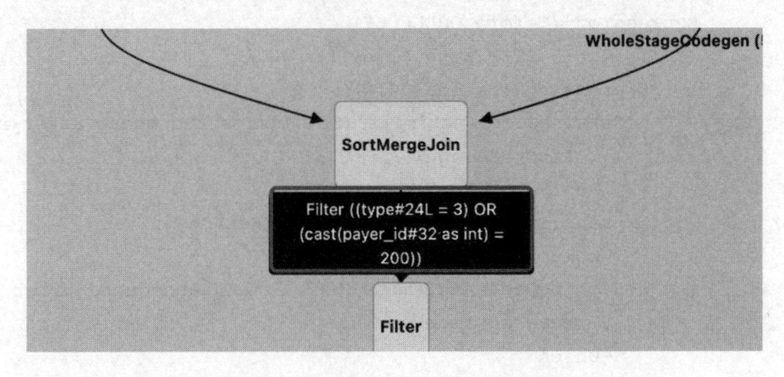

图 7-19　排序合并连接中包含 OR 条件无法谓词下推

当我们无法确定查询是否符合谓词下推的条件时，最稳妥的方法是手动将过滤条件下推。这可以通过子查询的形式来实现，即先进行过滤操作，然后再进一步执行关联和聚合等操作。然而需要注意的是，全外连接以及包含 OR 的 WHERE 子句过滤条件并不适合这种改写策略。以实际应用为例，某项目依赖 ClickHouse 来执行算法 AB Test，实现效果回收的指标计算和结果输出。每张表每天产生的数据量大约为四千万条，而每个指标的定义可能涉及多张表的关联。在如此庞大的数据量下，多表连接操作会导致显著的性能差异。

```
SELECT *
FROM performance_report
JOIN core_report
  ON performance_report.groupid = core_report.groupid
JOIN user_retained_report
  ON user_retained_report.groupid = core_report.groupid
```

```
WHERE user_retained_report.groupid IN  ('7', '16', '17', '18', '19', '20', '21',
    '22', '23', '30', '25') -- 特定的实验组 id
LIMIT 3000;
```

初始的执行计划如下所示。可以观察到，过滤条件被置于查询的最外层，所有数据在进行 JOIN 操作之后才被过滤。这种情况下仅能对单个表进行查询，因为在多表 JOIN 的情况下，会导致内存溢出，从而无法完成查询。

```
 explain
Expression ((Projection + Before ORDER BY))
  Limit (preliminary LIMIT (without OFFSET))
    Filter (WHERE)
      Join (JOIN STEP With Algorithm HASH)
        Expression ((Before JOIN + Projection))
          SettingQuotaAndLimits (Set limits and quota after reading
               from storage)
            Union
              Expression (Before ORDER BY)
                Join (JOIN STEP With Algorithm HASH)
                  Expression (Before JOIN)
                    SettingQuotaAndLimits (Set limits and quota after reading
                        from storage)
                      ReadFromMergeTree
                  Expression ((Joined actions + (Rename joined
                      columns + Projection)))
                    SettingQuotaAndLimits (Set limits and quota after
                        reading from storage)
                      Union
                        Expression (Before ORDER BY)
                          SettingQuotaAndLimits (Set limits and quota
                              after reading from storage)
                            ReadFromMergeTree
                        ReadFromPreparedSource (Read from remote replica)
              ReadFromPreparedSource (Read from remote replica)
        Expression ((Joined actions + (Rename joined columns + Projection)))
          SettingQuotaAndLimits (Set limits and quota after reading
              from storage)
            Union
              Expression (Before ORDER BY)
                SettingQuotaAndLimits (Set limits and quota after reading
                    from storage)
                  ReadFromMergeTree
              ReadFromPreparedSource (Read from remote replica)
```

ClickHouse在处理SQL谓词下推方面的表现不尽如人意，特别是在一些复杂的SQL查询中，下推机制可能无法生效。因此，我们采取了手动下推SQL的策略，旨在使SQL查询更加高效和简洁。

```
SELECT a.groupid,
       a.partition_date
FROM (SELECT *
        FROM performance_report
        WHERE partition_date >= '2022-05-20'
          AND partition_date <= '2022-06-09'
          AND groupid IN  ('7', '16', '17', '18', '19', '20', '21', '22', '23', '30',
              '25') -- 手动下推过滤条件，先筛选数据，再进行关联
          AND rn_version IS NOT NULL) AS a
JOIN(SELECT *
      FROM core_report
      WHERE partition_date >= '2022-05-20'
        AND partition_date <= '2022-06-09'
        AND groupid IN   ('7',  '16',  '17',  '18',  '19',  '20',  '21',  '22',  '23',
            '30', '25')
        AND rn_version IS NOT NULL
        AND 1 = 1 ) AS b
  ON a.groupid = b.groupid
  AND a.partition_date = b.partition_date
JOIN(SELECT *
      FROM user_retained_report
      WHERE partition_date >= '2022-05-20'
        AND partition_date <= '2022-06-09'
        AND 1 = 1
        AND groupid IN ('7', '16', '17', '18', '19', '20', '21', '22', '23', '30',
            '25')
        AND rn_version IS NOT NULL) AS c
    ON a.groupid = c.groupid
    AND a.partition_date = c.partition_date
GROUP BY a.groupid,
         a.partition_date
 LIMIT 3000;
```

此时查看执行计划，我们注意到过滤条件现在位于查询的内层，数据在JOIN操作之前就已经被过滤，这减少了处理的数据量，从而提高了查询效率。

```
explain
 Expression (Projection)
```

```
Limit (preliminary LIMIT (without OFFSET))
  MergingSorted (Merge sorted streams for ORDER BY)
    MergeSorting (Merge sorted blocks for ORDER BY)
      PartialSorting (Sort each block for ORDER BY)
        Expression (Before ORDER BY)
          Aggregating
            Expression (Before GROUP BY)
              Join (JOIN STEP With Algorithm HASH)
                Expression ((Before JOIN + (Projection + Before ORDER BY)))
                  Join (JOIN STEP With Algorithm HASH)
                    Expression ((Before JOIN + Projection))
                      SettingQuotaAndLimits (Set limits and quota
                            after reading from storage)
                        Union
                          Expression (( + Before ORDER BY))
                            Filter (WHERE)
                              SettingQuotaAndLimits (Set limits and
                                   quota after reading from storage)
                                ReadFromMergeTree
                          ReadFromPreparedSource (Read from remote replica)
                    Expression ((Joined actions + (Rename joined columns +
                         Projection)))
                      SettingQuotaAndLimits (Set limits and quota
                            after reading from storage)
                        Union
                          Expression (( + Before ORDER BY))
                            Filter (WHERE)
                              SettingQuotaAndLimits (Set limits and quota
                                   after reading from storage)
                                ReadFromMergeTree
                          ReadFromPreparedSource (Read from remote replica)
                Expression ((Joined actions + (Rename joined columns + Projection)))
                  SettingQuotaAndLimits (Set limits and quota after
                        reading from storage)
                    Union
                      Expression (( + Before ORDER BY))
                        Filter (WHERE)
                          SettingQuotaAndLimits (Set limits and quota
                               after reading from storage)
                            ReadFromMergeTree
                      ReadFromPreparedSource (Read from remote replica)
```

7.1.10　先聚合，再关联

以 7.1.4 节中提到的业务需求为例，从前文了解到订单表存在数据分布不均匀的问题。在实际业务场景中，头部卖家的订单交易量远超过普通卖家，是一个非常普遍的业务现象。统计数据显示，订单量最大的卖家拥有超过 5 亿笔订单，而订单量最小的卖家可能只有 1 笔订单。这种极端的数据分布表明，在执行关联查询时可能会遇到数据倾斜问题，即某些 Task 处理的数据量远大于其他 Task，从而导致查询速度显著下降。

我们已经确定，查询速度缓慢的原因是 JOIN 操作中关联键分布得不均匀，因此尝试改变策略。考虑到在维度表 merchant_info 中，卖家 id 是唯一的，那么可以先对订单表 order 进行聚合，为每个卖家计算订单数量和总金额。然后将这些聚合结果与维度表进行关联，目的是减少参与 JOIN 操作的数据集的大小。因此，我们的查询任务将转变为以下的写法。

```
SELECT t1.merchant_id
      ,t2.merchant_name
FROM (SELECT merchant_id
            ,COUNT(1) AS cnt
            ,SUM(amount) as amount
      FROM order
      GROUP BY merchant_id) t1 -- 先聚合每个卖家的订单数量和订单金额
LEFT OUTER JOIN merchant_info t2 -- 再关联维度表获取卖家信息
  ON t1.merchant_id = t2.merchant_id;
```

查询计划将进行如下调整。首先执行子查询 t1，以计算每个卖家的订单数量和支付金额。然后将子查询的结果与维度表 merchant_info 进行关联，以获取卖家的相关信息，如店铺名称等。

```
== Physical Plan ==
+- Project [merchant_id#214, merchant_name#73]
   -- 再关联
   +- SortMergeJoin [merchant_id#214], [cast(merchant_id#72L as decimal(20,0))],
       LeftOuter
      :- Sort [merchant_id#214 ASC NULLS FIRST], false, 0
      -- 先聚合
      :  +- HashAggregate(keys=[merchant_id#214], functions=[], output=[merchant_
           id#214])
      :     +- Exchange hashpartitioning(merchant_id#214, 200, None), ENSURE_
                 REQUIREMENTS, [id=#191]
```

如图 7-20 所示，可以看到通过先根据卖家维度进行聚合计算，然后再与维度表进行关联的方法，明显减少了参与 JOIN 操作的数据量。

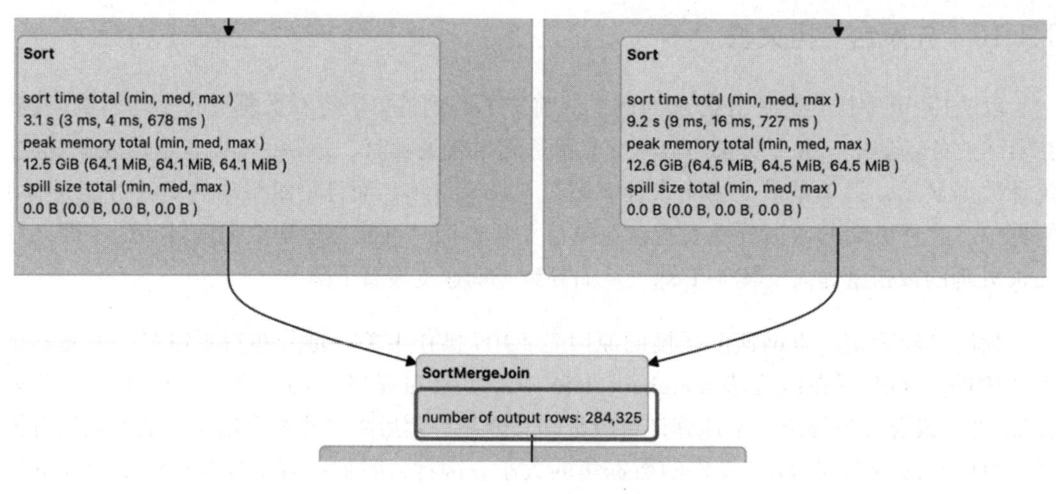

图 7-20　改写后的任务执行计划

任务的执行速度也得到了显著提升，仅用了47.722s就完成查询，符合我们的最终预期。

```
Time taken: 47.722 seconds, Fetched 284325 row(s)
```

7.1.11　一对一再膨胀策略

在进行两表连接操作时，理想情况是两表的连接键都是唯一且不重复的。这样在对连接键进行变换时，操作会更加简便，因为不需要担心在转换过程中出现无法匹配或重复匹配的异常问题。本节内容实际上是7.1.4节中数据打散策略的逆向应用。假设存在一对多的关联关系，如卖家信息表与订单流水表，一个卖家可能有多笔订单记录。在7.1.4节中，我们选择扩展具有唯一关联键的卖家信息表，然后进行变换，以确保两表关联时的数据分布尽可能均匀。而在本节中将采取相反的策略，即先对订单流水表进行聚合，以确保每个卖家id的唯一性，然后再与卖家信息表进行关联。关联完成后，我们使用炸裂函数将数据还原成流水明细表的格式，以此达到我们的目的。

在改写查询任务时，选择先对订单表order进行压缩处理，以卖家id（merchant_id）作为聚合键，使用collect_list方法将所有的订单id收集起来。然后将这个压缩后的订单表与卖家信息表merchant_info进行关联。关联完成后，再利用EXPLODE函数将收集到的订单列表“炸开”，即展开成明细数据。这样就变相地实现了最终的目的。

```
CREATE TABLE result AS
SELECT t3.merchant_id
      ,t3.merchant_name
```

```
       ,pre
FROM (SELECT t1.merchant_id
            ,t2.merchant_name
            ,t1.orders
      FROM (SELECT merchant_id
                  ,collect_list(order_id) AS orders -- 收集每个卖家的订单列表
            FROM order
            GROUP BY merchant_id) t1
      LEFT OUTER JOIN merchant_info t2 -- 关联卖家信息
        ON t1.merchant_id = t2.merchant_id) t3
LATERAL VIEW EXPLODE(orders) t3 as pre; -- 再根据订单列表进行行转列操作，最终获取明细数据
```

执行计划也做出相应的调整。

```
== Physical Plan ==
Execute CreateHiveTableAsSelectCommand CreateHiveTableAsSelectCommand [Database:,
    TableName: result, InsertIntoHiveTable]
-- 连接后的结果再列转行
+- Generate explode(orders#208), [merchant_id#253, merchant_name#291], false,
   [pre#315]
    +- *(3) Project [merchant_id#253, merchant_name#291, orders#208]
      -- 与维度表关联
        +- *(3) BroadcastHashJoin [merchant_id#253], [merchant_id#290],
           LeftOuter, BuildRight
           :- ObjectHashAggregate(keys=[merchant_id#253], functions=[collect_
               list(order_id#211, 0, 0)], output=[merchant_id#253, orders#208])
           :  +- Exchange hashpartitioning(merchant_id#253, 200, None)
           -- 收集同个merchant_id的所有订单
           :     +- ObjectHashAggregate(keys=[merchant_id#253],
                     functions=[partial_collect_list(order_id#211, 0, 0)],
                     output=[merchant_id#253, buf#317])
           :        +- *(1) Project [order_id#211, merchant_id#253]
           +- BroadcastExchange HashedRelationBroadcastMode(List(input[0,
               decimal(20,0), true]))
               +- *(2) Project [merchant_id#290, merchant_name#291]
                   +- *(2) Filter isnotnull(merchant_id#290)
```

在本案例中，由于不同卖家的订单数量差异极大，这可能导致执行节点的内存不足，无法存储如此庞大的列表，从而引发任务崩溃。因此在实际运行聚合操作时，需要对聚合键进行额外的调整。这种方法适用于一对多或多对多的关联关系，且左、右表数据分布的极值差异不是特别大的情况（例如，数据量级在亿级与万级之间的差异）。当不需要对关联结果进行聚合，而是需要保留明细数据时，它可以作为一种优化思路。

7.2 深度剖析

在7.1节的案例分享中，我们主要讨论了由于数据分布不均匀、业务需求不明确，或受到语法和版本升级等外部因素影响而导致的查询缓慢问题，以及相应的解决方案。在本节中，笔者将简要介绍分布式环境中常见的关联操作的物理实现方法，此外还将探讨在多表连接中，如何通过调整连接顺序来提高查询性能的理论依据和具体实现算法。

7.2.1 连接实现

1. 哈希连接

哈希连接（Hash Join）是一种常用的连接方法。如图7-21所示，优化器会选取两个表中较小的那个（通常是数据量较少的表或数据源），并使用连接键（Join Key）在内存中构建一个哈希表，将相关列的数据存储进去；接着会扫描较大的表，并对其连接键进行哈希处理，以便在哈希表中进行匹配查找，找出相应的匹配行。需要注意的是，如果哈希表过大，无法一次性完全构建在内存中，那么它可以被分割成多个桶（Bucket），并写入磁盘上的临时段（Temporary Segment）。这种做法会带来额外的写入成本，从而降低整体效率。

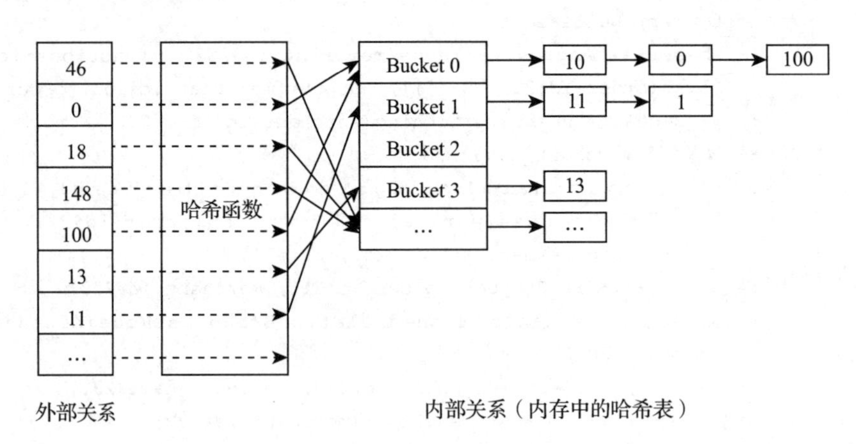

图7-21　哈希连接原理

哈希连接适用于较小的表，这些表可以完全放入内存中，从而使得总成本仅为访问两个表的成本之和。然而对于无法完全放入内存的较大表，优化器会将其分割成多个分区。无法放入内存的分区将被写入磁盘上的临时段。在这种情况下，需要有足够大的临时空间以提高I/O性能。

2. 排序合并连接

排序合并连接（Sort Merge Join）操作，如图 7-22 所示，首先对参与连接的两张表中的连接列进行排序，随后会依次从这两张已排序的表中提取数据，并在另一张表中进行匹配查找。

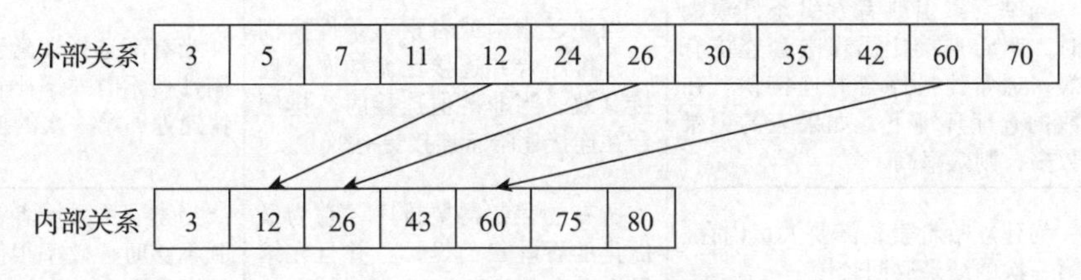

图 7-22　排序合并连接原理

排序合并连接需要进行更多的排序操作，因此它消耗的资源也更多。通常情况下，在能够使用排序合并连接的场景中，哈希连接往往能够展现出更好的性能，即哈希连接的效果通常优于排序合并连接。然而，如果数据已经预先排序，执行排序合并连接时就无须再次排序，这种情况下，排序合并连接的性能可能会优于哈希连接。

3. 循环嵌套连接

循环嵌套连接（Nested Loop Join），如图 7-23 所示，就是从一张表（Outer Relation）中逐行读取数据，然后访问另一张表（Inner Relation）。外部表中的每一行都会与内部表中的相应记录进行连接操作，这个过程类似于一个嵌套循环。

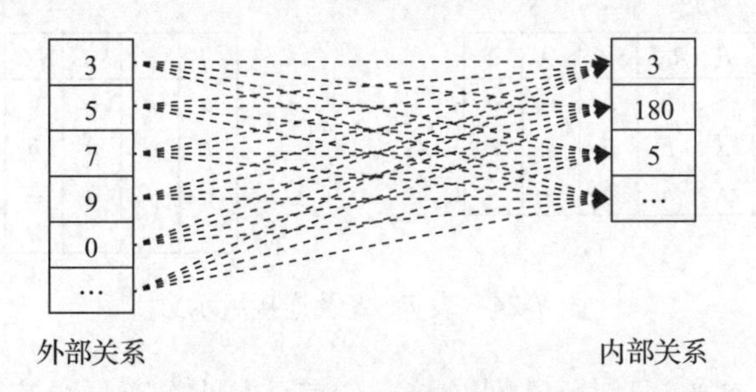

图 7-23　循环嵌套连接原理

对于数据子集较小的情况，嵌套循环连接是一个较好的选择。在这种连接方式中，外表驱动内表，外表的每一行都会在内表中进行匹配检索，以找到相应的行。因此整个查询返回的结果集不宜过大，并且最好在内表的连接键上建有索引。各种连接实现方式各有优势，适用于不同的场景。它们的特点和局限性见表 7-2。

表 7-2　3 种连接实现方式的特点和局限性

类别	哈希连接	排序合并连接	循环嵌套连接
使用条件	等值连接（=）	等值或非等值连接（>，<，=，>=，<=），<> 除外	任何条件
相关资源	内存、临时空间	内存、临时空间	CPU、磁盘 I/O
特点	当缺乏索引或者索引条件模糊时，哈希连接比循环嵌套连接有效，通常比排序合并连接快。在数据仓库环境下，如果表的记录数多，则效率高	当缺乏索引或者索引条件模糊时，排序合并连接比循环嵌套连接有效。当非等值连接时，排序合并连接比哈希连接更有效	当有高选择性索引或进行限制性搜索时效率比较高，能够快速返回第一次的搜索结果
局限性	为建立哈希表，需要大量内存。第一次的结果返回较慢	所有的表都需要排序。它为最优化的吞吐量而设计，并且在结果没有全部找到前不返回数据	当索引丢失或者查询条件限制不够时，效率很低。如果表的记录数多，则效率低

7.2.2　外连接消除算法

我们假设存在表 R、S，它们之间的连接关系及结果如图 7-24 所示。

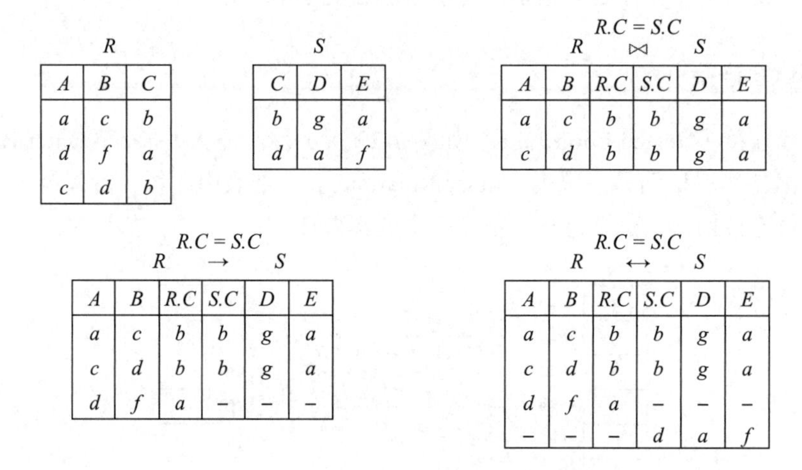

R

A	B	C
a	c	b
d	f	a
c	d	b

S

C	D	E
b	g	a
d	a	f

R ⋈ S（R.C = S.C）

A	B	R.C	S.C	D	E
a	c	b	b	g	a
c	d	b	b	g	a

R → S（R.C = S.C）

A	B	R.C	S.C	D	E
a	c	b	b	g	a
c	d	b	b	g	a
d	f	a	–	–	–

R ↔ S（R.C = S.C）

A	B	R.C	S.C	D	E
a	c	b	b	g	a
c	d	b	b	g	a
d	f	a	–	–	–
–	–	–	d	a	f

图 7-24　表 R、S 及连接后示意

其中，⋈ 表示内连接。→表示左外连接。←表示右外连接，↔表示全外连接。

sch(p) 表示 JOIN 谓词 p 引用的属性集合（Schema）。例如 p = (age>10 and gender = 'Female')，其中涉及属性 age 和 gender，这两个属性就构成了谓词 p 的 Schema，简写为 sch(p)。如果 sch(p) 仅包含 R_i 和 R_j 中的属性，则可以标记为 p^{R_i,R_j} 或 p^{ij}。

⊎ 表示 Outerunion，它是一种集合操作，即对两个关系或表的元组进行合并，其中一个关系的 Schema 与另一个关系的 Schema 不完全匹配。在这种情况下，为了进行合并，缺少的属性将用空值（NULL）进行填充，以使得最终结果能够包含两个关系的所有属性。即 $R_1 \uplus R_2 = (R_1 \times \{\text{null}_{s_2-s_1}\}) \cup (R_2 \times \{\text{null}_{s_1-s_2}\})$。

通过对上述两种外连接转换的过程，可以得知外连接能否转换或消除的重要条件就是满足空值拒绝（Reject Null），即谓词 p 在属性集合 A 上拒绝 NULL 值，这意味着在满足 A 中所有属性均为 NULL 的元组上，谓词 p 的计算结果为 FALSE 或 UNDEFINED。换句话说，如果对于所有属性均为 NULL 的元组，谓词 p 的计算结果不为 TRUE，则谓词 p 可以被称为在属性集合 A 上拒绝 NULL 值。依据空值拒绝的触发条件，可以得到以下的结论：

- 对于选择和内连接操作，如果其谓词 p 满足或支持空值拒绝，那么对应的操作符（选择、内连接）也支持空值拒绝。
- 对于单向外连接（例如左外连接和右外连接），以左外连接 $R_1 \rightarrow R_2$ 为例，如果谓词 p 在属性集合 A 上满足空值拒绝，并且 $A \subseteq R_2$，则 $R_1 \rightarrow R_2$ 满足 A 的空值拒绝。
- 全外连接不会进行空值拒绝，因为全外连接会输出所有元组（记录），不会做筛选过滤。

外连接消除的过程，本质是利用其满足空值拒绝的特性，尽可能地将外连接转换为内连接，或者将全外连接转化为左、右外连接。消除过程如下：

1）选择下推，在概念上同谓词下推，代数表达式如下所示，其中 $\rightarrow$ 表示任意一种连接关系。

$$R_1 \xrightarrow{p_1 \wedge p_2} R_2 = R_1 \xrightarrow{p_1} (\sigma_{p_2} R_2)\text{，如果 } \text{sch}(p_2) \subseteq \text{sch}(R_2) \tag{7-1}$$

$$\sigma_{p_1}(R_1 \xrightarrow{p_2} R_2) = (\sigma_{p_1} R_1) \xrightarrow{p_2} R_2\text{，如果 } \text{sch}(p_1) \subseteq \text{sch}(R_1) \tag{7-2}$$

2）外连接化简，代数表达式如下所示，如果谓词 p_1 能够过滤 R_2 的 p_2 中为 NULL 的元组，则可以将全、左、右外连接化简为内连接。

$$\sigma_{p_1}(R_1 \xrightarrow{p_2} R_2) = \sigma_{p_1}(R_1^{p_2} \bowtie R_2)\text{，如果 } p_1 \text{ rejects nulls on sch}(R_2) \tag{7-3}$$

$$\sigma_{p_1}(R_1 \xrightarrow{p_2} R_2) = \sigma_{p_1}(R_1 \xrightarrow{p_2} R_2)\text{，如果 } p_1 \text{ rejects nulls on sch}(R_2) \tag{7-4}$$

为了便于化简整个算子树，如果谓词 p 在属性集合 A 上满足空值拒绝，那么可以重写为 $p = p \wedge \neg \text{IsNull}(a)$ 此时，$\neg \text{IsNull}(a)$ 就可以利用式 7-3、式 7-4 化简外连接。然后，再可以利用式 7-3、式 7-4 下推谓词 p，当整个过程完成后，多余的谓词将会被删除掉。

算法 A 通过生成 $\neg$IsNull 谓词并下推，实现外连接化简或消除的算法如图 7-25 所示。

外连接消除算法
输入：具有连接和外连接的算子树 Q
输出：与 Q 等价的、化简后的算子树 Q'
在这个过程中，按照自上而下的方式遍历算子树 Q，对每个从 $\odot_1$ 中派生的子操作符 $\odot_2$ 进行如下操作：
如果存在某个关系 R，使得 $\odot_1$ 在 $sch(R)$ 中具备拒绝空值条件，且 $\odot_2$ 在 $sch(R)$ 中引入空值
那么就可以移除 $\odot_2$ 指向关系 R 的外连接箭头，并将其转换为单边外连接或内连接

图 7-25　外连接消除算法

外连接消除算法的大意为自上而下地遍历算子树，对于每个操作符 $\odot_1$ 的子操作符 $\odot_2$，如果表 R 中，$\odot_1$ 对 sch(R) 具备空值拒绝条件，并且 $\odot_2$ 在 sch(R) 中允许为（引入）空值，那么删除 OUTER JOIN 操作符 $\odot_2$ 中指向 R 的箭头，也就是将 OUTER JOIN 转化为图 7-26 所示的单向外连接或内连接。

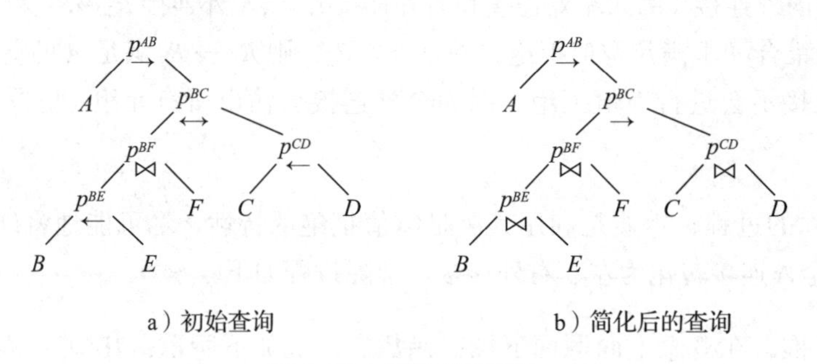

a）初始查询　　b）简化后的查询

图 7-26　消除前后对比

7.2.3　连接排序算法

连接排序（Join Reorder）是数据库优化领域中最为经典且备受关注的问题，该问题可以描述为给定一条多表连接的 SQL，输出一个最优的连接顺序，使得查询性能最优。

而在数据量庞大且查询复杂的场景下，JOIN 的性能成为影响整个 SQL 执行性能的关键因素，优化器如何利用有限的时间和搜索空间选择出最优的连接顺序成为重要议题。本节将简要描述连接排序的度量，以及各种流行数据库中 Join Reorder 的实现方式及其优劣势。

1. 无向图

对查询语句的直观表示也称为无向图（Query Graph，也称查询图），其中每个节点代表一张表，节点之间的边表示两张表之间存在连接关系。如图 7-27 所示，多表连接的 SQL 查询通常可以根据查询图的形状划分为链式连接、星形连接、树连接、环连接等。

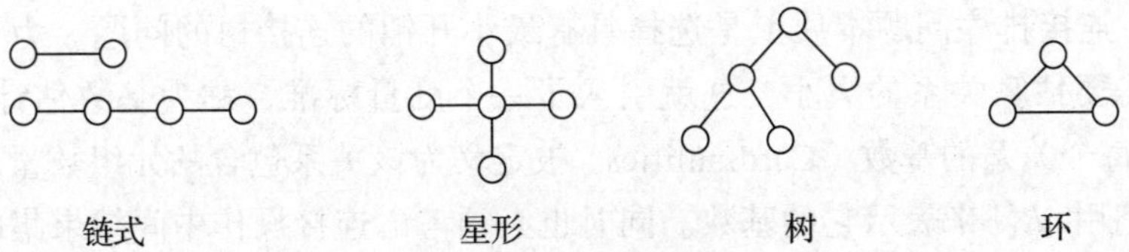

链式　星形　树　环

图 7-27　无向图分类

2. 连接树

与查询图类似，连接树（Join Tree）是关系名称和连接操作代数表达式的直观表示形式。它是一棵二叉树，其中叶节点代表待连接的表，非叶节点代表 JOIN 算子。根据连接树的结构，我们可以将其分类为 Left Deep Tree、Zigzag Tree 和 Bushy Tree。

Left Deep Tree，即左深树，如图 7-28 所示，其特征在于，除了根节点外，每个连接操作都在左侧，即每个连接操作的左侧是另一个连接操作的输出。许多数据库管理系统在进行连接重排序（Join Reorder）时，默认使用左深树作为搜索空间。

ZigZag Tree，如图 7-29 所示，可以理解为在左深树的基础上，允许左右节点进行交换。

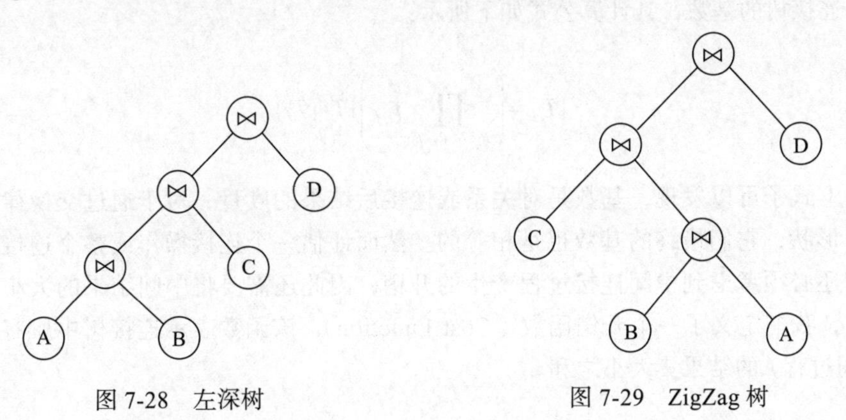

图 7-28　左深树　　图 7-29　ZigZag 树

Bushy Tree，即稠密树，具有最高的自由度，如图 7-30 所示，表可以按任意顺序进行 JOIN 操作。

不同的连接重排算法会生成不同的连接树，而连接树描述了各个表之间具体的连接顺序。

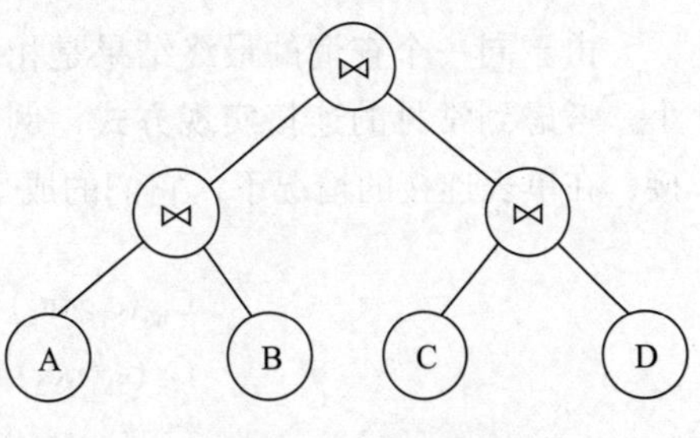

图 7-30　稠密树

3. 连接的度量

一个查询可以转换成多个等价的连接树，而要确定哪种连接树的开销最小，我们需要进行定量

分析。因此，连接排序问题本质上是选择具有最小开销的连接树的问题。为了衡量连接的开销，首先需要估算关系的大小，这就引入了一个度量标准，称为基数估计（Cardinality Estimates）。每个关系的基数（Cardinalities）被定义为该关系包含的元组数量。例如，对于关系 R_1，我们用 $|R_1|$ 来表示它的基数。同时也必须考虑连接操作中间结果集的基数，为此引入了连接选择度（Join Selectivity），它表示连接后得到的关系中元组的数量与连接前两个关系中元组的笛卡儿积数量之比。连接选择度的表达式如下所示。

$$f_{i,j}=\frac{|R_i \bowtie_{p_{i,j}} R_j|}{|R_i|*|R_j|} \tag{7-5}$$

如果连接选择度 $f_{i,j}=0.1$，那么说明只有10%的笛卡儿积元组满足连接条件，并且 $f_{i,j}$ 总是介于0到1之间，且 $f_{i,j}=f_{j,i}$。由此得出连接后的基为如下代数式。

$$|R_i \bowtie_{p_{i,j}} R_j| = f_{i,j}|R_i||R_j| \tag{7-6}$$

现在，我们将基数估计的概念扩展到整个连接树。由于连接树的每个内部节点都代表一个连接操作，即连接后的结果集，因此可以递归地计算整个树的结果集的基数。用 $|T|$ 来表示整个连接树的基数，其计算公式如下所示：

$$|T|=\left(\prod_{R_i\in T_1,\, R_j\in T_2} f_{i,j}\right)|T_1||T_2| \tag{7-7}$$

从以上式子可以发现，基数是对关系或连接后结果的度量，对于通过交换律和结合律改变树的形状，它们最终的基数也是相等的。然而评估一个连接操作或整个连接树的开销时，我们还必须考虑到中间连接过程产生的开销，因此还需要将中间结果的大小也纳入考量。为此，我们定义了一个开销函数（Cost Function），该函数表示连接树中所有连接操作（包括中间过程）的结果集大小之和。

$$C_{\text{out}}(T)=\begin{cases}0 & \text{如果}T\text{是单一关系}\\ |T|+C_{\text{out}}(T_1)+C_{\text{out}}(T_2) & \text{如果}T=T_1\bowtie T_2\end{cases} \tag{7-8}$$

由于同一个查询的最终结果是相同的，因此成本函数的大小主要取决于中间结果的大小。考虑到常见的连接实现方式，例如前文提到的哈希连接、嵌套循环连接和排序合并连接，在单表连接的情况下，它们的成本函数 C_{out} 分别是：

$$\begin{aligned}&C_{\text{nlj}}(e_1\bowtie e_2)=|e_1||e_2|\\&C_{\text{hj}}(e_1\bowtie e_2)=1.2|e_1|\\&C_{\text{smj}}(e_1\bowtie e_2)=|e_1|\log(|e_1|)+|e_2|\log(|e_2|)\end{aligned} \tag{7-9}$$

而在多表连接中，成本函数 C_{out} 则分别是：

$$
\begin{aligned}
C_{\text{nj}}(s) &= \sum\nolimits_{i=2}^{n} |s_1 \bowtie \cdots \bowtie s_{i-1}||s_i| \\
C_{\text{hj}}(s) &= \sum\nolimits_{i=2}^{n} 1.2|s_1 \bowtie \cdots \bowtie s_{i-1}| \\
C_{\text{smj}}(s) &= \sum\nolimits_{i=2}^{n} |s_1 \bowtie \cdots \bowtie s_{i-1}| \log(|s_1 \bowtie \cdots \bowtie s_{i-1}|) + \sum\nolimits_{i=2}^{n} |s_i| \log(|s_i|)
\end{aligned}
\tag{7-10}
$$

如图 7-31 所示，由于表连接顺序、连接实现方式的不同，C_{out} 也有很大不同。

	C_{out}	C_{nl}	C_{hj}	C_{smj}
$R_1 \bowtie R_2$	100	1000	12	697.61
$R_2 \bowtie R_3$	20 000	100 000	120	10 630.26
$R_1 \times R_3$	10 000	10 000	10 000	10 000.00
$(R_1 \bowtie R_2) \bowtie R_3$	20 100	101 000	132	11 327.86
$(R_2 \bowtie R_3) \bowtie R_1$	40 000	300 000	24 120	32 595.00
$(R_1 \times R_3) \bowtie R_2$	30 000	1 010 000	22 000	143 542.00

图 7-31　不同情况下的开销函数

由此得到一些初步的结论：

- 不同连接树之间的成本差异可能非常显著。
- 不同的连接实现方法之间的成本差异也可能很大。
- 在所有连接类型中，笛卡儿积（Cross Products）通常是成本最高的。
- 即使是相同的连接实现，不同的连接顺序也会导致成本的显著差异。

4. ASI

假设存在一个如图 7-32 所示的无向图。在这个无向图中，我们可以识别并描述各个子节点之间的依赖关系和执行顺序。这种用于描述依赖性和顺序的查询图，我们称之为前驱图（Precedence Graph）。

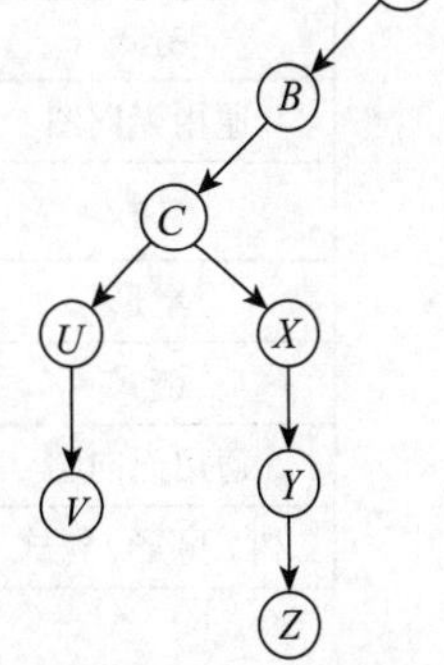

图 7-32　前驱图

现在我们将其拆分为如图 7-33 所示的模块 M（Job Module），满足 $M = \{A_1, \cdots, A_n\}$，其中的元素称为序列。

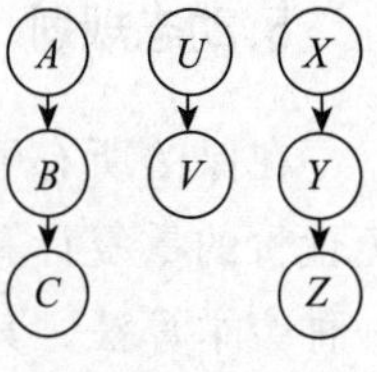

图 7-33　模块 M

因此，对于任意其他的序列 B（与 M 不相交），需要满足以下条件之一：

- 对于所有序列 A_i，满足 $B \rightarrow A_i$。
- 对于所有序列 A_i，满足 $A_i \rightarrow B$。
- 对于所有序列 A_i，B 和 A_i 不相连。

假设前驱图 $A \to B \to C \to D$，代价函数为 f，秩函数为 r（Rank Function），如果存在以下关系：

$$if \quad r(B) < r(C): f(\overline{B}, \overline{A}, C, D) < f(\overline{A}, \overline{B}, C, D) \tag{7-11}$$

那么我们可以认为其执行顺序可以按照图 7-34 所示的情况进行置换。具有这种置换过程的性质，我们称之为 ASI（Adjacent Sequence Interchange，交换相邻的子序列）。

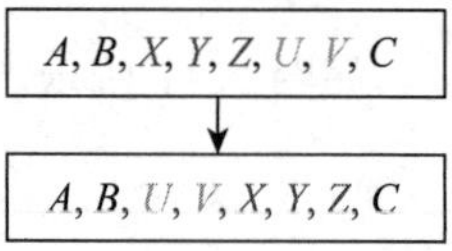

A, B, X, Y, Z, U, V, C

↓

A, B, U, V, X, Y, Z, C

图 7-34 执行顺序置换

综合以上所有概念和特性，我们已经对连接操作的执行效率有了初步的评估依据和可量化的度量标准。然而，这些度量仍不足以涵盖实际应用中需要考虑的众多因素，例如，无向图的类型（链式、是否包含环）、连接树的结构（如左深树、稠密树）、对笛卡儿积的支持程度，以及是否具备 ASI 属性等，如图 7-35 所示。因此并不存在一种严格意义上的绝对最佳方案，不同的算法和数据库引擎在实现上也会有所差异。

无向图类型	连接树类型	是否是笛卡儿积关联	成本函数	复杂度
通用无向图	左深树	否	ASI	NP 问题
树 / 星形 / 链式	左深树	否	一种连接方法（ASI）	P 问题
星形	左深树	否	两种连接方法（循环嵌套连接 + 排序合并连接）	NP 问题
通用 / 树 / 星形	左深树	是	ASI	NP 问题
链式	左深树	是	—	open
通用无向图	稠密树	否	ASI	NP 问题
树	稠密树	否	—	open
星形	稠密树	否	ASI	P 问题
链式	稠密树	否		P 问题
通用无向图	稠密树	是	ASI	NP 问题
树 / 星形 / 链式	稠密树	是	ASI	NP 问题

图 7-35 JOIN 排序时需要考虑的因素

5. 动态规划

在保留所有可能的连接顺序的同时，最终由代价模型来选择最优的连接顺序。为了避免代价的重复计算，我们采用动态规划算法来记录局部最优解的代价。这种方法本质上是一种穷举算法，其缺点在于复杂度随卡特兰数序列增长。举一个直观的例子，假设有 n 个输入，它们可以自由组合成所有可能的左深树或稠密树，见表 7-3。

表 7-3　动态规划随输入数量增加而导致的可能性统计

输入数 n	左深树 2^{n-1}	稠密树 $2^{n-1}*C(n-1)$
1	1	1
2	2	2
3	4	8
4	8	40
5	16	224
6	32	1344
…	…	…
10	512	2 489 344

随着输入数量的增加，这种穷举方法的代价最终会变得难以承受。因此，除非连接的数量较少，否则在大多数情况下不会采用这种方法。为了减少动态规划算法的复杂度，我们必须对 JOIN 重排算法进行剪枝，而不是保留所有可能的排列组合。这就是所谓的启发式算法。

需要明确的是，启发式算法是建立在动态规划基础之上的一种优化手段，而不是一种独立的算法体系。

6. 单序列贪心启发式 JOIN 重排算法

通过贪心策略，我们可以在单个查询序列中重新安排 JOIN 操作的顺序，目的是尽可能降低整体查询的成本。其原理如下：

输入：一组参与连接的表以及权重函数

输出：连接顺序

$S=\epsilon$

while($|R|>0$){

　$m=\arg\min_{R_i\in R} w(R_i)$

　$R=R\setminus\{m\}$

　$S=S\bigcirc<m>$

}

return s

如图 7-36 所示，该流程大致如下。在所有参与连接的表中，首先选择一个预估代价最小的表，然后将其与其他各表分别进行一次 JOIN 操作的成本估算。接着从中选择估算结果最低的一对表进行关联。此后，继续这一过程，进行下一轮的选择和 JOIN 操作，直至所有表都参与了连接。

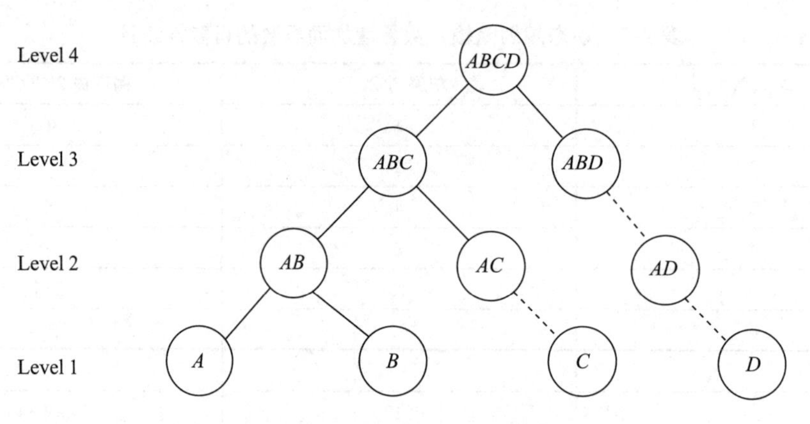

图 7-36　贪心算法执行流程

这类算法存在一个明显的缺陷——首张表的选择对整个 JOIN 序列的优化有很大影响，容易导致算法陷入局部最优，而非全局最优解。

7. 多序列贪心启发式 JOIN 重排算法

与容易陷入局部最优解的单序列贪心算法相比，多序列贪心算法采用启发式方法生成 n 个不同的 JOIN 序列，每个序列的起始表都是唯一的，并构造成左深树结构。通过比较这 n 个序列的成本，我们可以选择最佳的 JOIN 顺序。此外，该算法还支持 SEMI JOIN 和 OUTER JOIN 操作。

输入：一组参与连接的表以及权重函数
输出：连接顺序
$S = \emptyset$
for each $R_i \in R$ {
　$R' = R \setminus \{R_i\}$
　$S' = \langle R_i \rangle$
　while($|R'|>0$){
　$m = \arg\min_{R_j \in R'} w(R_j, S')$
　$R' = R' \setminus \{m\}$
　$S' = S' \bigcirc \langle m \rangle$
}
　$S = S \cup \{S'\}$
}
return $\arg\min_{s' \in s} w(S'[n], S'[1: n-1])$

在处理涉及多张表的内连接时采用一种加权策略，用来确定最优的连接顺序。其中，

权重 $Weight_{ij}$ 代表了 i、j 两张表应该被优先考虑连接的程度，权重越高，意味着表之间的JOIN操作越应该提前执行。在设定权重时应遵循以下原则：

- 优先考虑具有较大权重的表 j。
- 当权重相等时，将比较表 j 在JOIN条件中对应列的基数。基数较大，则预期结果集较小的连接操作将被优先考虑。
- 按照上述选择顺序，将 n 张表构造成一个左深树结构。
- 在所有可能的连接顺序中，选择总体成本最低的一个。

8. GOO算法

相对于贪心启发式算法仅能构造左深树而言，广义优化次序（Generalized Optimization Order，GOO）算法能够构造出稠密树结构。贪心启发式算法在考虑连接顺序时，只将单个表与已构建的连接树相结合。相比之下，GOO算法更为灵活，它允许两个连接树之间进行连接，从而提供了更多的优化可能性。

```
Trees: = {R1, ⋯, Rn}
while (|Trees|! = 1){
  找到 Ti, Tj∈Trees，令 i≠j，且 |Ti⋈Tj| 连接的结果集最小
  Trees− = Ti;
  Trees− =Tj;
  Trees+ = Ti⋈Tj
}
return Trees 中的元素;
```

假定输入 n 张表，令Trees为 n 张表的集合。在While(|Trees|! = 1)时，找到Trees中两棵连接树 T_i 和 T_j，使得它们的连接结果集最小。令 $Trees = Trees - T_i - T_j$ 和 $Trees = Trees + (T_i \bowtie T_j)$，最终Trees中的唯一元素就是稠密树空间上贪心算法所得到的JOIN顺序。

9. 遗传查询优化算法

在处理大量表连接（例如12张或更多）时，就采用遗传查询优化（Genetic Query Optimization, GEQO）算法。该算法将每张输入表视为一个基因，n 个这样的基因组合成一条染色体。因此，Join重排的过程可以看作是寻找最优的染色体，也就是成本最低的连接顺序。

遗传算法模拟生物遗传特性，通过选择父母染色体，交换它们的部分片段来生成子代染色体，并淘汰表现不佳的染色体，然后在一系列优秀的染色体中进行多次迭代，最终得

到一个优化的连接顺序。

具体来说，假设输入为 n 张表，我们初始化一个大小为 size 的染色体池，并设定迭代次数为 generation，默认值为 2^{n-1}，并随机生成 size 个有效的染色体，这些染色体可能需要满足特定的约束条件。然后，根据染色体的表现对它们进行排序。

迭代过程从第 1 代开始，一直到第 k 代，直至达到设定的 generation 代数。每一代中，我们根据某种特定的概率分布从染色体池中选择两条染色体作为父母，这个概率分布倾向于选择表现更好的染色体。父母染色体通过特定的重组策略生成子代染色体。重组策略有多种，最简单的一种是随机选择父染色体的一段连续基因片段，然后按照母染色体的顺序补充缺失的基因。新生成的子代染色体被加入染色体池中，同时淘汰表现最差的染色体。染色体的表现则通过构造成连接树并使用 CBO 来评估其成本，成本越低表示染色体越优秀。迭代持续进行，直到达到预定的代数，最终从染色体池中选出表现最优的染色体来构建连接顺序。

遗传算法的一个缺点是，由于其随机性，每次生成的执行计划可能不同，导致性能波动。对于那些追求每次查询结果性能稳定的应用场景来说，这种不稳定性可能是不可接受的。

10. Bottom-Up 枚举的 JOIN 重排算法

假设存在以下 SQL 语句，用来查询所有参与 Larson 教授讲座的学生列表。

```
SELECT DISTINCT s.SName -- 获取参与讲座的学生列表
FROM Student s -- 学生明细表
    ,Attend a - 参与讲座的学生明细表
    ,Lecture l - 讲座明细表
    ,Professor p - 教授明细表
WHERE s.SNo = a.ASNo
  AND a.ALNo = l.LNo
  AND l.LPNo = p.PNo
  AND p.PName = 'Larson';
```

上述查询语句的无向图如图 7-37 所示。

根据图 7-37 可引入以下概念：

- ❑ csg：Connected Subgraph，连通子图，即从图中获取一部分图结构，这个图结构中的任意节点都能够通过边到达另一个节点。
- ❑ cmp：Connected Complement，连通补集，这个概念和

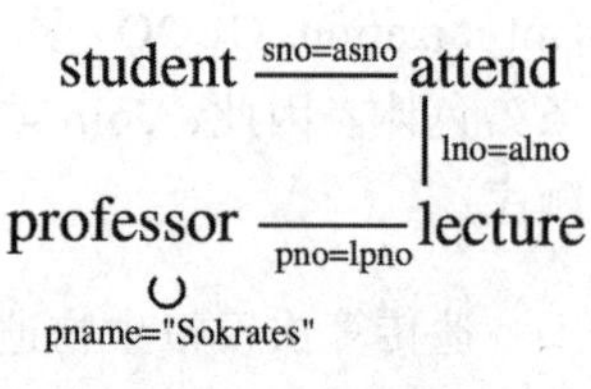

student sno=asno attend
lno=alno
professor pno=lpno lecture
pname="Sokrates"

图 7-37　无向图

csg 是相互依存的。把一个图的节点分成两部分 S_1、S_2，这两部分都能各自构成连通子图，且这两个连通子图之间存在一条边，连接着来自集合 S_1 和 S_2 中的节点，那么 S_1 是 csg，S_2 就是 S_1 的 cmp。

- csg-cmp-pair：由 csg 和 cmp 构成的一对节点集合。

我们发现，两个节点集合如果可以构成 csg-cmp-pair，那么就可以构建一个 JOIN 算子——$e(S_1) \bowtie \varepsilon(S_2)$，JOIN 算子两边的表达式分别由 csg 和 cmp 中的节点构成。构建 JOIN 算子之后，一个 csg-cmp-pair 可以融为新的 csg，继续去寻找它的 cmp，构成新的、更大的 csg-cmp-pair。那么，获取最终的连接排序的过程，就是从小到大不断构建 csg-cmp-pair 的过程。在此基础上，如果每次只选用代价最优的 csg-cmp-pair 去参与向上的构建，那么当得到一个最终的 csg-cmp-pair 时，就能构建出最优顺序，这就是 DPccp 算法。

```
输入：具有连接关系的无向图或查询图 R' = {R0, ⋯, Rn-1}
输出：最优连接顺序的稠密树
for all Ri ∈ R{
    BestPlan({Ri}) = Ri;
}
for all csg − cmp − pairs(S1, S2), S = S1 ∪ S2{
    ++ InnerCounter;
    ++ OnoLohmanCounter;
p1 = BestPlan(S1);
P2 = BestPlan(S2);
CurrPlan = CreateJoinTree(p1, p2);
if(cost(BestPlan(S)) > cost(CurrPlan){
    BestPlan(s) = CurrPlan;
}
CurrPlan = CreateJoinTree(p2, p1);
if(cost(BestPlan(S))>cost(CurrPlan){
    BestPlan(s) = CurrPlan;
  }
}
CsgCmpPairCounter = 2*OnoLohmanCounter;
return BestPlan({R0, ⋯, Rn-1});
```

算法过程的大意为，初始化单表 R 的 $BestPlan(R) = R$；自下而上遍历每个 $CCP(S_1, S_2)$，$S = S_1 \cup S_2$；计算出 S_1、S_2 的 BestPlan $p_1 = BestPlan(S_1)$，$p_2 = BestPlan(S_2)$，当 S_1 是一张表

时，选择该表的最优的路径；CurrPlan = CreateJoinTree(p_1, p_2)，根据已有的JOIN算法，生成不同的JOIN来连接p_1, p_2两个子执行计划；BestPlan(S) = minCost(CurrPlan,BestPlan(S))。最终获取BestPlan（n张表），即BushyTree空间上最优的连接顺序。

Bottom-Up枚举的JOIN重排算法可以有效处理稠密树空间枚举的问题，并能够利用动态规划来解决中间结果重复计算的问题。但这一算法无法面对两类场景，一是复杂谓词，例如$R_1.a + R_2.b + R_3.c = R_4.d + R_5.e + R_6.f$；二是非内连接，例如OUTER JOIN、SEMI JOIN等。主要还是因为INNER JOIN符合交换律和结合律，例如$A \bowtie B = B \bowtie A$，$A \bowtie (B \bowtie C) = (A \bowtie B) \bowtie C$，但是对于非内连接来说，交换律和结合律就未必奏效了，所以不能随意变换JOIN顺序。如果强行变换顺序，可能会得到错误的JOIN表达式。

11. 基于规则变换Top-Down枚举的JOIN重排算法

计划空间搜索引擎应用连接规则，直至动态规划求解完成，此时对应的连接顺序空间也随之遍历完毕。显然，一组连接重排规则对应一个特定的连接空间，而不同的连接重排规则则对应不同的连接空间。这些规则支持多种连接类型的重排，包括内连接（INNER JOIN）、外连接（OUTER JOIN）、半连接（SEMI JOIN）和反半连接（ANTI JOIN）。如图7-38所示，这些重排规则被概括表示，其中"e"代表表（table），"a"和"b"代表连接操作，"p"代表连接条件。图中主要描述了不同类型的连接之间可能进行的转换，如关联（assoc）、左关联（l-asscom）、右关联（r-asscom），以及仅适用于内连接的交换律（comm），即可以交换左右表的位置。

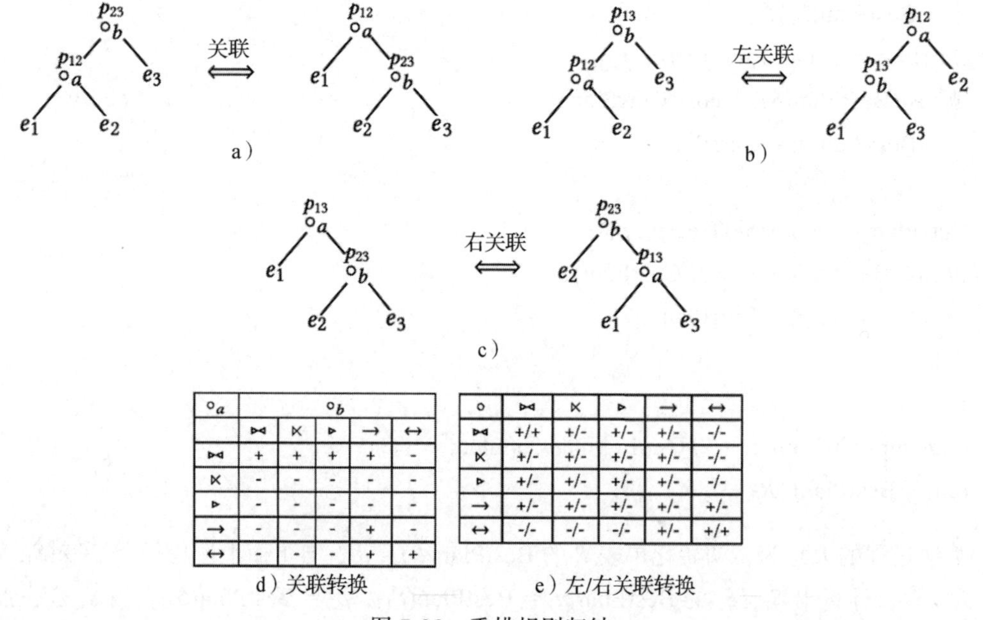

∘a	∘b				
	⋈	⋉	▷	⟶	⟷
⋈	+	+	+	+	-
⋉	-	-	-	-	-
▷	-	-	-	-	-
⟶	-	-	-	+	-
⟷	-	-	-	+	+

d）关联转换

∘	⋈	⋉	▷	⟶	⟷
⋈	+/+	+/-	+/-	+/-	-/-
⋉	+/-	+/-	+/-	+/-	-/-
▷	+/-	+/-	+/-	+/-	-/-
⟶	+/-	+/-	+/-	+/-	+/-
⟷	-/-	-/-	-/-	+/-	+/+

e）左/右关联转换

图7-38　重排规则归纳

直观上，通过应用交换律和结合律，能够遍历整个稠密树的搜索空间。这类算法的优势在于，它们能够在Cascades框架的自顶向下的动态规划过程中，利用分支定界法（Branch and Bound）进行有效的空间剪枝。此外，这些算法通过物理属性驱动的搜索方法，能够更加优雅且高效地解决Join排序问题。同时，JOIN重排的优化规则可以与其他类型的优化规则一起，集成到Cascades搜索引擎中，以获得全局最优解。

12. IKKBZ算法

根据ASI的性质，我们的目标是尽可能地将小rank的连接操作符置于前面执行。然而，由于不允许出现笛卡儿积，不能随意调整关系的顺序，至少需要保证两个关系之间存在连接操作符，这意味着我们实际上只能操作兄弟节点的顺序。

基于这些性质，我们可以得出一个总体的优化算法，即IKKBZ算法。对于一棵子树，如果所有子节点形成一个Chain，即子树中的每个节点都只有一个子节点，并且这些子节点按照特定的顺序相互连接。如果根节点A与其子节点B不满足$r(A) < r(B)$这一条件，则将A和B合并为一个模块，并将该模块置于根节点位置。接着，根据秩函数对所有子节点进行排序，并将它们组合成一个Chain。我们自下而上地应用算法，直到整个子树被组合成一个Chain。最后，将这个Chain转换为一个左深树。

遍历不同根节点的前驱图。

IKKBZ(G, C_H)
输入：关系 $R = \{R_1, \cdots, R_n\}$ 的无环无向图 G
输出：最优左深树
$S = \emptyset$
for each $R_i \in R${
　G_i = 从给定的无向图 G 中，以 R_i 为根节点派生出的前驱图
　S_i = IKKBZ-Sub(G_i, C_H)
　$S = S \cup \{S_i\}$
}
return arg min $_{S_i \in S} C_H(S_i)$

自下而上地优化子树，并根据秩函数将子树合并为1个Chain。

IKKBZ−Sub(G_i, C_H)
输入：以 R_i 为根节点的关系集合 $R = \{R_1, \cdots, R_n\}$ 的前驱图 G_i 以及一个成本函数 C_H
输出：G_i 下最优的左深树
while G_i 不是链时 {

```
  令 r = G_i 的子树，且子树是链
  IKKBZ - Normalize(r)
  根据秩函数（升序）合并 r 下的链
}
IKKBZ - Denormalize(G_i)
return G_i
```

再将 Chain 转化为连接树。

```
IKKBZ - Denormalize(R)
输入：包含复杂关系及简单关系的前驱图 R
输出：只包含简单关系的前驱图
while ∃r∈R：r 是一个复杂关系 {
  用一系列简单关系替换 r
}
return R
```

如果存在一个违反约定的序列，那么找到相邻的那个序列，将其合并为一个模块。

```
IKKBZ - Normalize(R)
输入：前驱图 G = (V, E) 的子树 R
输出：规范化子树
while ∃r, c∈T, (r, c)∈E: rank(r)>rank(c){
  用一个复合关系 r' 替换 r 和 c
}
return R
```

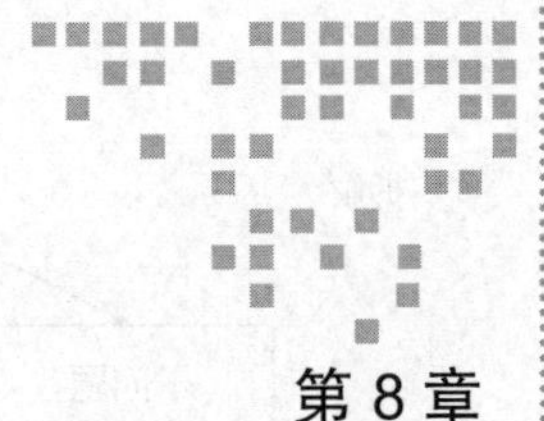

第 8 章 Chapter 8

聚合优化案例解析

在日常工作中，除了筛选、连接和选取数据之外，聚合函数（Aggregate Function）在数据分析和应用中也极为重要，是不可或缺的计算方法。例如计算每天的活跃用户数或App的访问次数等数据指标，都需要聚合函数的参与。顾名思义，聚合函数的作用是将一组数据进行统一处理，把这些数据汇总成一个值以概括所有记录。常见的聚合函数包括COUNT、AVG、SUM、MIN和MAX等。接下来，笔者将分享在实际工作中遇到的查询瓶颈以及相应的优化过程。

8.1 分而治之

所谓“分而治之”处理思想，如图8-1所示，就是将一个复杂的问题分解成多个子问题。这些子问题随后被分配到不同的机器（或实例）上进行处理。通过必要的数据交换和合并策略，将这些子问题的计算结果汇总起来，从而得出最终的结果。具体来说，不同的分布式计算系统会根据待解决问题的性质采用不同的算法和策略。但它们的共同点在于，都是通过分拆计算任务，并将这些子任务分配到多台机器上去并行处理，以此来解决问题。

在实际需求中，如果面临数据量庞大到即便是大数据引擎也难以一次计算完成的情况时，就可以考虑按照粒度或维度进行拆分。这意味着将需求分解为更细粒度的子需求，然后分批次、分步骤地进行计算，并汇总最终结果。以用户App的埋点行为曝光事件明细表为例（参见图8-2），每天的数据增量大约为300GB。

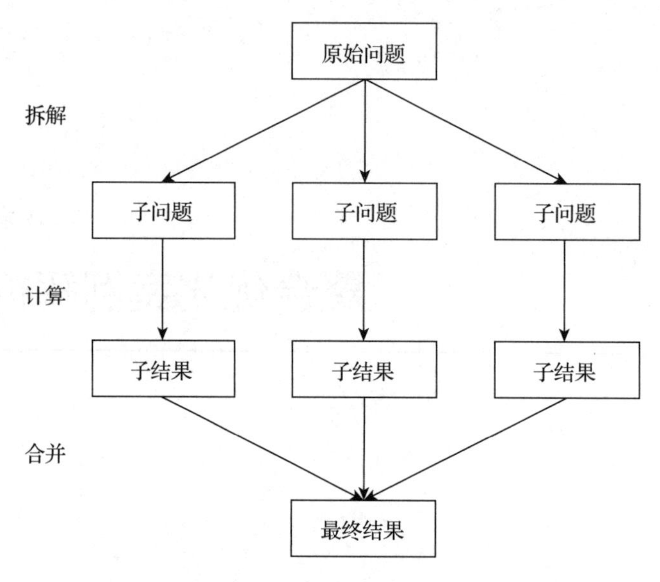

图 8-1　分而治之处理思想

```
332.5 G  hdfs://hive/table/tracking/operation=impression/partition_date=2023-08-31
321.3 G  hdfs://hive/table/tracking/operation=impression/partition_date=2023-09-02
314.3 G  hdfs://hive/table/tracking/operation=impression/partition_date=2023-09-03
371.6 G  hdfs://hive/table/tracking/operation=impression/partition_date=2023-09-04
379.2 G  hdfs://hive/table/tracking/operation=impression/partition_date=2023-09-05
361.2 G  hdfs://hive/table/tracking/operation=impression/partition_date=2023-09-06
349.6 G  hdfs://hive/table/tracking/operation=impression/partition_date=2023-09-07
403.1 G  hdfs://hive/table/tracking/operation=impression/partition_date=2023-09-08
```

图 8-2　埋点行为曝光事件明细表的每日增量存储

企业或团队的月报、季报和年报是常见的数据需求。特别是活动页面或 App 主页，作为访问量最高的页面，其访问次数在一定程度上可以反映企业或团队的 App 市场份额和受众覆盖度等关键指标，因此这些数据通常会被纳入年度报告的计算中。考虑到前文提到的日增量数据的大小，计算总访问量需要汇总大约 100TB 的数据量，这显然不是单个任务所能完成的。如果年度数据的一次性处理难以实现，我们可以采用如图 8-3 所示的方法，采取更细粒度的事件汇总。例如可以每次计算一个月的数据，连续计算 12 个月后，再进行最终的汇总。

同样的方法也适用于其他场景，例如在流计算中实时计算订单量和金额。这通常涉及按照店铺（卖家）、商品类别等维度进行聚合汇总。因此，在处理订单数据时，系统也会实时地查询商品和卖家的维度信息。对于电商平台来说，上架的商品通常数以千万计，而且成交订单的数据流量大、吞吐量高。不管是将维度表存储在 MySQL 中还是 HBase 中，单个集群的查询性能很容易达到瓶颈。在这种情况下，我们可以采用如图 8-4 所示的策略，部署多个集群或实例，并根据一定的规则（例如，根据商品 id 进行哈希）来分配流量，以此来缓解过高的查询压力带来的性能瓶颈。

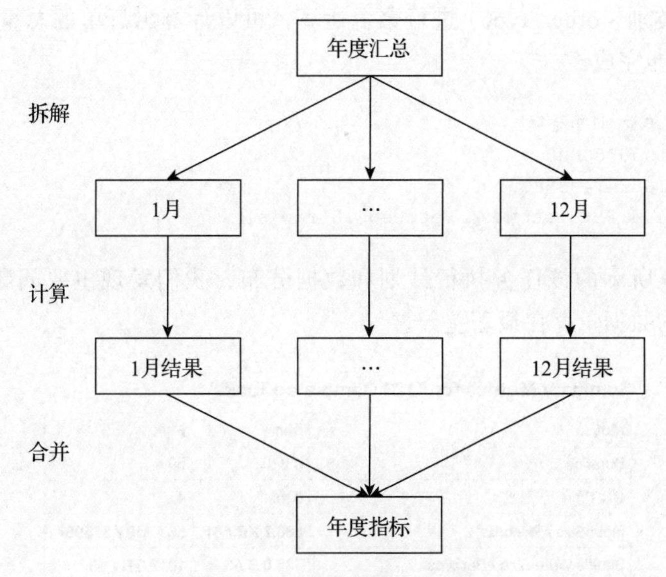

图 8-3　按月计算年报指标

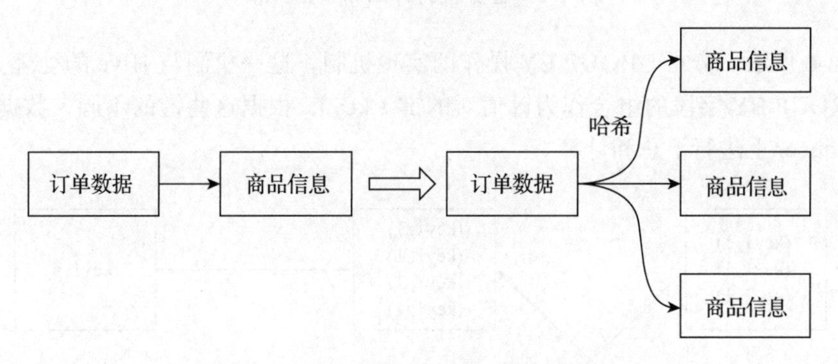

图 8-4　多集群实时关联订单商品信息

8.2　两阶段聚合

需求背景为，每天统计各种支付方式和订单类型的数量及订单金额，同时分析卖家和商品类别的分布情况，这包括整体历史数据和每日新增数据。具体的查询任务示例如下。

```
SELECT order_type
       ,COUNT(1)
       ,SUM(amount)
FROM `order`
```

```
GROUP BY order_type;
```

通过对订单类别（order_type）进行聚合运算，可以计算出订单的总量和金额。该过程大约需要 145s 才能完成。

```
-- 订单类型 订单量 订单金额
18  3        41500000000
13  3173710 61863474939800000
Time taken: 144.996 seconds, Fetched 18 row(s)
```

分析如图 8-5 所示的该任务执行计划和数据分布，我们发现主要问题在于数据倾斜，即不同订单类型的数据量存在显著差异。

Summary Metrics for 5123 Completed Tasks

Metric	Min	Max
Duration	0.2 s	50 s
GC Time	0 ms	4 s
Input Size / Records	866.7 KB / 61	56.1 MB / 575067
Shuffle Write Size / Records	335.0 B / 5	1017.0 B / 15

图 8-5　任务执行计划和数据分布

如图 8-6 所示，分析 GROUP BY 操作的实现机制。这一机制与 Hive 的处理方式类似，即利用 GROUP BY 字段的组合作为键值对的键（key），根据这些键的不同，数据被分发到不同的 Reducer 上进行汇总和计算。

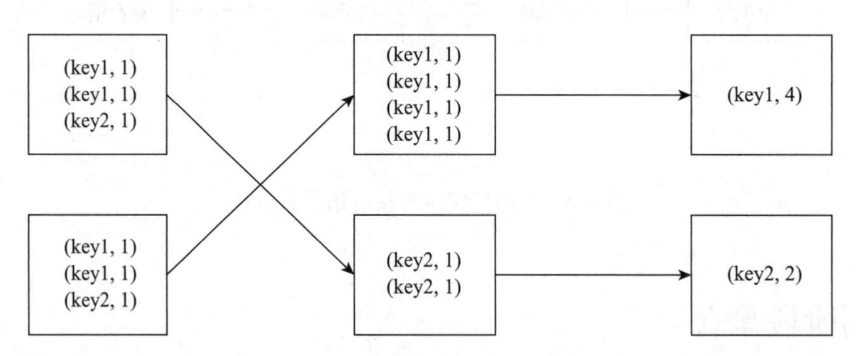

图 8-6　GROUP BY 操作的实现机制

不同订单类型之间的数据量存在显著差异，这将导致某些 Task 处理的数据远多于其他 Task，从而降低了整体查询效率。因此，在 SQL 优化中，关键步骤是重新设计聚合键，使 Task 处理的数据量更为均衡。所谓的两阶段聚合，如图 8-7 所示，将原本相同的键（例如 order_type）通过添加随机前缀转换成多个不同的键。这一策略允许数据从单个 Task 分散到多个 Task 进行初步聚合，有效解决了单个 Task 处理数据过多的问题。在完成初步聚合后，再移除随机前缀，并执行最终的全局聚合，以产出最终结果。

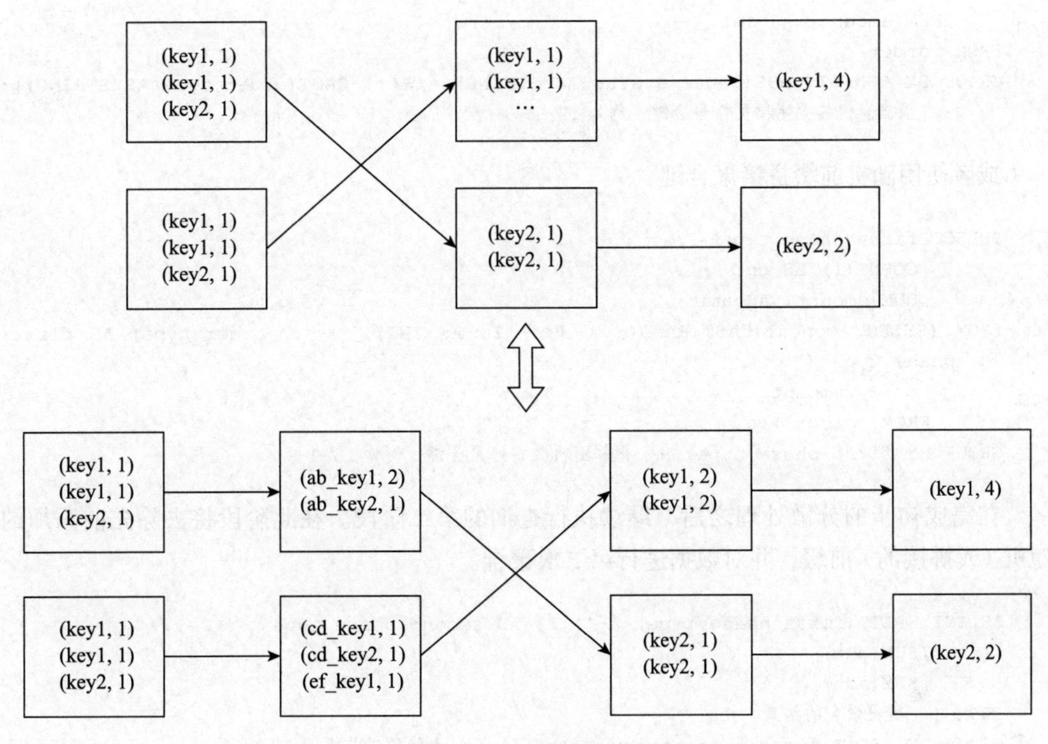

图 8-7　两阶段聚合

鉴于我们之前讨论的两阶段聚合方法，现在根据该策略重构本案例的 SQL 语句。

```
SELECT SPLIT(first_phase_type, '-')[1] AS second_phase_type
      ,SUM(cnt)
      ,SUM(amt)
FROM  (SELECT  CONCAT(CAST(order_status  AS  STRING),  '-'  ,  CAST(order_type  AS
    STRING)) AS 1st_type
            ,COUNT(1) AS cnt
            ,SUM(amount) AS amt
      FROM `order`
      GROUP  BY  CONCAT(CAST(order_status  AS  STRING),  '-'  ,  CAST(order_type  AS
          STRING))) t
GROUP BY SPLIT(first_phase_type, '-')[1];
```

查询被分为两个部分执行。在子查询中，首先对聚合键 order_type 进行打散处理。为了达到这个目的，有多种方法可供选择，比如通过结合表中的其他字段（例如订单状态 order_status）来进行拼接。

```
SELECT CONCAT(CAST(order_status AS STRING), '-' , CAST(order_type AS STRING)) AS
```

```
    first_phase_type
    ,COUNT(1) AS cnt
    ,SUM(amount) AS amt
FROM `order`
GROUP BY CONCAT(CAST(order_status AS STRING), '-' , CAST(order_type AS STRING));
    -- 根据表内其他字段拼接聚合键，例如 12-1
```

或者使用随机前缀拼接聚合键。

```
SELECT first_phase_type
      ,COUNT(1) AS cnt
      ,SUM(amount) AS amt
FROM (SELECT concat(CAST(RAND() * 90 + 10 AS INT), '-' , order_type) AS first_
    phase_type
           ,amount
      FROM `order`) t
GROUP BY first_phase_type; -- 根据随机数拼接聚合键，例如 18-1
```

在完成初步的分散处理之后，继续执行查询的第二阶段。在此阶段将去除先前添加的随机（或拼接的）前缀，并对数据进行第二次聚合。

```
SELECT SPLIT(first_phase_type, '-')[1] AS second_phase_type
      ,SUM(cnt)
      ,SUM(amt)
FROM (一阶段聚合的结果) t
GROUP BY SPLIT(first_phase_type, '-')[1]; -- 去除随机前缀
```

通过观察改写后的查询任务执行计划，也可以验证这一结论。

```
== Physical Plan ==
-- 去掉前缀后再次聚合
+- HashAggregate(keys=[_groupingexpression#116], functions=[sum(cnt#102L),
    sum(amt#103L)], output=[second_phase_type#104, sum(cnt)#114L, sum(amt)#115L])
    +- HashAggregate(keys=[_groupingexpression#116], functions=[partial_
        sum(cnt#102L), partial_sum(amt#103L)], output=[_groupingexpression#116,
        sum#120L, sum#121L])
        -- 拼接前缀后聚合
        +- HashAggregate(keys=[_groupingexpression#117], functions=[count(1),
            sum(amount#9L)], output=[cnt#102L, amt#103L, _groupingexpression#116])
            +- HashAggregate(keys=[_groupingexpression#117], functions=[partial_
                count(1), partial_sum(amount#9L)], output=[_groupingexpression#117,
                count#124L, sum#125L])
                +- Project [amount#9L, concat(cast(order_status#11L as string), -,
                    cast(order_type#8L as string)) AS _groupingexpression#117]
```

可以看到与之前的查询相比，查询任务的执行时间缩短了60%左右，现在仅需约58s就能执行结束。

```
Time taken: 57.785 seconds, Fetched 18 row(s)
```

这种聚合方法能有效缓解由数据倾斜引起的聚合函数查询速度缓慢的问题。然而，这样做的缺点是代码的可读性可能会降低。因此在应用此方法时，我们必须根据具体情况来判断是否进行调整。

8.3 多维聚合转 UNION

多维分析是数据分析与应用中极为常见的一种场景，它允许用户在多维分析系统中通过拖拽不同的维度（Dimension）来汇总度量（Measure），从而便于从多角度观察数据。从报表生成的视角来看，多维分析相当于自助报表功能，用户可以基于预先准备好的结果集进行动态的报表查询，并执行切片、钻取、旋转（行列变换）等多种操作。如图8-8所示的数据立方体模型，其中维度包括产品类别、年度、地区等，而度量则是销售额。值得注意的是，某些维度本身还具有层次结构，例如时间维度可以细分为年、月、日，地区维度可以从国家细分至省份和城市。这种层次结构使得用户能够方便地在同一维度的不同层次上进行数据分析。

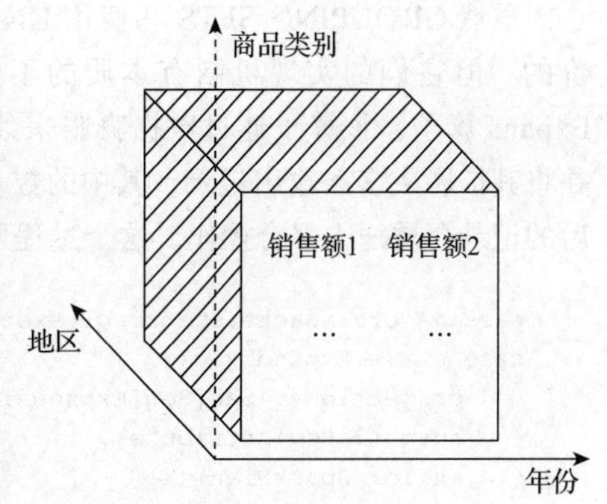

图8-8 数据立方体模型图

在数据开发和数据仓库中，多维分析通常依赖GROUPING SETS（包括ROLLUP和CUBE）来实现。这些函数允许根据不同的维度（聚合键）进行灵活的数据汇总和数据探查，以便进行上卷（汇总）和下钻（细分）的指标统计。例如以下查询任务，对订单类型、订单状态的多维分析，通过不同的维度组合来计算订单量、订单金额和付款人数。

```
SELECT order_type -- 订单类型
      ,order_status -- 订单状态
      ,COUNT(1) AS cnt -- 订单量
      ,COUNT(DISTINCT user_id) as pay_num -- 付款人数
      ,SUM(amount) AS pay_sum -- 订单金额
FROM `order`
GROUP BY order_type, order_status
GROUPING SETS((order_type, order_status), (order_type));
```

GROUPING SETS 允许指定一组聚合键，作为GROUP BY语句的分组依据，然后将这些不同层次的聚合结果通过UNION ALL操作合并。这种方法的效果等同于单独对每组

聚合键进行分组聚合，然后再将这些结果集合并。例如，使用GROUPING SETS((order_type,order_status), (order_type))的查询与先分别执行GROUP BY(order_type, order_status)和GROUP BY(order_type)，然后通过UNION ALL合并结果，二者在查询输出上是等价的。此外，CUBE和ROLLUP操作实际上是在GROUPING SETS的基础上构建的，它们提供了一种更为简洁的方式来指定多层次的数据汇总。

```
-- 函数等价关系
CUBE(A, B, C) <==> GROUPING SETS((A, B, C), (A, B), (A, C), (B, C), (A), (B), (C),
    ())

ROLLUP(A, B, C) <==> GROUPING SETS((A, B, C), (A, B), (A), ())
```

虽然GROUPING SETS和使用UNION ALL合并多个GROUP BY语句在结果上是等价的，但它们的实现机制有本质的不同。在Spark中，GROUPING SETS的实现依赖于Expand算子，该算子通过数据膨胀来处理数据。具体来说，它对每条输入记录进行计算，并将其扩展成多条输出记录，其中的数量取决于GROUP BY组合的数目。然后，这些扩展后的记录会被送入聚合操作。这个过程可以概括为“先扩展，再聚合”。

```
package org.apache.spark.sql.execution
case class ExpandExec(
    projections: Seq[Seq[Expression]],
    output: Seq[Attribute],
    child: SparkPlan)
  extends UnaryExecNode with CodegenSupport {
// 将child.output，也就是上游算子输出数据的schema，绑定到表达式数组exprs，以此来计算输出数据
private[this] val projection =
    (exprs: Seq[Expression]) => UnsafeProjection.create(exprs, child.output)

protected override def doExecute(): RDD[InternalRow] = {
child.execute().mapPartitions { iter =>
      //projections对应了GROUPING  SETS里每个GROUPING  SET的表达式，表达式输出数据的
        schema为this.output，比如 (minutes, order_type_name)，并为它们各自生成一个
        UnsafeProjection对象
       val groups = projections.map(projection).toArray
override final def next(): InternalRow = {
                  // 对于输入数据的每一条记录，都重复使用n次，其中n的大小对应了
                     projections数组的大小，也即GROUPING SETS里指定的聚合组合的数量
                  if (idx <= 0) {
                      input = iter.next()
                      idx = 0
                  }
                  // 对输入数据的每一条记录，通过UnsafeProjection计算得出输出数据
                  result = groups(idx)(input)
                  idx += 1
          }
```

```
        }
    }
}
```

如图 8-9 所示，通过查询任务的执行计划，也可以验证这一结论。

任务的执行时长符合预期，耗时 106.308s。

```
Time taken: 106.308 seconds, Fetched 65 row(s)
```

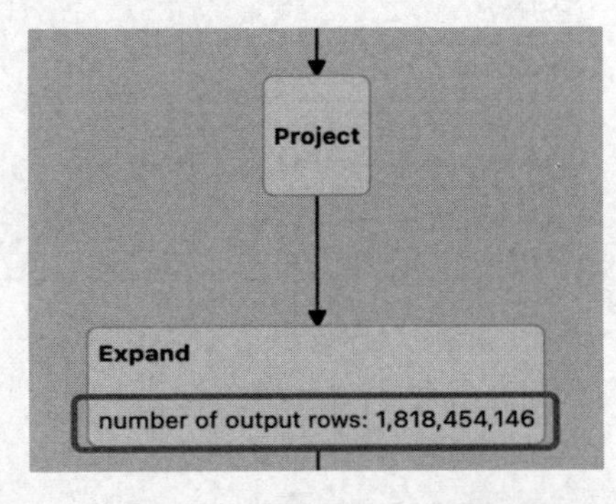

图 8-9　Expand 算子数据膨胀

这种方法的主要优势在于其便捷性，只需指定维度组合和计算指标，剩余的工作便交由引擎自动处理。然而，这种方法的代价也很明显。随着维度组合数量的增加，数据膨胀的程度加剧，导致需要处理的结果集数量激增。特别是在计算某些倾斜的指标时，比如订单状态，成功订单的数量通常远超退款订单，这可能导致某些维度组合的查询速度异常缓慢，从而拖慢整体查询速度。此外，数据膨胀也使得问题排查变得更加困难。相较之下，采用 UNION ALL 的方法则在本质上有所不同，它遵循"先聚合，后联合"的原则，牺牲了代码的简洁性。尽管代码可能显得冗余，但在问题排查和任务执行过程中更为可控，问题定位也相对容易。通过采用数据重用、两阶段聚合等优化措施，这种方法通常会比单纯使用 CUBE 或 GROUPING SETS 更快。现在，让我们考虑将上述查询任务转换为使用 UNION ALL 的方式。

```
-- GROUP BY (order_type, order_status)
SELECT
    order_type,
    order_status,
    COUNT(1) AS cnt,
    COUNT(DISTINCT user_id) as pay_num,
    SUM(amount) AS pay_sum
FROM `order`
GROUP BY order_type, order_status

UNION ALL

-- GROUP BY order_type
SELECT
    order_type,
    NULL as order_status,
    COUNT(1) AS cnt,
    COUNT(DISTINCT user_id) as pay_num,
    SUM(amount) AS pay_sum
FROM `order`
GROUP BY order_type;
```

如图 8-10 所示，执行计划已做出相应调整，现在采取的是先各自进行聚合，然后再将这些聚合结果进行联合的策略。

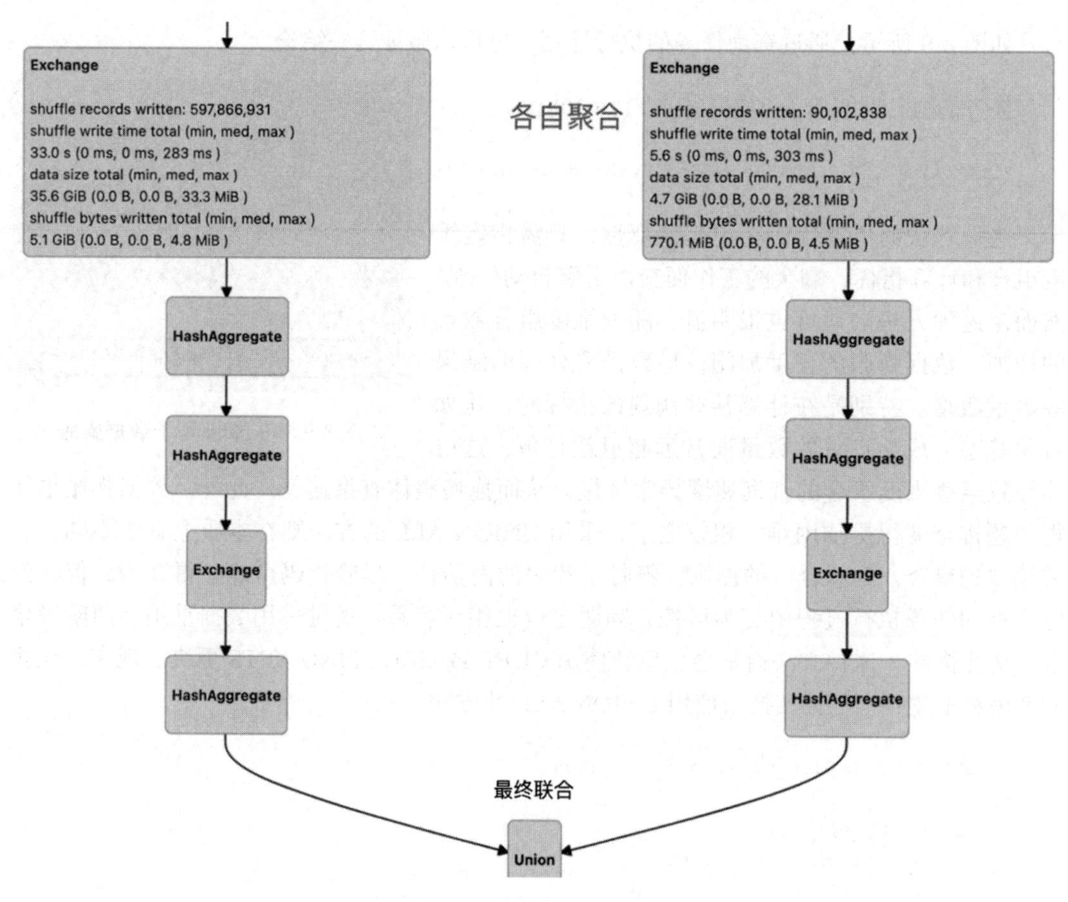

图 8-10　改写后查询任务执行计划

最终耗时 84.487s 即可完成任务。这种改写方式如果计算数据倾斜的指标时，性能提升将更为显著。

```
Time taken: 84.487 seconds, Fetched 65 row(s)
```

8.4　异常值过滤

需求背景为，统计 2023 年 8 月 10 日至 2023 年 8 月 16 日期间，某 App 的活跃独立访客（Unique Visitor，UV）数。通过筛选埋点事件表 tracking 中相应的时间段数据，执行去重计数以计算该指标。

```
SELECT COUNT(DISTINCT user_id) AS uv
FROM tracking
WHERE partition_date >= '2023-08-10'
  AND partition_date <= '2023-08-16';
```

查询耗时224.512s。

```
Time taken: 224.512 seconds, Fetched 1 row(s)
```

分析图8-11所示的该任务执行计划和数据分布，发现主要问题在于数据倾斜，即不同用户的埋点行为日志量存在显著差异。

Summary Metrics for 5123 Completed Tasks

Metric	Min	Max
Duration	0.2 s	50 s
GC Time	0 ms	4 s
Input Size / Records	866.7 KB / 61	56.1 MB / 575067
Shuffle Write Size / Records	335.0 B / 5	1017.0 B / 15

图8-11　任务执行计划和数据分布

我们对埋点事件表进行数据探查，统计前10名日志量最大的用户id。

```
SELECT user_id
     ,COUNT(1)
FROM tracking
WHERE partition_date >= '2023-08-10'
  AND partition_date <= '2023-08-16'
GROUP BY user_id
ORDER BY COUNT(1) DESC
LIMIT 10;
```

可以看到NULL和0的占比非常高。

```
--user_id   日志条数
NULL        141913020
0           8182431
32052527    282641
38005284    211255
23920636    205811
15399460    187401
416971010   177583
506422544   173766
32790276    144394
8781070     144394
```

正是这些异常值导致了数据倾斜。在统计 UV 时，NULL 和 0 值（例如未登录的游客）并没有业务意义。因此，在原有查询的基础上，我们增加了对 user_id 的过滤条件。

```
SELECT COUNT(DISTINCT user_id) AS uv
FROM tracking
WHERE partition_date >= '2023-08-10'
  AND partition_date <= '2023-08-16'
  AND user_id IS NOT NULL
  AND user_id > 0;
```

经过上述调整，可以观察到查询任务的耗时显著减少，仅用 124.495s 便顺利完成了执行。

```
Time taken: 124.495 seconds, Fetched 1 row(s)
```

8.5 去重转为求和 / 计数

在业务场景或需求分析中，计算 UV 至关重要，因为它有助于企业了解产品、网站或应用的受众规模和用户参与度。以淘宝卖家举例，它们在营销活动期间，通常需要统计商品的浏览次数以及有多少不同的用户查看了营销活动并进行了购买。通过计算 UV，卖家能够评估营销活动的潜在受众规模，并据此决定是否需要进一步推广以吸引更多用户。此外，UV 的统计还能揭示用户对商品页面或促销活动页面的访问行为，包括浏览、购买和互动等，这有助于深入理解用户的需求和偏好，从而促进用户留存和交易。

UV 的计算不同于简单的计数求和。为了确定某个元素（如用户 id 或订单 id）是否已被计算，通常需要进行去重或添加特定的标识，这无疑增加了计算的复杂性和计算资源开销。在数据处理操作中，除了使用 DISTINCT 关键字外，GROUP BY 也能实现类似的效果。

在 Hive 中，当用户提交的查询任务转换为 MapReduce 作业时，COUNT DISTINCT 操作比较特殊，因为它只会由一个 Reducer 处理，这会导致分布式并行计算的优势未能充分发挥，从而使任务的执行时间变长。

```
-- 只有 1 个 Reducer 处理
SELECT COUNT(DISTINCT user_id) AS act_user_num
FROM tracking_impression
WHERE partition_date = '2023-09-01';
```

常见的解决方案是将任务分配给多个 Reducer 进行处理，先进行局部聚合，然后再进行全局计数。具体来说，可以通过 GROUP BY 操作实现快速去重，随后各个 Task 可以分别进行计数，最后将这些结果汇总以得出最终数值。

```
-- 多个 Reducer 处理
SELECT COUNT(user_id) AS act_user_num
FROM(SELECT user_id
    FROM core_kpi_stat
    WHERE partition_date = '2023-09-01'
    GROUP BY user_id) AS t;
```

而在 Spark 中，无论是使用 DISTINCT 还是 GROUP BY 算子，执行时长的差异通常不大。这是因为在 Spark 执行任务时，读取数据的节点会先进行预聚合（reduceByKey 算子），以尽量减少 Shuffle 过程中的数据量。当我们在 Spark 中执行 COUNT DISTINCT 操作时，提交的查询语句会自动优化以提高效率。

```
== Physical Plan ==
*(3) HashAggregate(keys=[], functions=[count(distinct user_id#76L)], output=[act_
    user_num#69L])
    +- *(1) Project [user_id#76L]
        +- *(1) Filter (isnotnull(partition_date#77) && (partition_date#77 =
            2023-09-01))
```

查询耗时约 43s。

```
Time taken: 42.741 seconds, Fetched 1 row(s)
```

而当我们执行 GROUP BY 语句时，执行计划如下所示。

```
== Physical Plan ==
*(3) HashAggregate(keys=[], functions=[count(user_id#90L)], output=[act_user_
    num#83L])
    +- *(2) HashAggregate(keys=[], functions=[partial_count(user_id#90L)],
        output=[count#94L])
        +- *(2) HashAggregate(keys=[user_id#90L], functions=[], output=[user_
            id#90L])
            +- *(1) Filter (isnotnull(partition_date#91) && (partition_date#91 =
                2023-09-01))
```

查询耗时约 41s，同 DISTINCT 语句相比，两者的执行时间几乎没有差异。

```
Time taken: 40.913 seconds, Fetched 1 row(s)
```

在处理多条件子表达式的去重场景时，采用计数求和的方法同样有效。例如统计一个直播 APP 每日的活跃用户数，这些用户可能有观看直播的行为或至少进入过直播间，或者有其他形式的互动，同时也需要统计用户通过不同渠道进入直播间的数量。这些渠道可能包括基于用户偏好的个性化推荐算法（如"猜你喜欢"）、运营人员手动置顶的热门直播，或者私域流量（例如，用户关注了某位主播，并通过"我的关注"列表或推送通知进入直播间）。

为了评估算法推荐或运营配置的效果，还需要结合互动次数、加购下单数、点击率（Click-Through Rate，CTR）等多项指标进行分析。用户每次观看（访问）直播间的行为都会在用户埋点曝光明细表tracking_impression中记录下来。在埋点数据上报时，扩展字段会包含用户进入直播间的渠道标识，如是否通过算法推荐、人工置顶或关注列表等方式进入。初始的统计任务如下所示。

```
SELECT COUNT(DISTINCT IF(is_act_user = 1, user_id, NULL)) AS act_user_num -- 活跃
    用户数
      ,COUNT(DISTINCT IF(is_rcmd_view = 1, user_id, NULL)) AS rcmd_view_user_num
          -- 通过算法推荐进入直播间的活跃用户数
      ,COUNT(DISTINCT IF(is_hot_view = 1, user_id, NULL)) AS hot_view_user_num --
          通过运营配置（热门）进入直播间的活跃用户数
      ,COUNT(DISTINCT IF(is_follow_view = 1, user_id, NULL)) AS follow_view_user_
          num -- 通过关注列表进入直播间的活跃用户数
FROM tracking_impression
WHERE partition_date = '2023-09-01';
```

执行计划如下所示。首先根据标识字段，如是否为算法推荐、是否为人工置顶等进行判断，然后执行去重DISTINCT操作，并返回最终结果。

```
== Physical Plan ==
-- 膨胀后计数
+- *(2) HashAggregate(keys=[], functions=[partial_count(if ((gid#16 = 1))
    (IF((tracking_impression.`is_act_user` = 1), tracking_impression.`user_id`,
    CAST(NULL AS BIGINT)))#17L else null), partial_count(if ((gid#16 = 4)) )
          -- 按COUNT DISTINCT的维度进行数据膨胀
          +- *(1) Expand [List(if ((is_act_user#6 = 1)) user_id#10L else null,
              null, null, null, 1), List(null, if ((is_hot_view#8 = 1)) user_
              id#10L else null, null, null, 2), List(null, null, if ((is_
              follow_view#9 = 1)) user_id#10L else null, null, 3), List(null,
              null, null, if ((is_rcmd_view#7 = 1)) user_id#10L else null,
              4)], [(IF((tracking_impression.`is_act_user` = 1), tracking_
              impression.`user_id`, CAST(NULL AS BIGINT)))#17L,
```

查询耗时为93.87s。

```
Time taken: 93.87 seconds, Fetched 1 row(s)
```

此时我们就可以采用之前提到的计数求和的方法。首先对user_id进行聚合，以便将明细数据集中，然后对每个渠道来源进行标记。在外层查询中，我们只需对这些标记字段进行求和操作，最终返回的结果便是各个渠道的用户数。

```
SELECT SUM(is_act_user_num)
      ,SUM(is_rcmd_view_num)
      ,SUM(is_hot_view_num)
```

```
    ,SUM(is_follow_view_num)
FROM (SELECT user_id
    ,MAX(is_act_user) AS is_act_user_num
    ,MAX(IF(is_rcmd_view > 0, 1, 0)) AS is_rcmd_view_num
    ,MAX(IF(is_hot_view > 0, 1, 0)) AS is_hot_view_num
    ,MAX(IF(is_follow_view > 0, 1, 0)) AS is_follow_view_num
FROM tracking_impression
WHERE partition_date = '2023-09-01'
GROUP BY user_id) t; -- 根据用户 id 进行聚合，实际上只需要确认这一用户是否通过该渠道进入直播
    间，因此只判断明细数据中渠道标识的最大值
```

从执行计划中也可以验证这一结论。

```
== Physical Plan ==
-- 膨胀后计数改为求和
+- HashAggregate(keys=[], functions=[sum(cast(is_act_user_num#147 as bigint)),
   sum(cast(is_rcmd_view_num#148 as bigint)), sum(cast(is_hot_view_num#149 as
   bigint)), sum(cast(is_follow_view_num#150 as bigint))], output=[sum(is_
   act_user_num)#170L, sum(is_rcmd_view_num)#171L, sum(is_hot_view_num)#172L,
   sum(is_follow_view_num)#173L])
   +- HashAggregate(keys=[user_id#160L], functions=[max(is_act_user#156), max(if
      ((is_rcmd_view#157 > 0)) 1 else 0), max(if ((is_hot_view#158 > 0)) 1
      else 0), max(if ((is_follow_view#159 > 0)) 1 else 0)], output=[is_act_
      user_num#147, is_rcmd_view_num#148, is_hot_view_num#149, is_follow_view_
      num#150])
      +- Project [is_act_user#156, is_rcmd_view#157, is_hot_view#158, is_
         follow_view#159, user_id#160L]
         +- Filter (isnotnull(partition_date#161) AND (partition_date#161 =
            2023-09-01))
```

经过上述调整，可以看到相比未改动的查询任务，改动后的任务耗时约 67s 便顺利完成了执行。

```
Time taken: 67.362 seconds, Fetched 1 row(s)
```

8.6　使用其他结构去重

在上一节中，我们探讨了 DISTINCT 的适用场景和其计算复杂性。以 Hive 和 Spark 为例，尽管这些引擎不断经历升级和优化，但去重操作通常还是通过计数统计来实现。正如图 8-12 所示，引擎通过使用 HashSet 或 HashMap 来存储数据，利用这些数据结构固有的特性来排除重复值，最终通过统计元素或键的数量返回最终的结果。

采用 HashSet 或 HashMap 进行数据去重的方法确保了数据的准确性和一致性，实现起来相对简单，并且具有较高的扩展性。这种结构能够适用于分布式任务的场景（如

Shuffle），因此在分布式去重中得到了广泛应用。然而这种方法也有明显的缺点，由于它存储的是明细数据，当数据集的基数非常大时，资源消耗也会相应增加。特别是在处理大时间粒度的计算任务时，如流计算中累计一年的用户数或从 App 上线至今的用户数，即便是分配了大量资源，任务也可能无法顺利完成。因此当面临这类需求时，通常需要选择其他更高效或资源开销更低的数据结构或算法，以降低成本并提高任务的执行效率。

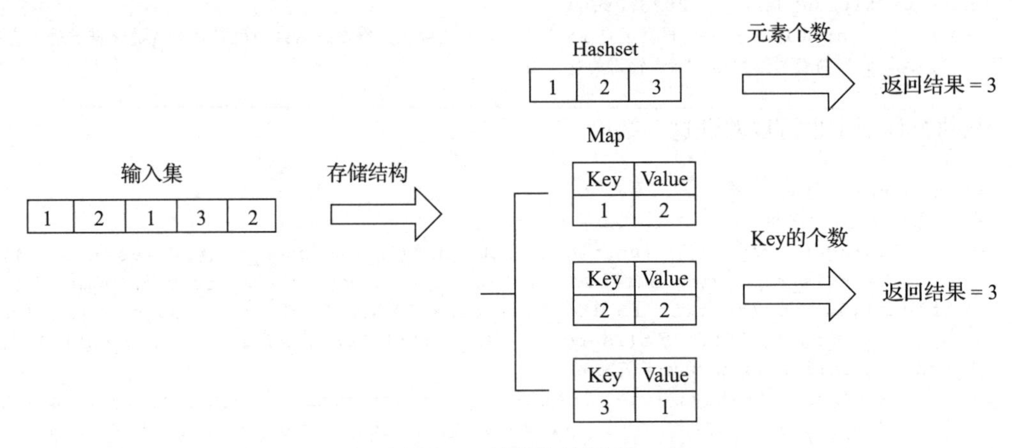

图 8-12　计数统计原理

使用较为广泛的数据结构是布隆过滤器（Bloom Filter）和 HyperLogLog。如图 8-13 所示，布隆过滤器由一个长度为 *m* 比特的位数组（Bit Array）和 *k* 个哈希函数（Hash Function）组成。位数组在开始时全部初始化为 0，而哈希函数的设计目的是将输入数据尽可能均匀地散列到位数组中。当插入一个元素时，该元素会被 *k* 个哈希函数分别处理，生成 *k* 个哈希值。这些哈希值对应位数组中的下标，位于这些下标的比特会被置为 1。查询一个元素是否存在时，也会通过相同的哈希函数生成哈希值，并检查位数组中对应的比特位。如果任一比特位为 0，则可以确定该元素不在集合中。如果所有比特位都为 1，则该元素很可能在集合中。为什么说“很可能”而不是“一定”呢？因为位数组中的一个比特位可能会被多个元素共同影响而置为 1，这种情况称为“假阳性”（False Positive）。相对地，在布隆过滤器中“假阴性”（False Negative）是不会发生的，即如果布隆过滤器表示元素不存在，那么它确实不存在。

HyperLogLog 是一种基于基数估计的算法，如图 8-14 所示，它通过记录元素哈希值中首个出现 1 的位置来计算元素的数量。这种方法只需占用极小的内存空间，就能估算出接近 2^{64} 个不同元素的基数。

尽管布隆过滤器和 HyperLogLog 在节省空间和提高效率方面表现出色，但它们确实也存在一定的局限性。具体来说，这些数据结构只支持元素的插入操作，不支持删除操作，并且不能保证 100% 的准确性，总是伴随着一定的误差。这两个缺点可以视为所有概率性数据结构的通病，即为了在空间效率上取得优势而牺牲了一定的准确率。那么，存在哪些既高效又能保证绝对精确的方法呢？最简单的方法是回归到布隆过滤器和 HyperLogLog 的基础上，即使用位数组，也称为位图（Bitmap）。例如以下的数组，存储一系列可能存在重复的整数元素。

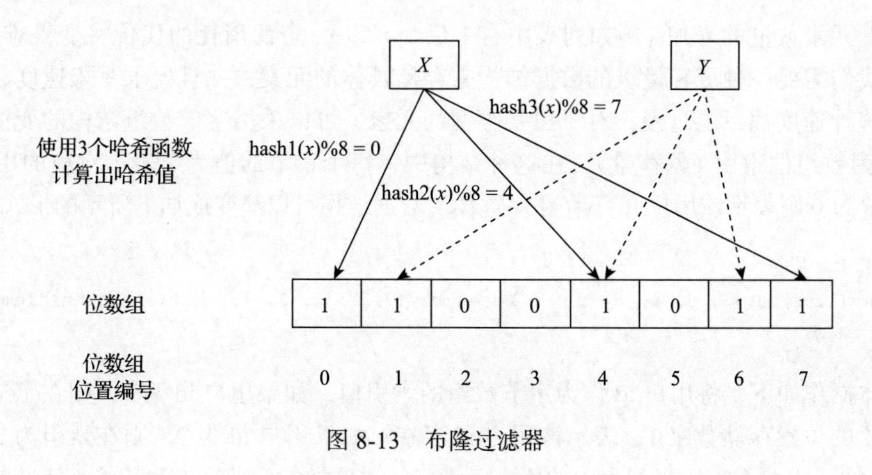

图 8-13　布隆过滤器

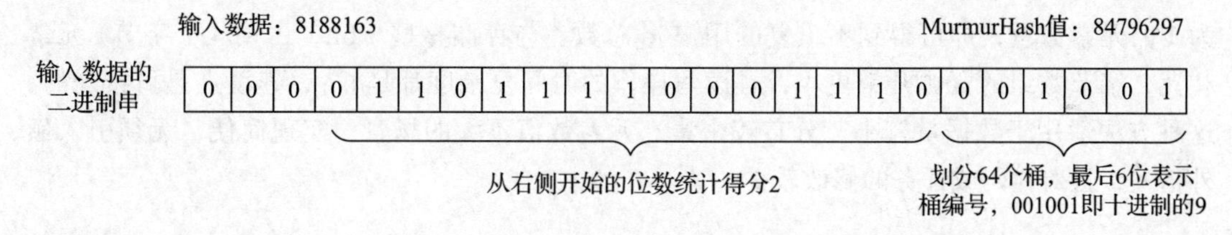

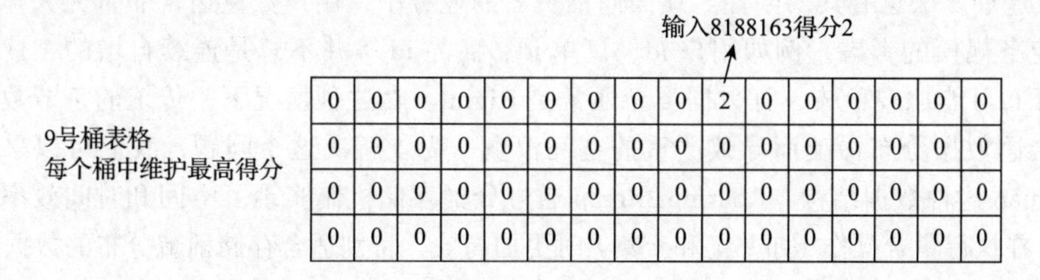

图 8-14　HyperLogLog

```
-- 输入
Array(1, 2, 3, 3, 3, 4, 5, 5);
=>
-- 去重
Array(1, 2, 3, 4, 5);
-- 输出
=> 5
```

如果遵循常规的思路，可以选择使用 HashSet 或者 HashMap 来去重。

```
-- 转 HashSet
Array(1, 2, 3, 3, 3, 4, 5, 5) => Set(1, 2, 3, 4, 5) => Size(Set) = 5;
-- 转 HashMap
Array(1, 2, 3, 3, 3, 4, 5, 5) => Map[1 -> 1, 2 -> 1, 3 -> 3, 4 -> 1, 5 -> 2] =>
    Count(Key) => 5;
```

随着元素数量的增加（例如列表中有1亿个元素），资源消耗的代价将变得难以承受。因此，我们需要一种更轻量级的数据结构来存储具体的元素，并且要求写入速度、查询速度以及统计速度都不能过慢。对于数字类型的元素，可以采用字节数组结构的变体，将用户id作为数组的索引（偏移量）。在这种结构中，每个字节的值为1表示对应的用户id存在，设置为0则表示该用户id不存在。这样，数据结构可以演变成如下所示的形式。

```
-- 转字节数组
Array(1, 2, 3, 3, 3, 4, 5, 5) => ByteArray(0, 1, 1, 1, 1, ...) => Count(element = 1)
    => 5;
```

具体操作如下，将用户id作为字节数组的索引值，如果用户id为1，则在字节数组中索引为1的位置存储数字1，表示该用户id存在；如果用户id为2，则在索引为2的位置存储数字1，以此类推。当列表中的所有元素都经过这样的处理后，我们统计字节数组中值为1的元素数量，即可得到不重复的用户id总数。与存储整型（Int，占用4个字节）元素相比，字节数组的资源开销更小，且读写操作的时间复杂度都是$O_{(1)}$，速度上是可接受的。这种方法适用于数据量较小、分布较密集、元素数值不大的场景，实现简便，无须引入额外依赖，且对代码或任务的修改较少。

然而，这种方法也有其局限性。在面向消费者的业务中，用户数量通常非常庞大。出于安全和业务规模的考虑，例如用户id、订单id、商品id等并不总是连续自增的，这意味着数据分布可能比较稀疏，且数据类型通常是Bigint。在这种情况下，传统的字节数组方法可能会因数据分布稀疏而导致严重的空间浪费。为了解决这个问题，我们可以采用RoaringBitmap这种数据结构。RoaringBitmap通过分桶存储机制实现了空间和时间效率的优化，并且在执行集合操作（如并集和交集）时更加高效，特别适合存储稀疏分布的数据。

8.7 善用标签

所谓标签，是一种用于描述业务实体特征的数据形式。通过标签，我们可以从多个角度刻画业务实体的特性。例如，用户实体可以通过性别、年龄、地区、兴趣爱好、产品偏好等方面进行描述。标签以结构简单、在应用系统中极高的访问效率以及便于数据筛选和分析的优势，在个性化推荐、定向广告、精准营销等业务场景中得到了广泛应用。在本案例中，我们希望利用标签的理念，在执行查询任务时，能够对所需读取和计算的数据进行高效的圈选和划分，从而加快任务的完成速度。

以某业务需求为例，App 消息推送是指在手机终端锁屏状态下在通知栏展示或在操作界面前台顶端弹出的消息通知。用户点击这些通知后，可以唤起相应的 App，并在 App 内跳转到特定页面。这种推送是通知用户、引导用户参与活动或购买产品的重要手段。此外，推送消息还可以引导用户查看信息，唤起 App 以提高日活跃度（Daily Active User，DAU）和增强用户黏性，因此它是一种重要的流量来源。运营人员希望能够统计仅通过消息推送进入 App 的用户，以及仅通过点击桌面图标进入 App 的用户，以此来评估推送消息的触达率。最初的查询任务如下所示。

```
SELECT NVL(t1.user_id, t2.user_id)
      ,IF(t1.user_id IS NOT NULL AND t2.user_id IS NULL, 1, 0) AS only_push
      ,IF(t1.user_id IS NULL AND t2.user_id IS NOT NULL, 1, 0) AS only_app
FROM (SELECT user_id
      FROM tracking_click
      WHERE operation = 'into_push' -- 通过消息推送进入 App
      GROUP BY user_id) t1
FULL OUTER JOIN (SELECT user_id
                 FROM tracking_click
                 WHERE operation = 'into_app' -- 点击桌面图标
                 GROUP BY user_id) t2
  ON t1.user_id = t2.user_id;
```

从图 8-15 所示的执行计划可以看出，任务的执行过程相对简单，引擎首先扫描两次 App 埋点点击事件表 tracking_click，筛选出目标数据，然后对这些数据分别进行聚合计算，最后将聚合后的数据进行关联，以返回最终结果。

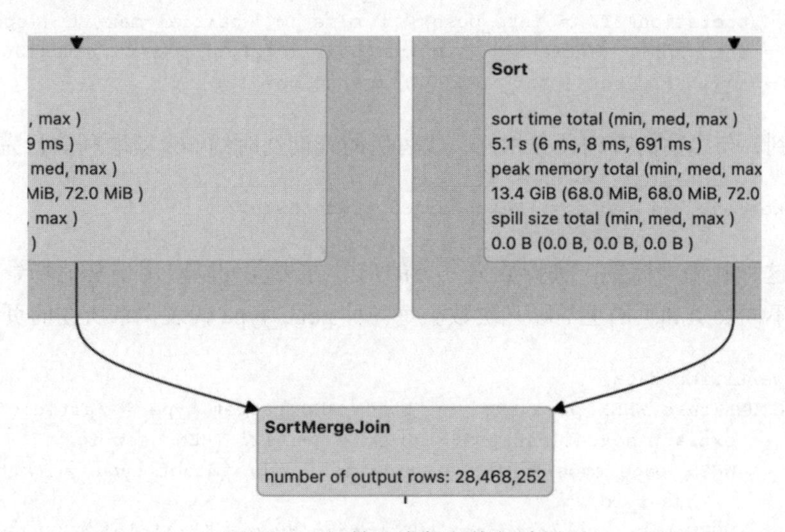

图 8-15　初始查询任务执行计划

查询耗时为85.568s。

```
Time taken: 85.568 seconds, Fetched 28928030 row(s)
```

通过观察查询语句我们可以了解到，无论用户是通过点击消息推送还是点击桌面图标进入App，相关数据都存储在表tracking_click中，因此没有必要扫描两次表数据，只需改写为扫描一次数据时，扩大过滤条件的范围即可。此外在进行聚合计算时，还可以对用户行为进行标记和分类，然后再进行逻辑判断，从而加快查询进程。

```
SELECT user_id
      ,IF(push = 1 AND app = 0, 1, 0) AS only_push
      ,IF(push = 0 AND app = 1, 1, 0) AS only_app
FROM (SELECT user_id
            ,MAX(IF(operation = 'into_push', 1, 0)) AS push
            ,MAX(IF(operation = 'into_app', 1, 0)) AS app
      FROM tracking_click
      WHERE operation in ('into_app', 'into_push')
      GROUP BY user_id)t; -- 以user_id聚合，对明细数据进行标记，判断用户通过何种方式进入
          APP
```

通过执行计划也可以验证这一结论。改写后的查询语句，引擎只扫描和聚合一次表tracking_click中的数据。

```
== Physical Plan ==
*(2) HashAggregate(keys=[user_id#200L], functions=[max(if ((operation#217 =
    into_push)) 1 else 0), max(if ((operation#217 = into_app)) 1 else 0)],
    output=[user_id#200L, only_push#196, only_app#197])
    +- *(1) HashAggregate(keys=[user_id#200L], functions=[partial_max(if
        ((operation#217 = into_push)) 1 else 0), partial_max(if ((operation#217
        = into_app)) 1 else 0)], output=[user_id#200L, max#267, max#268])
        +- *(1) Project [user_id#200L, operation#217]
```

可以看到，与之前的查询任务相比，改写后的查询耗时约56s就顺利执行完毕。

```
Time taken: 56.284 seconds, Fetched 28928030 row(s)
```

此外，这种利用“标签”进行数据分类的巧妙方法也可以应用于其他场景，比如计算一篇文章在不同渠道和页面上的曝光次数。每一种page_type代表文章所在的页面。

```
SELECT partition_date,
       COUNt(case WHEN page_type = 'list' AND target_type = 'article' AND json_
           extract_scalar(data, '$.tab_id') <> '12' THEN user_id
           WHEN page_type = 'hashtag_detail' AND target_type = 'article' THEN
               user_id
           WHEN page_type = 'post' AND target_type = 'article' THEN user_id
           WHEN page_type = 'video' AND target_type = 'article' THEN user_id
```

```
        WHEN page_type = 'explore' AND target_type = 'article' THEN user_id
        WHEN page_type in ('me', 'shop', 'my_like') AND target_type =
            'article' THEN user_id
        ELSE NULL END ) AS impression_pv
FROM tracking_impression
WHERE partition_date = '2021-11-01'
  AND operation = 'impression'
GROUP BY partition_date;
```

可以看到，即便是计算诸如曝光次数这样的基础指标，所需的过滤条件也相当复杂。数十份报表都采用了这一指标，而每次的计算过程不仅效率低下，而且一旦需要增加或减少页面（即过滤条件），代码的维护工作将变得异常困难。针对这类复杂的逻辑，我们可以采用二次封装的方法，将其转化为枚举值或者具有明确业务含义的标签，以简化计算流程。

```
SELECT partition_date,
       COUNT(1) AS impression_pv
FROM tracking_impression
WHERE partition_date = '2021-11-01'
  AND operation = 'impression'
  AND impression_tag = 1 -- 上述复杂 SQL 的抽象
GROUP BY partition_date;
```

这种方法被称为“公共逻辑下沉”，意味着那些被广泛使用的处理逻辑应当在数据处理的底层进行封装和实现，而不应该将这些公共逻辑暴露给应用层，以避免在多个查询任务中重复执行相同的复杂逻辑。

8.8　避免使用 FINAL

ClickHouse（简称 CK）是一个面向列存储的分布式数据库管理系统，支持多种表引擎。不同的表引擎适用于不同的数据访问模式和性能需求，CK 拥有非常庞大的表引擎体系，总共有合并树、外部存储、内存、文件、接口和其他 6 大类 20 多种表引擎，而在这众多的表引擎中，又属合并树（MergeTree）表引擎及其家族系列（*MergeTree）最为强大，在生产环境中的绝大部分场景都会使用此引擎。因为只有合并树系列的表引擎才支持主键索引、数据分区、数据副本、数据采样等特性，同时也只有此系列的表引擎支持 ALTER 相关操作。

所谓合并树，是指 CK 在写入一批数据时，数据总会以数据片段的形式写入磁盘，且数据片段不可修改。而为了避免数据片段过多，CK 会通过后台线程定期地合并这些数据片段，属于相同分区的数据片段会被合并成一个新的数据片段，这种数据片段往复合并的过程，正是合并树名称的由来。其中，最常见且容易出错的情况之一就是处理 upsert 操作。例如表 A 中业务主键 id = 123456 的记录在 CK 中写入了两次，写入记录如表 8-1 所示。

表 8-1　写入 CK 数据示例

id	update_time	status
123456	1693303297	1
123456	1693306800	0

接下来执行查询，筛选 id = 123456 的所有数据。

```
SELECT id
      ,update_time
FROM A
WHERE id = 123456;
```

在这种情况下，查询将返回两条记录，但这并不是我们预期的结果。为了避免这个问题，通常的解决方法是在查询表时加上 FINAL 关键字。

```
SELECT id
      ,update_time
FROM A FINAL
WHERE id = 123456;
```

在查询时使用 FINAL 关键字，这样 CK 会合并具有相同主键的记录，只返回最终的结果。然而，使用 FINAL 的一个明显缺点是它受到参数 max_final_threads（最大线程数，默认值为 16）的限制，这可能无法满足高并发查询的需求。在大多数情况下，为了避免使用 FINAL，一个常见的做法是改写查询语句，例如可以通过执行一个聚合查询（例如使用去重功能）来满足数据的一致性需求。

```
SELECT id
      ,MAX(update_time)
FROM A
WHERE id = 123456
GROUP BY id;
```

虽然这种方法也能得到正确的结果，但在生产环境中，随着聚合键数量的增加，这将导致性能明显下降，有时甚至不如直接使用 FINAL 关键字。因此，我们继续探索替代方案，并最终确定采用结合 ORDER BY 和 LIMIT BY 的方法实现等价替代。

所谓 ORDER BY 涉及两个要素，其一是在建表时指定的用于去重的字段以及版本号。以 CK 提供的建表语句模板为例。

```
CREATE TABLE [IF NOT EXISTS] [db.]table_name [ON CLUSTER cluster]
(
    name1 [type1] [DEFAULT|MATERIALIZED|ALIAS expr1],
    name2 [type2] [DEFAULT|MATERIALIZED|ALIAS expr2],
```

```
    ...
) ENGINE = ReplacingMergeTree([ver])
[PARTITION BY expr]
[ORDER BY expr]
[PRIMARY KEY expr]
[SAMPLE BY expr]
[SETTINGS name=value, ...]
```

需要注意的是，ORDER BY expr 是指在 MergeTree 引擎执行去重操作时，根据 ORDER BY 中指定的字段进行去重，而不是依据 PRIMARY KEY。此外，ver 字段作为版本号使用。如果指定了如 mtime 这样的字段，系统在去重时会保留 mtime 值最大的记录；如果未指定任何字段，那么新写入的记录将覆盖旧记录。

```
-- 修改后的建表语句
CREATE TABLE A
(
    `id` Int64,
    `owner_id` Int64,
    `status` Int8,
    `ctime` UInt32,
    `mtime` UInt32
)
ENGINE = ReplicatedReplacingMergeTree('/clickhouse/tables/A', '{replica}')
PARTITION BY toMonth(toDate(ctime))
ORDER BY id
SETTINGS index_granularity = 8192;
```

其二是在查询语句中使用的 ORDER BY 应与 LIMIT BY 结合使用，以变相实现去重效果。这与 MySQL 中 LIMIT 的用法不同，MySQL LIMIT 仅限制最终结果集的行数。而 CK 的 LIMIT BY 功能类似于对分组排序后的数据取前 *n* 行。通过将 SQL 语句改写为以下结构，我们可以实现类似 FINAL 关键字的效果，同时避免触发后台文件的合并操作，从而显著提高性能。

```
SELECT case_id,
       mtime
FROM A
WHERE case_id = 123456
ORDER BY mtime
LIMIT 1 BY case_id;
```

上述内容仅是一个简单的例子，用以阐述 FINAL 与 ORDER BY 加 LIMIT BY 的等效性。在实际工作中，我们必须首先进行去重，然后再添加过滤条件。当然，如果过滤条件具有特殊性，也可以将其与去重条件结合在一起。例如，在前面的例子中，如果需要添加对 mtime 的过滤条件，则需要按照以下方式进行改写并提交查询。

```
SELECT case_id,
       mtime
FROM
  (SELECT case_id,
          mtime
   FROM A
   WHERE case_id = 123456
   ORDER BY mtime
   LIMIT 1 BY case_id)
WHERE mtime >= 1669194185
  AND mtime <= 1669194190;
```

如果想要在去重的同时进行过滤，我们则需要注意，只有那些从记录创建之初就永远不变的字段，才能作为子查询的过滤条件，例如国家、创建时间和订单id等。否则，如果子查询中的过滤条件在去重的ORDER BY和LIMIT操作之前执行，就可能意外地过滤掉一些本不应该被排除的记录。

8.9 转为二进制处理

在8.1.7节中，我们强调了数据标签在业务场景和数据应用中的重要性及其广泛应用。例如，在个性化推荐（千人千面）方面，手机等私人专属设备，由于不易与他人共享，因此用户在手机上的浏览和交易行为数据具有极高的分析价值。对于电商平台来说，个性化推荐的核心在于根据不同用户群体的特点，优先推荐可能成交的商品给相应的消费者，以最大化购买转化率，促进用户下单。个性化推荐还能让平台充分利用有限的广告位资源，最大化流量价值。对于内容导向的社交平台，个性化推荐通过分析用户的兴趣、行为和偏好，向用户展示他们最感兴趣的内容，这不仅使用户更容易找到他们关心的信息，还增加了他们在平台上的停留时间，有助于降低用户流失率，提高用户留存和黏性，为平台的广告等变现手段打下基础。

在用户浏览内容的埋点行为表tracking_impression中，记录了用户浏览的每个内容（包括长视频、短视频和图文）、时间和内容id等信息。数据团队负责提供各种用户标签，以便进行人群定向广告投放和模型训练。标签分为独立标签和组合标签，其中独立标签指的是只看过短视频的用户，而组合标签则是指既看过短视频又看过长视频的用户。根据以往的经验，查询只看过短视频的用户的独立标签时，应该这样构建查询任务。

```
SELECT t1.user_id
FROM (SELECT user_id
      FROM tracking_impression
      WHERE partition_date = '2023-09-01'
        AND content_type = '短视频'
```

```
      GROUP BY user_id) t1
LEFT JOIN (SELECT user_id
           FROM tracking_impression
           WHERE partition_date = '2023-09-01'
             AND content_type <> '短视频'
           GROUP BY user_id) t2
  ON t1.user_id = t2.user_id
WHERE t2.user_id IS NULL;
```

如图 8-16 所示的执行计划，首先扫描表 tracking_impression，筛选出内容类型为短视频的记录，以及内容类型为非短视频的记录，接着对 user_id 进行聚合以缩减数据集，然后通过左外连接这两组数据，并选取右侧表中 user_id 为 NULL 的记录。这样的结果表明，这部分用户仅观看了短视频，而没有浏览过其他类型的内容。

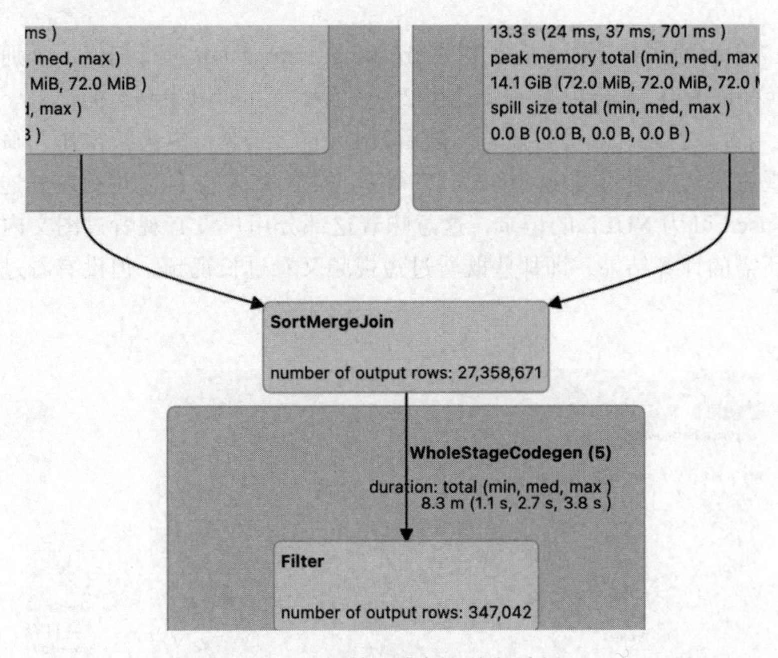

图 8-16　初始查询任务执行计划

查询任务耗时为 92.775s。

```
Time taken: 92.775 seconds, Fetched 347042 row(s)
```

而查询既看过短视频又看过长视频的用户的组合标签时，则应该这样构建查询任务。

```
SELECT t3.user_id
FROM (SELECT t1.user_id
      FROM(SELECT user_id
           FROM tracking_impression
```

```
            WHERE partition_date = '2023-09-01'
              AND content_type = '短视频'
            GROUP BY user_id) t1
        INNER JOIN (SELECT user_id
                   FROM tracking_impression
                   WHERE partition_date = '2023-09-01'
                     AND content_type = '长视频'
                   GROUP BY user_id) t2
          ON t1.user_id = t2.user_id) t3
  LEFT JOIN (SELECT user_id
            FROM tracking_impression
            WHERE partition_date = '2023-09-01'
              AND content_type = '图文') t4
    ON t3.user_id = t4.user_id
  WHERE t4.user_id IS NULL;
```

如图 8-17 所示的执行计划，首先对表 tracking_impression 进行扫描，分别提取内容类型为短视频（标记为 t1）、长视频（标记为 t2）以及图文（标记为 t4）的记录。为了减少数据集的大小，我们对 user_id 进行聚合。随后对 t1 和 t2 表执行内连接操作，筛选出既观看了短视频又观看了长视频的用户。接着，将得到的中间结果与 t4 表进行左外连接，并筛选出在 t4 表中 user_id 为 NULL 的记录，这意味着这部分用户没有观看过图文内容。这样便得到了最终所需的计算结果，即那些既看过短视频又看过长视频，但没有看过图文内容的用户群体。

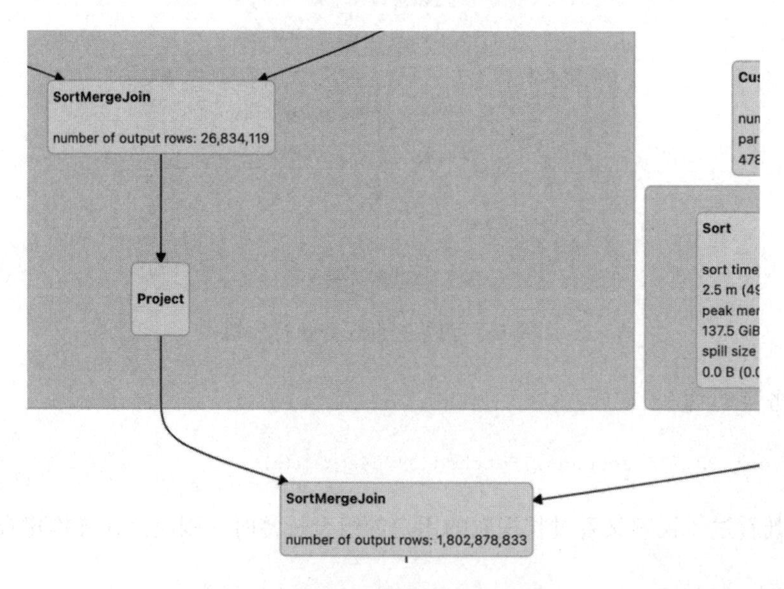

图 8-17 初始查询任务执行计划

查询任务耗时为 191.73s。

```
Time taken: 191.73 seconds, Fetched 177721 row(s)
```

在上述例子中，我们可以看到，随着内容类型的增加（例如投票、纯文字等），计算组合标签的复杂度也随之增加。这不仅使得 SQL 难以维护，而且通常需要对源表进行至少两次以上的扫描，这在资源开销上是难以承受的。因此，我们考虑转变思路，采用一种类似于标签与二进制结合的方法进行改进。

如图 8-18 所示，我们可以通过对用户浏览的内容类型进行聚合，并对每种内容类型进行 0 或 1 的标记。例如，我们可以按照长视频、短视频、图文的顺序，对表中每一行记录进行标记：如果用户观看了长视频，则将二进制序列的第 0 位标记为 1，否则标记为 0，依此类推直至标记完所有内容类型。接下来，我们将每个用户的二进制标记值转换为十进制数。例如，用户 1 观看了长视频、短视频和图文，其二进制标记为 111，转换为十进制后为 7；用户 2 观看了长视频和短视频，其二进制标记为 011，转换为十进制后为 3；用户 4 仅观看了图文，其二进制标记为 100，转换为十进制后为 4。通过这种方法，无论是单一内容类型的用户还是多种内容类型组合的用户，我们都可以轻松地筛选出特定的用户群体。

数据源

用户ID	内容类型
1	长视频
1	短视频
1	图文
2	长视频
2	短视频
3	短视频
3	图文
4	图文
5	短视频

行为标签化

二进制分析

用户ID	图文	短视频	长视频
1	1	1	1
2	0	1	1
3	1	1	0
4	1	0	0
5	0	1	0

转换为二进制

二进制分析

用户ID	4	2	1
1	1	1	1
2	0	1	1
3	1	1	0
4	1	0	0
5	0	1	0

行列还原

结果

用户ID	二进制类型
1	4
1	2
1	1
2	2
2	1
3	4
3	2
4	4
5	2

结果

用户ID	二进制类型
1	7
2	3
3	6
4	4
5	2

图 8-18 二进制转换原理示意

例如，在上文中提到的只观看过短视频的用户，就可以利用之前提到的二进制处理方法来单独标识这类用户。具体来说，我们只需筛选出那些res值等于2的用户（短视频对应的位置是第1位，其二进制表示为010）。这样就能轻松地识别出只看过短视频的用户群体。

```
SELECT user_id
FROM (SELECT user_id
            ,SUM(content_type) AS res
      FROM (SELECT user_id
                  ,CASE WHEN content_type = '长视频' THEN 1
                        WHEN content_type = '短视频' THEN 2
                        WHEN content_type = '图文' THEN 4
                        ELSE NULL END AS content_type
            FROM tracking_impression
            WHERE partition_date = '2023-09-01') t1
      GROUP BY user_id) t2
WHERE res = 2; -- 二进制为010，十进制为2
```

执行计划相对简单，首先对明细数据进行聚合。在这个过程中，我们使用CASE WHEN语句直接以十进制数值进行标记。然后，在外层查询中，直接通过这些十进制数值进行筛选。

```
== Physical Plan ==
+- *(3) Filter (isnotnull(res#9L) && (res#9L = 2))
    +- *(3) HashAggregate(keys=[user_id#13L], functions=[sum(cast(content_type#8
        as bigint))], output=[user_id#13L, res#9L])
        +- *(2) HashAggregate(keys=[user_id#13L], functions=[partial_
            sum(cast(content_type#8 as bigint))], output=[user_id#13L, sum#17L])
            +- *(1) Project [user_id#13L, CASE WHEN (content_type#12 = 长视频)
                THEN 1 WHEN (content_type#12 = 短视频) THEN 2 WHEN (content_
                type#12 = 图文) THEN 4 ELSE null END AS content_type#8]
```

相比较未改动的查询任务，执行耗时降低至76.664s。

```
Time taken: 76.664 seconds, Fetched 347042 row(s)
```

对于那些既观看过短视频又观看过长视频的用户，同样可以采用二进制的处理方法。具体来说，只需筛选出res值等于3的用户，因为在二进制中，这个数值表示为011，这样我们就能准确地识别出这一特定用户群体。

```
SELECT user_id
FROM (SELECT user_id
            ,SUM(content_type) AS res
      FROM (SELECT user_id
                  ,CASE WHEN content_type = '长视频' THEN 1
```

```
                    WHEN content_type = '短视频' THEN 2
                    WHEN content_type = '图文' THEN 4
                    ELSE NULL END AS content_type
            FROM tracking_impression
            WHERE partition_date = '2023-09-01') t1
    GROUP BY user_id) t2
WHERE res = 3; -- 二进制为 011，十进制为 3
```

相比较未改动的查询任务，执行耗时降低至约 59s。

```
Time taken: 58.897 seconds, Fetched 177721 row(s)
```

8.10　行列互置的处理办法

在多维数据分析中，数据旋转是一种常见且经典的操作，涉及简单的行列转换。在平面表中，行和列展示的数据维度是不同的。列展示了同一字段下的所有数据，让我们能够横向比较不同行。而行则展示了多个字段，即不同维度的数据，但这些数据仅限于单一行。如图 8-19 所示，通过数据旋转（这可能包括行列的交换），将某一维度旋转到其他维度中，甚至是指标与维度之间的互换，分析人员能够从多个角度观察数据，揭示数据之间潜在的关系或趋势。

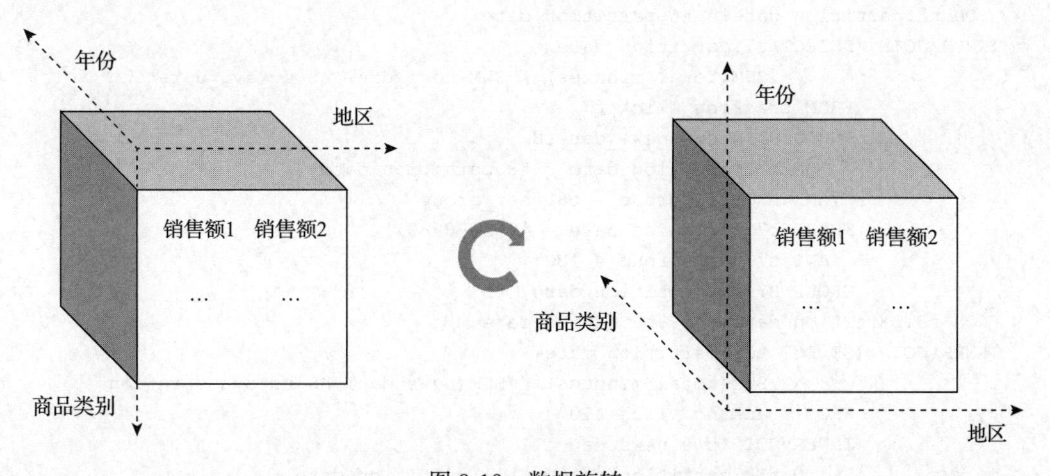

图 8-19　数据旋转

在计算任务中，我们可以借鉴数据旋转或置换的概念来优化任务性能，降低计算复杂度，提升数据的可理解性，并支持更高效的数据处理与分析。以统计各类 App 的平均阅读（浏览）时长为例，这项业务需求的目的是了解用户的浏览偏好和高频活跃的浏览时段等信息。这些数据可以用来调整消息推送的时段、内容和推荐阅读材料，从而增强用户黏性。用户点击事件表 tracking_click 记录了每个用户在各个 App 中阅读文章、图文、视频等内容的浏览时长。另一方面，表dws_news_dau记录了每个App每日的活跃用户数。通过这些数据，我们可以进行深入分析，以优化用户体验和提高内容推荐的相关性。

```
SELECT avg_duration -- 人均阅读时长
      ,toutiao_avg_duration -- 今日头条人均阅读时长
      ,uc_avg_duration -- UC 人均阅读时长
      ,bd_avg_duration -- 百度 APP 人均阅读时长
FROM (SELECT t1.partition_date
            ,SUM(total_minutes) / SUM(news_dau) AS avg_duration
      FROM tracking_click t1
      INNER JOIN dws_news_dau t2
         ON t1.partition_date = t2.partition_date
        AND t1.user_group = t2.user_group
      WHERE t1.partition_date = '2023-09-01'
      GROUP BY t1.partition_date) t3
INNER JOIN (SELECT t4.partition_date
                  ,SUM(total_minutes) / SUM(news_dau) AS toutiao_avg_duration
            FROM tracking_click t4
            INNER JOIN dws_news_dau t5
               ON t4.partition_date = t5.partition_date
              AND t4.user_group = t4.user_group
            WHERE t4.partition_date = '2023-09-01'
              AND t4.user_group = '今日头条'
            GROUP BY t4.partition_date) t6
  ON t3.partition_date = t6.partition_date
INNER JOIN (SELECT t7.partition_date
                  ,SUM(total_minutes) / SUM(news_dau) AS uc_avg_duration
            FROM tracking_click t7
            INNER JOIN dws_news_dau t8
               ON t7.partition_date = t8.partition_date
              AND t7.user_group = t8.user_group
            WHERE t7.partition_date = '2023-09-01'
              AND t7.user_group = 'UC'
            GROUP BY t7.partition_date) t9
  ON t3.partition_date = t9.partition_date
INNER JOIN (SELECT t10.partition_date
                  ,SUM(total_minutes) / SUM(news_dau) AS bd_avg_duration
            FROM tracking_click t10
            INNER JOIN dws_news_dau t11
               ON t10.partition_date = t11.partition_date
              AND t10.user_group = t11.user_group
            WHERE t10.partition_date = '2023-09-01'
              AND t10.user_group = '百度'
            GROUP BY t10.partition_date) t12
  ON t3.partition_date = t12.partition_date;
```

如图8-20所示的执行计划，操作步骤非常简单，首先计算每个分类的聚合结果，然后将这些结果关联，以得到最终的结果。

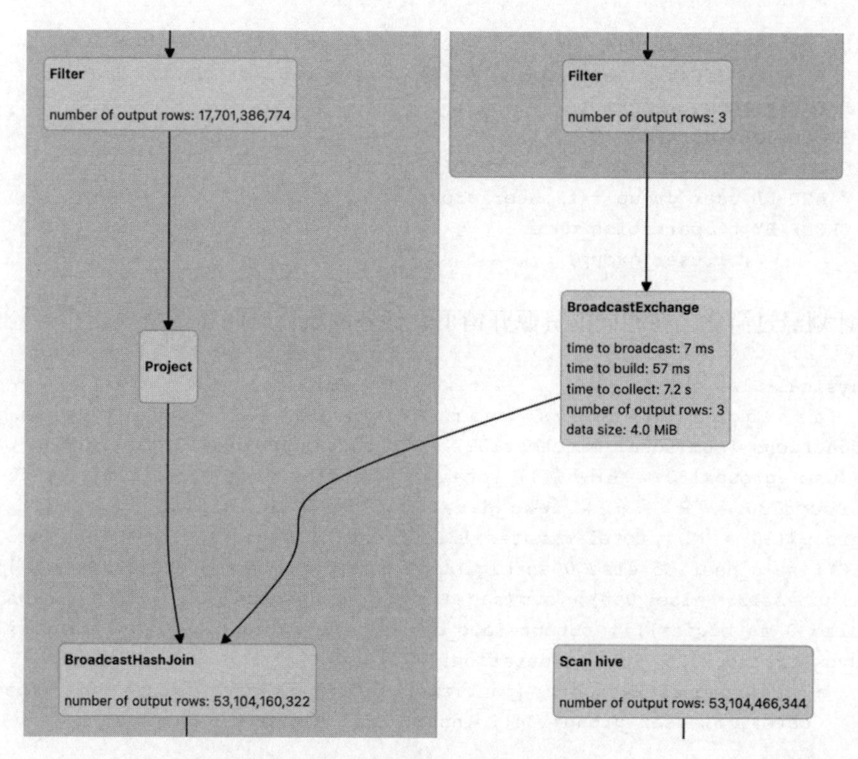

图 8-20 初始查询任务执行计划

这种计算方法需对表数据进行多次扫描，从而导致资源消耗大、计算链路复杂，因此耗时较长，大约需要约 44min 才能完成执行。

```
Time taken: 2657.045 seconds, Fetched 1 row(s)
```

为了提高效率，我们调整策略，通过一次性扫描并关联表 tracking_click 和表 dws_news_dau，避免了先聚合再关联的复杂逻辑。通过采用子表达式的方法来分解指标，从而简化了计算过程。

```
SELECT total_minutes / total_dau AS avg_duration -- 人均阅读数
    ,toutiao_minutes / toutiao_dau AS toutiao_avg_duration
    ,uc_minutes / uc_dau AS uc_avg_duration
    ,bd_minutes / bd_dau AS bd_avg_duration
FROM(SELECT t1.partition_date
        ,SUM(total_minutes) AS total_minutes
        ,SUM(IF(t1.user_group = '今日头条', total_minutes, 0)) AS toutiao_
          minutes
        ,SUM(IF(t1.user_group = 'UC', total_minutes, 0)) AS uc_minutes
        ,SUM(IF(t1.user_group = '百度', total_minutes, 0)) AS bd_minutes
        ,SUM(news_dau) AS total_dau
        ,SUM(IF(t1.user_group = '今日头条', news_dau, 0)) AS toutiao_dau
```

```
        ,SUM(IF(t1.user_group = 'UC', news_dau, 0)) AS uc_dau
        ,SUM(IF(t1.user_group = '百度', news_dau, 0)) AS bd_dau
  FROM tracking_click t1
  INNER JOIN duration t2
    ON t1.partition_date = t2.partition_date
    AND t1.user_group = t2.user_group
  GROUP BY t1.partition_date
          ,t1.user_group) t;
```

执行计划经过简化，在相同的资源开销下，任务的执行时间显著减少。

```
== Physical Plan ==
*(3) HashAggregate(keys=[partition_date#133, user_group#130],
    functions=[sum(total_minutes#132), sum(cast(news_dau#135 as bigint)), sum(if
    ((user_group#130 = 今日头条)) total_minutes#132 else 0.0), sum(cast(if ((user_
    group#130 = 今日头条)) news_dau#135 else 0 as bigint)), sum(if ((user_
    group#130 = UC)) total_minutes#132 else 0.0), sum(cast(if ((user_group#130 =
    UC)) news_dau#135 else 0 as bigint)), sum(if ((user_group#130 = 百度)) total_
    minutes#132 else 0.0), sum(cast(if ((user_group#130 = 百度)) news_dau#135
    else 0 as bigint))], output=[avg_duration#124, toutiao_avg_duration#125, uc_
    avg_duration#126, bd_avg_duration#127])
    +- *(2) BroadcastHashJoin [partition_date#133, user_group#130], [partition_
        date#136, user_group#134], Inner, BuildRight
```

相比较未改动的查询任务，改写后的任务执行耗时降低至约 20min。

```
Time taken: 1228.473 seconds, Fetched 1 row(s)
```

在行转列的应用场景中，核心日报表 core_kpi_stat 记录了公司旗下各业务 App 当日的表现数据，包括 App 的启动次数、点击次数、活跃用户数和交易订单等关键指标。如图 8-21 所示，在提供对外的数据服务或进行查询时，我们需要将各 App 的启动次数等指标分别拆分出来。

数据源

PUSH启动次数	浏览器启动次数	百度APP启动次数	UC启动次数	…
111	222	333	444	…

⇨

输出结构

PUSH	111
浏览器	222
百度	333
UC	444

图 8-21　行转列输出

最初的查询任务表述如下，该任务的逻辑非常简单，仅涉及选择不同的字段，并使用 UNION ALL 语句将结果合并后返回。

```
SELECT 'PUSH' AS `type`
```

```
       ,SUM(startup_cnt_push) AS startup_cnt
FROM core_kpi_stat
WHERE partition_date = '2023-09-01'
UNION ALL
SELECT '浏览器' AS `type`
       ,SUM(startup_cnt_browser) AS startup_cnt
FROM core_kpi_stat
WHERE partition_date = '2023-09-01'
UNION ALL
SELECT '百度APP' AS `type`
       ,SUM(startup_cnt_baidu) AS startup_cnt
FROM core_kpi_stat
WHERE partition_date = '2023-09-01'
UNION ALL
SELECT 'UC' AS `type`
       ,SUM(startup_cnt_uc) AS startup_cnt
FROM core_kpi_stat
WHERE partition_date = '2023-09-01';
```

如图 8-22 所示，从查询计划中可以看出，引擎实际上对表进行了多次读取（扫描），然后选取相应的字段，并通过联合操作返回结果。

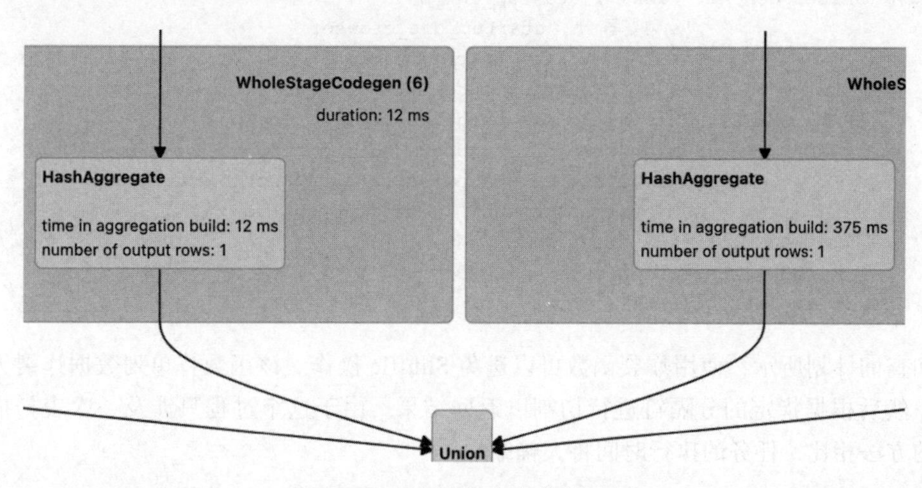

图 8-22　初始查询任务执行计划

查询耗时约 11.74s。

```
Time taken: 11.735 seconds, Fetched 4 row(s)
```

转变思路，正如图 8-23 所展示的，我们可以采取仅对表进行一次扫描的方法来读取所有数据。首先将数据构造成单行单列的结构，然后通过炸裂函数将其拆分成多个字段，以此获得期望的最终结果。

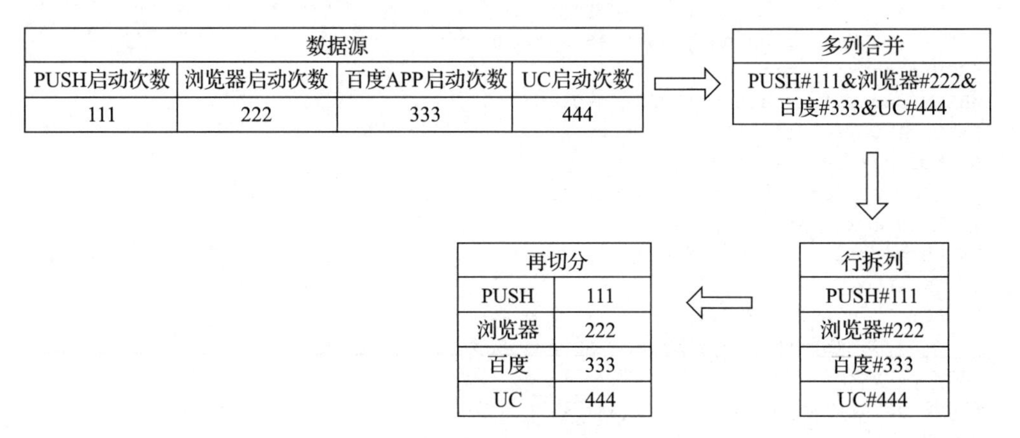

图 8-23　改写思路

基于上述思路，重写查询任务的代码。现在，我们通过对不同的字符进行拼接，以区分同一行中的不同列数据，从而生成所需的返回记录。

```
SELECT  SPLIT(data_str, '#')[0] AS `type`
       ,SPLIT(data_str, '#')[1] AS startup_cnt
FROM (SELECT CONCAT('PUSH#', startup_cnt_push
                   ,'& 浏览器 #', startup_cnt_browser
                   ,'& 百度 #', startup_cnt_baidu
                   ,'&UC#', startup_cnt_uc) AS concat_str
      FROM (SELECT SUM(startup_cnt_push) AS startup_cnt_push
                  ,SUM(startup_cnt_browser) AS startup_cnt_browser
                  ,SUM(startup_cnt_baidu) AS startup_cnt_baidu
                  ,SUM(startup_cnt_uc) AS startup_cnt_uc
            FROM core_kpi_stat
            WHERE partition_date = '2023-09-01') t1 ) t2
LATERAL VIEW EXPLODE(SPLIT(concat_str, '&')) t2 AS data_str;
```

如查询计划所示，使用炸裂函数可以避免 Shuffle 操作。该函数将单列数据炸裂为多行记录，然后根据指定的分隔符进行切割以返回结果。由于这个过程只涉及一次表扫描，与之前的方法相比，任务的执行时间将大幅缩短。

```
== Physical Plan ==
*(3) Project [split(data_str#18, #)[0] AS type#5, split(data_str#18, #)[1] AS
    startup_cnt#6]
+- Generate explode(split(concat_str#4, &)), false, [data_str#18]
    +- *(2) HashAggregate(keys=[], functions=[sum(cast(startup_cnt_push#9 as
        bigint)), sum(cast(startup_cnt_browser#10 as bigint)), sum(cast(startup_
        cnt_baidu#11 as bigint)), sum(cast(startup_cnt_uc#12 as bigint))],
        output=[concat_str#4])
```

相比较未改动的查询任务，改写后的查询耗时降低至约 2.2s。

```
Time taken: 2.197 seconds, Fetched 4 row(s)
```

8.11 炸裂函数中的谓词下推

在前文中，我们讨论了谓词下推作为基于规则优化（RBO）的策略之一，它的目标是在不改变查询结果的前提下，尽可能早地应用过滤条件。这种做法旨在减少集群间传输的数据量，节约资源，并以此提高任务的性能。然而由于其固有的局限性，谓词下推有时可能适得其反。例如某业务需求，统计直播间各实验组的互动效果，包括点赞、加购和发送评论等行为。

```
SELECT experiment_group_id ,
       count(CASE
                 WHEN target_type = 'follow_button' THEN 1
                 ELSE NULL
             END) AS ls_follow_cnt_1d , -- 关注按钮次数
       count(CASE
                 WHEN target_type = 'streamer_icon' THEN 1
                 ELSE NULL
             END) AS ls_streamer_shop_click_cnt_1d , -- 主播主页次数
       count(CASE
                 WHEN target_type = 'item_basket' THEN 1
                 ELSE NULL
             END) AS ls_basket_click_cnt_1d , -- 直播间购物栏点击次数
       count(CASE
                 WHEN target_type = 'like' THEN 1
                 ELSE NULL
             END) AS ls_like_cnt_1d , -- 点赞次数
       count(CASE
                 WHEN target_type = 'send_comment' THEN 1
                 ELSE NULL
             END) AS ls_comment_cnt_1d , -- 发送评论次数
       count(CASE
                 WHEN target_type = 'sharing_option'
                      AND page_section[0] = 'sharing_panel' THEN 1
                 ELSE NULL
             END) AS ls_share_cnt_1d , -- 分享次数
       count(CASE
                 WHEN target_type = 'item'
                      AND page_section[0] = 'display_window' THEN 1
                 ELSE NULL -- 悬浮窗点击次数
             END) AS ls_product_click_cnt_1d
FROM
  (SELECT CASE
              WHEN  regexp_extract(regexp_extract(get_json_object(`data`,
```

```
                    '$.recommendation_info'), '(.*ABTEST:)(.*?)(,.*)', 2), '(.*)(@)
                    (.*)', 3) IS NULL THEN ''
                ELSE regexp_extract(regexp_extract(get_json_object(`data`,
                    '$.recommendation_info'), '(.*ABTEST:)(.*?)(,.*)', 2), '(.*)(@)
                    (.*)', 3)
            END AS experiment_groups ,
            target_type ,
            page_section
    FROM db.tracking
    WHERE page_type = 'streaming_room'
      AND OPERATION = 'click'
      AND user_id > 0 and(target_type = 'follow_button'
                        OR target_type = 'streamer_icon'
                        OR target_type = 'item_basket'
                        OR target_type = 'like'
                        OR target_type = 'send_comment'
                        OR target_type = 'follow_button'
                        OR (target_type = 'sharing_option'
                            AND page_section[0] = 'sharing_panel')
                        OR (target_type = 'item'
                            AND page_section[0]  = 'display_window')) and(get_
                               json_object(`data`,  '$.ctx_from_source')  = 'lp_
                               topscroll'
                                   OR get_json_object(`data`,  '$.ctx_from_
                                       source') = 'home_live'
                                   OR (get_json_object(`data`,  '$.ctx_from_
                                       source') = 'lp_tab'
  AND get_json_object(`data`,  '$.recommendation_info')  like  '%REQID%'))  )LATERAL
      VIEW EXPLODE(split(experiment_groups, '_')) t AS experiment_group_id
  GROUP BY experiment_group_id;
```

从埋点点击事件表中提取与直播间页面（streaming_room）相关的所有点击事件。算法推荐的实验组信息存储在扩展字段data中，其中多个实验名称通过下划线连接。因此，计算逻辑包括从data字段中提取实验组列表，并使用炸裂函数将列转换为行。接着对不同的点击按钮事件进行计数，以此来获取直播间的关键指标，如关注数、点赞数、分享数、转发数以及直播间商品的点击次数。在Spark 2版本中，查询耗时约为324s。

```
Time taken: 323.925 seconds, Fetched 81 row(s)
```

引擎在升级到Spark 3.1版本之后，我们发现相同的查询任务所需的查询时间竟然增加了6.8倍，大约需要37min才能执行完毕。

```
Time taken: 2190.365 seconds, Fetched 81 row(s)
```

在查看执行计划时发现，Spark 3执行计划中的过滤条件执行了三次正则表达式，具体为AND isnotnull（正则表达式）、AND (size(split(正则表达式 , '_', -1), true) > 0)，以及

AND isnotnull(split(正则表达式 , '_', -1))。然而，回顾我们提交的查询语句，可以注意到只有在炸裂函数中使用到了 SPLIT 函数。因此推测这个问题可能是由炸裂函数引起的。

```
== Physical Plan ==
 OR ((get_json_object(data#140, $.ctx_from_source) = lp_tab) AND Contains(get_
     json_object(data#140, $.recommendation_info), REQID)))) AND isnotnull(CASE
     WHEN isnull(regexp_extract(regexp_extract(get_json_object(data#140,
     $.recommendation_info), (.*ABTEST:)(.*?)(,.*), 2), (.*)(@)(.*), 3))
     THEN  ELSE regexp_extract(regexp_extract(get_json_object(data#140,
     $.recommendation_info), (.*ABTEST:)(.*?)(,.*), 2), (.*)(@)(.*), 3) END))
     AND (size(split(CASE WHEN isnull(regexp_extract(regexp_extract(get_json_
     object(data#140, $.recommendation_info), (.*ABTEST:)(.*?)(,.*), 2), (.*)(@)
     (.*), 3)) THEN ELSE regexp_extract(regexp_extract(get_json_object(data#140,
     $.recommendation_info), (.*ABTEST:)(.*?)(,.*), 2), (.*)(@)(.*), 3) END, _,
     -1), true) > 0)) AND isnotnull(split(CASE WHEN isnull(regexp_extract(regexp_
     extract(get_json_object(data#140, $.recommendation_info), (.*ABTEST:)(.*?)
     (,.*), 2), (.*)(@)(.*), 3)) THEN  ELSE regexp_extract(regexp_extract(get_
     json_object(data#140, $.recommendation_info), (.*ABTEST:)(.*?)(,.*), 2),
     (.*)(@)(.*), 3) END, _, -1)))
```

为了验证我们的猜想，通过执行以下查询语句，来对比不同版本的 Spark SQL 中的执行计划。

```
SELECT EXPLODE(SPLIT(data,'_'))
FROM db.tracking
WHERE partition_date = '2022-05-05';
```

在 Spark 3 中，执行计划如下所示。

```
== Physical Plan ==
Generate explode(split(data#16, _, -1)), false, [col#54]
+- *(1) Project [data#16]
   +- *(1) Filter ((isnotnull(data#16) AND (size(split(data#16, _, -1), true) >
       0)) AND isnotnull(split(data#16, _, -1)))
       +- *(1) ColumnarToRow
           +- FileScan parquet db.tracking
```

而在 Spark 2 中，执行计划如下所示。

```
== Physical Plan ==
Generate explode(split(data#13, _)), false, [col#51]
+- *(1) Project [data#13]
   +- *(1) FileScan parquet db.tracking
```

在分析不同版本的 Spark SQL 的执行计划后，可以得出以下结论。在 Spark 3 中，炸裂函数会优先过滤掉空数组（即数组长度大于 0 的情况）。而结合 EXPLODE(SPLIT()) 使用时，会有三个过滤条件——数组元素非空、数组长度大于 0、数组本身非空。理论上，

EXPLODE的执行应该位于最内层子查询之后。然而，我们观察到EXPLODE过滤空值的操作意外地被提前到了最内层的过滤操作中。这导致所有三个过滤表达式都必须执行正则表达式匹配，且需要处理的数据量激增近5倍，这也是导致执行速度变慢的根本原因。

为了解决这个问题，我们可以在最内层的子查询中加入一个Shuffle操作，将EXPLODE和子查询分隔成两个独立的Stage。这样做可以确保在子查询内部先行过滤掉大量数据，然后再应用正则表达式得到结果。这意味着外部的炸裂函数需要处理的数据量和复杂度都会显著减少，从而将运行时间恢复到正常水平。

```
SELECT experiment_group_id ,
       COUNT(CASE WHEN target_type = 'follow_button' THEN 1 ELSE NULL END) AS ls_
           follow_cnt_1d ,
       COUNT(CASE WHEN target_type = 'streamer_icon' THEN 1 ELSE NULL END) AS ls_
           streamer_shop_click_cnt_1d ,
       COUNT(CASE WHEN target_type = 'item_basket' THEN 1 ELSE NULL END) AS ls_
           basket_click_cnt_1d ,
       COUNT(CASE WHEN target_type = 'like' THEN 1 ELSE NULL END) AS ls_like_
           cnt_1d ,
       COUNT(CASE WHEN target_type = 'send_comment' THEN 1 ELSE NULL END) AS ls_
           comment_cnt_1d ,
       COUNT(CASE WHEN target_type = 'sharing_option' AND page_section[0] =
           'sharing_panel' THEN 1 ELSE NULL END) AS ls_share_cnt_1d ,
       COUNT(CASE WHEN target_type = 'item' AND page_section[0] = 'display_
           window' THEN 1 ELSE NULL END) AS ls_product_click_cnt_1d
FROM (SELECT CASE WHEN regexp_extract(regexp_extract(get_json_object(`data`,
    '$.recommendation_info'), '(.*ABTEST:)(.*?)(,.*)', 2), '(.*)(@)(.*)', 3) IS
    NULL THEN ''
                 ELSE regexp_extract(regexp_extract(get_json_object(`data`,
                     '$.recommendation_info'), '(.*ABTEST:)(.*?)(,.*)', 2), '(.*)
                     (@)(.*)', 3)
                 END AS experiment_groups ,
            target_type ,
            page_section ,
            COUNT(1) OVER(PARTITION BY user_id) AS cnt --给最内层的子查询增加一个无
                意义分组聚合的shuffle操作，使子查询和explode分为2个stage

      FROM db.tracking
      WHERE partition_date = cast('2022-05-25' AS date)
        AND page_type = 'streaming_room'
        AND OPERATION = 'click'
        AND user_id > 0 AND (target_type = 'follow_button' OR target_type =
            'streamer_icon' OR target_type = 'item_basket' OR target_type =
            'like' OR target_type = 'send_comment' OR target_type = 'follow_
            button'
                                OR (target_type = 'sharing_option' AND page_
                                    section[0] = 'sharing_panel')
```

```
                OR (target_type = 'item' AND page_section[0] =
                    'display_window'))
      AND (get_json_object(`data`, '$.ctx_from_source') = 'lp_topscroll' OR
        get_json_object(`data`, '$.ctx_from_source') = 'home_live'
          OR (get_json_object(`data`, '$.ctx_from_source') = 'lp_tab' AND get_
            json_object(`data`, '$.recommendation_info') LIKE '%REQID%')))
            LATERAL VIEW EXPLODE(SPLIT(experiment_groups, '_')) t AS
            experiment_group_id
WHERE cnt > 0 --这里需要使用cnt，如果检测到cnt未被使用，则上面的shuffle操作不会执行
GROUP BY experiment_group_id;
```

查看改写后任务的执行计划，可以看到EXPLODE函数的过滤操作是在子查询之外进行的，并且不涉及任何正则表达式的执行。

```
== Physical Plan ==
    +- Filter ((((cnt#202L > 0) AND isnotnull(experiment_groups#201))
       AND (size(split(experiment_groups#201, _, -1), true) > 0)) AND
       isnotnull(split(experiment_groups#201, _, -1)))

       +- Filter (((((isnotnull(operation#232) AND isnotnull(user_id#218L)) AND
          (operation#232 = click)) AND (user_id#218L > 0)) AND ((((target_
          type#231 = follow_button) OR (target_type#231 = streamer_icon)) OR
          ((target_type#231 = item_basket) OR (target_type#231 = like))) OR
          (((target_type#231 = send_comment) OR (target_type#231 = follow_
          button)) OR (((target_type#231 = sharing_option) AND (page_
          section#230[0] = sharing_panel)) OR ((target_type#231 = item)
          AND (page_section#230[0] = display_window)))))) AND (((get_json_
          object(data#227, $.ctx_from_source) = lp_topscroll) OR (get_json_
          object(data#227, $.ctx_from_source) = home_live)) OR ((get_json_
          object(data#227, $.ctx_from_source) = lp_tab) AND Contains(get_json_
          object(data#227, $.recommendation_info), REQID))))
```

至此，调优工作已经完成，查询的耗时已经降至约401s。

```
Time taken: 400.517 seconds, Fetched 81 row(s)
```

8.12 数据膨胀导致的任务异常

在业务需求分析中，多维度的去重统计是一种常见的数据操作。例如我们可能需要统计购买商品的独立用户数量，或者统计销售商品的不同店铺数量等。

```
SELECT COUNT(DISTINCT merchant_id)
     ,COUNT(DISTINCT user_id)
FROM `order`;
```

在Hive中，全局聚合数据的处理通常由单个Reducer完成，这可能导致数据倾斜

问题。为了优化，在不考虑其他因素的情况下，常见的解决方案是将查询重写为先进行GROUP BY操作，然后再执行COUNT，即转换为求和操作。相比之下，Spark对多个COUNT DISTINCT表达式进行了特别优化，这一过程称为数据膨胀（Expand）。通过分析执行计划，我们可以观察到这种优化的实际效果。

```
== Physical Plan ==
-- 转为计数
+- HashAggregate(keys=[], functions=[count(if ((gid#226 = 1)) catalog.
   order.`merchant_id`#227 else null), count(if ((gid#226 = 2)) catalog.
   order.`user_id`#228 else null)], output=[count(DISTINCT merchant_id)#224L,
   count(DISTINCT user_id)#225L])
    +- HashAggregate(keys=[], functions=[partial_count(if ((gid#226 = 1))
        catalog.order.`merchant_id`#227 else null), partial_count(if ((gid#226
        = 2)) catalog.order.`user_id`#228 else null)], output=[count#231L,
        count#232L])
        +- HashAggregate(keys=[catalog.order.`merchant_id`#227, catalog.
            order.`user_id`#228, gid#226], functions=[], output=[catalog.
            order.`merchant_id`#227, catalog.order.`user_id`#228, gid#226])
            -- 根据DISTINCT的条件进行膨胀
               +- Expand [List(merchant_id#197, null, 1), List(null, user_
                  id#155, 2)], [catalog.order.`merchant_id`#227, catalog.
                  order.`user_id`#228, gid#226]
```

数据膨胀是一种以空间换取时间的策略，在聚合表达式和DISTINCT操作中常见其应用。如图8-24所示，其核心思想是利用Expand算子将包含多个DISTINCT的行展开。在这个过程中，非DISTINCT聚合列和每个DISTINCT聚合列被分配到不同的组（假设有n组），每组生成一行数据，并附带一个组标识符。这样，原本的一行数据就会扩展成n行。接下来，通过两级聚合算子来处理展开后的数据，第一级按照前面的分组进行聚合，第二级再对这些结果进行聚合。通过这种方法，原本包含DISTINCT的聚合操作被转换为多个不包含DISTINCT的聚合操作，从而可以使用常规的聚合算子来完成计算。

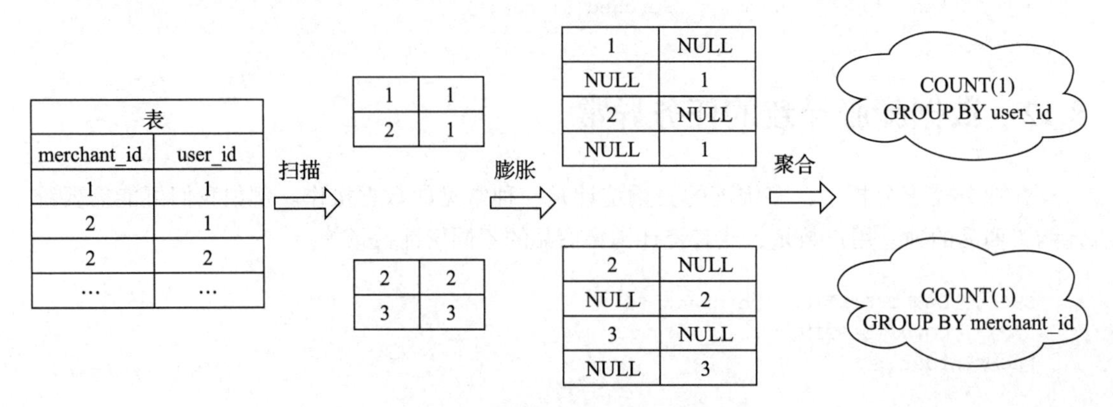

图8-24 Expand算子执行原理

通过查阅Spark的源码，我们也可以了解到引擎处理这类算子时的具体逻辑。

```
package org.apache.spark.sql.catalyst.optimizer
object RewriteDistinctAggregates extends Rule[LogicalPlan] {
    def rewrite(a: Aggregate): Aggregate = {
        // 提取聚合表达式
        val aggExpressions = collectAggregateExprs(a)
        val distinctAggs = aggExpressions.filter(_.isDistinct)
        // 提出 DISTINCT 表达式
        val distinctAggGroups = aggExpressions.filter(_.isDistinct).groupBy { e =>
            val unfoldableChildren = e.aggregateFunction.children.filter(!_.
                foldable).toSet
            if (unfoldableChildren.nonEmpty) {
                unfoldableChildren
            } else {
                e.aggregateFunction.children.take(1).toSet
            }
        }
        // DISTINCT 有多个时，进行 expand
        if (distinctAggGroups.size > 1 || distinctAggs.exists(_.filter.isDefined)) {
            val gid = AttributeReference("gid", IntegerType, nullable = false)()
            val groupByMap = a.groupingExpressions.collect {
                case ne: NamedExpression => ne -> ne.toAttribute
                case e => e -> AttributeReference(e.sql, e.dataType, e.nullable)()
            }
            val groupByAttrs = groupByMap.map(_._2)
            // 构建 expand
            val expand = Expand(
                regularAggProjection ++ distinctAggProjections,
                groupByAttrs ++ distinctAggChildAttrs ++ Seq(gid) ++
                    distinctAggFilterAttrs ++
                    regularAggChildAttrMap.map(_._2),
                a.child)
        }
    }
}
```

这种数据膨胀方式的缺陷在于，如果DISTINCT的列数量过多，膨胀后的数据量将变得非常庞大，可能会影响查询任务的稳定性，甚至导致任务无法执行。以统计每天包括算法实验组、推荐场景、用户活跃标识等维度的直播间表现的查询任务为例，包括浏览人数、观看次数、付款人数、观看时长等指标。

```
SELECT  experiment_group_id
        ,partition_date
        ,nvl(scene,'all') AS scene -- 推荐场景
        ,nvl(uaf,'all') AS uaf -- 用户活跃标识，例如新老用户、低活跃用户
        ,COUNT(DISTINCT CASE WHEN experiment_pv_1d > 0 THEN user_id ELSE NULL END)
```

```
            AS experiment_uv_1d
        ,COUNT(DISTINCT CASE WHEN streaming_pv_1d > 0 THEN user_id ELSE NULL END)
            AS streaming_uv_1d
        ,COUNT(DISTINCT CASE WHEN stream_cover_impression_1d > 0 THEN user_id ELSE
            NULL END ) AS stream_cover_impression_uv_1d       ,COUNT(DISTINCT CASE
            WHEN stream_cover_quality_click_1d > 0 THEN user_id ELSE NULL END ) AS
            stream_cover_quality_click_uv_1d
        ,COUNT(DISTINCT CASE WHEN stream_cover_click_1d > 0 THEN user_id ELSE NULL
            END  )  AS  stream_cover_click_uv_1d          ,COUNT(DISTINCT  CASE  WHEN
            order_cnt_1d > 0 THEN user_id ELSE NULL END) AS order_buyer_cnt_1d
        ,COUNT(DISTINCT  CASE  WHEN  f24h_order_cnt_1d  >  0  THEN  user_id  ELSE  NULL
            END) AS f24h_order_buyer_cnt_1d
        ,COUNT(DISTINCT CASE WHEN contain_slide_quality_view_pv_1d > 0 THEN user_
            id ELSE NULL END) AS contain_slide_quality_view_uv_1d
        ,COUNT(DISTINCT CASE WHEN contain_slide_view_pv_1d > 0 THEN user_id ELSE
            NULL END) AS contain_slide_view_uv_1d
        ,COUNT(DISTINCT  CASE  WHEN  last_order_cnt_1d  >  0  THEN  user_id  ELSE  NULL
            END) AS last_order_uv_1d
        ,COUNT(DISTINCT CASE WHEN last_direct_order_cnt_1d > 0 THEN user_id ELSE
            NULL END) AS last_direct_order_uv_1d
        ,COUNT(DISTINCT CASE WHEN last_indirect_order_cnt_1d > 0 THEN user_id ELSE
            NULL END) AS last_indirect_order_uv_1d
FROM overview_user
WHERE partition_date BETWEEN '2023-09-01'
  AND '2023-09-02'
GROUP BY experiment_group_id
        ,partition_date
        ,scene
        ,uaf
GROUPING SETS ((experiment_group_id,partition_date,scene,uaf)
              ,(experiment_group_id,partition_date,uaf)
              ,(experiment_group_id,partition_date));
```

如图8-25所示，查询任务在读取数据之后，数据经历了两次膨胀。首先是GROUPING SETS操作，由于存在3种维度组合，数据量因此增加了3倍。其次，由于计算了12个不同的COUNT DISTINCT指标，数据量在原有三倍的基础上又增加了12倍。这意味着最终的数据量增加了总共36倍。

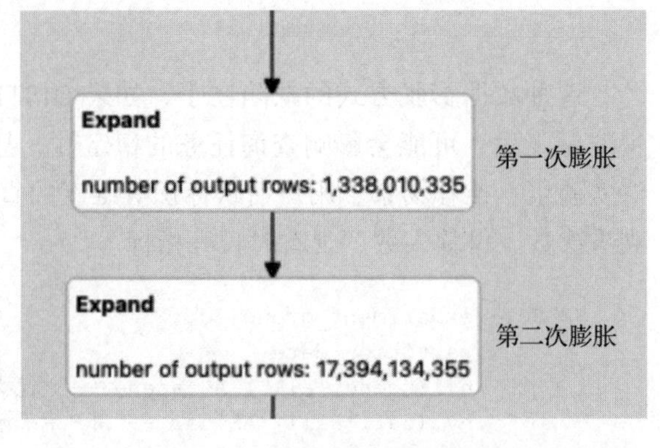

图8-25　初始查询任务执行计划

随着聚合维度和计算指标的增加，数据膨胀可能会达到单个任务难以处理的程度。解决这一问题的方法较为直接——最大限度地减少数据膨胀，确保参与计算的数据集尽可能小。此外，我们可以将复杂的计算指标拆分开来，并通过多次连接操作来避免使用DISTINCT，或者如8.1.5节所述，通过将去重操作转换为计数和求和的方法来解决这一问题。

```
SELECT experiment_group_id
      ,partition_date
      ,nvl(scene,'rcmd_all') AS scene
      ,nvl(uaf,'all') AS uaf
      ,COUNT(CASE WHEN experiment_pv_1d > 0 THEN user_id ELSE NULL END) AS
         experiment_uv_1d
      ,COUNT(CASE WHEN streaming_pv_1d > 0 THEN user_id ELSE NULL END) AS
         streaming_uv_1d
      ,COUNT(CASE WHEN stream_cover_impression_1d > 0 THEN user_id ELSE NULL END )
         AS stream_cover_impression_uv_1d
      ,COUNT(CASE WHEN stream_cover_quality_click_1d > 0 THEN user_id ELSE NULL
         END ) AS stream_cover_quality_click_uv_1d
      ,COUNT(CASE WHEN stream_cover_click_1d > 0 THEN user_id ELSE NULL END ) AS
         stream_cover_click_uv_1d
      ,COUNT(CASE WHEN order_cnt_1d > 0 THEN user_id ELSE NULL END) AS order_
         buyer_cnt_1d
      ,COUNT(CASE WHEN f24h_order_cnt_1d > 0 THEN user_id ELSE NULL END) AS
         f24h_order_buyer_cnt_1d
      ,COUNT(CASE WHEN contain_slide_quality_view_pv_1d > 0 THEN user_id ELSE
         NULL END) AS contain_slide_quality_view_uv_1d
      ,COUNT(CASE WHEN contain_slide_view_pv_1d > 0 THEN user_id ELSE NULL END)
         AS contain_slide_view_uv_1d
      ,COUNT(CASE WHEN last_order_cnt_1d > 0 THEN user_id ELSE NULL END) AS
         last_order_uv_1d
      ,COUNT(CASE WHEN last_direct_order_cnt_1d > 0 THEN user_id ELSE NULL END)
         AS last_direct_order_uv_1d
      ,COUNT(CASE WHEN last_indirect_order_cnt_1d > 0 THEN user_id ELSE NULL
         END) AS last_indirect_order_uv_1d
FROM (SELECT experiment_group_id
            ,partition_date
            ,scene
            ,uaf
            ,user_id
            ,SUM(experiment_pv_1d) AS experiment_pv_1d
            ,SUM(streaming_pv_1d) AS streaming_pv_1d
            ,SUM(stream_cover_impression_1d) AS stream_cover_impression_1d
            ,SUM(stream_cover_quality_click_1d) AS stream_cover_quality_click_1d
            ,SUM(stream_cover_click_1d) AS stream_cover_click_1d
            ,SUM(order_cnt_1d) AS order_cnt_1d
            ,SUM(f24h_order_cnt_1d) AS f24h_order_cnt_1d
            ,SUM(contain_slide_quality_view_pv_1d) AS contain_slide_quality_view_
               pv_1d
            ,SUM(contain_slide_view_pv_1d) AS contain_slide_view_pv_1d
            ,SUM(last_order_cnt_1d) AS last_order_cnt_1d
            ,SUM(last_direct_order_cnt_1d) AS last_direct_order_cnt_1d
            ,SUM(last_indirect_order_cnt_1d) AS last_indirect_order_cnt_1d
      FROM overview_user
```

```
        WHERE partition_date BETWEEN '2023-09-01'
          AND '2023-09-02'
        GROUP BY experiment_group_id
                ,partition_date
                ,scene
                ,uaf
                ,user_id) t
GROUP BY experiment_group_id
        ,partition_date
        ,scene
        ,uaf
GROUPING SETS ((experiment_group_id,partition_date,scene,uaf)
              ,(experiment_group_id,partition_date,uaf)
              ,(experiment_group_id,partition_date));
```

在图8-26中，我们可以看到数据量相比之前的任务仅增加了3倍，在此基础上还可以将多维聚合转换为联合操作，以进一步缩小数据集的规模。

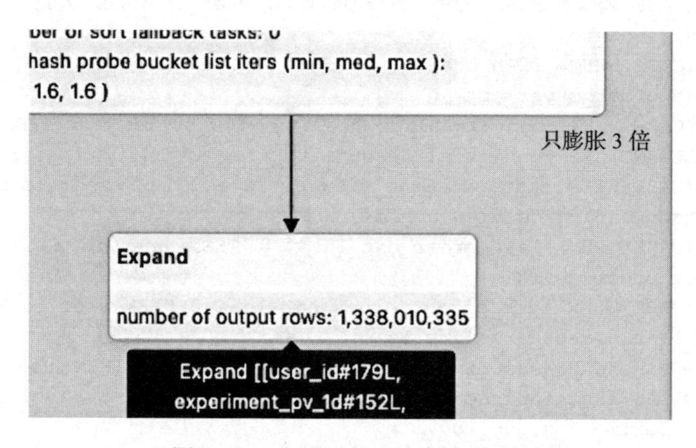

图8-26 改写后的查询任务执行计划

相比较未改动的查询任务，改动后的查询耗时降低至约86s。

```
Time taken: 86.059 seconds, Fetched 289529 row(s)
```

8.13 用MAX替换排序

业务需求旨在统计每个卖家最近一次交易的订单id、交易金额以及成交时间。这涉及从数十亿条明细数据中筛选出大约几十万条相关记录。对于这种需求，采用分组排序的方法来提取所需结果是自然而然的选择。初始查询任务相对简单，对每个卖家的交易记录进行分组排序，选取最近创建订单时间的记录，并提取相应的交易金额、订单id等详细信息。

```
SELECT *
```

```
FROM (SELECT merchant_id
            ,order_id
            ,order_type
            ,amount
            ,row_number()  over(PARTITION  BY  merchant_id  ORDER  BY  create_time
                DESC) rn
        FROM `order`
        WHERE order_type = 1) t -- 电商支付
WHERE rn = 1;
```

尽管计算逻辑简单直接，但出乎意料的是，任务在提交后竟需运行 1.3h 才得以完成。

```
Time taken: 4656.454 seconds, Fetched 289529 row(s)
```

在查看执行计划时，我们注意到，在筛选属于电商支付类型的订单，以提取所需的明细数据后，仅进行了分组排序操作，没有进行其他处理。

```
== Physical Plan ==
+- Project [merchant_id#698, order_id#656, order_type#668L, amount#670, rn#649]
    +- Filter (rn#649 = 1)
        +- Window [row_number()  windowspecdefinition(merchant_id#698,  create_
            time#663L DESC NULLS LAST, specifiedwindowframe(RowFrame,
            unboundedpreceding$(), currentrow$())) AS rn#649], [merchant_id#698],
            [create_time#663L DESC NULLS LAST]
```

分析图 8-27 所示的任务执行计划和数据分布，我们发现主要问题在于数据倾斜，不同卖家的订单量存在显著差异，导致某些 Task 处理的数据量显著超过了其他 Task，这一不均衡是造成整体任务延迟的主要原因。

Summary Metrics for 86 Completed Tasks

Metric	Min	Max
Duration	0 ms	1.3 h
GC Time	0 ms	21 s
Output Size / Records	0.0 B / 0	524.3 KB / 10214
Shuffle Read Size / Records	0.0 B / 0	6.7 GB / 546015693
Shuffle spill (memory)	0.0 B	101.6 GB
Shuffle spill (disk)	0.0 B	11.7 GB

图 8-27　执行 Task 数据分布

由于我们的目的仅是获取排序后的最大记录，也就是每个卖家最大的创建订单时间。在分组排序过程中，除了包含最大值的记录之外，其他记录的排序实际上是不必要的。因此，如果首先确定每个卖家的订单创建时间的最大值，然后将这些记录与原始表进行关联，就能够直接提取到每个最大值对应的完整记录。基于这一逻辑，我们对查询任务进行调整。

```
SELECT *
FROM(SELECT /*+ broadcastjoin(t2) */ t1.*
          ,row_number() over(PARTITION BY t1.merchant_id ORDER BY t1.create_time
              DESC) rn
    FROM `order` t1
    LEFT OUTER JOIN (SELECT merchant_id
                           ,order_type
                           ,MAX(create_time) AS create_time
                     FROM `order`
                     WHERE order_type = 1 -- 电商支付
                     GROUP BY merchant_id
                             ,order_type)  t2 -- 获取每个卖家每种订单类型最近的订单创建
                                 时间
       ON t1.merchant_id = t2.merchant_id
      AND t1.order_type = t2.order_type
      AND t1.create_time = t2.create_time) t -- 根据订单时间进行关联
WHERE rn = 1; -- 分组排序处理同一时间多笔订单的情况
```

如图8-28所示，首先通过子查询对卖家进行聚合，提取每个卖家创建订单的最新时间。接着根据卖家id、订单类型以及创建时间，将这些数据与订单表进行关联。为了提高关联操作的效率，我们采用了强制广播t2表的方法。在外层查询中继续使用分组排序，是为了避免在相同时间创建的多笔订单可能导致的重复匹配问题。当然，也可以考虑使用半连接SEMI JOIN来进一步加快匹配速度。

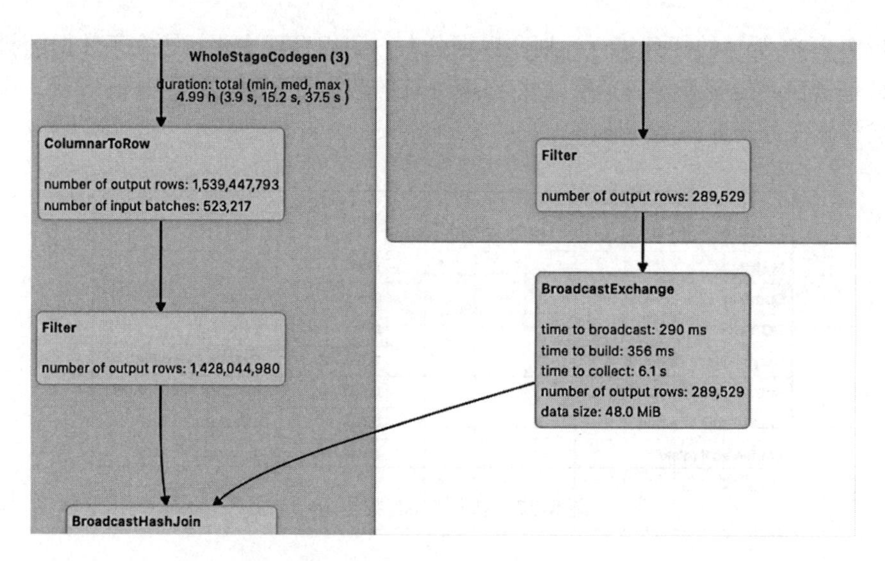

图8-28　改写后的查询任务执行计划

经过上述调整，可以观察到查询任务的耗时显著减少，仅用约228.4s便顺利完成了。

```
Time taken: 228.364 seconds, Fetched 289529 row(s)
```

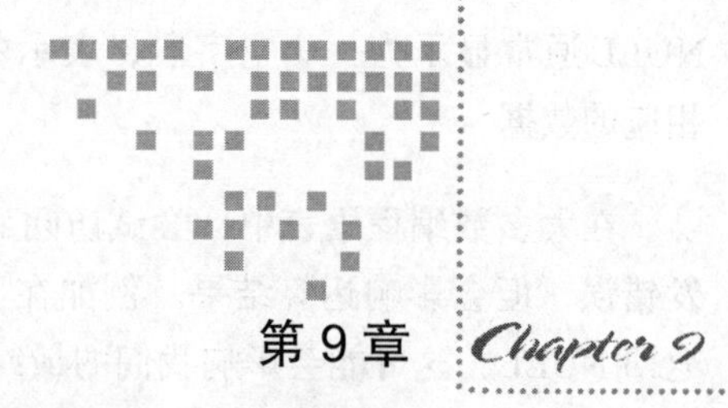

第 9 章 Chapter 9

SQL 优化的"最后一公里"

在前文中，我们了解到，当查询任务的执行时长不符合预期时，可以通过修改表的存储结构、调整任务配置，甚至重写查询语句来进行优化。在排查问题的过程中，我们通常会发现一些常见的步骤和引发问题的关键所在，例如通常需要检查执行计划、观察数据分布情况，并对表中的数据分布进行探查。问题往往与数据分布的不均匀有关，而调优的主要手段是尽量减少 Shuffle 操作，并努力实现数据分布的均匀性。本章将阐述任务调优过程中几个不可或缺的要素或关键点。当读者遇到类似问题时，这些内容可以作为排查问题和调优的思路。

9.1. 谨慎操作 NULL 值

大多数编程语言都包含布尔数据，该类型数据仅有两个值 TRUE 和 FALSE。这种逻辑体系被称为二值逻辑，即任何事物要么是真（TRUE)，要么是假（FALSE)。然而在 SQL 中，如图 9-1 所示，存在第三个值——未知，也就是 UNKNOWN，因此 SQL 的逻辑体系被称为三值逻辑。

UNKNOWN 在我们的日常生活中有着相当广泛的应用，例如在填写问卷时，如果用户不愿透露某些信息，相应的录入项就会缺失。在公司组织结构中，也可能出现某些职位（如董事长或总经理）没有上级领导的情况。为了在 SQL 中表示这类情况，我们需要设定一个特殊的标记。这个标记在 SQL 中既不是一个具体的值，也不是一个变量，它就是 NULL。在数据表中，

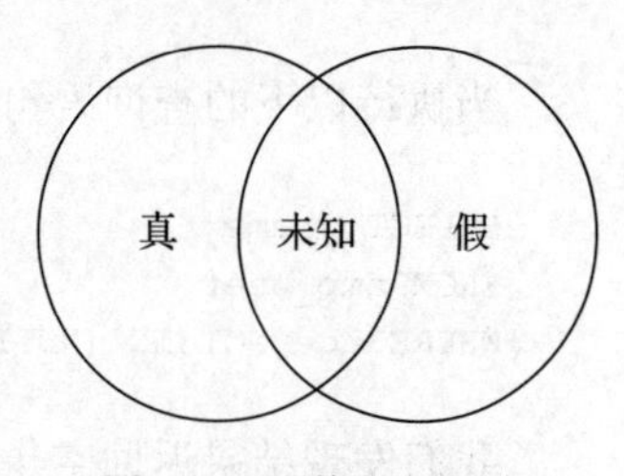

图 9-1　三值逻辑示意

NULL 通常显示为一个空字段，表示数据项的值未知，不确定是否存在，或者根本就没有相应的数据。

在大多数编程语言中，尝试访问 NULL 值通常会导致错误。然而在 SQL 中，这不会引发错误，但会影响运算结果。例如在下面所示的查询语句中，对 NULL 值进行减法操作会返回 NULL，这可能会影响我们的最终计算结果。

```
SELECT 1 - NULL;
-- 返回 NULL
```

当我们使用比较运算符（如 =、<>、<、> 等）将 NULL 与其他值进行比较时，结果既不是真（TRUE）也不是假（FALSE），而是未知（UNKNOWN）。这是因为 NULL 代表的是未知，它可能代表任何值。正如以下所示的查询语句中，无论是将 NULL 与数值比较，还是将两个 NULL 值相比较，返回的结果都是 NULL。这是因为 NULL 与任何值都不等同，即使是两个 NULL 之间也不相等。因此不能断言两个未知的值是相同的，同样也不能断言它们是不同的。

```
SELECT NULL = 0;
SELECT NULL <> 0;
SELECT NULL <= 0;
SELECT NULL = NULL;
SELECT NULL != NULL;
-- 都返回 NULL
```

需要注意的是，在 SQL 中，WHERE、HAVING 以及 CASE WHEN 子句仅返回逻辑运算结果为真的数据记录，而不会返回结果为假或未知的记录。这可能会在使用过程中引起一些混淆。下面以一个例子来说明。假设有一个存储用户 id、用户姓名和用户年龄的临时用户表 tmp_user，数据抽样如下所示。

```
SELECT *
FROM tmp_user;
-- user_id    name    age
123    bob    15
345    ac     17
348    NULL    NULL
```

当执行以下的查询语句，即过滤 age 不为空、不为 15 的记录。

```
SELECT `name`
FROM tmp_user
WHERE age NOT IN (NULL, 15);
```

我们发现结果返回空集，因为使用的是等值比较，所以如果 NOT IN 碰到了 NULL 值，也不会有任何返回。当函数或表达式的参数中包含NULL值时，其结果通常也是NULL。例如，在尝试计算NULL值的绝对值（使用ABS函数）时将返回NULL。对NULL值进行加、减、乘、除等数值运算，结果也将是NULL。这种处理NULL值的方式需要在进行数据分析和处理时特别注意，以避免出现意外的空结果集。

```
-- 都返回NULL
SELECT ABS(NULL);
SELECT 1 + NULL;
```

而在使用聚合函数（如SUM、COUNT、AVG等）时，这些函数通常会在计算之前排除NULL值。以下面的查询语句为例，假设我们要统计用户临时表中年龄的分布，包括求和、计算平均值、计数等操作。

```
SELECT SUM(age)
      ,AVG(age)
      ,COUNT(age)
      ,COUNT(*)
FROM tmp_user;
-- 返回结果
32    16.0    2    3
```

可以看到，COUNT(*)总是返回数据的行数，不受空值的影响，而SUM、COUNT、AVG都只计算age列不为空的数据。

而在SQL的分组聚合操作中，总是将所有的NULL值分到同一个组，包括DISTINCT、GROUP BY以及窗口函数中的PARTITION BY。当NULL较多时，会导致潜在的数据倾斜风险，从而拖慢任务执行速度。在连接操作时，连接键中存在NULL，判定NULL = NULL不成立，NULL <> NULL也不成立，因此可能会导致返回的结果集与预期不符。

而在排序操作中，SQL标准没有定义NULL值的排序顺序，但是为ORDER BY定义了Nulls First和Nulls Last选项，用于明确指定空值排在其他数据之前或者之后。例如Spark默认将NULL作为最小值，升序时排在最前，而Oracle和PostgreSQL则默认将NULL作为最大值，升序时排在最后。

```
-- Spark SQL
SELECT age
FROM tmp_user
ORDER BY age ASC;
-- age列，可以看到NULL升序排最前
NULL
15
17
```

NULL值作为一种特殊的存在，无论它出现在哪种运算中，都可能导致意料之外的结果。因此在数据处理之前，我们通常需要对NULL值进行筛选和处理，以避免出现潜在的问题。

9.2. 决定性能的关键——Shuffle

Shuffle总是在诸多分布式场景或者大数据引擎的实现原理中频繁地出现，例如在Spark中，DAGScheduler就是以Shuffle为边界，把计算DAG（Directed Acyclic Graph，有向无环图）切割为多个执行阶段。显然，Shuffle是这一环节的关键。因此我们不禁要问："Shuffle是什么？为什么任务执行需要Shuffle操作？Shuffle是怎样一个过程？"

在正式开始之前，为了迅速理解Shuffle的含义，我们设想有这样一个场景：传统行业为了扩大产能，提高自身产品的市场占有率，追求更高的利润，往往会在工业重镇开设分厂、增加生产线或建造更多的仓库。某钢材厂主营角钢、钢板和螺纹钢，并在全国各地有若干个分公司及货仓，如图9-2所示，每个分公司的人员配置和基础设施大抵相同，都包含若干装配工人及管理这些工人的工长。每个分公司都设有用于存储各类钢材的仓库，随时准备调拨或运输材料。

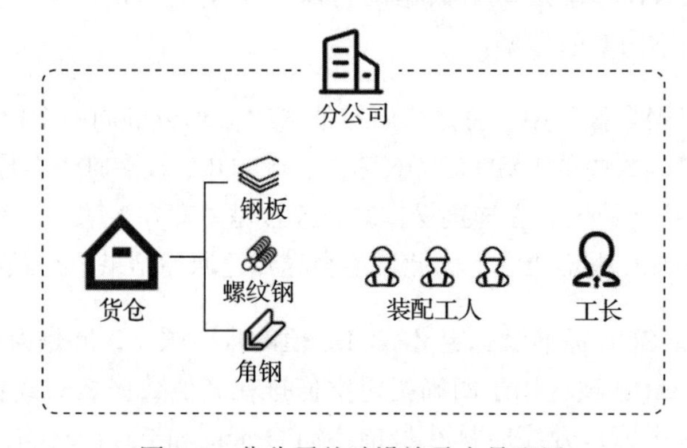

图9-2 分公司基础设施及人员配置

该公司现在共接到了3笔订单。第一家公司的建筑工地项目需要大量螺纹钢，第二家公司的整车厂项目需要大量钢板，第三家公司的输电塔项目则需要大量角钢。显然不同的项目对于钢材选型有不同的要求。螺纹钢通常用于房屋、桥梁、道路等土建工程，以及高速公路、铁路、隧道、防洪、水坝等公用设施。角钢广泛应用于各种建筑结构和工程结构，例如桥梁、输电塔、起重运输机械、船舶、工业炉、反应塔以及容器架等。而钢板主要用于制造形状复杂的冲压件，如高强度的汽车车身覆盖件等。

为了尽快完成这3笔订单，该公司需要从各分公司的仓库中分类调货。为了实现资源的高效利用，如图 9-3 所示，每个分公司的装配工人都需要从其他两家分公司调运所需的特定钢材。我们将这个过程称为“运输任务”。

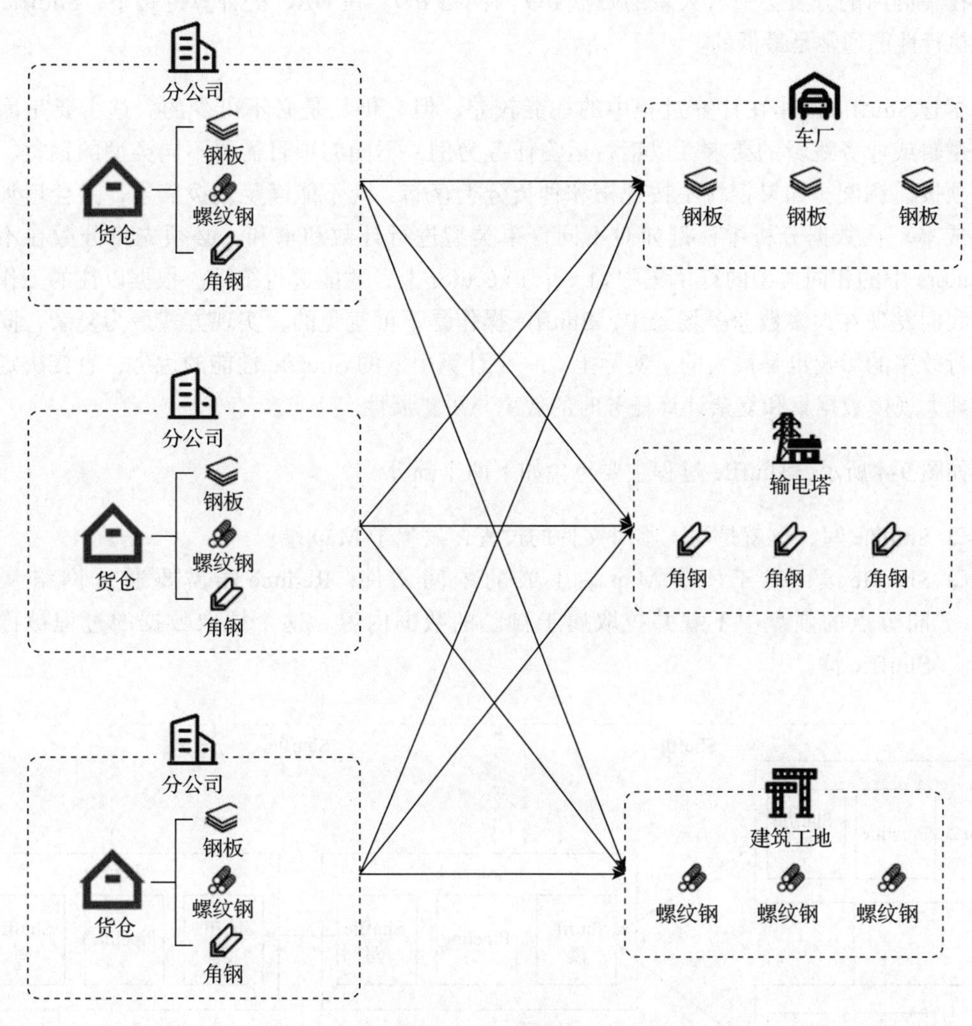

图 9-3 运输任务

有了“运输任务”的直观比喻，我们现在可以正式定义 Shuffle 了。Shuffle 的本意是扑克牌中的“洗牌”，但是在分布式计算场景中，它指的是在集群范围内跨节点、跨进程的数据分发，这个过程更像是洗牌的逆向操作，即将无序的输出按照特定规则重新组织成有序的数据，以便各执行节点能够接收并处理这些数据。在钢材运输的例子中，如果我们将不同类型的钢材视为分布式数据集，那么钢材在各个仓库之间的搬运过程与分布式计算中的 Shuffle 过程颇为相似。要完成钢材运输的任务，如果每位工人都必须长途跋涉到其他两家仓库，然后将所需的钢材搬回来，由于分公司之间距离遥远，仅依靠工人手工搬运显然是不现实的。因此为了提高运输效率，我们需要借助货运卡车或增加更多的人手。由此可见，运输任务需要消耗大量的人力和物力，可以说是兴师动众。Shuffle过程也类似，分布式数据集在集群内的分发会引入大量的磁盘I/O与网络I/O。在DAG的计算链路中，Shuffle环节的执行性能通常是最低的。

尽管Shuffle操作在计算过程中的性能较差，但它仍然是必不可少的。这主要是因为计算逻辑或业务逻辑的要求。以钢材运输任务为例，不同的项目需要不同类型的钢材，因此必须按需调配。如果钢材不按规格和种类分类存储，既不能满足调拨需求，又会增加额外的成本。在数据分析中，例如对不同订单类型进行计数和求和，必须先将分散在不同Executors中的相同类型的订单集中到一个Executor上，才能进行统计。根据以往的工作经验，我们发现在大多数业务场景中，Shuffle操作是不可避免的，实现方式最为复杂，同时对执行效率的影响也是最大的。实际上，一个计算引擎的Shuffle性能的优劣，直接决定了它处理大规模数据集和复杂计算任务时的效率与可扩展性。

如图9-4所示，Shuffle过程主要包含如下两个部分。

- Shuffle写，也就是写入临时文件的过程，发生于Map端。
- Shuffle读，对于所有Map端生成的中间文件，Reduce端需要通过网络从不同节点的硬盘中下载并拉取属于自己的数据内容。这个拉取数据的过程被称为Shuffle读。

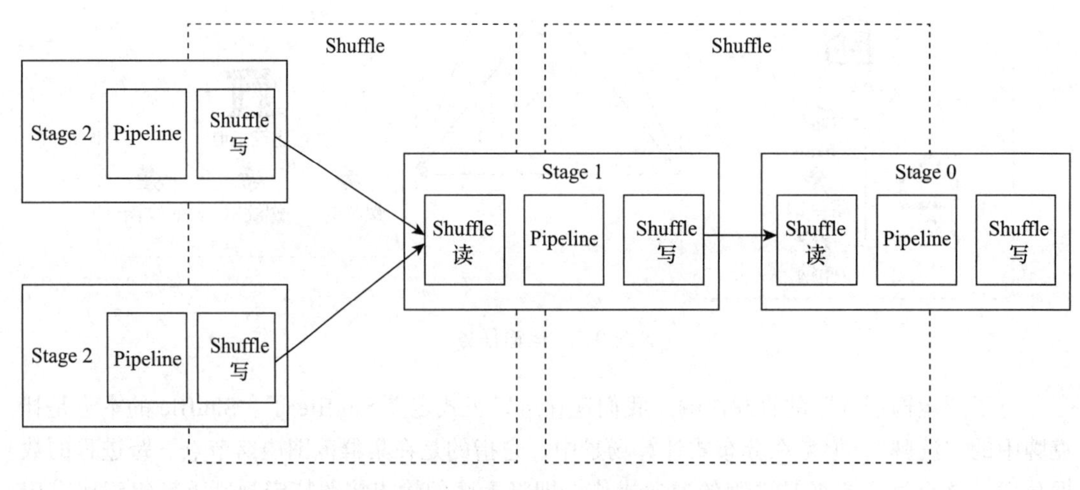

图9-4 Shuffle过程

在MapReduce中，Sort-Based Shuffle是唯一的Shuffle机制。而在Spark中，Shuffle主要分为两种类型——Hash Shuffle和Sort-Based Shuffle。Tungsten Sort Shuffle由于其限制条件较多，不在此详细讨论。同样，由于流式Shuffle的种类和适用场景较多，为了简化

概念，我们将重点讨论批处理引擎中的 Shuffle 机制。

如图 9-5 所示，在早期的 Spark 版本中，Hash Shuffle 的实现方式最为简单直接。在 Shuffle 写阶段，先利用 Pipeline 计算得到 finalRDD 中对应分区的记录。每当得到一行记录，就会根据 partitioner.partition(record.getKey()) 所计算的结果，将其分配到相应的 Bucket 中。每个 Bucket 中的数据会持续写入本地磁盘，形成一个 ShuffleBlockFile，也可以称之为 FileSegment。在 Shuffle 读阶段，每个节点负责拉取属于自己的 FileSegment。

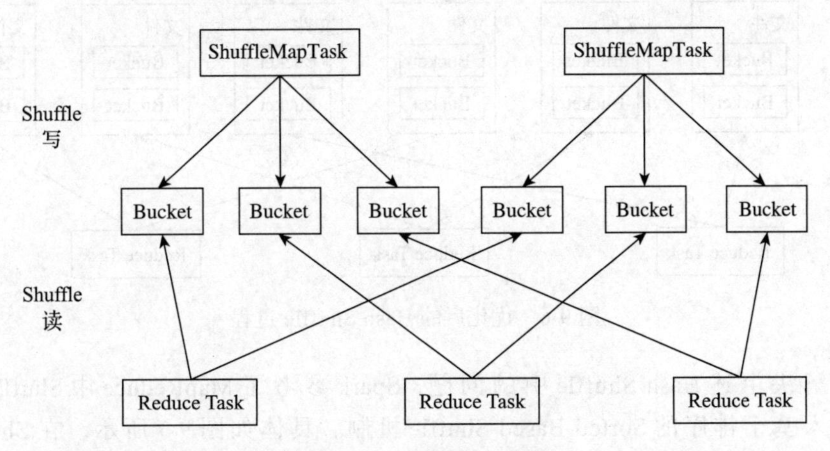

图 9-5　Hash Shuffle 过程

这种实现方式的优点在于不需要排序，并且相对简单，复杂度也比较低。然而它的缺点也非常明显，主要体现在产生的 FileSegment 数量过多。每个 ShuffleMapTask 会产生与 Reducer 数量（r）相等的 FileSegment，因此 m 个 ShuffleMapTask 将会产生 $m \times r$ 个文件。通常情况下，Spark 任务中的 m（ShuffleMapTask 的数量）和 r（Reducer 的数量）都非常大，这会导致磁盘上存在大量的数据文件。

另一个问题是缓冲区占用的内存空间较大。每个 ShuffleMapTask 需要开启 r 个 Bucket，因此 m 个 ShuffleMapTask 将会产生 $m \times r$ 个 Bucket。尽管一个 ShuffleMapTask 结束后，与其对应的缓冲区可以被回收，但在一个计算节点上同时存在的 Bucket 数量可以达到 cores $\times r$ 个（一个 Worker 通常可以同时运行 cores 个 ShuffleMapTask），这样占用的内存空间就会达到 cores $\times r \times$ 32 KB，这样的开销同样是难以承受的。

尽管在后续的优化中引入了 FileConsolidation 和 ShuffleFileGroup 的概念，即在一个核上连续执行的 ShuffleMapTasks 可以共用一个输出文件 ShuffleFile，如图 9-6 所示，先执行完的 ShuffleMapTask 会形成一个文件 ShuffleBlocki，后续执行的 ShuffleMapTask 可以将输出数据直接追加到 ShuffleBlocki 后面，每个 ShuffleBlock 被称为 FileSegment。但这些优化并没有解决缓冲区占用内存空间大的根本问题，而且在处理过程中仍然会产生大量的临时文件，这在处理超大数据集的Shuffle过程中依然是一个瓶颈。

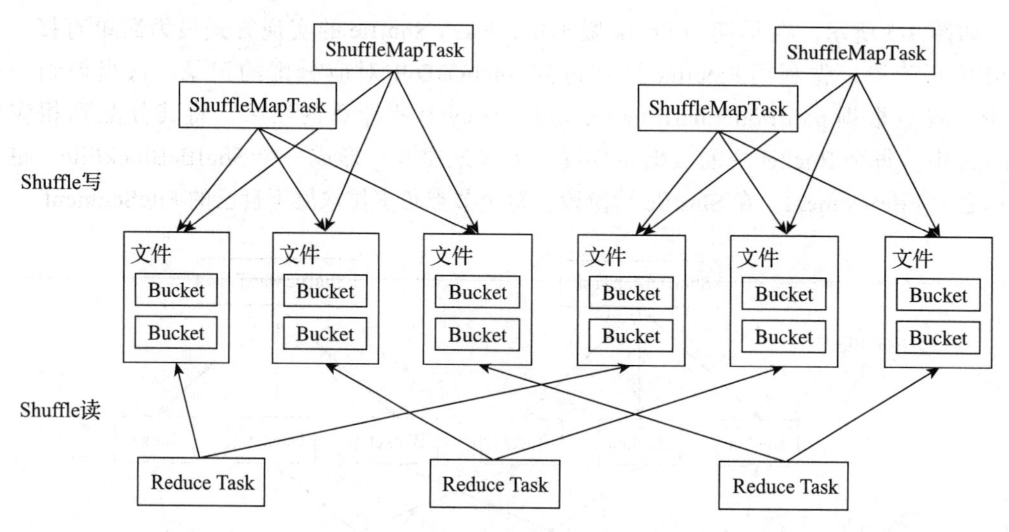

图9-6 优化后的Hash Shuffle过程

为了解决上述Hash Shuffle中的问题，Spark参考了MapReduce中Shuffle的处理方式，引入基于排序的Sorted-Based Shuffle机制。具体如图9-7所示，在Shuffle写阶段，Sorted-Based Shuffle不会为每个Reducer中的Task生产一个单独的文件，而是将每个ShuffleMapTask中所有的输出数据只写到一个文件中，因为每个ShuffleMapTask中的数据会被分类，Sorted-Based Shuffle使用了索引文件存储ShuffleMapTask输出数据在同一个数据文件中分类的具体信息。这样会在Mapper中的每一个ShuffleMapTask中产生两个文件，也就是一个数据文件和一个索引文件。其中数据文件是存储当前Task的Shuffle输出的数据，而索引文件则存储了数据文件中的数据通过Partitioner的分类信息，此时下一个阶段的Stage中的Task就根据这个索引文件获取自己所需要拉取的上一个Stage中的ShuffleMapTask所产生的数据。

如图9-8所示，在Shuffle写阶段，主要提供排序、聚合和按键分区这三项功能。然而，并非所有功能在每种情况下都是必需的，这取决于所提交的算子类型。Spark的设计极具灵活性，能够根据不同的算子需求提供相应的功能。

在只需要Map操作而不需要合并和排序的场景中，如图9-9所示，输入经过Map运算后，会为每条记录输出一个对应的分区标识符（Partition ID，PID)，并将Map处理后的数据直接存入内存中相应分区的临时缓冲区。一旦临时缓冲区满了，其数据就会被直接写入磁盘上相应分区的文件中。因此，在一个Map任务中，每个分区都对应着一个内存缓冲区和一个磁盘文件。

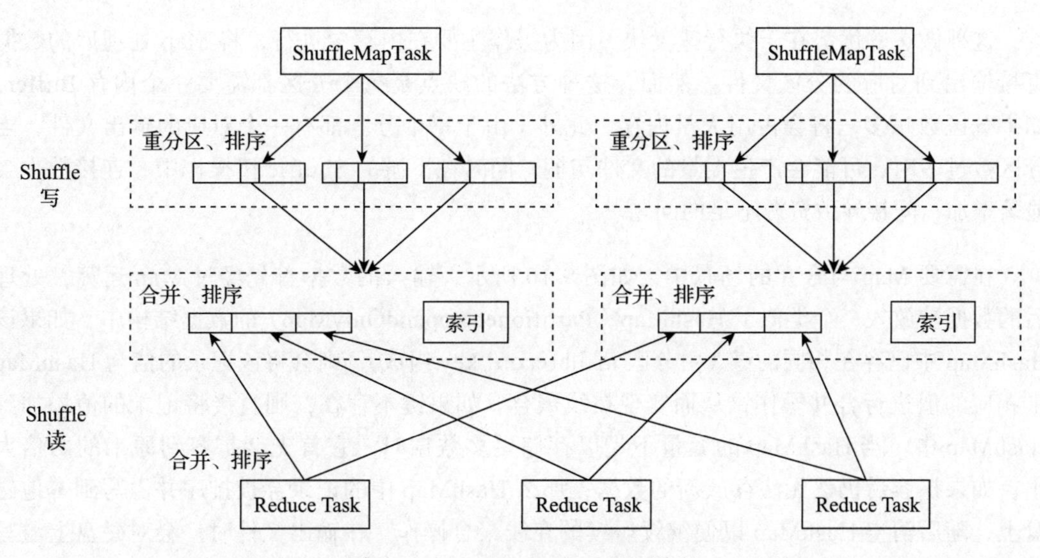

图 9-7　Sorted-Based Shuffle 过程

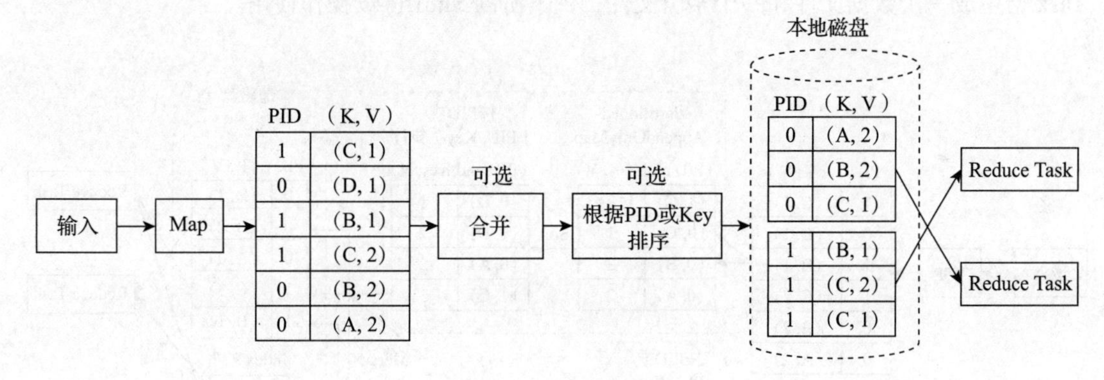

图 9-8　Shuffle 写过程

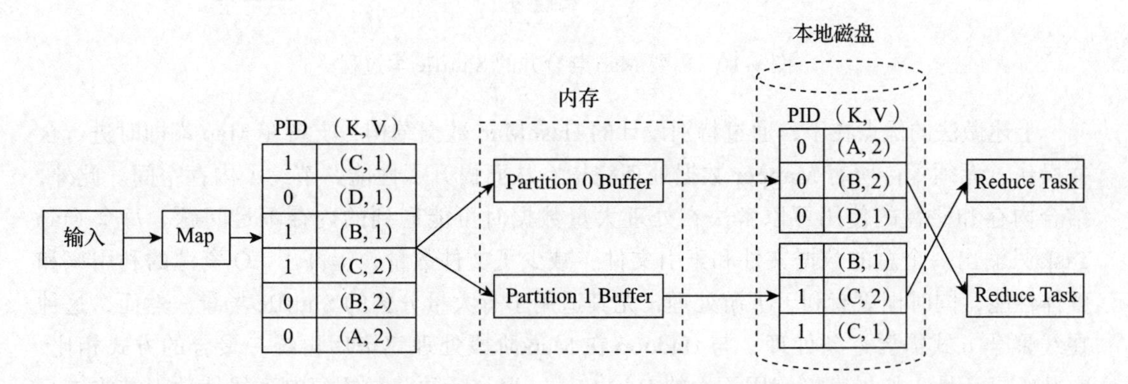

图 9-9　只需要 Map 的 Shuffle 写过程

这种做法的优势在于执行速度快，因为操作主要在内存中进行，将 Map 处理后的数据直接输出到对应的分区文件。然而，这种方法的缺点是每个分区都需要一个内存 Buffer，如果分区数量多，将会占用大量内存。此外，由于每个分区都有一个对应的输出文件，当分区数过多时，可能会产生大量的文件句柄，同时在下游的 Shuffle 读操作中，连接数也会显著增加，间接导致资源不足的问题。

在需要 Map 与合并的场景中，如图 9-10 所示，输入的数据首先经过 Map 运算，处理后的数据被放入一个类似于 HashMap（PartitionedAppendOnlyMap）的数据结构中，如果该 HashMap 中已存在相同的键（由分区 id 和 record key 组成），则会将该记录的值与 HashMap 中相应的值进行合并操作，从而实现在线聚合。如果键不存在，则直接将记录的值添加到 HashMap 中。当 HashMap 的容量不足以存储更多数据时，它首先会扩容到原来的两倍大小。如果扩容后仍然无法存放新的数据，那么 HashMap 中的记录会被排序并溢写到本地磁盘上，随后清空 HashMap 以便继续后续的在线聚合操作。在输出文件时，会对磁盘上溢写的数据和内存中的数据进行排序与合并操作，然后根据分区 id 输出数据。最终，每个 Map Task 会生成一个数据文件和一个索引文件，供下游的 Shuffle 读操作使用。

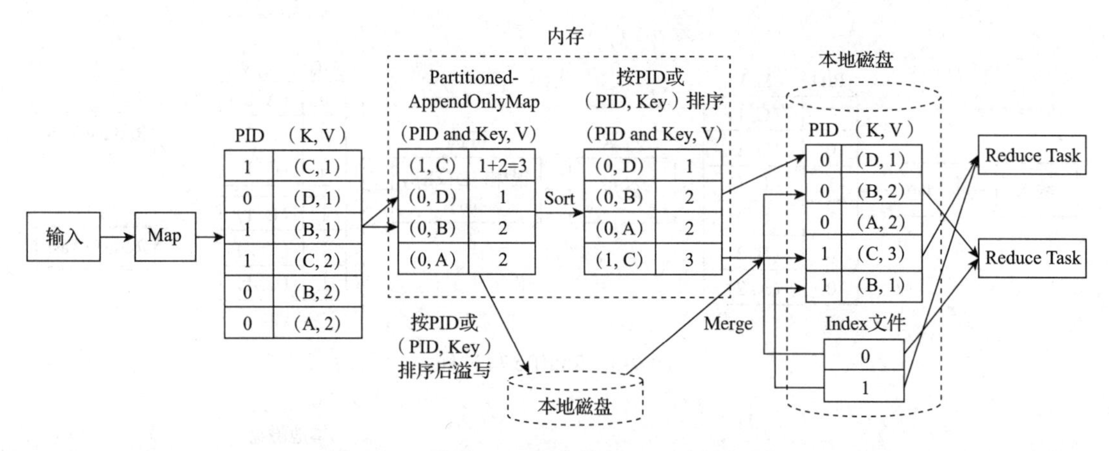

图 9-10 需要 Map 与合并的 Shuffle 写过程

上述做法的优点在于，通过特别设计的 HashMap 数据结构，支持在 Map 端即时进行合并操作，无须等待所有 Mapper 数据处理完毕，从而提升了性能并节约了内存空间。此外，结合内存和磁盘的使用可以解决在处理大量数据时可能遇到的内存不足问题。每个 Map Task 只输出一个总的数据文件和索引文件，减少了文件数量，提高了 I/O 资源的利用率和整体性能，同时也更有利于下游处理，尤其适用于有大量分区的 Shuffle 场景。然而，这种在线聚合方式需要逐条处理，与 Hadoop 在 Map 阶段处理完毕后再统一聚合的方式相比，它缺乏灵活性。如果直接使用原生的 HashMap，聚合后再将数据复制到线性数组结构进行排序时，会引发额外的复制操作和内存占用问题。因此，需要设计一个更优的数据结构来高效支持合并和排序操作。

在需要 Map 和排序，但不需要合并的场景中，如图 9-11 所示，输入的数据在经过 Map 运算后，会被存放在内存中的一个类似线性数组的结构（PartitionedPairBuffer）里。当这个数组无法容纳更多经 Map 运算后的数据时，它首先会将容量扩容到原来大小的两倍，并将数据移至新分配的空间。如果数据量仍然超出容量，则会对数组中的记录进行排序，然后将它们溢写到本地磁盘上，并清空数组以便继续存储后续的 Map 数据。在输出文件时，会对磁盘上溢写的数据和内存中的数据进行排序与合并操作，随后根据分区 id 输出数据。最终，每个 Map Task 会生成一个数据文件和一个索引文件，供下游的 Shuffle 读操作拉取使用。

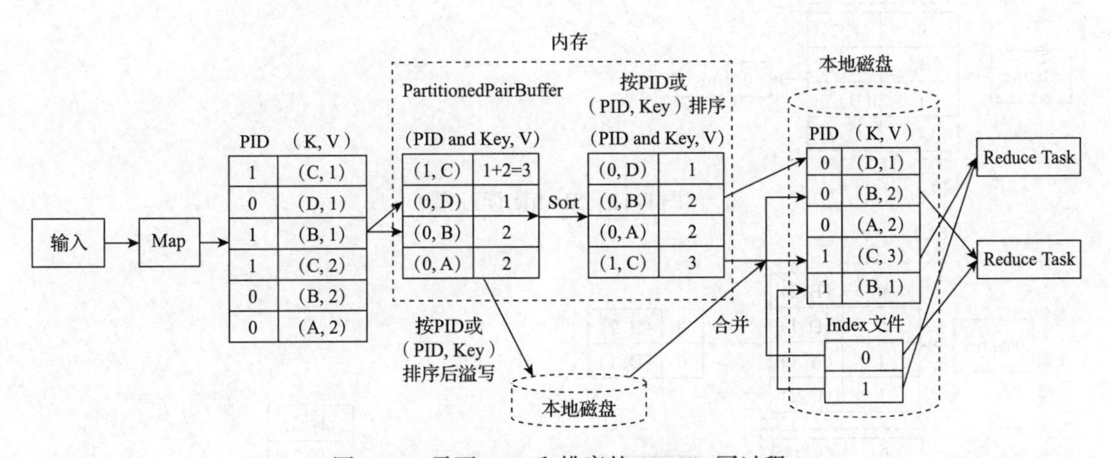

图 9-11 需要 Map 和排序的 Shuffle 写过程

上述方法的优势在于它通过一个数组结构来支持 Map 端的数据排序，排序依据是分区 id 或者分区 id 与 record key 的组合。此外，它同样采用内存加磁盘的策略来应对内存容量不足的问题。最终，每个 Map Task 只输出一个数据文件和一个索引文件，这样做减少了文件的数量，提高了 I/O 资源的利用率和整体性能。然而，这种方法的不足之处在于它需要一个额外的排序过程。

在 Shuffle 读阶段，如图 9-12 所示，主要任务是拉取（Fetch）上游 Map 任务产生的数据。接着，这些数据会被重新组织和处理，以便为后续操作提供所需的输入数据，或者直接进行输出。此阶段主要涉及 3 个步骤，分别是数据拉取、聚合和排序。与 Shuffle 写阶段相似，Shuffle 读能够根据不同的算子需求提供相应的功能。

在不需要进行聚合或排序操作的情况下，如图 9-13 所示，会直接从上游 Map 端拉取与 Reduce Task 对应的分区文件到缓冲区中，然后输出格式为 <K,V> 的记录，并直接进入后续操作。这种方法的优点是内存消耗较低，且实现相对简单。它的缺点在于不支持聚合和排序等操作。

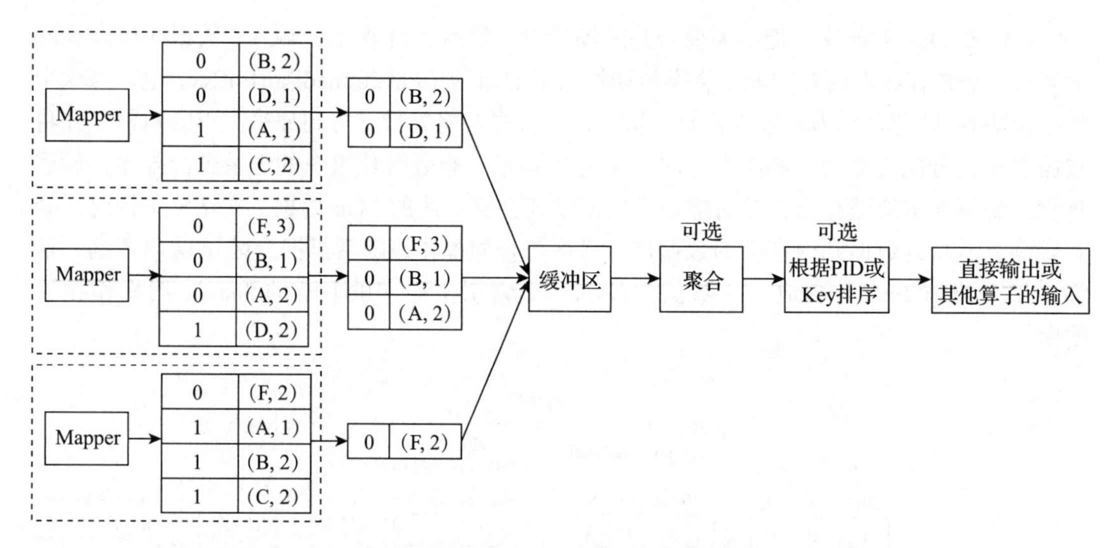

图 9-12 Shuffle 读过程

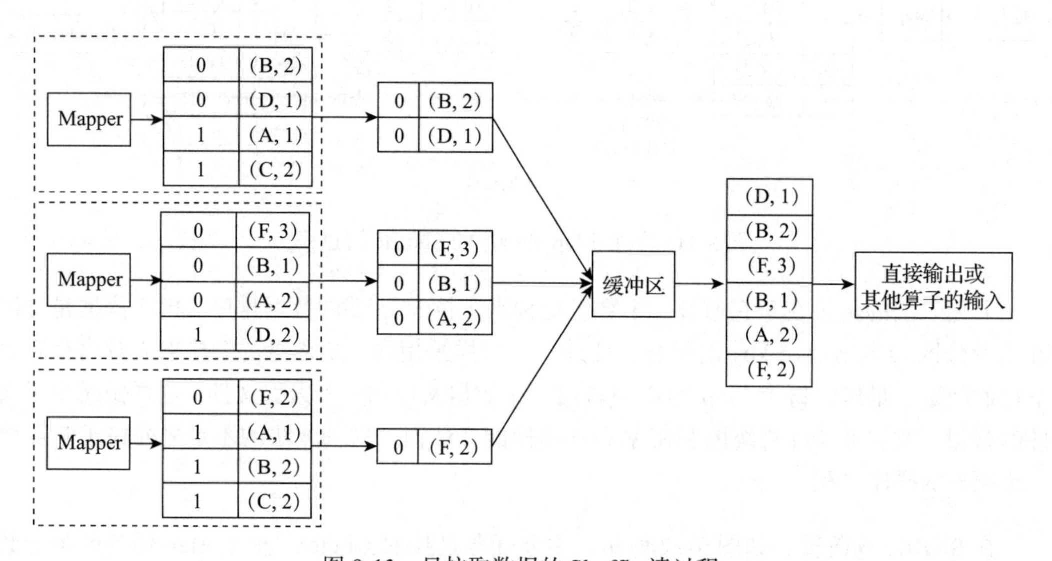

图 9-13 只拉取数据的 Shuffle 读过程

在只需要进行排序而不需要聚合操作的情况下，如图 9-14 所示，会从上游 Map 端拉取与 Reduce Task 对应的分区文件，并将其放入内存中的特殊数组 PartitionPairedBuffer。当该数组填满时，则会根据 partition id 和 record key 对数据进行排序，并将其溢写到本地磁盘上。随后，数组被清空以便继续接收新拉取的数据。一旦所有从 Map 端拉取的数据都被处理完毕，将会执行一个全局归并排序，这一过程涉及内存中的数据和已溢写到磁盘上的数据，最终将排序后的数据传递给后续的操作。

这种方法的优点是支持在 Reduce 端进行排序操作，并且通过结合内存和磁盘的方式进行排序，可以解决内存不足的问题。然而，其缺点在于不支持聚合操作，且排序过程可能会延长整体的运行时间。

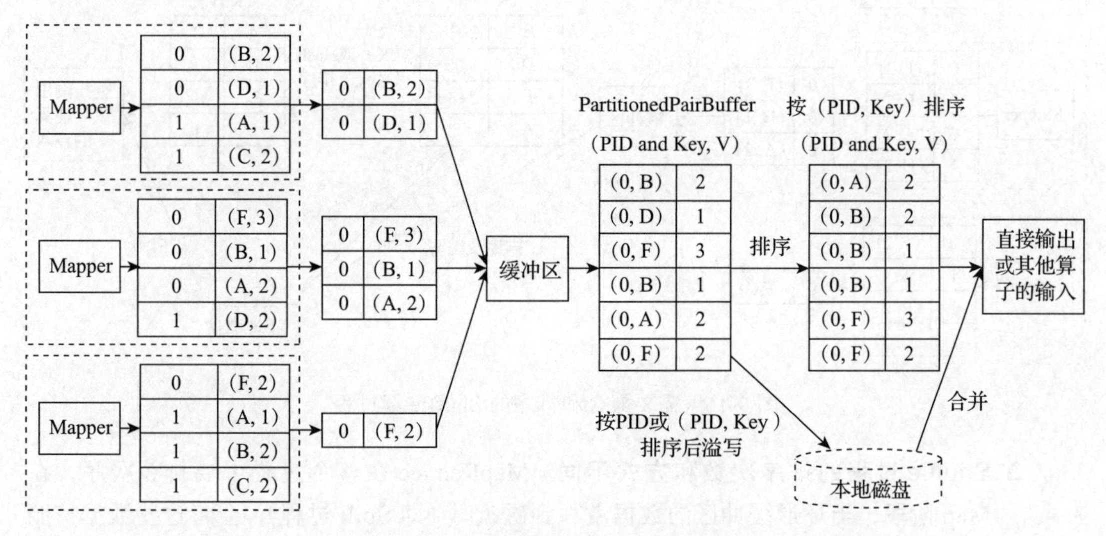

图 9-14　只需要排序的 Shuffle 读过程

在需要进行聚合和排序操作的情况下，如图 9-15 所示，会从上游 Map 端拉取与 Reduce Task 对应的分区文件到缓冲区。接着，会创建一个类似于 HashMap 的数据结构（ExternalAppendOnlyMap），用于对缓冲区中的记录进行实时聚合。当 HashMap 无法容纳更多数据时，会先尝试扩容，如果内存仍然不足，则会根据记录的键或哈希值对数据进行排序，并将其溢写到本地磁盘。在 Map 端的数据处理完毕后，会将磁盘上溢写的文件与内存中已排序的数据进行全局归并聚合，然后将结果传递给后续操作。

这种方法的优点是支持在 Reduce 端进行聚合和排序操作，并且通过结合内存和磁盘的方式，可以在线进行聚合和排序，从而解决内存不足以及等待所有 Mapper 的数据拉取完毕后才能开始聚合的问题。其缺点在于聚合和排序的过程可能会增加整体的运行时间。

MapReduce 的 Shuffle 从表象上看，与 Spark 并没有很大的差异。两者都涉及将 Mapper（在 Spark 中称为 ShuffleMapTask）的输出进行分区，然后将不同的分区发送到不同的 Reducer（在 Spark 中，Reducer 可能是下一个 Stage 里的 ShuffleMapTask 或 ResultTask）。Reducer 使用内存作为缓冲区，在进行 Shuffle 操作的同时进行数据聚合，直到数据聚合完成后才执行 Reduce 操作（在 Spark 中，这可能是后续的一系列操作）。而在底层实现上，两者有着很大的不同：

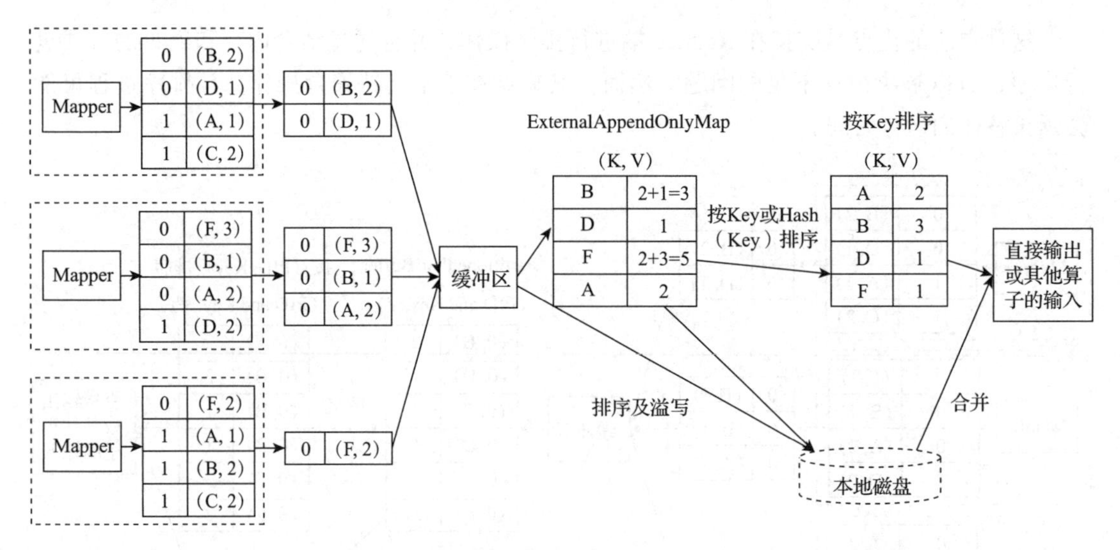

图 9-15　需要聚合和排序的 Shuffle 读过程

- **Shuffle 过程的排序次数和方式不同**。MapReduce 在整个过程中要排 3 次序，在 Map 阶段，当环形缓冲区的数据溢写到磁盘时（即 Spill 过程），会将这些数据按照键（key）进行分区和排序，以确保每个分区内的数据是有序的。这里使用的排序算法是快速排序。在溢写文件合并（Sort and Merge）阶段，需要对这些文件进行归并排序以便于合并。在 Reduce 阶段，Reduce Task 将不同 Map Task 文件拉取到同一个 Reduce 分区后，同样需要对文件进行归并排序以便于合并。相比之下，当 Spark 使用 Sorted-Based Shuffle（非 bypass 模式）时，它仅在必要时进行一次排序。当保存在内存中的数据结构达到一定阈值，且在数据溢出到磁盘文件之前，Spark 会对内存中的数据进行排序，以优化后续的处理效率。
- **Shuffle 的逻辑流划分不同**。在 MapReduce 中，数据处理流程严格遵循 Map—Spill—Merge—Shuffle—Sort—Reduce 的既定顺序执行。而 Spark 区分 Shuffle 写和 Shuffle 读，这两个部分在不同的算子中有着不同的执行流程。
- **Shuffle 拉取数据后数据存放的位置不同**。在 MapReduce 中，数据仅存储在磁盘上，而 Spark 则是首先尝试存储在内存中，如果内存不足，才会使用磁盘存储。
- **在 MapReduce 中，必须将所有数据完全拉取后才能开始聚合（Reduce）操作。相比之下，Spark 能够在拉取数据的同时进行数据聚合。**

9.3　数据倾斜的危害

在前文中，我们多次提及了数据分布不均匀可能导致查询任务出现异常的问题。例如，当聚合操作中存在大量的 NULL 值，或者在连接操作中某个关联键的数据量远超其他键时，就可能出现这种情况。在理想状态下，每个执行节点应当处理或计算相对均匀的数据量。然而，如果数据分散度不足，可能会导致过多的数据集中在单个或少数几个执行节点上，从而形成数据热点。数据集中会使得相关节点的计算速度大幅低于平均水平，拖慢整个计算过程。这种现象，也被称为短板效应，意味着任务的执行时间取决于最慢的执行节点，最终导致数据倾斜问题的发生。

数据倾斜是大数据计算任务中的一个常见问题，它指的是在分布式计算过程中，某个处理任务（通常是一个 JVM 进程）被分配了过多的任务量。这可能导致该进程运行时间过长，甚至可能导致任务失败，从而使得整个计算任务的运行时间过长，或者任务不能顺利执行。在外部表现上，在 MapReduce 任务中，这可能表现为 Map 或 Reduce 的进度长时间停留在 99%，数小时不变。而在 Spark SQL 任务中，则可能观察到某个 Stage 中，正在运行的 Task 数量长时间只有 1 或 2 个，且不发生变化。通常情况下，如果任务进度信息持续输出，但内容长时间没有任何变化，很可能是遇到了数据倾斜问题。

有一个特殊情况需要注意。有时候，我们可能会看到 Spark SQL 的任务信息显示有 1～2 个任务正在运行，但进度信息长时间不更新。这种情况通常发生在任务的最后阶段，即文件写入或重命名过程，并不一定意味着数据倾斜。尽管如此，这种现象通常意味着存在小文件问题，这也是一个需要关注的性能问题。

以图 9-16 所示的 MapReduce 执行过程为例，我们可以将整个过程中从数据读取到最终结果输出的步骤概括为数据读取、数据交换、数据计算和数据写入。基于这些步骤，数据倾斜的问题也可以相应地进行分类：

- 数据读取倾斜，指的是在数据读取阶段，某个 Mapper（在 Hive SQL 中）或 Task（在 Spark SQL 中）长时间无法完成分配的任务。这种情况通常是因为数据块过大、分布不均匀或数据块本身存在异常。
- 数据交换（计算）倾斜，指的是在数据计算阶段，需要进行排序（例如使用开窗函数）或聚合操作时，某个聚合或关联键（通常是一个或多个字段或表达式的组合）的处理时间过长。这是最常见的情况，同时也是最为复杂的情况。
- 写倾斜，即某个操作需要输出大量的数据，例如输出的数据量超过数亿甚至数十亿行。主要表现在关联操作后的数据膨胀，或者某些只能由单个 Task 执行的操作（如 LIMIT *n*）等。
- 文件操作倾斜，通常发生在 Hive 表的临时文件生成并需要重命名的过程中。生成临时文件后，由于文件数量巨大，重命名和移动操作会非常耗时。这种情况通常出现在动态分区写入中，从而导致产生大量小文件，故而引发倾斜。

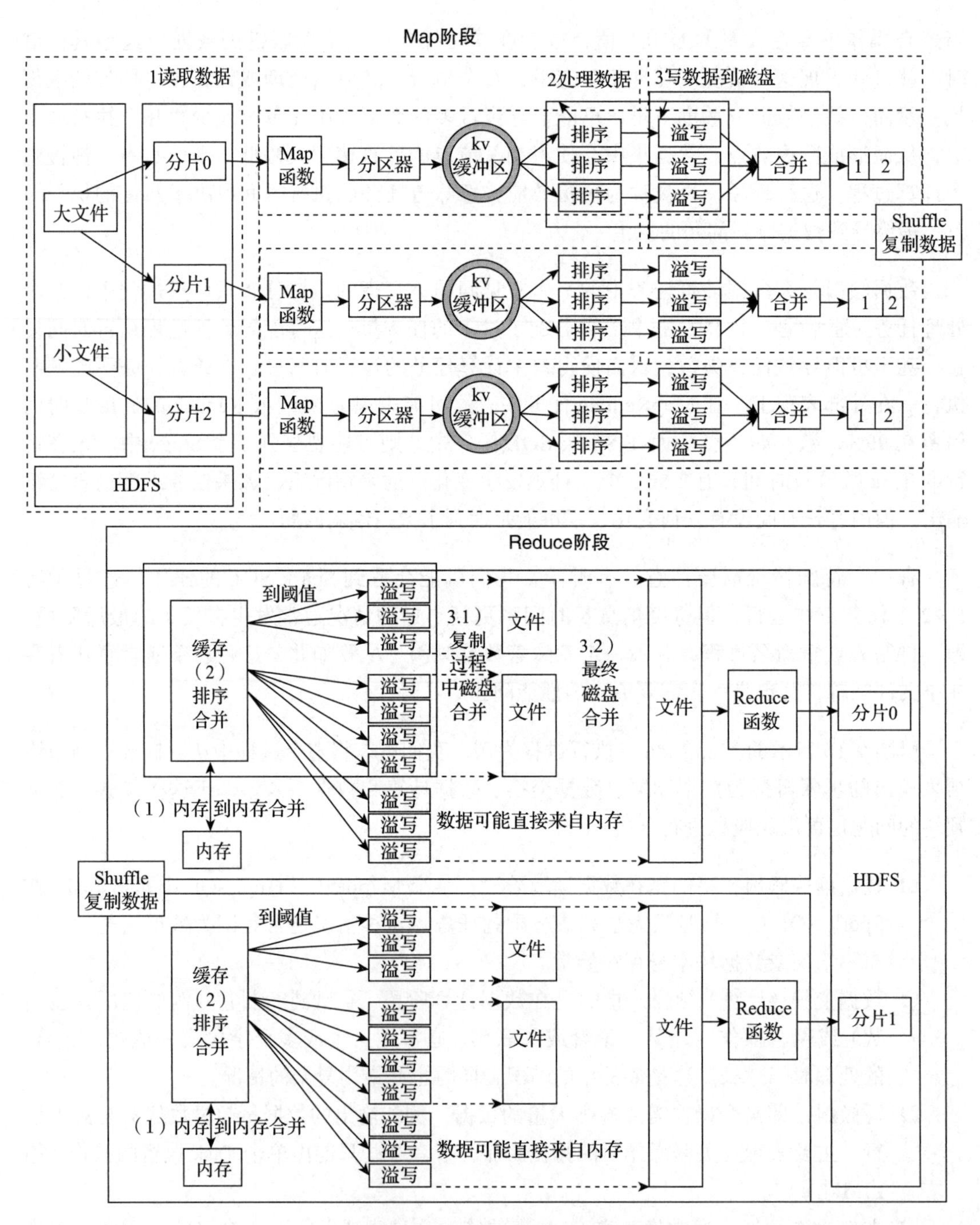

图 9-16　MapReduce 执行过程

数据倾斜现象之所以产生，主要是因为大数据计算通常依赖于分布式系统，在这种计算场景中，我们需要根据特定的规则将计算任务及其对应的数据分配给不同的执行节点。

这些节点独立执行计算、数据交换和汇总，最终产生结果。在这一过程中，数据的分布规律、所需计算的数据量、参与计算的具体算子，乃至业务场景的客观因素，都可能导致数据倾斜的发生。

例如在直播电商的业务场景中，计算各主播的活跃人数、粉丝数、订单数等指标时，头部主播的数据计算量通常会远远超过新晋主播。因此，在进行这些计算时往往会发生数据倾斜现象。在分布式计算中，数据通常分布在不同的存储节点上。有时，由于数据的特性或分发策略不当，某些节点上的数据量会远多于其他节点，从而导致数据倾斜。数据分布的规律往往是不可预知的。例如，在一个包含用户注册地点的信息表中，有一个字段名为“城市”，它记录了用户所在的城市信息。由于这一信息是用户自行填写的，系统在未进行计算之前无法预先得知“城市”字段的值分布是否均匀。此外在分布式计算中，某些操作只能由单个节点执行，例如 ORDER BY 和 LIMIT。这种设计导致单个节点需要处理全部数据，而其他节点则处于闲置或等待状态，从而导致任务的执行速度异常缓慢。

上述限制可能导致单个（或少数几个）节点处理大量数据，从而产生所谓的数据倾斜问题。通常的解决方案是在数据扫描或交换之前，通过额外的处理确保数据能均匀分配给各执行节点，以此加快任务的执行和响应时间。尽管各计算引擎通过迭代升级已具备一定的自优化能力（例如 Spark 3 的自适应查询执行 AQE 能够自动处理 Join 操作中的数据倾斜），在实际工作中，我们仍需主动采取措施来解决数据倾斜问题。需要根据具体场景和任务选择合适的策略和技术，确保数据能均匀地分配给各执行节点，从而提升任务执行和响应的效率。

9.4　切莫盲目升级版本

在互联网时代，软件程序的迭代升级是非常常见的现象，新框架的发布更是层出不穷。首先，绝大多数需求都采用增量式交付，强调的是先实施再完善，以便以更快的速度和效率抢占市场份额。其次是需要修复历史版本中出现的问题，毕竟没有任何产品能达到 100% 的完美，存在 bug 就必须进行修复，这就要求软件进行迭代升级。最后，新增功能、优化现有项目和完善交互细节，旨在增强用户体验和用户黏性，以此来巩固自身的市场覆盖范围和市场份额。

随着程序（此处指大数据引擎）功能的增多、覆盖范围的扩大以及项目结构和参与人员的增加，项目变得越来越复杂，难免会出现疏漏。新发布的功能可能触发历史代码的 bug，而对历史功能的优化可能会产生意料之外的结果。在实际工作中，敢于尝试新技术或升级旧技术框架以解决问题的精神是值得鼓励和赞赏的。然而，在使用新技术或历史版本升级时，我们必须充分了解程序的优化和改动点，而不是盲目地一刀切式升级，以免给下游用户带来困扰或影响。

以某业务需求为例，决策层希望能够查阅某App在当地的累计留存表现，以评估该App发布后在当地市场的业务影响力。通常，留存率高说明用户对使用体验感到满意。用户在应用中的活跃时间越长，就越有可能进行更多交互，并最终带来更高的利润。基于这些统计数据，决策层可以制定更为有效的业务策略，如调整市场推广、用户体验和功能改进等。所交付的查询任务如下所示，由于涉及新用户累计31天的留存率，查询语句略显冗长，并包含大量的子表达式（COUNT IF），用于计算各天的累计留存。

```
WITH new_activate_active_retention AS (
    SELECT t2.day AS dt,'new_activate_active_retention' AS retention_type,user_
        num, user_num_0d
    -- ...
    , user_num_31d
    FROM
    (
        SELECT
            t1.day
            ,COUNT(DISTINCT user_id) AS user_num
            ,COUNT(IF(INSTR(active_date_trace,day) > 0,1,NULL)) AS user_num_0d
,COUNT(IF(DATE_ADD(day,1)<='2023-09-01' AND INSTR(active_date_trace , DATE_
ADD(day,0))+INSTR(active_date_trace , DATE_ADD(day,1))>0,1,NULL)) AS
user_num_1d
-- 持续计算user_num_{n}d，直到n=31
,COUNT(IF(DATE_ADD(day,31)<='2023-09-01' AND INSTR(active_date_trace ,
DATE_ADD(day,0))+INSTR(active_date_trace ,
DATE_ADD(day,1))+INSTR(active_date_trace ,
DATE_ADD(day,2))+INSTR(active_date_trace ,
DATE_ADD(day,3))+INSTR(active_date_trace ,
DATE_ADD(day,4))+INSTR(active_date_trace ,
DATE_ADD(day,5))+INSTR(active_date_trace ,
DATE_ADD(day,6))+INSTR(active_date_trace ,
DATE_ADD(day,7))+INSTR(active_date_trace ,
DATE_ADD(day,8))+INSTR(active_date_trace ,
DATE_ADD(day,9))+INSTR(active_date_trace ,
DATE_ADD(day,10))+INSTR(active_date_trace ,
DATE_ADD(day,11))+INSTR(active_date_trace ,
DATE_ADD(day,12))+INSTR(active_date_trace ,
DATE_ADD(day,13))+INSTR(active_date_trace ,
DATE_ADD(day,14))+INSTR(active_date_trace ,
DATE_ADD(day,15))+INSTR(active_date_trace ,
DATE_ADD(day,16))+INSTR(active_date_trace ,
DATE_ADD(day,17))+INSTR(active_date_trace ,
DATE_ADD(day,18))+INSTR(active_date_trace ,
DATE_ADD(day,19))+INSTR(active_date_trace ,
DATE_ADD(day,20))+INSTR(active_date_trace ,
DATE_ADD(day,21))+INSTR(active_date_trace ,
DATE_ADD(day,22))+INSTR(active_date_trace ,
DATE_ADD(day,23))+INSTR(active_date_trace ,
DATE_ADD(day,24))+INSTR(active_date_trace ,
DATE_ADD(day,25))+INSTR(active_date_trace ,
```

```
DATE_ADD(day,26))+INSTR(active_date_trace ,
DATE_ADD(day,27))+INSTR(active_date_trace ,
DATE_ADD(day,28))+INSTR(active_date_trace ,
DATE_ADD(day,29))+INSTR(active_date_trace ,
DATE_ADD(day,30))+INSTR(active_date_trace , DATE_ADD(day,31))>0,1,NULL)) AS user_
    num_31d
        FROM
        (
            SELECT
                user_id
                ,first_activate_date AS day
                ,active_date_trace
            FROM
            (
                SELECT new.uid AS
user_id,new.first_activate_date,t.active_date_trace
                FROM
                (
                     SELECT uid, FROM_unixtime(first_activate_time, 'yyyy-MM-dd')
AS first_activate_date
                    FROM user_info
                       WHERE FROM_UNIXTIME(first_activate_time, 'yyyy-MM-dd') >=
'2022-10-01'
                         AND FROM_UNIXTIME(first_activate_time, 'yyyy-MM-dd') <=
'2023-09-01'
                ) new
                LEFT JOIN
                (
                    SELECT user_id,active_date_trace FROM user_active_transaction
where partition_date = '2023-09-01'
                )t
                ON new.uid = t.user_id
                GROUP BY 1,2,3
            )t
            GROUP BY 1,2,3
        )t1
        GROUP BY 1
    )t2
)
,new_activate_transaction_retention AS (
    SELECT t2.day AS dt,'new_activate_transaction_retention' AS
        retention_type,user_num, user_num_0d
    -- ...
    , user_num_31d
    FROM
    (
        SELECT
            t1.day
            ,COUNT(DISTINCT user_id) AS user_num
            ,COUNT(IF(INSTR(transaction_date_trace,day) > 0,1,NULL)) AS
                user_num_0d
            -- 持续计算user_num_{n}d，直到n=31
```

```
,COUNT(IF(DATE_ADD(day,31)<='2023-09-01' AND INSTR(transaction_date_trace ,
DATE_ADD(day,0))+INSTR(transaction_date_trace ,
DATE_ADD(day,1))+INSTR(transaction_date_trace ,
DATE_ADD(day,2))+INSTR(transaction_date_trace ,
DATE_ADD(day,3))+INSTR(transaction_date_trace ,
DATE_ADD(day,4))+INSTR(transaction_date_trace ,
DATE_ADD(day,5))+INSTR(transaction_date_trace ,
DATE_ADD(day,6))+INSTR(transaction_date_trace ,
DATE_ADD(day,7))+INSTR(transaction_date_trace ,
DATE_ADD(day,8))+INSTR(transaction_date_trace ,
DATE_ADD(day,9))+INSTR(transaction_date_trace ,
DATE_ADD(day,10))+INSTR(transaction_date_trace ,
DATE_ADD(day,11))+INSTR(transaction_date_trace ,
DATE_ADD(day,12))+INSTR(transaction_date_trace ,
DATE_ADD(day,13))+INSTR(transaction_date_trace ,
DATE_ADD(day,14))+INSTR(transaction_date_trace ,
DATE_ADD(day,15))+INSTR(transaction_date_trace ,
DATE_ADD(day,16))+INSTR(transaction_date_trace ,
DATE_ADD(day,17))+INSTR(transaction_date_trace ,
DATE_ADD(day,18))+INSTR(transaction_date_trace ,
DATE_ADD(day,19))+INSTR(transaction_date_trace ,
DATE_ADD(day,20))+INSTR(transaction_date_trace ,
DATE_ADD(day,21))+INSTR(transaction_date_trace ,
DATE_ADD(day,22))+INSTR(transaction_date_trace ,
DATE_ADD(day,23))+INSTR(transaction_date_trace ,
DATE_ADD(day,24))+INSTR(transaction_date_trace ,
DATE_ADD(day,25))+INSTR(transaction_date_trace ,
DATE_ADD(day,26))+INSTR(transaction_date_trace ,
DATE_ADD(day,27))+INSTR(transaction_date_trace ,
DATE_ADD(day,28))+INSTR(transaction_date_trace ,
DATE_ADD(day,29))+INSTR(transaction_date_trace ,
DATE_ADD(day,30))+INSTR(transaction_date_trace , DATE_ADD(day,31))>0,1,NULL)) AS
    user_num_31d
FROM
(
            SELECT
                user_id
                ,first_activate_date AS day
                ,transaction_date_trace
            FROM
            (
                SELECT new.uid AS
user_id,new.first_activate_date,t.transaction_date_trace
                FROM
                (
                    SELECT uid, FROM_UNIXTIME(first_activate_time, 'yyyy-MM-dd')
 AS first_activate_date
                    FROM user_info
                    where FROM_UNIXTIME(first_activate_time, 'yyyy-MM-dd') >=
'2022-10-01'
                    AND FROM_UNIXTIME(first_activate_time, 'yyyy-MM-dd') <=
'2023-09-01'
```

```
                ) new
                LEFT JOIN
                (
                    SELECT user_id,transaction_date_trace FROM user_active_
transaction
                    where partition_date = '2023-09-01'
                    AND last_transaction_date IS NOT NULL
                )t
                ON new.uid = t.user_id
                GROUP BY 1,2,3
            )t
            GROUP BY 1,2,3
        )t1
        GROUP BY 1
    )t2
)

INSERT OVERWRITE TABLE result
SELECT *
FROM new_activate_active_retention
UNION ALL
SELECT *
FROM new_activate_transaction_retention;
```

源表的数据量相对较小，介于十万到百万之间。在App推广阶段，新增用户数量达到了数万。在Spark 2中，任务执行时间约104s。

```
-- spark-submit...
--conf spark.executor.instances=100 \
--conf spark.executor.memory=8g \
--conf spark.executor.cores=1 \
--conf spark.executor.memoryOverhead=6g

Time taken: 103.681 seconds
```

执行计划相对直观，如图9-17所示，首先进行多个JOIN操作，然后依据子表达式进行汇总计算。计算完成后，将结果写入目标Hive表，并且为了便于数据报表展示，额外同步一份到ClickHouse中以供对外查询。

在运维团队将Spark版本从Spark 2.4升级到Spark 3.2，并开始分批次进行灰度测试后，作为“第一批吃螃蟹”的查询任务，任务首次运行便执行失败，并抛出如下所示的异常。

```
23/09/22 16:22:25 ERROR[pool-3-thread-2] FileFormatWriter: Aborting job b000d283-
    3990-4bb1-9765-08e96f2eb2c4.
java.lang.OutOfMemoryError
        at
java.lang.AbstractStringBuilder.hugeCapacity(AbstractStringBuilder.java:161)
```

日志分析显示问题源于内存不足。最初，这一发现并未引起重视，我们决定简单地增加内存并重新执行任务。然而即便如此，错误依旧重现。

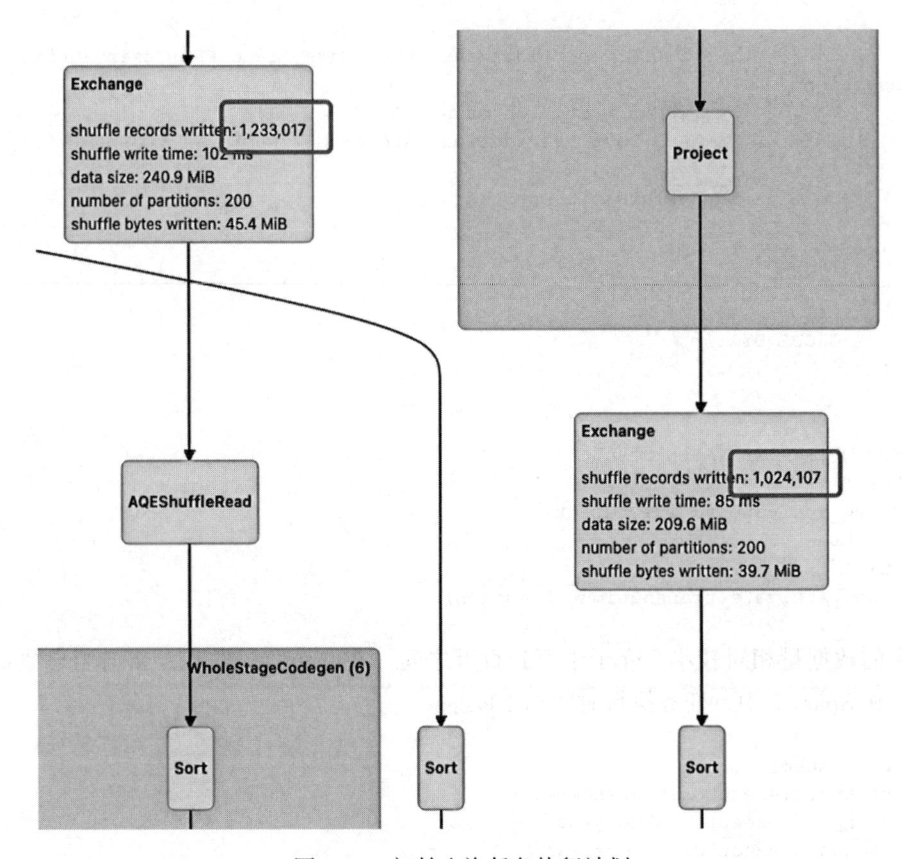

图 9-17　初始查询任务执行计划

```
--conf spark.driver.memory=10g \
--conf spark.executor.instances=100 \
--conf spark.executor.memory=20g \ # 放大 executor 内存
--conf spark.executor.cores=2 \
--conf spark.executor.memoryOverhead=8g
```

查看如图 9-18 所示的任务执行计划，增加内存后提交的任务与之前相比，并没有很大的差异，于是怀疑问题可能与 Spark 3 自适应查询执行（AQE）的特性有关，该特性在执行过程中会进行动态分区和其他自优化调整。因此我们尝试关闭 AQE 功能，但任务执行依旧未能成功。

```
# 关闭 Spark AQE 功能
--conf spark.sql.adaptive.enabled=false
```

为了深入分析，任务再次执行后，我们对 Driver 和 Executor 进行了内存统计（Thread Dump)，以确定在哪个环节出现了内存溢出。经过仔细调查，终于发现了问题的根源。如

图 9-19 所示，Spark 3.2 在代码生成（Codegen）阶段对子表达式（Subexpressions）进行了优化。在生成执行计划阶段，Spark 会扫描子表达式，检查是否有重复的子表达式，并尝试进行条件简化与合并。

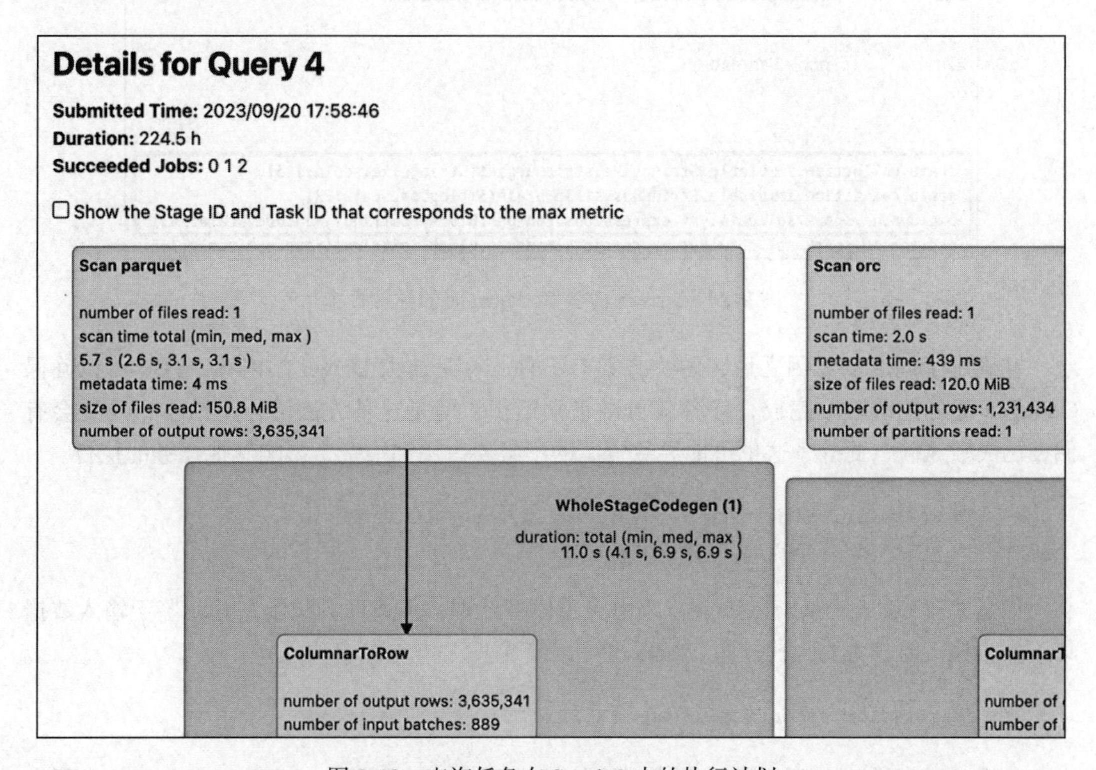

图 9-18　查询任务在 Spark 3 中的执行计划

```
(21) HashAggregate [codegen id : 7]
Input [3]: [user_id#3, day#4, active_date_trace#99]
Keys [2]: [day#4, user_id#3]
Functions [32]: [partial_count(if ((instr(active_date_trace#99, day#4) > 0)) 1 else r
instr(active_date_trace#99, cast(date_add(cast(day#4 as date), 1) as string))) > 0)))
instr(active_date_trace#99, cast(date_add(cast(day#4 as date), 1) as string))) + inst
((((instr(active_date_trace#99, cast(date_add(cast(day#4 as date), 0) as string)) + i
instr(active_date_trace#99, cast(date_add(cast(day#4 as date), 3) as string))) > 0)))
instr(active_date_trace#99, cast(date_add(cast(day#4 as date), 1) as string))) + inst
instr(active_date_trace#99, cast(date_add(cast(day#4 as date), 4) as string))) > 0)))
instr(active_date_trace#99, cast(date_add(cast(day#4 as date), 1) as string))) + inst
instr(active_date_trace#99, cast(date_add(cast(day#4 as date), 4) as string))) + inst
(((((((instr(active_date_trace#99, cast(date_add(cast(day#4 as date), 0) as string))
```

图 9-19　Spark 3.2 对子表达式的优化

如图 9-20 所示，问题出现在优化 COUNT IF 操作时，Spark 采用了嵌套递归的方式生成 Codegen，由于子表达式过多，这最终导致了 Driver 内存溢出。

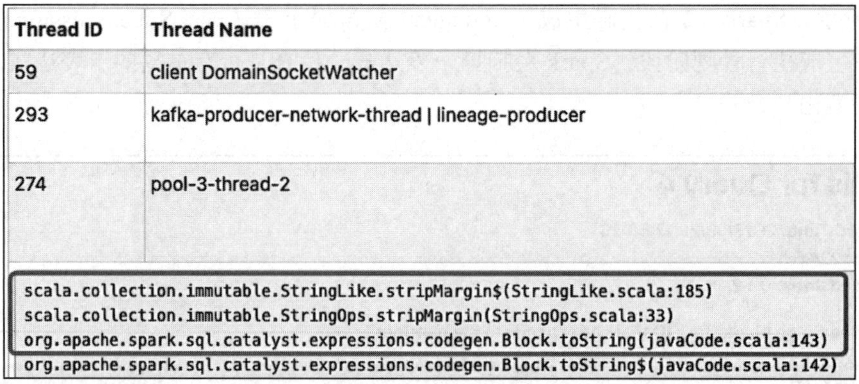

Thread ID	Thread Name
59	client DomainSocketWatcher
293	kafka-producer-network-thread | lineage-producer
274	pool-3-thread-2

```
scala.collection.immutable.StringLike.stripMargin$(StringLike.scala:185)
scala.collection.immutable.StringOps.stripMargin(StringOps.scala:33)
org.apache.spark.sql.catalyst.expressions.codegen.Block.toString(javaCode.scala:143)
org.apache.spark.sql.catalyst.expressions.codegen.Block.toString$(javaCode.scala:142)
```

图9-20　Driver构造Codegen时的异常日志

在确定了问题的原因之后，解决方案有三种。一是放大Driver的内存，这样可以确保Codegen部分能够顺利完成，任务就可以正常运行，但是这种方法治标不治本，还是会有偶发的失败风险，此外，这也可能导致资源的不必要占用和浪费，影响其他任务的执行。

```
--conf spark.driver.memory=64g \ # 方法 Driver 的内存
--conf spark.executor.memoryOverhead=12g
```

二是关闭codegen.wholeStage，改由火山模型处理，但速度会稍慢一些，鉴于输入数据集不大，执行时长本身也比较短，所以也可以接受。

```
SET spark.sql.codegen.wholeStage=FALSE;
```

最后也可以选择关闭公共表达式消除的优化项，不过只能针对这单个任务，如果同个SparkSession中存在的其他任务也有子表达式的写法，可能会导致意想不到的结果。

```
SET spark.sql.subexpressionElimination.enabled=FALSE;
```

至此问题排查结束，查询任务恢复正常。在此次升级中还暴露出其他的问题，如图9-21所示，Spark 3.2中使用GROUPING SETS时，grouping_id的生成逻辑做了新的调整。这会导致没有按常规GROUPING SET组合写法的任务出现异常，任务虽然正常运行，但生成的数据内容存在偏差。

与软件或服务的发布不同，数据仓库的核心在于保障数据指标的准确性和一致性。这意味着无论集群或处理逻辑如何变化，输出的指标必须保持不变。因此，我们不能直接采用如图9-22所示的灰度发布流程，该流程涉及先部署少量新版本实例进行验证，验证无误后再进行全面部署。其顾虑在于，如果在灰度阶段的版本出现问题，即便将流量切换回旧版本，错误的数据可能已经发布，而纠正这些错误数据的成本可能极其高昂。

What changes were proposed in this pull request?

This PR fixes a bug caused by #32022 . Although we deprecate `GROUP BY ... GROUPING SETS ...`, it should still work if it worked before.

#32022 made a mistake that it didn't preserve the order of user-specified group by columns. Usually it's not a problem, as `GROUP BY a, b` is no different from `GROUP BY b, a` . However, the `grouping_id(...)` function requires the input to be exactly the same with the group by columns. This PR fixes the problem by preserve the order of user-specified group by columns.

Why are the changes needed?

bug fix

Does this PR introduce *any* user-facing change?

Yes, now a query that worked before 3.2 can work again.

How was this patch tested?

new test

图 9-21　Spark3.2 中因 GROUPING SETS 逻辑调整导致的 bug

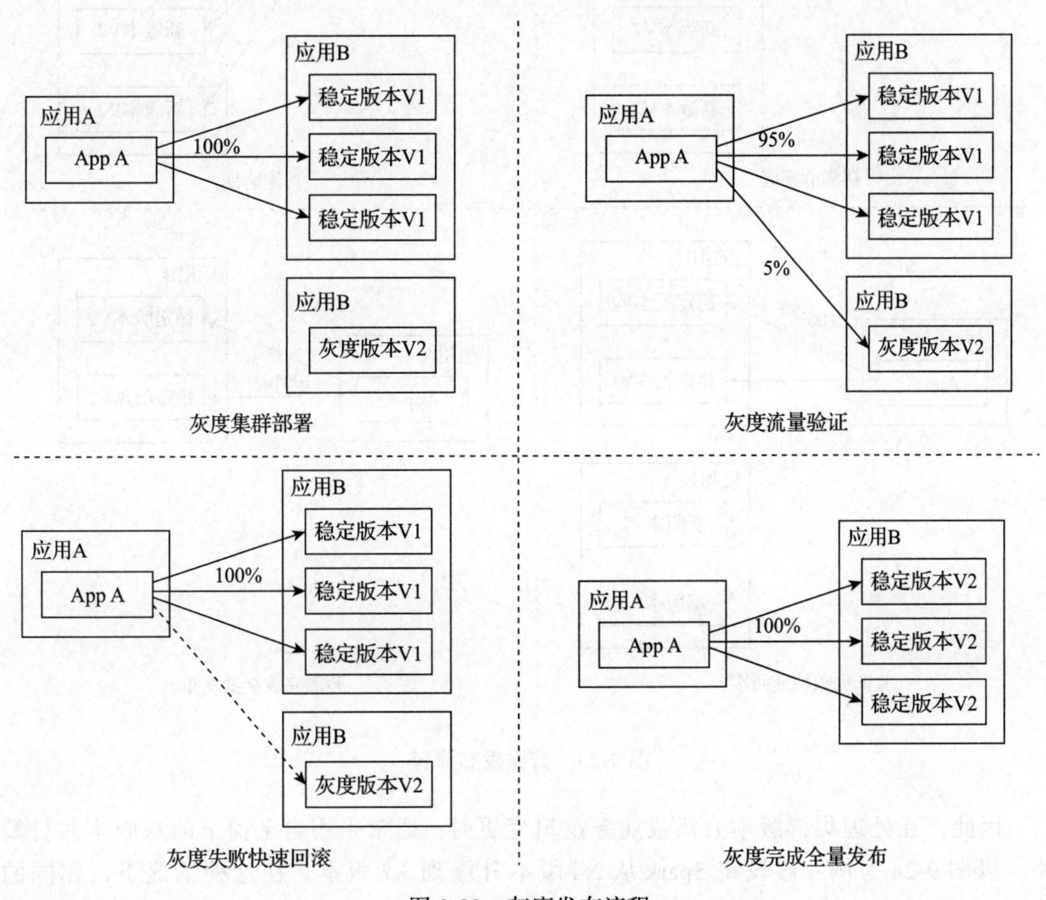

图 9-22　灰度发布流程

若采取图9-23中展示的蓝绿部署策略，即部署一个新集群，其规模与当前稳定版本相当，并逐步通过流量控制进行切换，同时要求新旧集群在一段时间内并行运行，以便于快速回滚。这一过程持续到新版本验证无误后，才能下线旧集群。这种方法的主要缺点是需要额外部署一整套新集群或工作流，导致资源消耗巨大。此外，在大多数情况下，加工产出的指标和表都是同一张，依赖产出的下游的切换成本也非常高。通常这种部署策略适用于新机房的部署、大规模数据迁移，或是需要重构整个任务工作流的情况。

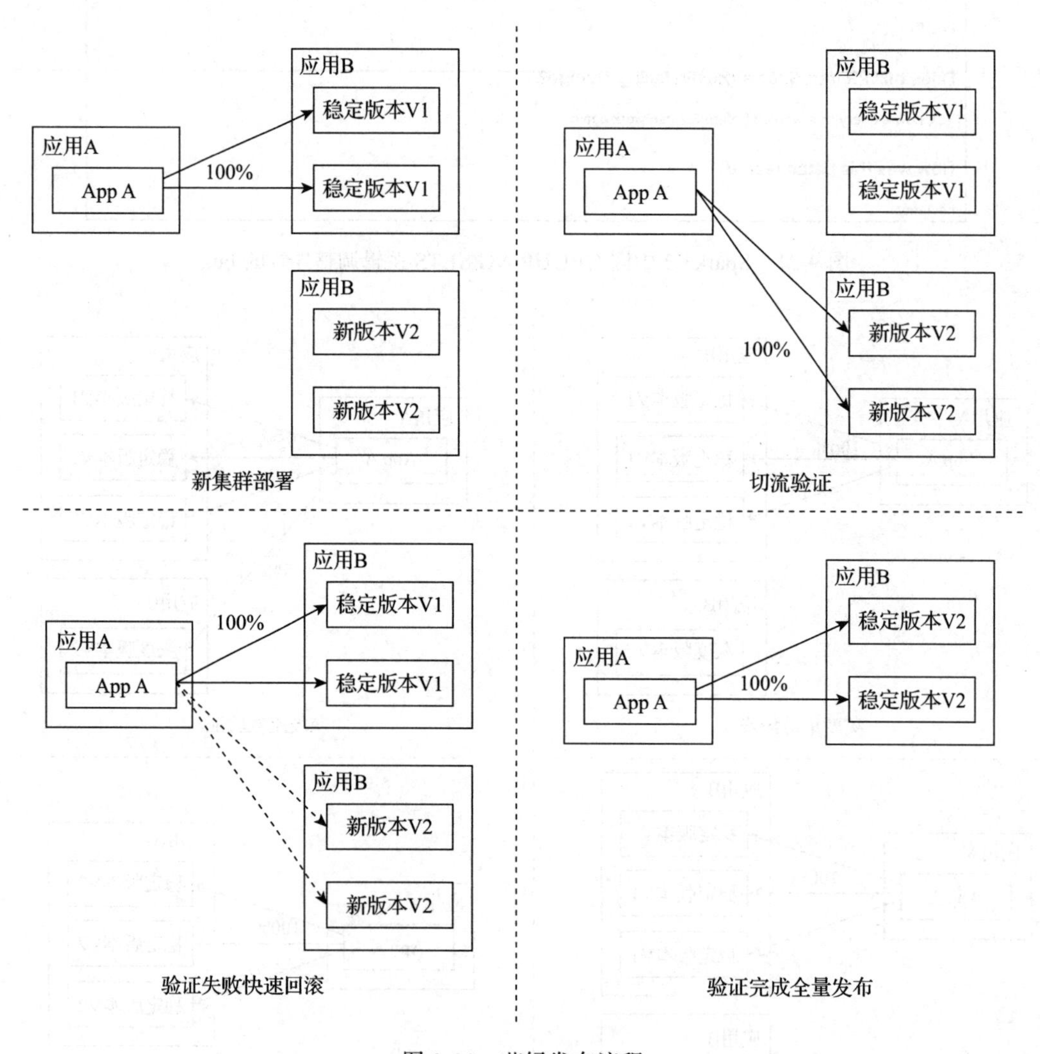

图9-23　蓝绿发布流程

因此，在处理集群版本升级或业务逻辑变更时，通常采用自上而下的双版本并行策略。以图9-24为例，假设将Spark从2.4版本升级到3.2版本。在这种情况下，相同的SQL查询会在两个版本中运行，并将结果写入两个不同的表，新版本的结果写入一个临时表。然后通过对两个表进行全外连接，并对每一行的每一列进行比较（通常是字段拼接后再 MD5），来验证新旧版本的数据是否完全匹配。这一过程可能持续数天，或者跨越多个数据分区。如果数据在这一期间始终保持一致，那么旧版本的任务就会切换到新版本。

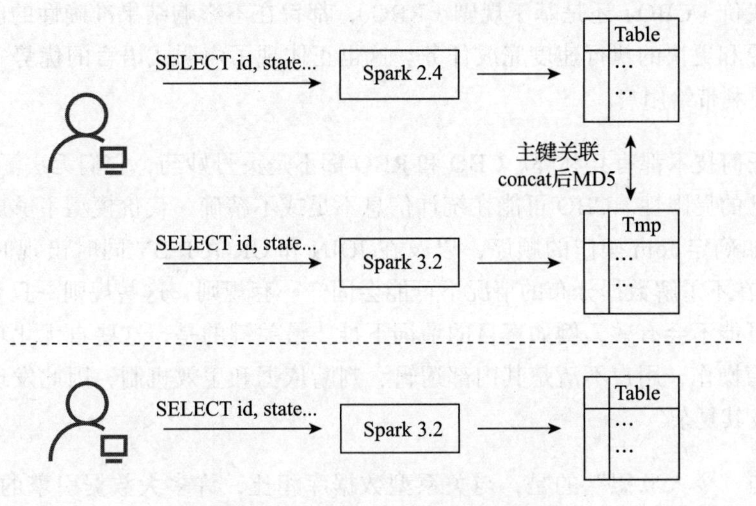

图 9-24　自上而下、双跑切换流程

采用自上而下的方法是指按照依赖关系的层级顺序逐步升级。如图 9-25 所示，我们首先更新依赖链的顶端，即 Table1。然后按照依赖关系的层级顺序，逐步向下进行，直至 Table4～Table6 的更新也完成。相反，如果采用自下而上的策略，即从 Table6 开始升级，那么每当上游的表（如 Table1～Table3）发生变更时，所有已经验证过的下游表（如 Table6）都需要重新进行验证。这种做法会降低整个升级流程的效率。

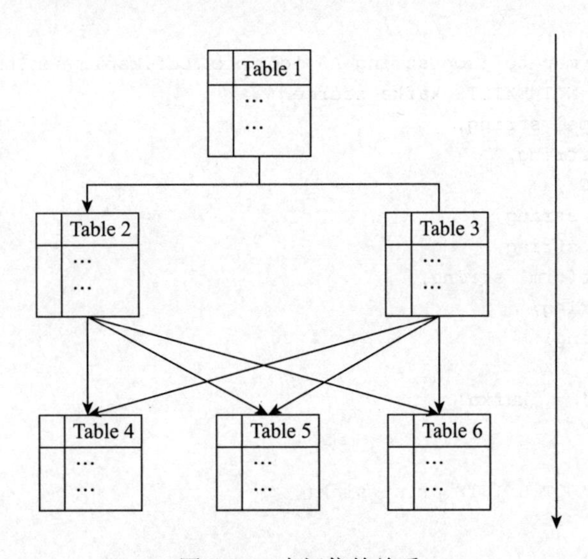

图 9-25　表间依赖关系

9.5 引擎自优化的利弊

在开篇中，我们指出了大多数数据库引擎都具备自动优化查询语句的能力。这种优化无论是基于代价（CBO）还是基于规则（RBO），都旨在不影响结果准确性的前提下，以尽可能少的资源和更快的执行速度完成任务。这也正体现了声明式语言的优势——将麻烦留给自己，把便利带给用户。

然而，任何技术都有其利弊。CBO 和 RBO 都不是灵丹妙药，它们无法涵盖所有场景，并且都有自己的局限性。CBO 可能在统计信息不足或不精确、代价模型不够成熟的情况下遇到问题，如确定 Join 操作的顺序，以及在 JOIN 和 GROUP BY 同时出现时决定执行顺序。而 RBO 在不了解数据分布的情况下可能会固守一套规则，这些规则一旦确定，后续的优化或改写可能不会有效，例如盲目的谓词下推。最关键的是，这些自优化功能对用户来说几乎是黑箱操作，用户不清楚其内部逻辑、判断依据和生效机制，因此发现和解决问题的过程可能极其复杂。

但有一点"令人欣慰"的是，与关系型数据库相比，许多大数据引擎的 CBO 并不成熟，其生效范围大多局限于 JOIN 重排。因此，我们需要重点了解的是各个框架中 RBO 的实现。在 6.1.5 节和 8.1.11 节中，我们讨论了由 Spark 框架升级或 Spark 本身的缺陷导致的基于规则的负优化问题，以及排查和解决这些问题的过程。这种缺陷在其他框架中也存在，例如在以下的 Flink SQL 任务中，任务消费 Kafka 数据，并利用自定义函数 map_to_json_string 将输入内容转换为单行单列的格式，然后根据分隔符选择前三条记录并打印出来（由于 Flink 1.13 版本中缺少对 JSON 字符串的内置解析函数，这里仅使用系统内置函数来操作转换后的数据）。

```
CREATE FUNCTION map_to_json_string AS 'com.xxx.udf.MapToJsonString';
CREATE TABLE IF NOT EXISTS kafka_source (
     `create_time` string,
     `extinfo` string,
     `id` STRING ,
     `order_id` string,
     `payer_id` string,
     `payer_platform` string,
     `state` string,
     `type` string)
WITH(
     'connector' = 'kafka'
);

CREATE TABLE IF NOT EXISTS print_sink(
     `a` string
    ,`b` string
```

```
    ,`c` string
)
WITH(
    'connector' = 'print'
);

CREATE VIEW tmp AS
-- 构造一个包含所有列的MAP，并通过UDF转换为JSON字符串
SELECT map_to_json_string(MAP['create_time', `create_time`, 'extinfo', extinfo,
    'id', `id`, 'order_id', order_id
        ,'payer_id', payer_id, 'payer_platform', payer_platform, 'state',
            `state`,'type', `type`]) AS ext
FROM kafka_source;

-- 为了说明示意，仅使用内置函数对JSON字符串进行切分
INSERT INTO print_sink
SELECT SPLIT_INDEX(ext, ',', 0)
    ,SPLIT_INDEX(ext, ',', 1)
    ,SPLIT_INDEX(ext, ',', 2)
FROM tmp;
```

如图 9-26 所示，可以看到在算子链合并的前提下，自定义函数 map_to_json_string 实际也是每行调用 3 次，而不是我们所期望的只调用 1 次。

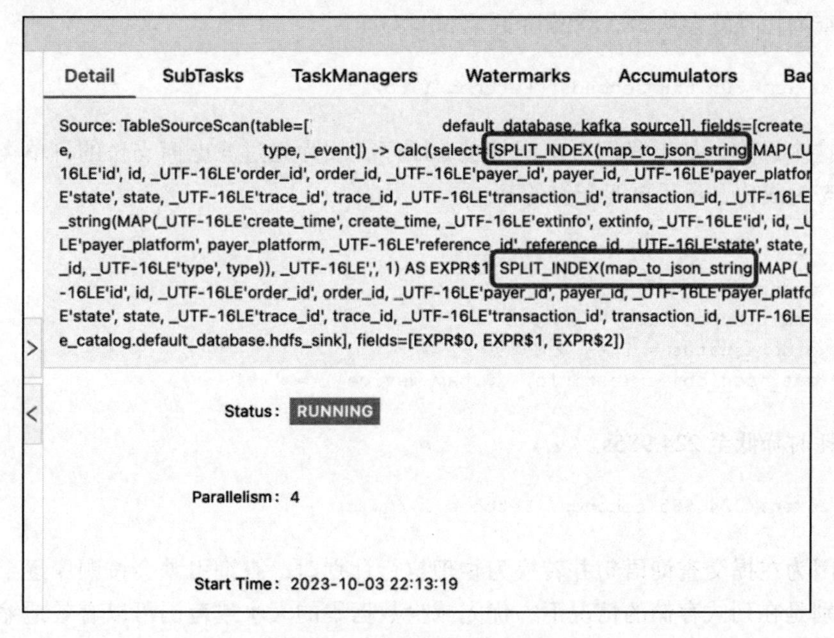

图 9-26　Flink 任务执行计划

以某业务需求为例，风控团队提供了一份包含多个订单设备 id 的列表。我们的目标是

从支付订单流水表中筛选出由这些特定设备发起的支付订单明细，以便进一步分析这些交易是否可能涉及盗刷行为。具体来说，我们需要从订单表中提取出那些订单类型为“电商支付”、支付状态为“成功”，并且设备id与提供列表中的id匹配的记录。

```
SELECT *
FROM `order`
WHERE get_json_object(extinfo, '$.pay_device') = 'xx' -- 特定设备
  AND order_status = 1 -- 支付成功
  AND order_type = 15; -- 电商支付
```

可以看到，查询耗时382.882s。

```
Time taken: 382.882 seconds, Fetched 1 row(s)
```

同样的过滤条件，如果调整过滤的先后顺序，改为先过滤支付状态为成功，再过滤电商支付的订单类型，最后再匹配设备id。

```
SELECT *
FROM `order`
WHERE order_status = 1 -- 支付成功
  AND order_type = 15 -- 电商支付
  AND get_json_object(extinfo, '$.pay_device') = 'xx';
```

那么查询耗时就会从382.882s降低至305.858s。

```
Time taken: 305.858 seconds, Fetched 1 row(s)
```

顺着这个思路，如果我们再次调整过滤顺序，改为先过滤电商支付的订单类型，再过滤支付状态为成功，最后再匹配设备id。

```
SELECT *
FROM `order`
WHERE order_type = 15 -- 电商支付
  AND order_status = 1 -- 支付成功
  AND get_json_object(extinfo, '$.pay_device') = 'xx';
```

查询耗时降低至224.985s。

```
Time taken: 224.985 seconds, Fetched 1 row(s)
```

这是因为在提交查询语句并转换为物理执行计划时，查询引擎会按顺序逐个应用过滤条件。特别是在列式存储的情况下，优先减少数据集的大小或范围可以有效地缩小查询范围。这样，在相同的计算资源下，可以在一定程度上减少查询所需的时间。

```
== Physical Plan ==
```

```
Filter ((((isnotnull(order_type#7L) AND isnotnull(order_status#10L)) AND (order_
    type#7L = 11)) AND (order_status#10L = 7)) AND (get_json_object(extinfo#18,
    $.pay_device) = xx))
```

我们应当深入理解所使用框架中的基于规则优化（RBO）的细则，多利用执行计划进行比较分析，通过查阅日志和进行实验对比来提升任务性能并解决性能瓶颈。持续学习和在工作中不断积累经验将有助于我们更好地掌握框架，优化查询过程，并确保任务能够高效执行。

案例篇

Chapter 10 第 10 章

实战案例分享

在之前的章节中，我们探讨了在业务需求开发过程中，如何通过调整配置、更改存储类型或重写查询语句等方法来实现优化。同时我们也意识到，实际业务需求通常是庞大且复杂的，涉及众多参与者和环节，因此没有单一的解决方案能够适用于所有情况。

本章将分享几个相关案例。这些案例源自 Powerdata 社区内的真实业务分享，经过讨论、融合及脱敏后呈现出来。读者可以站在本章的视角来体会实际工作中技术方案的迭代优化历程。本章的目的是将前面 9 章的知识点融入今后的工作之中。

10.1 某电商业务营销活动实时指标优化方案

该营销活动优化项目旨在控制营销成本并实现精准营销，这也是数据驱动增长的典型案例，社区的诸多成员都应对过此种任务需求。

为了实现精准营销的目的，数据团队需要与营销团队协作，制定相应的运营规则，也就是制定为用户打标签的规则：识别出从未进行过支付、未曾发送过红包的用户群体，并针对这些用户群体实施优惠券发放、满减折扣等营销策略。听起来好像比较简单，就是统计每个用户在每种业务状态（待发货、运输中、已收货、退款）下的历史订单数量，但它存在以下难点：

- 计算数据量通常较为庞大。订单数据作为核心数据集，其历史记录通常以数十亿计，较为庞大。此外，尽管后端在设计 MySQL 表结构时采用了分库分表的策略，但这种方法并不适合处理 OLAP 的查询场景，因此不能直接使用从业务库完成统计需求。

- 业务流程状态的生命周期较长，以我们所熟知的加购、下单、运输、收货、退款等流程为例。用户从下单到完成收货通常需要数天时间，因此，在实时计算任务中，必须充分考虑在较大的时间粒度上保持任务的稳定性和数据的一致性。
- 由于涉及核心指标的加工产出，并需与其他部门协作进行营销支出，我们对指标的数据一致性和时效性进行严格要求，同时也必须具备灵活的数据补偿能力，以应对潜在的问题和风险。
- 必须要考虑开发成本。

为什么说基于业务状态变化的实时计算统计比较难，根本原因在于追加流（Append Only）和更新日志流（Change Log）的不同，以及 Change Log 计算的复杂度。Append Only 的一次动作就是一个事实，一旦发生则不可修改，这种情况下的统计相对较容易。而 Change Log 是消息记录，可以变化和修改，只不过是以增量的形式来记录，我们的统计是针对那一时刻的状态的快照，并且还需要额外考虑消息先后顺序的问题，统计相对复杂，如图 10-1 所示。

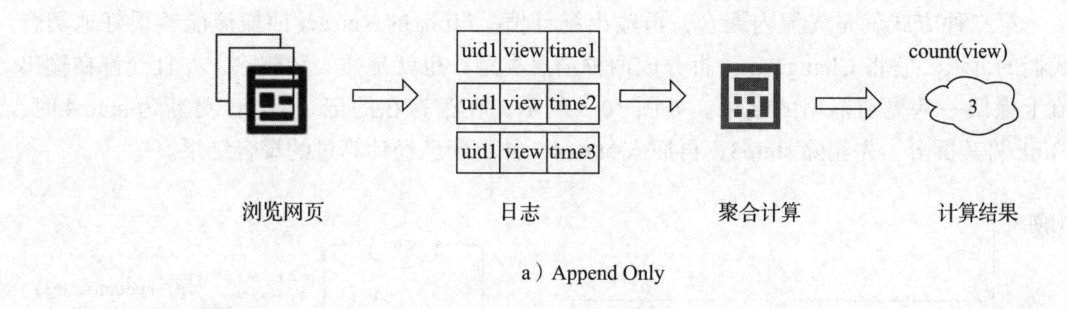

a）Append Only

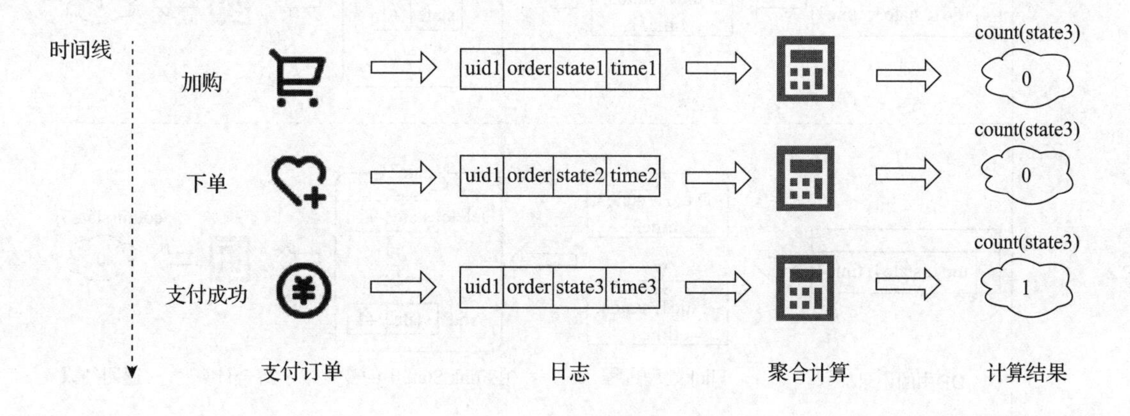

b）Change Log

图 10-1　Append Only 和 Change Log 示例

针对 Change Log 统计值的计算，解决方案通常有两种，如图 10-2 所示，最简单的就是在某种存储中保存所有明细数据，按需计算。好处是可以很轻易地捕捉和变更业务状态变化，但因为数据量巨大的关系，读写 I/O 就非常慢，并且这种方式相当于额外备份了一份存储，所以成本问题并没有得到解决。

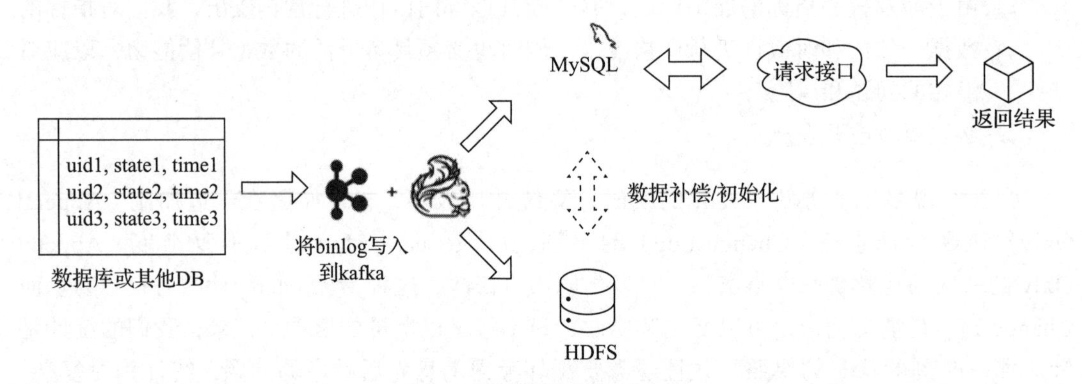

图 10-2　明细数据统计方案

第二种方式就是先流内聚合，再输出统计值。Flink 的 Retract 回撤流能够很好地契合我们的诉求。它将 Change Log 拆分成两种消息类型，也就是插入和删除，并且允许在输出流上撤回一些先前输出的结果。如图 10-3 所示，在已存在的记录 state3 更新为 state4 时，Flink 将其拆分，先删除 state3，再插入 state4，并更新已经计算过的聚合结果。

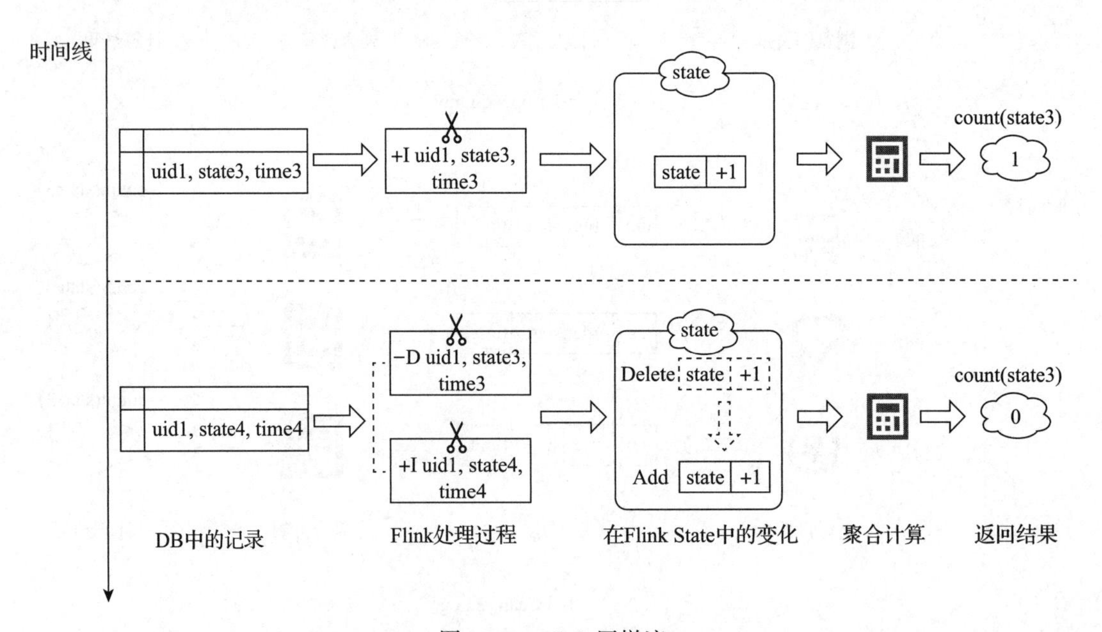

图 10-3　Flink 回撤流

那是不是采用如图 10-4 所示的流内聚合统计方案就高枕无忧了？其实并没有。回撤流虽然也解决了捕捉业务状态变化的问题，但这种实现依靠 Flink 自身的状态来完成，因此我们仍然要在 Flink 中去维护全量数据。并且，因为强依赖 Flink 自身的状态，以及只能输出统计值，那么数据补偿和数据初始化就变得非常困难，也就是每次都需要从头开始全量消费。而且最致命的是，这种机制在特殊业务场景下有一定的局限性。这也是我们后续优化的关键点。

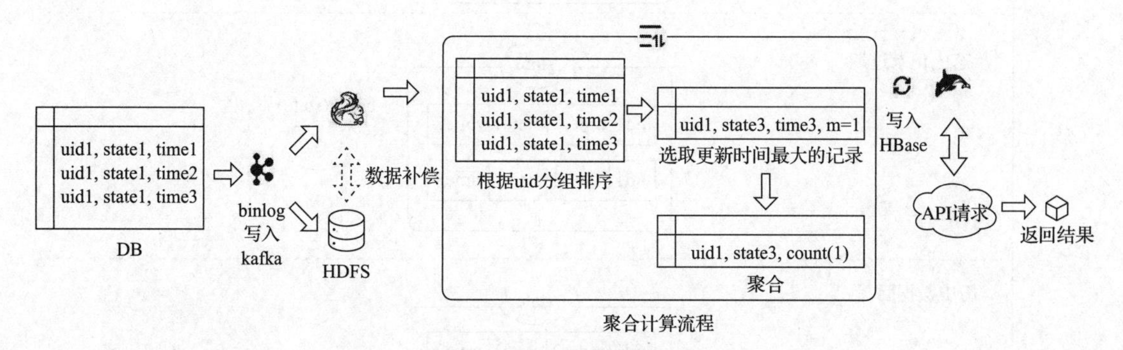

图 10-4　流内聚合统计方案

正如前文提到，虽然数据量比较大，但业务状态的生命变化周期是有上限的。那为什么不给状态设置一个过期时间 TTL，只处理在业务状态周期内的热数据，减小资源开销？主要还是考虑到基建或集群稳定性不够的情况。如图 10-5 所示，例如上游 binlog 漏发，在回补 binlog 时，假设补偿的数据在 Flink 状态的过期时间外，也就是一条过期记录，那么 Flink 就会把它当作一条新记录参与运算，数据就失真了。再比如集群下线、集群切换等，状态在此时并不是完全可用的，对整个任务的稳定性和数据一致性就有很大挑战。

那么既然设置 TTL 不行，可不可以按照经典 Lambda 架构的体系来优化，即只实时计算当天的数据，对应的状态也只保留一天，离线计算历史保留到昨天的，两个统计值在查询时完成合并，也就是“日切”。这种方案很好地解决了 Flink 大状态的问题，并且数据补偿相对容易，但局限性在于，第一对实时计算和离线计算的时间边界要求非常高，因为两边都是统计值，实时消费中无法确认消息有没有被离线重复计算，一旦计算的数据有重叠就会失真，比如数据漂移。如图 10-6 所示的特殊场景，为了更直观地描述，我们假设存在这种循环更新的案例，即已被统计的历史记录在今天，也就是流计算当中完成了循环更新，比如历史记录 state1 变更为 state2，state2 再变更为 state1，计算结果也同样会出现偏差。

无论是由设置过期时间 TTL，还是由 Lambda 流批日切计算导致的数据失真，其实都是因为 Flink 原生 Retract 的局限性，也就是依赖 Flink 自身的状态来判断记录是否需要回撤。如图 10-7 所示，以刚才日切的场景为例，在我们的理想状态下，两条 update 应该被拆分为两对 delete 和 insert，成对出现、成对消失，最终合并的结果不变。

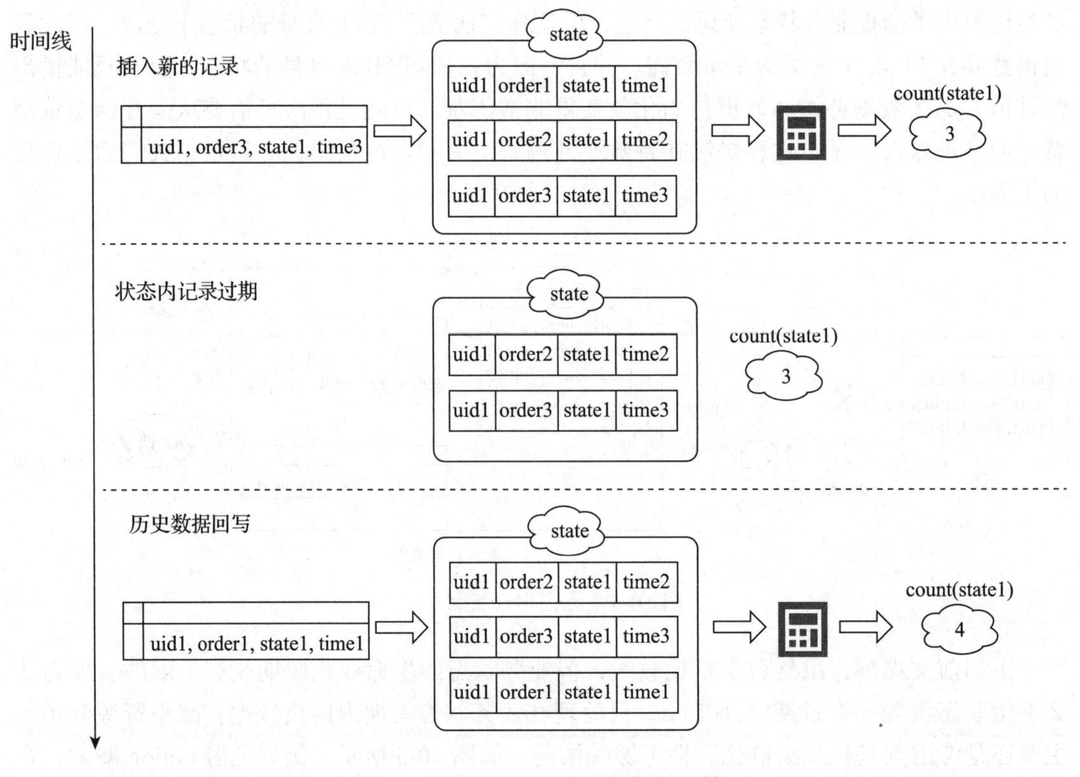

图 10-5　设置 TTL 后过期数据重算

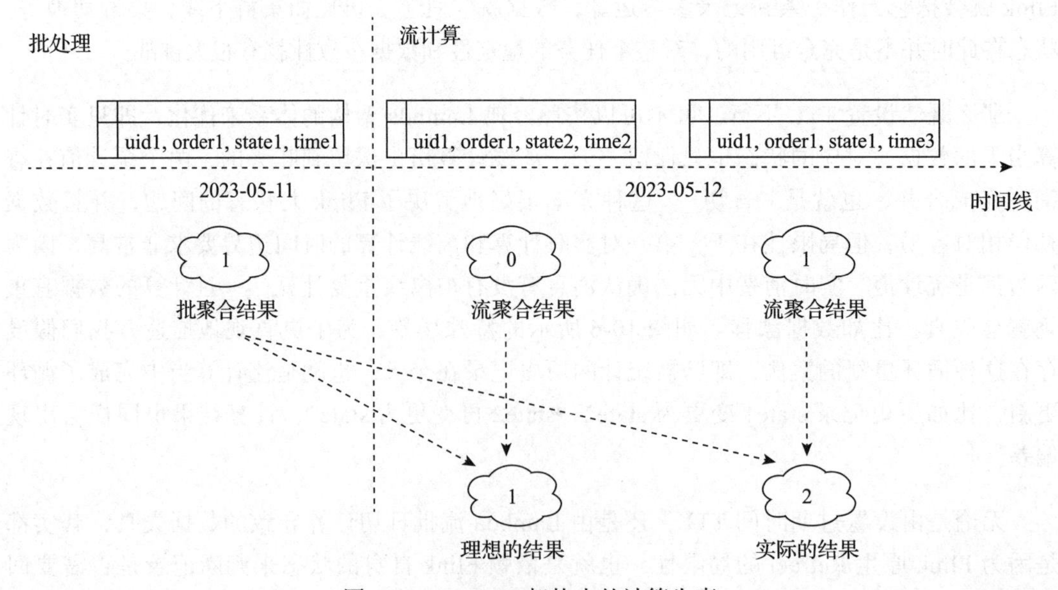

图 10-6　Lambda 架构中的计算失真

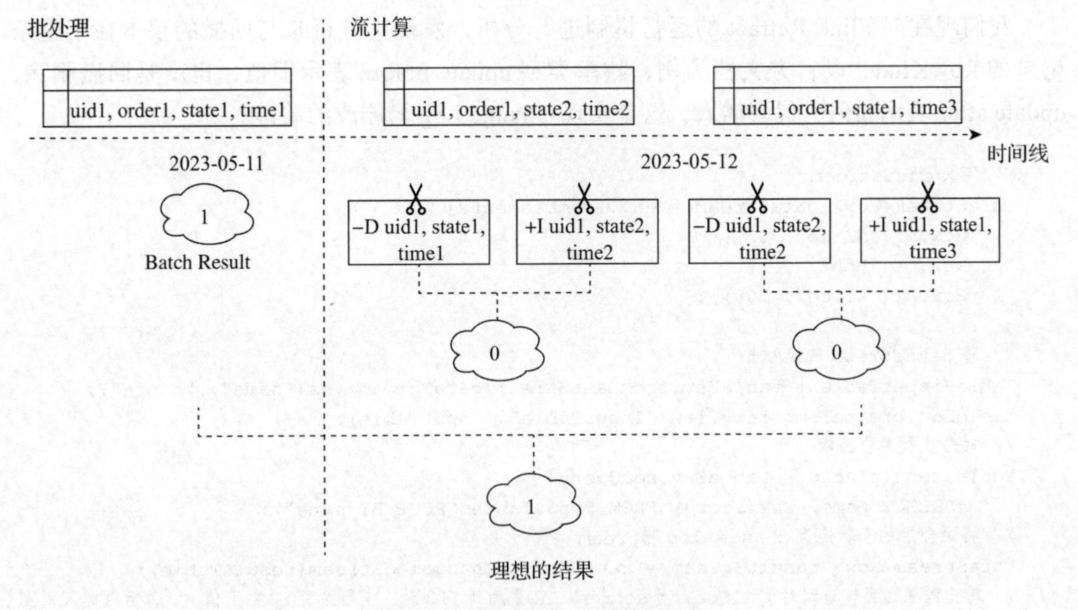

图 10-7 理想状态下的回撤拆分

但实际情况却如图 10-8 所示，流、批计算是分开的，并且流只保存了一天的状态，那么对于第一条 update，尽管它的 binlog 属性是 update，但因为没有保存在 Flink 的状态中，所以只会被 Flink 当作新纪录，也就只生成一条 insert，从而导致合并结果的计算产生了偏差。

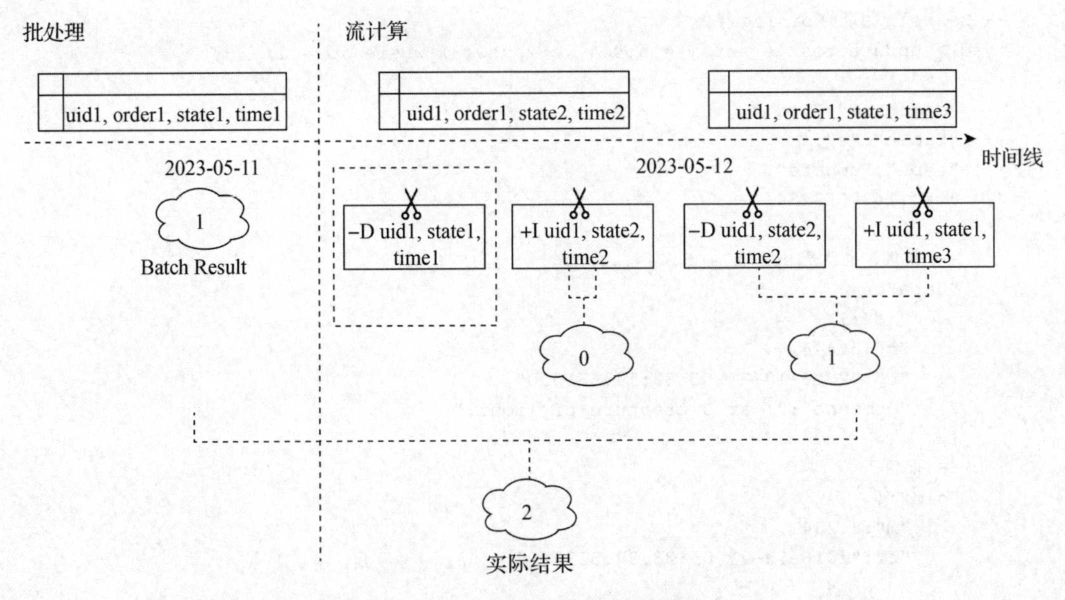

图 10-8 实际状态中的回撤拆分

我们现在对 Flink Retract 的运行机制进行分析，发现它是否参与回撤的根本在于这条记录的 RowKind。以官方文档为例，枚举类型 update before 表示旧值，也就是回撤删除，update after 表示新值，代表插入，这是实现 Change Log 增删改的关键。

```
// 定义 datastream
DataStream<Row> dataStream = env.fromElements(
    Row.of("Alice", 12),
    Row.of("Bob", 10),
    Row.of("Alice", 100));

// 将 datastream 转换为表
Table inputTable = tableEnv.fromDataStream(dataStream).as("name", "score");
tableEnv.createTemporaryView("InputTable", inputTable);
// 对表执行聚合函数
Table resultTable = tableEnv.sqlQuery(
    "SELECT name, SUM(score) FROM InputTable GROUP BY name");
// 将聚合后的表转换为 change log stream
DataStream<Row> resultStream = tableEnv.toChangelogStream(resultTable);
// 输出结果，可以看到对于 Alice，当 score 从 12 累加到 112 时，先删除了 12 的旧值，计算后再插入新值
// +I[Alice, 12]
// +I[Bob, 10]
// -U[Alice, 12]
// +U[Alice, 112]
```

而在我们消费的 binlog 中，以 Maxwell 为例，update 类型是携带了更新前后的新旧值，也就是 data 和 old 这两个字段。

```
-- Maxwell 抽取的 binlog 样例
mysql> update test.e set m = 5.444, c = now(3) where id = 1;
{
    "database":"test",
    "table":"e",
    "type":"update",
    "ts":1477053234,
    ...
    -- 新值，也就是 set m = 5.444...
    "data":{
        "id":1,
        "m":5.444,
        "c":"2016-10-21 05:33:54.631000",
        "comment":"I am a creature of light."
    },
    -- 旧值
    "old":{
        "m":4.2341,
        "c":"2016-10-21 05:33:37.523000"
    }
}
```

结合 binlog 的特性我们能否自行去构建 binlog 记录的 Flink Rowkind，从而实现 Retract？答案是肯定的。因此我们修改了 maxwell-connector 的代码，以 update 类型的 binlog 为例，我们将其拆分成新旧值，并赋给其对应的 Rowkind 枚举，从而完成了升级。

```
// 解析 Maxwell 抽取过来的 binlog，获取新值 data 和旧值 old
GenericRowData after = (GenericRowData) row.getRow(0, fieldCount);
GenericRowData before = (GenericRowData) row.getRow(1, fieldCount);
// 对新、旧值赋予 Flink Rowkind 枚举
before.setRowKind(RowKind.UPDATE_BEFORE);
after.setRowKind(RowKind.UPDATE_AFTER);
// 对新、旧值赋予新值的业务意义的更新时间
if (this.extendFieldIndex != null) {
    after.setField(this.extendFieldIndex.f0,
after.getField(this.extendFieldIndex.f1));
    before.setField(this.extendFieldIndex.f0,
after.getField(this.extendFieldIndex.f1));
}
// 将 1 条 update 记录拆分为 2 条记录输出
emitRow(row, before, out);
emitRow(row, after, out);
```

最终方案如图 10-9 所示，分为三个步骤：

1）在流计算中依然只计算当天的数据，消费 binlog 时，根据 binlog 的 DML 类型，比如 insert、update、delete，赋给对应的 Flink Rowkind 枚举（其中 update 将会被额外拆分成 before 和 after 两条记录），并同时新增一个新值的 update_time。

2）流计算根据对应的业务键和新值的 update_time 进行聚合计算，比如用户 id、业务状态 state、新值的 update_time，其实就是以 Rowkind 为依据，依次执行删除和新增。

3）批处理计算历史数据，并周期调度到 HBase 中，在最终查询时完成流批计算的合并。

这个方案有两个优化点，第一是在消费 binlog 时，我们做了对应的 Rowkind 赋值和拆分。如图 10-10 所示，任务不再依赖 Flink 自身的状态来维护记录是否回撤，只是单纯地根据 Rowkind 来执行删除或插入。这种方式解决了之前提到的由日切中时间边界难以切割和历史记录在实时计算内循环更新而导致的数据失真问题。

因为只消费今天的 binlog 记录，故障恢复和数据补偿变得极为容易，并且因为不强依赖 Flink 自身的状态，整个计算开发的成本大幅降低。之前的状态需要同时维护历史数据和每日增量数据，现在最多只需要维护每日增量 ×2（即假设当天的 binlog 全部都是 update 类型）。

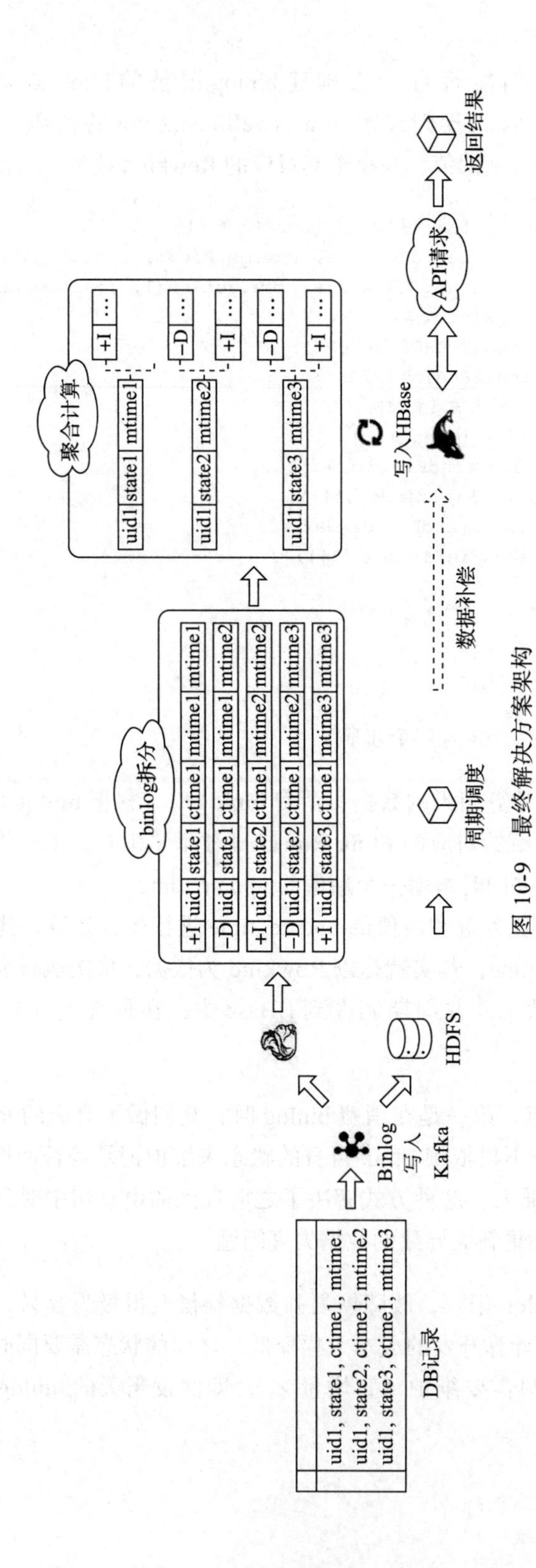

图 10-9 最终解决方案架构

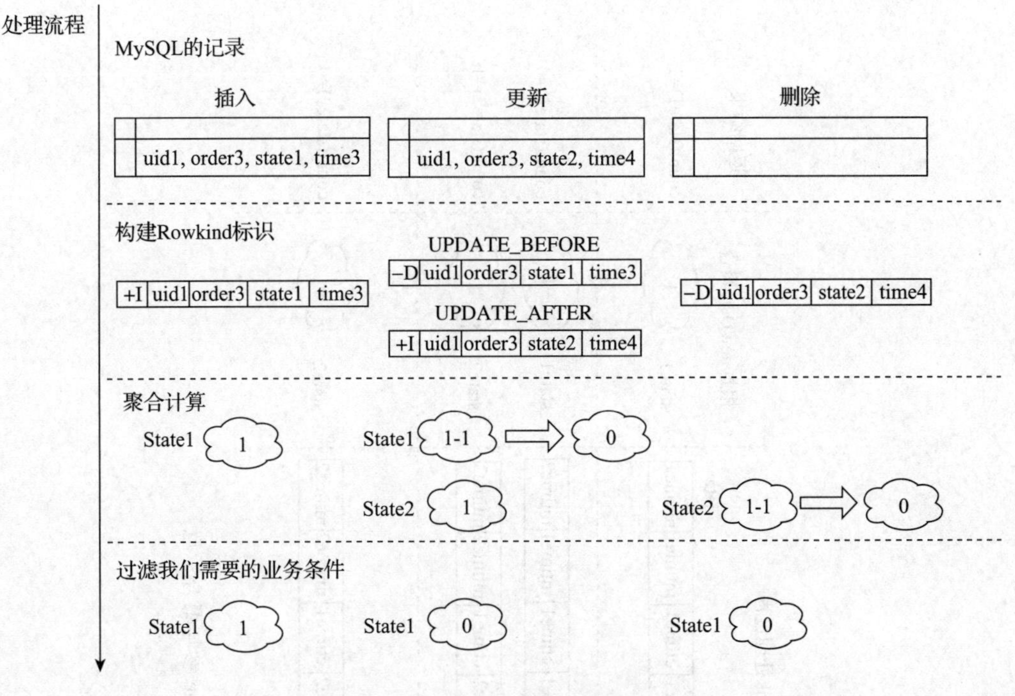

图 10-10　binlog 构建 Rowkind

第二点则同样是为了解决时间边界问题，保障对历史记录的修改能够在今天，也就是流计算中得到抵消。如图 10-11 所示，我们假设记录存在创建时间 ctime、修改时间 mtime，MySQL 在 5 月 12 日更新了 5 月 11 日创建的历史记录，并且被流计算捕捉到。假设以 ctime 作为聚合，那么这条 update 变更将因为不是 5 月 12 日的记录而被舍弃，也就是不执行对应的回撤，因此必须以 mtime 为聚合条件，和离线的统计结合做合并，从而做到抵消。

最终，计算任务将以较为轻量的纯 SQL 方式提交。

```
CREATE TABLE `order_source`
(
    flink_row_kind      String,
    origin_database     STRING METADATA FROM 'value.database' VIRTUAL,
    origin_table        STRING METADATA FROM 'value.table' VIRTUAL,
    order_id            Bigint,
    user_id             Bigint,
    order_type          Integer, -- 订单类型
    amount              Bigint, -- 订单金额
    order_status        Integer, -- 订单状态
    update_time         Integer, -- 订单状态发生变更时的更新时间
    extend_update_time Integer, -- 新值的 update_time
    proctime AS PROCTIME()
```

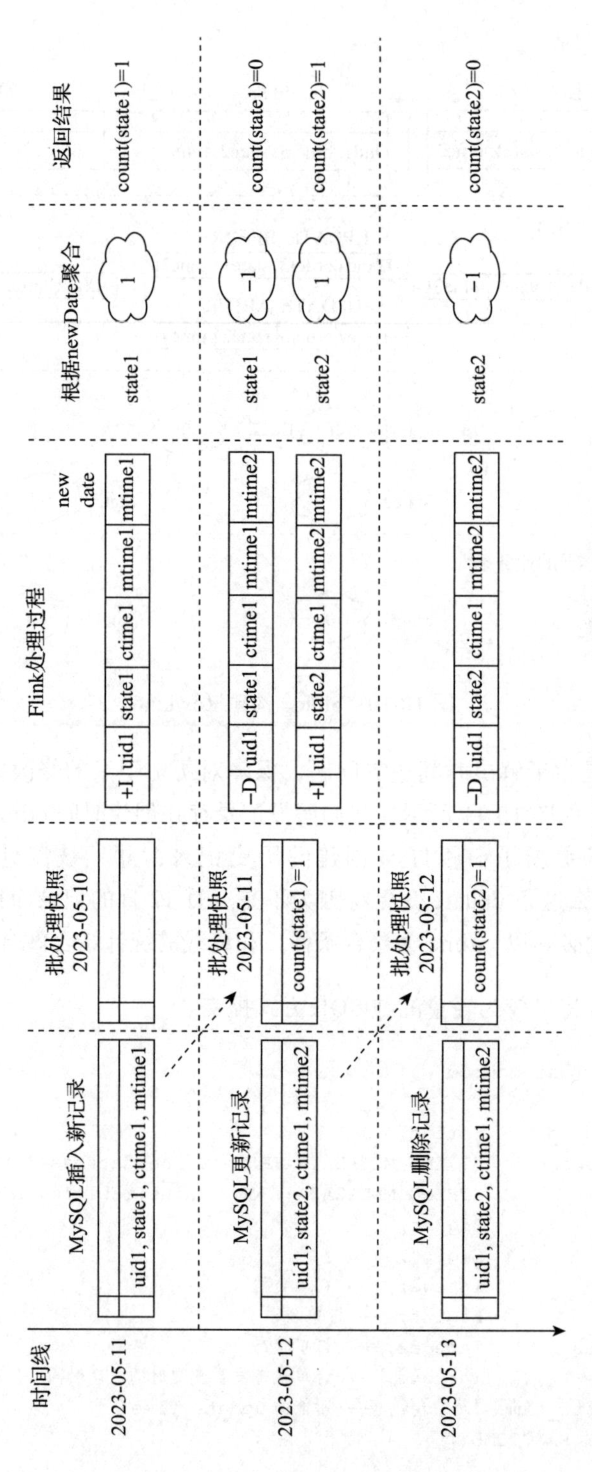

图 10-11 使用新值 mtime 参与聚合示意

```
) WITH (
        'connector' = 'kafka',
        'format' = 'custom-json',
        'custom-json.extend.fields' = 'extend_update_time:update_time' -- 将新值的
            update_time 赋给 extend_update_time
);

-- Flink 计算每个用户、每种订单类型的金额、笔数
SELECT user_id
        ,order_type
        ,order_status
        ,UNIX_TIMESTAMP(FROM_UNIXTIME(extend_update_time, 'yyyy-MM-dd'), 'yyyy-MM-
            dd') as extend_update_date
        ,COUNT(order_id)
        ,SUM(amount)
FROM `order_source`
GROUP BY order_status
        , order_type
        , UNIX_TIMESTAMP(FROM_UNIXTIME(extend_update_time, 'yyyy-MM-dd'), 'yyyy-
            MM-dd')
        , user_id;
```

而数据查询的部分，因为是以接口形式提供合并后的数值给业务方，并且存储采用的是 HBase，因此对接口的合并逻辑做了额外的处理。虽然我们依托于 HBase 的版本策略，可以淘汰掉过期的或者已经被离线补偿的数据，但这并不是 100% 完全可用的，例如 T+1 的数据补偿任务延迟，或者当任务崩溃不可用时，如果 T+2 的数据过期淘汰，那么结果将严重失真。为此，HBase 表需要做额外的调整。存储 HBase 表和字段见表 10-1。

表 10-1 存储 HBase 表和字段样例

表名	Rowkey	列	作用
meta	meta	update_time	离线补偿的截止时间，例如 1 666 627 199，也就是离线计算截止到 2022-10-24 23:59:59 的所有数据
detail	uid_{order_type}_{ts}_{order_status}	cnt	订单笔数
		amount	订单金额
		update_time	订单状态的 update_time

这其中需要额外注意的是，无论是离线补偿还是实时写入的记录，Rowkey 构成均为表格中的内容，这其中存在差异的点为 ts 字段。见表 10-2，当为离线补偿的数据时，ts 表示批处理业务数据更新前一天的 23:59:59。例如 2022-10-25 上午调度任务，则表示已经处理完 2022-10-24 之前的数据，则 ts 就是 2022-10-24 23:59:59 的时间戳，不和实时一样，避免两者相互覆盖。

表 10-2　离线调度任务数据样例

补偿 Rowkey	列	值
123456_14_1666627199_3	cnt	10 000

而实时写入的数据中，ts 则表示当前业务更新时间当天开始的时间，见表 10-3，业务时间是 2022-10-25 12:00:09，那么时间戳就是 2022-10-25 00:00:00。

表 10-3　实时任务数据样例

实时 Rowkey	列	值
123456_14_1666627200_3	cnt	12

见表 10-4，元数据 meta 表只记录了离线补偿任务截止的时间，在补偿任务全部写入完成后，最后才更新该表中的记录。

表 10-4　元数据信息数据样例

meta 表中的 Rowkey	列	值
meta	update_time	1 666 627 199

例如我们需要获取用户 123456，订单类型为 14，订单状态为 5 的最近 4 天的数据，首先将会扫描 meta 表，获取到最近一次补偿任务的时间，在案例中，meta 表的值为 1666627199，也就是 2022-10-24 23:59:59。根据这条记录扫描 detail 表中所有前缀为用户 123456 的记录，扫描过滤逻辑见表 10-5。

表 10-5　扫描过滤存在多天聚合结果表的逻辑样例

detail 表中的 Rowkey	订单数量	更新时间	说明	是否参与计算逻辑
123456_14_1666627200_3	10	1666627200	获取到当天实时计算的结果（25 日：2022-10-25 00:00:00）	时间戳大于 1 666 627 199，参与计算
123456_14_1666627200_4	11	1666627200	获取到当天实时计算的结果（25 日：2022-10-25 00:00:00）	时间戳大于 1 666 627 199，4 不需要，不参与计算
123456_14_1666627200_5	12	1666627200	获取到当天实时计算的结果（25 日：2022-10-25 00:00:00）	时间戳大于 1 666 627 199，参与计算
123456_14_1666627199_3	100	1666627199	获取到离线补偿计算的结果（25 日之前：2022-10-24 23:59:59）	时间戳大于 1 666 627 199，参与计算
123456_14_1666627199_4	110	1666627199	获取到离线补偿计算的结果（25 日之前：2022-10-24 23:59:59）	时间戳等于 1 666 627 199，4 不需要，不参与计算

（续）

detail 表中的 Rowkey	订单数量	更新时间	说明	是否参与计算逻辑
123456_14_1666627199_5	120	1666627199	获取到离线补偿计算的结果（25 日之前：2022-10-24 23:59:59）	时间戳等于 1 666 627 199，参与计算
123456_14_1666540800_3	3	1666540800	获取到实时计算的结果（24 日：2022-10-24 00:00:00）	时间戳小于 1 666 627 199，不参与计算
123456_14_1666540800_4	4	1666540800	获取到实时计算的结果（24 日：2022-10-24 00:00:00）	时间戳小于 1 666 627 199，不参与计算
123456_14_1666540800_5	5	1666540800	获取到实时计算的结果（24 日：2022-10-24 00:00:00）	时间戳小于 1 666 627 199，不参与计算
123456_14_1666540799_3	90	1666540799	获取到离线补偿计算的结果（24 日之前：2022-10-23 23:59:59）	时间戳小于 1 666 627 199，不参与计算
123456_14_1666540799_4	91	1666540799	获取到离线补偿计算的结果（24 日之前：2022-10-23 23:59:59）	时间戳小于 1 666 627 199，不参与计算
123456_14_1666540799_5	92	1666540799	获取到离线补偿计算的结果（24 日之前：2022-10-23 23:59:59）	时间戳小于 1 666 627 199，不参与计算

这样过滤和判断是否参与计算的逻辑，可以避免因为离线补偿任务的波动可能导致的计算指标失真问题。不过需要额外注意的是，如果离线补偿的任务是通过 bulkload 的方式批量导入 HBase 表，那么建议在导入 detail 表后再操作 meta 表，并且两表不能合一，因为 bulkload 的前提是需要对 Rowkey 和列排序，排序过程中可能会导致 meta 记录先于数据写入，从而导致补偿任务期间的数据失真。这套方案适用于大数据量下跨天状态变更的、计数求和的实时计算，能够较好地应对数据重复、数据乱序和迟到的情况。

10.2　某金融业务风控行为实时指标优化方案

在电商或者线上支付行业中，因为支付渠道的多样化，有很多的支付渠道出现盗刷之后是需要电商企业自行赔付的，为了减少企业资损，就需要要求支付环节做好各方面的风险控制。而风控环节和策略极为复杂且种类繁多，大体上可以分为事前、事中和事后的风控处理。

在需求中，我们需要提供给风控团队一系列计算指标，包括用户首次、末次、累计等支付金额，以及笔数、支付设备等。我们知道，计算用户最近或最早一次的某种行为是非常普遍的业务场景。例如判断是否为新用户，给注册后从未有过支付行为的用户发放优惠券等。在计算时，通常我们有两种计算方式。最简单的就是根据用户 id 过滤，对登录时间进行倒序排序并限制输出。

```
SELECT login_time
FROM user_login_action
WHERE user_id = 1
ORDER BY login_time DESC
LIMIT 1;
```

或者使用窗口函数，基于 ROWNUMBER 分组排序，而这种方式通常也会应用在流计算中。

```
SELECT user_id
      ,login_time
FROM (SELECT user_id
            ,login_time
            ,ROW_NUMBER() OVER(PARTITION BY user_id ORDER BY login_time DESC) rn
      FROM user_login_action) t
WHERE rn = 1;
```

流中采用分组排序的方式，通过 Flink 自身的状态来判断是否回撤历史记录。虽然 Flink 本身对 Top-N 的输入有一定的算法优化。但在大数据量下，例如计算数亿用户的最近登录时间，数十亿商品的上下架时间。大状态 Flink 任务优化一直是我们较为头疼和需要持续关注的情况。

因此我们将目光转向其他类型的存储，期望能够减小对 Flink 状态的依赖，让整个 Flink 任务更为轻量。而此时 HBase 依靠其高可用、高性能、面向列、可伸缩，并且成本相对不高、吞吐性能尚可等特点映入眼帘，并成为最终选型。Flink 任务此时的逻辑变更如下。

```
INSERT INTO `sink_hbase`
SELECT user_id AS rowkey -- 不考虑 rowkey 设计
      ,Row<login_time>
FROM `user_login_action`;
```

Flink 任务只起到 ETL 作用，不再强依赖自身状态。整个任务相对轻量，并且依靠 HBase 版本（version = 1）的特性，变相实现查询最近一次登录时间的诉求。

但这种方案的缺陷在于，原生的 hbase-connector 以 Flink 的处理时间 process time 作为版本的时间戳，无法解决流中数据乱序的问题，甚至任务重启时也会导致无效写入。因此进行了第二版的优化，即修改原生的 hbase-connector 的代码，将其改为支持按业务时间（例如 login_time）写入。在此方法中，根据 connector 中自定义的参数，来判断写入的数据中业务mtime（也就是login_time）的位置（index）。

```
/** 从定义的schema信息中，获取到每一个列族里，作为版本时间戳字段的索引/位置，例如返回{"c":
    1, "cf": 3}，代表将cf列族中，索引为3的元素作为版本时间戳
 */
public static Map<String, Integer> getCombineColumnRowDataIndex(HBaseTableSchema
    schema, Map<String, String> mergeMultipleCombineColumnMap){
    Map<String, Integer> result = new HashMap<>(2);
    if(mergeMultipleCombineColumnMap.isEmpty()){
        return result;
    }

    for(String i: mergeMultipleCombineColumnMap.keySet()){
        for(String q: schema.getFamilyNames()){
            if(q.equals(i)){
                Map<String, Integer> qualifierNameMap = schema.getQualifierMap(q);
                String targetColumnAppointFamilyKey = mergeMultipleCombineColumnMap.
                    get(q);
                result.put(q,  qualifierNameMap.get(targetColumnAppointFamilyKey)
                    );
            }
        }
    }
    return result;
}
```

而在实际的写入方法中，则是将上一步方法里的login_time的索引传递进来，调用HBase的put方法，完成写入。

```
public Put createPutMutation(Row row, Map < String, Integer > combineColumn-
    NameConfigMap) {
        Put put = new Put(rowkey);
        for (int i = 0; i < fieldLength; i++) {
            int f = i > rowKeyIndex ? i - 1 : i;
            // 获取rowkey
            byte[] familyKey = families[f];
            Row familyRow = (Row) row.getField(i);
            for (int q = 0; q < this.qualifiers[f].length; q++) {
            // 获取列
            byte[] qualifier = qualifiers[f][q];
            int typeIdx = qualifierTypes[f][q];
            // 获取值
            byte[]  value  =  HBaseTypeUtils.serializeFromObject(familyRow.
                getField(q), typeIdx, charset);
            // 如果传递了指定时间戳的参数，在方法中获取到对应字段的索引位置，并取出值，作为
                put方法的传递
            if (CombineColumnUtils.judgeHasValue(combineColumnNameConfigMap,
                Bytes.(familyKey))) {
```

```
                // 获取对应字段的索引位置
                Integer combineColumnIndex = combineColumnNameConfigMap.
                    get(Bytes.(familyKey));
                byte[] combineValue = HBaseTypeUtils.serializeFromObject
                    (familyRow.getField(combineColumnIndex), qualifierTypes[f]
                    [combineColumnIndex], charset);
                // 获取对应索引的字段的值
                String fillZeroCombineValue = CombineColumnUtils.fillInputTim
                    estamp(HBaseTypeUtils.deserializeToObject(combineValue,
                    qualifierTypes[f][combineColumnIndex], charset).());
                // 调用带有timestamp的put方法
                put.addColumn(familyKey, qualifier, Long.parseLong(fillZeroCombi
                    neValue), value);
            } else {
                // 调用普通的put方法
                put.addColumn(familyKey, qualifier, value);
            }
            }
        }
        return put;
}
```

最终写入的SQL演变为如下结构。

```
CREATE TABLE `sink_hbase`(
    rowkey string
    ,cf ROW<login_time bigint>
    ,PRIMARY KEY (rowkey) NOT ENFORCED
)WITH (
   'connector' = 'hbase-2.2'
  ,'combine.column' = 'cf:login_time' -- 新增的参数，指定cf中的login_time作为写入列
      的timestamp
);
INSERT INTO `sink_hbase`
SELECT CAST(user_id AS STRING) AS rowkey
      ,ROW(login_time)
FROM `user_login_action`;
```

而对于最早的一次登录，依然可以依托HBase的版本特性，在写入时对时间进行变种，写入的时间戳用Integer的最大值减去当前值再传递，时间越小，则保留版本就越大，变相实现首次行为在HBase表中的存储。

```
CREATE TABLE `sink_hbase`(
    rowkey string
    ,cf ROW<login_time bigint>
    ,PRIMARY KEY (rowkey) NOT ENFORCED
)WITH (
```

```
    'connector' = 'hbase-2.2'
   ,'combine.column' = 'cf:login_time' -- 新增的参数
);
CREATE VIEW view_source
SELECT CAST(user_id AS STRING) AS rowkey
      ,(9223372036854775807 - login_time) AS login_time -- INTEGER.MAX_VALUE
FROM `user_login_action`;
INSERT INTO `sink_hbase`
SELECT *
FROM view_source;
```

10.3　某银行监管项目实时指标优化方案

本节是社区成员贡献的银行监管项目案例，其需求背景为：公司在获取支付牌照后，针对银行监管部门提出的诉求，需要提供一系列的数据服务，便于监管部门随时查阅。本案例为了简化描述，选择了具有代表性的一些指标，然后也只选取了截止到过去 12 个月中有过支付行为的部分用户的数据。在这个场景中，难点主要有以下几项：

- 要求强数据一致性和时效性（30s 更新频率）。
- 指标包含了业务意义上的过期时间，比如最近 12 个月。
- 数据量较为庞大，支付表有数十亿行，每日增量十万级。
- 精准去重，用户基量在千万级。

针对精准去重的计算，解决方案通常有三种，最简单的就是如图 10-12 所示的明细数据统计方案，即在某种存储中记录所有明细数据，按需计算。好处就是解决了历史 12 个月有效期的时间边界问题，但因为数据量较为庞大的原因，读写 I/O 非常慢，并且这种方式相当于额外备份了一份存储，所以会带来一定的成本问题。

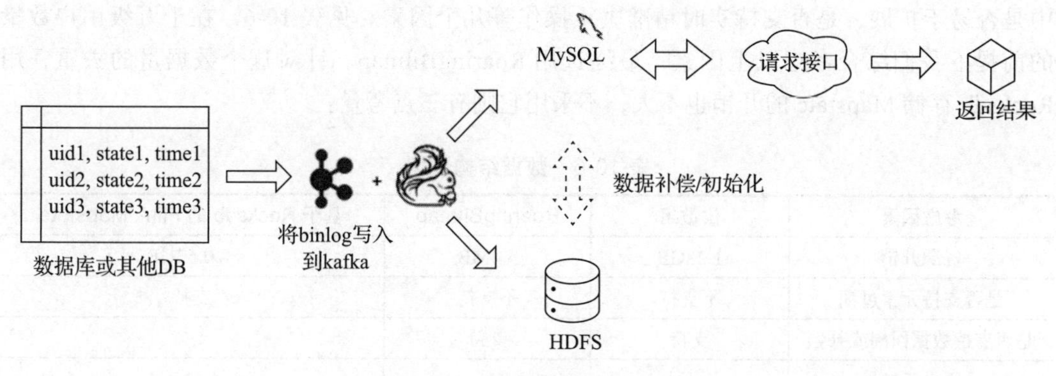

图 10-12　明细数据统计方案

第二种方案是通过流内聚合，输出统计值。Flink 的 Sliding Windows 滑动窗口能够满足我们的诉求。如图 10-13 所示，在这个场景中相当于滑动步长 30s，窗口大小 365 天的计算，也就是每 30s 计算一次过去 365 天的 UV，为此滑动窗口要切分为一百多万片。其缺陷和第一种方案一样，虽然解决了时间边界问题，但依然是在 Flink 状态中维护全量数据，随着数据量增大，计算开销最终会变得不可接受。并且因为只有统计值而没有明细的原因，数据补偿变得非常困难，也就是每次都需要从头开始全量消费，而且 Flink 并不支持时间粒度如此大的滑动窗口。

```
计算公式：365 * 24* 60 * 60 （一年的秒数） / 30 （窗口大小） = 1051200
```

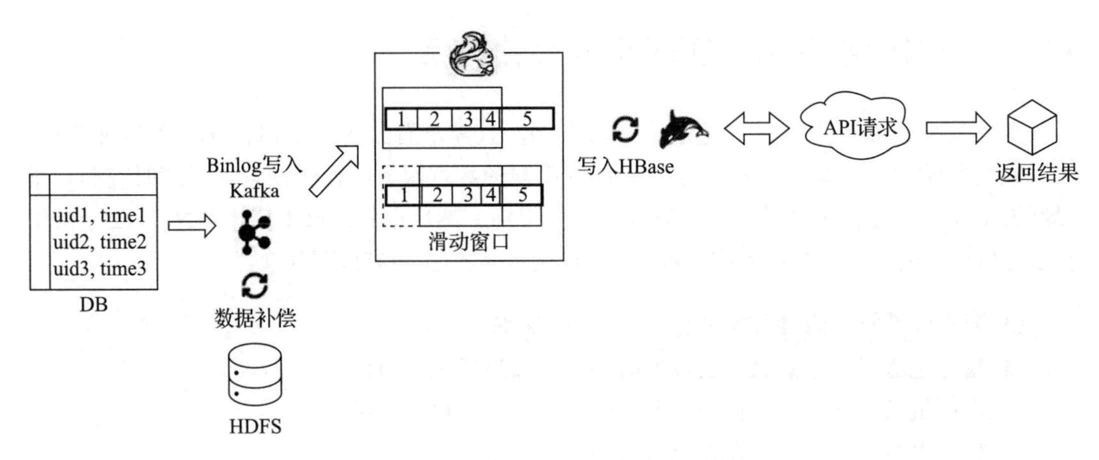

图 10-13　滑动窗口聚合统计方案

第三种方案则是对流内存储的明细数据进行变种，并缓存到其他的数据结构中，便于后续的计算。例如 HashMap 的键值对结构，就是通过统计键数的方式完成去重，又或者因为用户 id 是数值类型，也可以采取位运算的方式进行统计。在选取结构上，主要考虑资源开销、是否支持元素过期（历史 12 个月）、在 Flink 中是否支持数据回溯或补偿、在 Flink 中是否易于扩展、是否支持实时精准去重操作等几个因素。见表 10-6，在千万级用户数量的前提下我们综合考虑以上因素，最终选用 RoaringBitmap。针对这个数据量的去重，用 Rocksdb 存储 Mapstate 的开销也不大，不采用它则有三点考量：

表 10-6　数据结构选型

考虑因素	位数组	RoaringBitmap	基于 Rocksdb 的 Flink Mapstate
资源开销	1.28GB	4.4MB	< 0.53GB
是否支持元素过期	不支持	不支持	支持
是否支持数据回溯或补偿	支持	支持	支持
是否易于扩展	否	是	否
是否支持实时精准去重	支持	支持	支持

- 要考虑状态的大小大概是呈线性增长的，一个 key 有 16 字节，value 有 4 个字节，假设参与运算的用户群体是亿级别的，状态的存储开销最终会膨胀到不可接受的程度。
- 要考虑 Rocksdb 是存储在磁盘的，尽管 Map 的大小是 $O(1)$ 的运算，但从 Rocksdb 中取出全量，磁盘读写的 I/O 并不快。
- 要考虑扩展性，假如我们有多个业务条件，比如最近 3 天、7 天、10 天、30 天的支付用户数。随着业务条件的增加，计算任务整体的状态大小也会逐渐增长。

为什么选取 RoaringBitmap？主要还是因为优越的压缩性能和高效计算支持，例如交、并、计数等。将 32 位无符号整数按照高 16 位分桶，即最多可能有 2^{16}，也就是 65 536 个桶，有文献称为 Container。如图 10-14 所示，存储数据时按照数据的高 16 位找到 Container，如果找不到就会新建一个，再将低 16 位放入 Container 中，也就是说一个 RoaringBitmap 就是很多 Container 的集合。

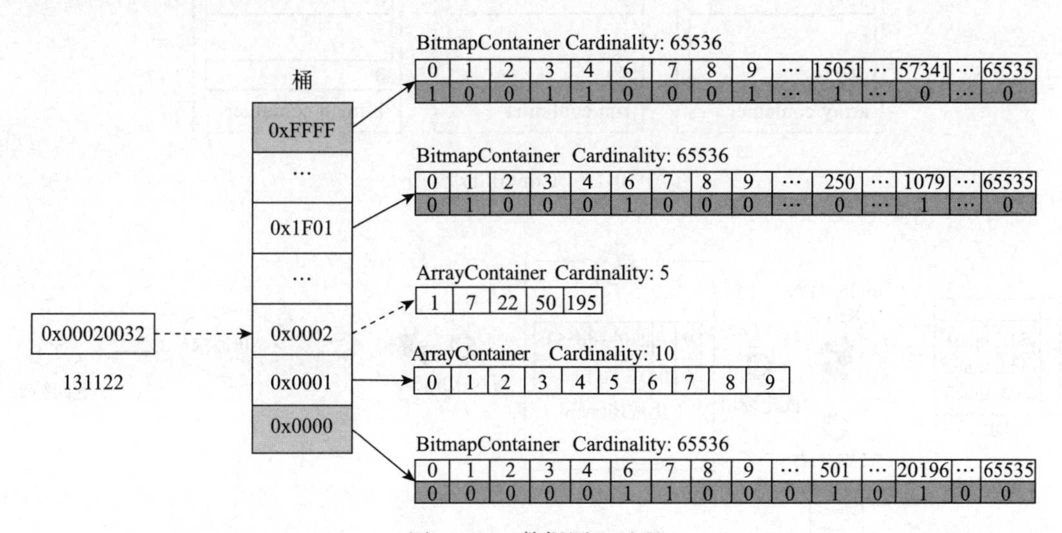

图 10-14　数据写入过程

如图 10-15 所示，Container 共有 3 种类型，ArrayContainer（桶内元素基数小于 4096，较省空间）、BitmapContainer（桶内元素基数大于 4096，较省空间）、RunContainer（连续数据存储，压缩有奇效）。在增删改查上，BitmapContains 的时间复杂度是 $O(1)$，其余两种通过二分查找的时间复杂度是 $O(\log N)$，在执行并、交集时，因为在同一个桶或者 Container 中计算的位数只有 16 位，所以当进行交集或并集运算的时候，RoaringBitmap 只需要去计算存在的一些块而不需要像 Bitmap 那样对整个大的块进行计算。如果块内非常稀疏，那么只需要对这些小整数列表进行集合的交、并运算，这样的话计算量还能继续减轻。

在确定存储用户 id 的结构后，我们期望在 Flink 中维护全量数据的 RoaringBitmap，如

图 10-16 所示。但缺陷在于，RoaringBitmap 并不支持单个元素的过期，也就是我们不清楚某个用户 id 要不要过期，同样，如果计算出现误差，数据补偿依然是需要从头开始全量消费，并没有带来特别大的提升。

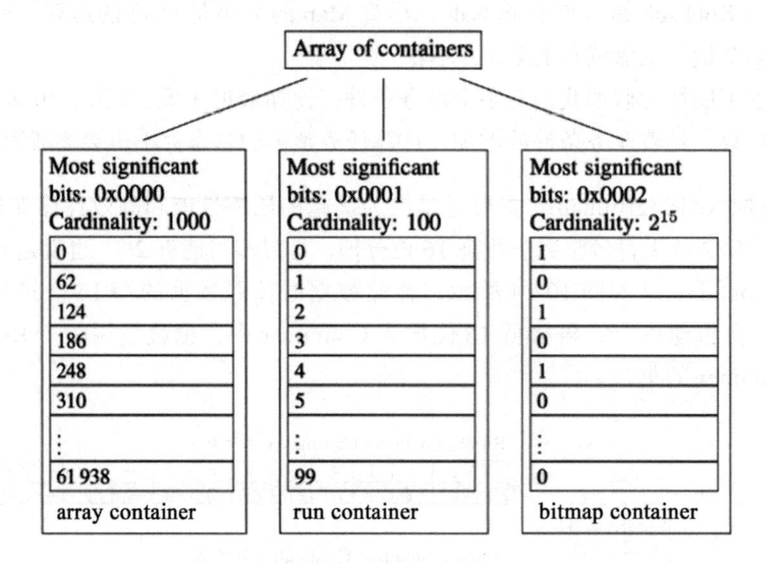

图 10-15 Container 类型

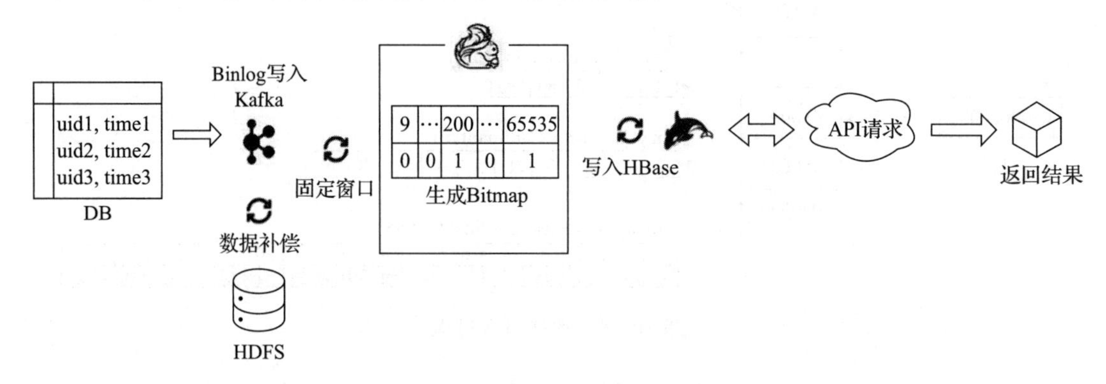

图 10-16 Flink 中维护全量数据的 RoaringBitmap

因此我们选择了如图 10-17 所示的最终方案。

方案整体分为四步：

1）Flink 只负责消费和维护当天的数据或者 RoaringBitmap，并将其写入 HBase。

2）存量数据（HDFS）周期调度，同样将一份截止到昨天的历史数据的 RoaringBitmap 写入 HBase。

3）HBase 通过设置过期时间来控制无效或者多余的记录。

4）在数据查询时，完成最终的 RoaringBitmap 合并，输出统计值。

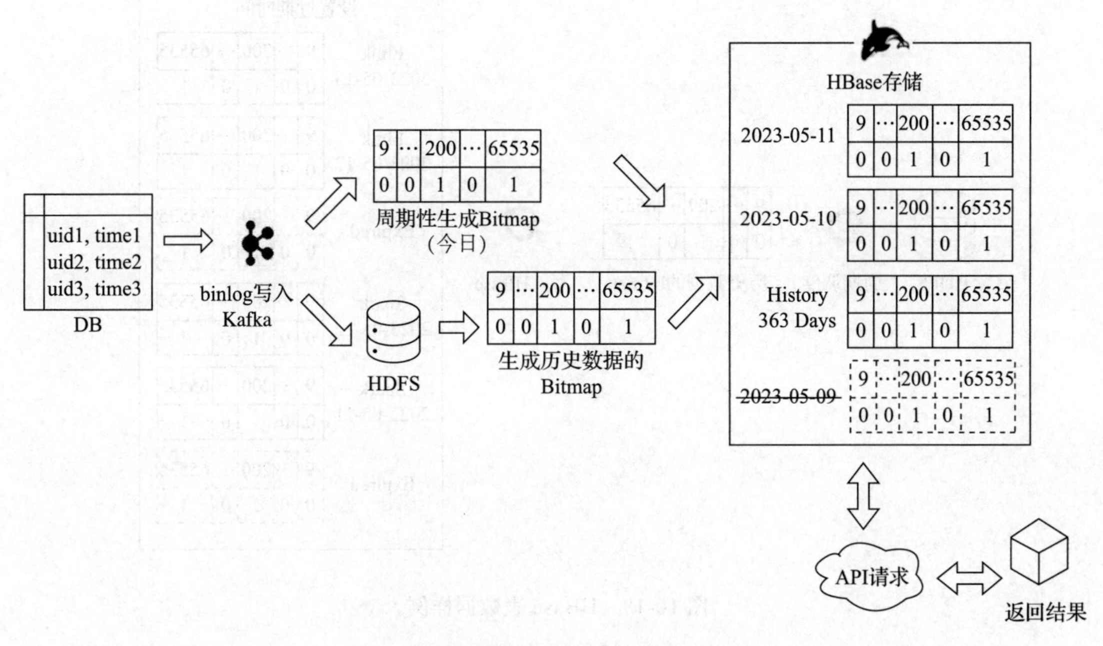

图 10-17 外部存储维护 RoaringBitmap

相比较之前的设计，最终方案有以下的好处，因为只需要消费当天的数据，Flink 不需要考虑元素过期或者时间边界的问题，也正因为如此，在数据补偿、历史数据初始化上变得较为容易。并且由于 RoaringBitmap 存储在 HBase 而非 Flink 的状态中，Flink 任务整体会比较轻量，几乎不需要承担因维护状态而带来的额外的资源开销。

如图 10-18 所示，存量数据周期调度将历史 363 天的数据合并成 RoaringBitmap 后，写入 HBase。具体时间边界的筛选由批处理完成，实时只做当日的增量汇总，这种“日切”的方式能够处理过期时间的边界问题，并且之所以取实时 2 天的增量，主要还是考虑到离线调度延迟或失败的风险。

最终在数据查询时，如图 10-19 所示，取实时 2 天的增量与 2 天的存量进行合并。得益于 RoaringBitmap 的性能，整个查询时长能控制在 100ms 以内，符合我们最终的查询预期。

UDF 的代码如下所示，主要的逻辑在于，本次窗口聚合生成的 RoaringBitmap 和 HBase 表中上一个批次已经写入的 RoaringBitmap 做并集逻辑处理。

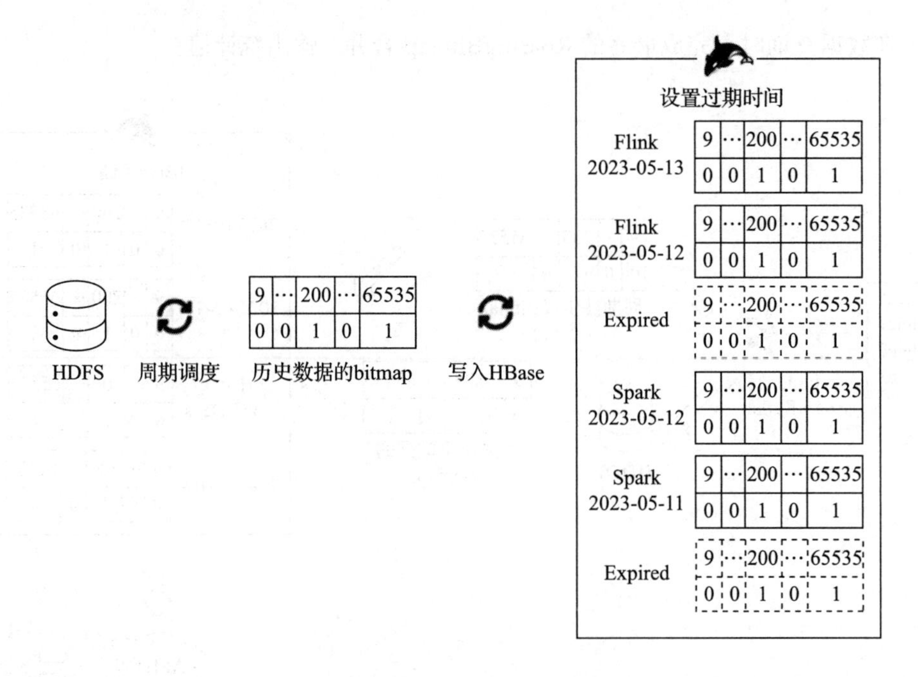

图 10-18　HBase 表数据样例

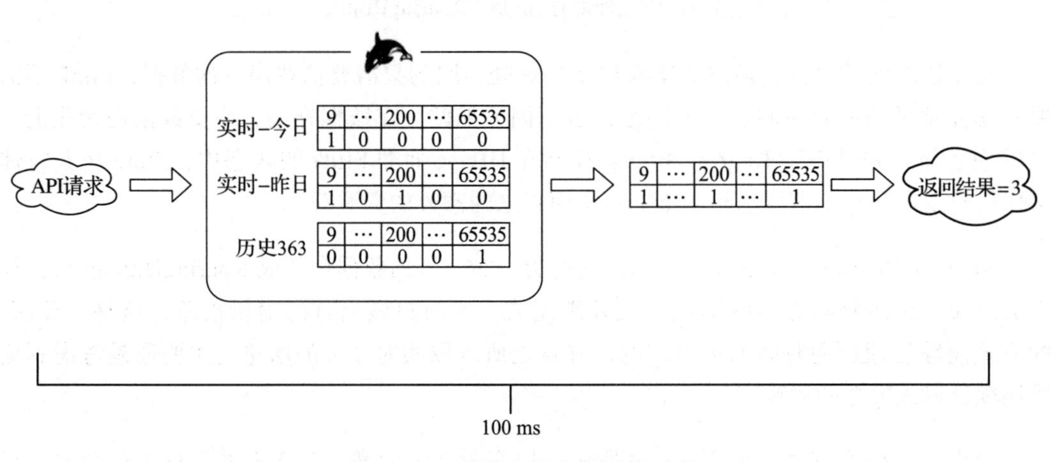

图 10-19　数据查询合并逻辑示意

```
package com.flink.data.udf;
// 合并bitmap的逻辑
@Function(value = "merge_bitmap")
public class BitmapBase extends ScalarFunction {
    // ...
    // i为本次聚合生成的bitmap，o为从HBase表获取的上个批次的bitmap
    public String eval(String i, String o){
```

```
        // i 不为空 o 为空时，返回 i
        if(!StringUtils.isBlank(i) && StringUtils.isBlank(o)){
            return i;
        }

        // i 为空 o 不为空时，返回 o
        if(StringUtils.isBlank(i) && !StringUtils.isBlank(o)){
            return o;
        }

        // i,o 均为空时，返回空
        if(StringUtils.isBlank(i) && StringUtils.isBlank(o)){
            return "";
        }

        // i,o 均不为空时，返回并集
        try{
            Roaring64Bitmap leftBitmap = deserializeToBitmap(i);
            Roaring64Bitmap rightBitmap = deserializeToBitmap(o);
            leftBitmap.or(rightBitmap);
            return serializeToString(leftBitmap);
        }catch (Exception e){
            // 合并失败时，返回 o
            return o;
        }
    }
}
```

最终的提交 SQL 如下所示。

```
CREATE VIEW view_increment_data AS
SELECT  TUMBLE_START(proctime, INTERVAL '30' SECOND) AS window_start
      , TUMBLE_END(proctime, INTERVAL '30' SECOND) AS window_end
      , CONCAT('real_time_key', '_' ,CAST(CURRENT_DATE AS string))  AS join_key
      , list_to_bitmap(collect_list(t1.uid)) AS data_list
      , MOD(CAST(t1.uid AS bigint), 1024) AS uid_pre
FROM order_source t1
GROUP BY TUMBLE(proctime, INTERVAL '30' SECOND)
      , MOD(CAST(t1.uid AS bigint), 1024);


-- 两阶段聚合
CREATE VIEW view_two_pause_increment_data AS
SELECT merge_bitmap_list(collect_list(data_list)) AS data_list
     ,join_key
     ,window_start
     ,window_end
```

```
      ,PROCTIME() AS proct
FROM view_increment_data
GROUP BY join_key
        ,window_end
        ,window_start;

-- 和历史数据合并
CREATE VIEW view_tmp_merge_bitmap AS
SELECT t4.join_key AS jk
      ,merge_bitmap(t4.data_list, t5.cf.detail) AS detail
      ,CAST(UNIX_TIMESTAMP(CAST(t4.window_start AS STRING )) AS string) AS wi
      ,CAST(UNIX_TIMESTAMP(CAST(t4.window_end AS STRING)) AS string) AS we
FROM view_two_pause_increment_data t4
LEFT JOIN hbase_source FOR SYSTEM_TIME AS OF t4.proct AS t5
  ON t4.join_key = t5.rowkey;

-- 写入HBase
INSERT INTO `sink`
SELECT jk
       ,Row(detail, wi, we)
FROM view_tmp_merge_bitmap;
```

之所以要结合两阶段聚合，是因为固定窗口中，需要将用户id的列表循环生成Bitmap。因为固定写同一个Rowkey会导致数据倾斜，反压也比较严重。因此将它分成两个阶段，先按用户id取余，将生成RoaringBitmap的过程并行，在第二阶段时再将RoaringBitmap的列表合并成一个。

该方案有以下的缺点。首先元素的过期是以天为单位的，无法做到细时间粒度的过期。比如某用户A在去年凌晨0点0分1秒下单，第二单在今年上午11点12分25秒。正常情况下，在今年0点0分1秒至今年11点12分25秒，用户A是无效用户。但此方案中，在这段时间内，用户A仍是有效用户。流处理是按处理时间process time聚合，这意味着当出现数据漂移或跨天迟到数据时，依然会被计算在内。在反复序列化、反序列化RoaringBitmap时，如果存在多个聚合维度的Rowkey，写入的性能会存在瓶颈，可能导致任务背压，影响稳定性和时效性。但总体而言，该方案的综合成本最低并最接近业务方诉求，因而继续采用。

10.4 某内容平台数仓建设历程

内容平台（Content Platform，CP）是内嵌在某购物App中的一个平台，可通过基于兴趣的社交联系，改善购物过程中的信息探索，提升内容向电商的转化，增加用户黏性。

整体对标淘宝、小红书，不过与之不同的是，CP仍以卖家秀为主，即新品推广、爆品推荐、活动预告，内容类目较为单一，且几乎没有用户原创内容（User Generated Content，UGC）。而在CP数仓建设过程中，缺少统一的建设方法论和标准，已有的一些自成体系的规范不足以保证数仓模型的数据一致性，也有数据孤岛的存在。由于建模随意，模型设计理论知识参差不齐，为了应对数据需求，研发人员之间缺少建模交流和沟通，同时也缺少模型建设流程的评审和约束，导致整体数仓模型的成本和效率得不到有效控制。本方法论旨在为数据研发、数据分析人员提供指导性建模思想和数据权责范围以及数据使用管理方案，降低建设成本，提高数据使用效率。

10.4.1 建模指导思想

维度模型是数据仓库领域的Ralph Kimball大师所倡导的，是数据仓库工程领域最经典的数据仓库建模方法。维度建模从分析决策的需求出发构建模型，为分析需求服务。它重点关注用户如何更快速地完成需求分析，同时具有较好的大规模复杂查询的响应性能。其典型的代表就是星型模型，以及在一些特殊场景下使用的雪花模型。其设计主要分为以下几个步骤：

- 选择业务过程。业务过程可以是单个业务事件，例如一篇帖子的曝光，也可以是某个事件的状态，例如当前帖子的状态（活跃、封禁、删除），还可以是一系列相关业务事件组成的业务流程。
- 选择粒度。在事件分析中，要预判所有分析需要细分的程度，从而决定选择的粒度。粒度是维度的一个组合。
- 选择维度。选择好粒度之后，需要基于此粒度设计维度表，包括维度属性，用于分析时进行分组和筛选。
- 选择事实。确定分析需要衡量的指标。

建模遵循一定的设计原则，具体见表10-7。在建模过程中通过规则约束，可以确保数据的一致性、完整性、可维护性和性能，提高数据管理的效率和质量。

表10-7 建模基本设计原则

序号	基本原则	详细描述
1	高内聚、低耦合	一个逻辑和物理模型由哪些记录和字段组成，应该遵循最基本的软件设计方法论的高内聚和低耦合原则，主要从数据业务特性和访问特性两个角度来考虑，将业务相近或者相关的数据、粒度相同的数据设计为一个逻辑或者物理模型；将高概率同时访问的数据放一起，将低概率同时访问的数据分开存储
2	核心模型与扩展模型分离	建立核心模型与扩展模型体系，核心模型包括的字段支持常用核心的业务，扩展模型包括的字段支持个性化或少量应用的需要，不能让扩展字段过度侵入核心模型，破坏核心模型的架构简洁性与可维护性

（续）

序号	基本原则	详细描述
3	公共处理逻辑下沉及单一	越是底层公用的处理逻辑更应该在数据调度依赖的底层进行封装和实现，不要让公共的处理逻辑暴露给应用层实现，不要让公共逻辑在多处同时存在
4	成本与性能平衡	适当的数据冗余，用增加存储成本的方式获得更高的查询或刷新性能，但不宜过度冗余和数据复制
5	数据可回滚	处理逻辑不变，在不同时间多次运行的数据结果确定不变
6	数据一致性	相同的字段含义在不同表中的字段命名必须相同，必须使用规范定义中的名称
7	命名清晰可理解	表、字段命名需清晰、一致，需易于消费者理解和使用。

10.4.2 数仓架构设计

数仓层级设计如图10-20所示，分层以快速解决当前业务的数据支撑为目的，为未来抽象出共性的框架并能够赋能给其他业务线，同时为业务发展提供稳定、准确的数据支撑，并能够按照已有的模型为新业务发展提供方向，也就是数据驱动和赋能。从开发的角度而言，因为每一个数据层级都有它的作用域和定义，在使用表时可以更方便定位和理解。并且通过规范数据分层，能够减少重复开发，减轻不必要的工作量。与此同时，因为数据流向清晰可控，可以将复杂的问题进行拆解，屏蔽来自业务的影响的同时，还可以将复杂的业务过程或指标轻量化，便于维护数据的准确性。

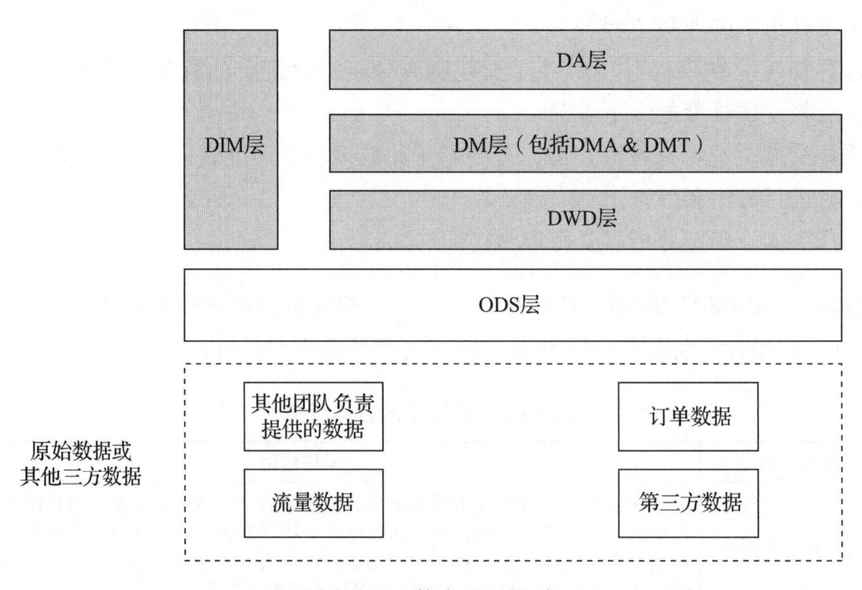

图10-20　数仓层级设计

操作型数据存储（Operational Data Store，ODS）层，用于存放贴源数据、业务系统和日志系统，即直接从业务系统采集过来的最原始数据，包含了所有业务的变更过程，数据粒度也是最细的。ODS 存放了从业务系统获取的最原始的数据和埋点日志数据，是数仓上层数据的源数据，层级功能见表 10-8。

表 10-8　ODS 层级功能

序号	概述	功能描述
1	源数据收集	从业务系统获取最原始的数据，或者从 App 中的埋点，获取最原始的日志数据
2	业务隔离	在业务系统和数据仓库之间形成一个隔离层，降低了数据转化的复杂性
3	结构化	结构化存储业务历史明细数据，用于数据灾备
4	转移查询	转移一部分业务系统细节查询的功能，降低业务系统查询的压力

数据组织形式通常是表或字段的命名基本与源业务系统保持一致，通过额外的标识来区分增量和全量表。

数据仓库明细（Data Warehouse Detail，DWD）层，即面向业务过程，根据维度建模思想，基于业务过程建模的事实明细层，用于存放业务过程的事实明细数据，以业务过程作为建模驱动，将业务划分为单一的业务过程节点作为建模依据，沉淀数据，层级功能见表 10-9。

表 10-9　DWD 层级功能

序号	概述	功能描述
1	支撑上层	为 DM 及上层级提供来自明细层的数据
2	历史查询	为未来分析类需求的扩展提供历史数据支持
3	异常处理	对事实的 NULL 值做统一处理
4	维度退化	关联维度表，退化维度到事实表，提高事实表的易用性
5	公共逻辑下沉	公共逻辑下沉，包括数据标签化、公共复杂逻辑封装等
6	数据标准化	数据标准化清晰，将多源数据标准统一，包括代码转换、枚举值定义、复杂字段拆解等

数据组织形式包括两点，其一是基于业务过程沉淀的明细事实数据，包括引用的维度和与业务过程有关的度量；其二是业务过程中产生的数值型数据（常称为度量），也是明细事实表的依据。

数据仓库中间（Data WareHouse Middle，简称 DM）层为面向业务分析应用数据加工的中间层，是核心数据指标计算层，要满足现有业务核心指标的覆盖，应尽可能在这一层进行逻辑加工计算，将 DM 层作为业务主要使用数据的源头，屏蔽上游变更对下游应用和依赖的影响。基于数据量和业务使用数据的方式，可以将 DM 层功能拆分为轻量级汇总（Data Model Aggregation，DMA）层和主题深加工汇总（Data Model Theme，DMT）层。

DMA 层用于数据融合轻量级汇总建模，基于业务分析应用对业务过程数据进行融合，实现从业务过程到业务分析主题的过渡，主要存放轻度汇总数据，该层起到承上启下的重要作用。DMA的层级功能见表10-10。

表10-10 DMA层级功能

序号	概述	功能描述
1	数据融合	结合数据域和主题域，将不同或者相同的数据域下的DW层模型融合
2	宽表化	面向业务分析，将业务相近、粒度相似的数据进行融合，宽表化处理，支撑OLAP分析
3	轻度汇总	实现融合数据的轻度汇总，实现原子指标的生产，提升指标丰富度
4	承上启下	实现业务数据化到数据业务化的过渡，降低数据的理解和使用成本
5	复杂计算	实现复杂的、特殊的业务逻辑处理和加工，缓解上层计算压力（归因等）

而DMT层用于主题域建模，即面向业务确定分析主题，将DMA层数据进行深度聚合，存放深加工汇总数据。层级功能见表10-11。

表10-11 DMT层级功能

序号	概述	功能描述
1	主题数据聚合	面向业务分析，进行主题域划分，沉淀相同主题域下不同维度组合的模型
2	深度汇总	分时线主题数据的深度汇总，对衍生指标进行加工和沉淀
3	数据复用	结合数据分析和应用场景，提供可复用模型

在数据组织形式上，两者有所不同，DMA拥有不同业务过程的维度、维度属性以及原子指标，并且存放最细粒度的维度、维度属性数据，宽表化组织。而DMT则是以分析主题为核心，存放不同维度组合下的衍生指标数据，以及比较通用的维度组合深加工数据，避免个性化维度组合数据存储。

数据应用（Data Application，DA）层面向业务应用与数据产品，结合业务场景，进行个性化指标加工和基于应用的数据组装，以数据集市的形式存放数据。在设计上则是面向特定业务应用、数据产品、专题数据分析、数据分析项目、临时分析查数等，结合业务特点构建特定格式的组织数据，模型结构以应用便捷和快速为原则，模型设计更多地贴近业务，结合业务场景，进行个性化指标加工，以及基于应用的数据组装，例如大宽表集市、横表转纵表、趋势指标串等。层级功能则以面向应用分析以及响应个性化的数据需求为主。数据组织形式上以具体分析需求为核心，存放不同维度组合下的指标数据（复合与衍生指标为主）和比较个性化的维度组合数据，只适合单个业务需求场景（报表、应用）。

公共维度（Dimension，DIM）层，主要由维度表（维表）构成。维度是逻辑概念，是衡量和观察业务的角度。维表是根据维度及其属性在数据平台上构建的物理化的表，采用宽表设计的原则。在划分数据域、构建总线矩阵时，需要结合对业务过程的分析定义维度。作为维度建模的核心，在企业级数据仓库中必须保证维度的唯一性。DIM层的功能主要有以下几点：维度统一，即建立一致的数据分析维表，可以降低数据计算口径和算法不统一的风险；缓慢变化，即结合维度的变化特征，构建固定或者缓慢变化的维度表。而在数据组织形式上，则是相关业务维度和维度属性的集合，也就是宽表化存储。

10.4.3　数仓建设理论

数据调研阶段根据业务线情况可分为业务调研和需求调研。业务调研只构建大数据的数据仓库，该过程需要了解各个业务线的业务有什么异同，以及各个业务现可以细分为哪几个业务模块，每个业务模块具体的业务流程又是怎样的。而需求调研途径有两种，一是了解数据产品经理、数据分析师、业务运营人员的数据诉求；二是对报表系统中现有的报表进行研究分析，梳理出业务线的整体业务架构、各个业务模块之间的联系与信息流动的流程。如图 10-21 所示，业务流程示意图展示了各个业务模块中的主要业务功能和数据类型。

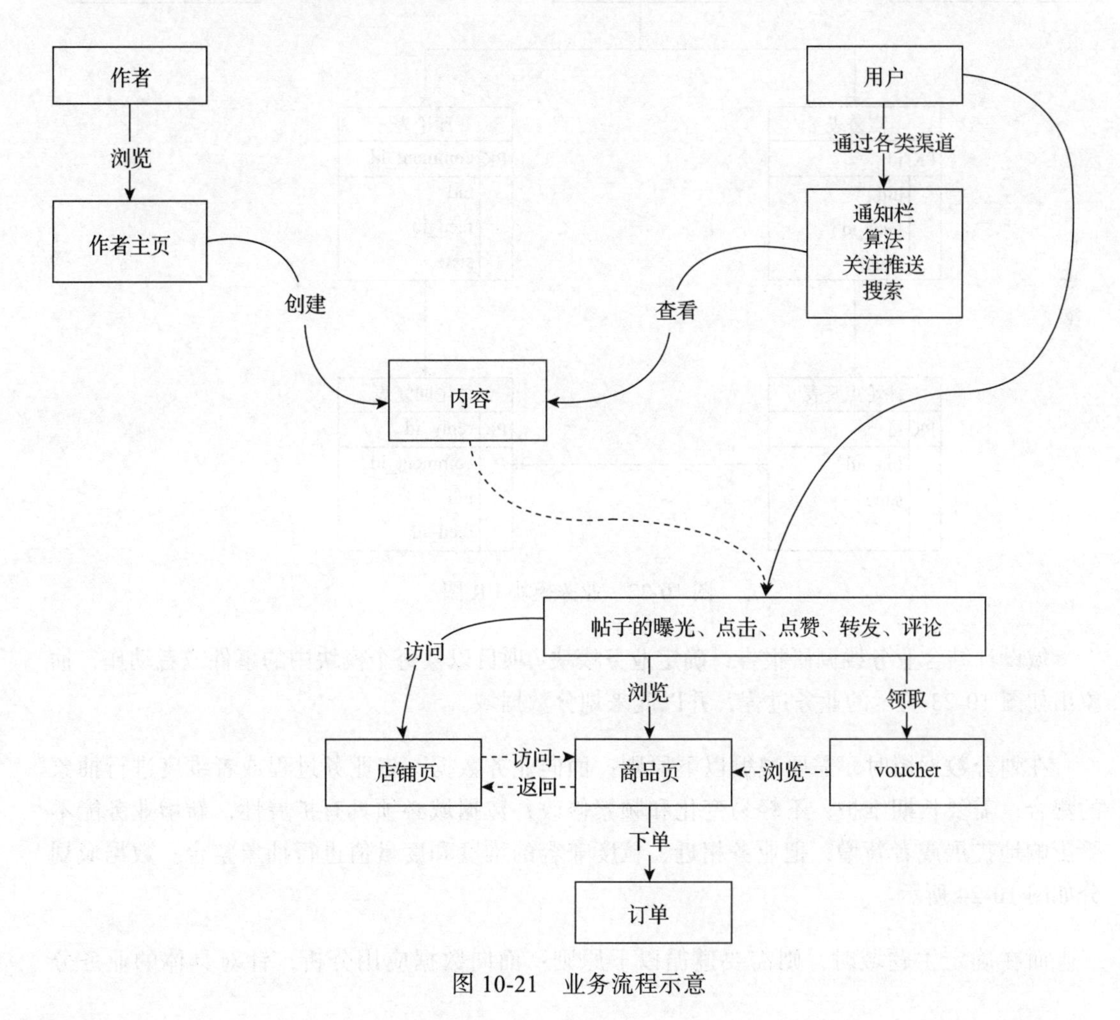

图 10-21　业务流程示意

实体－关系（Entity-Relationship，ER）图如图10-22所示。

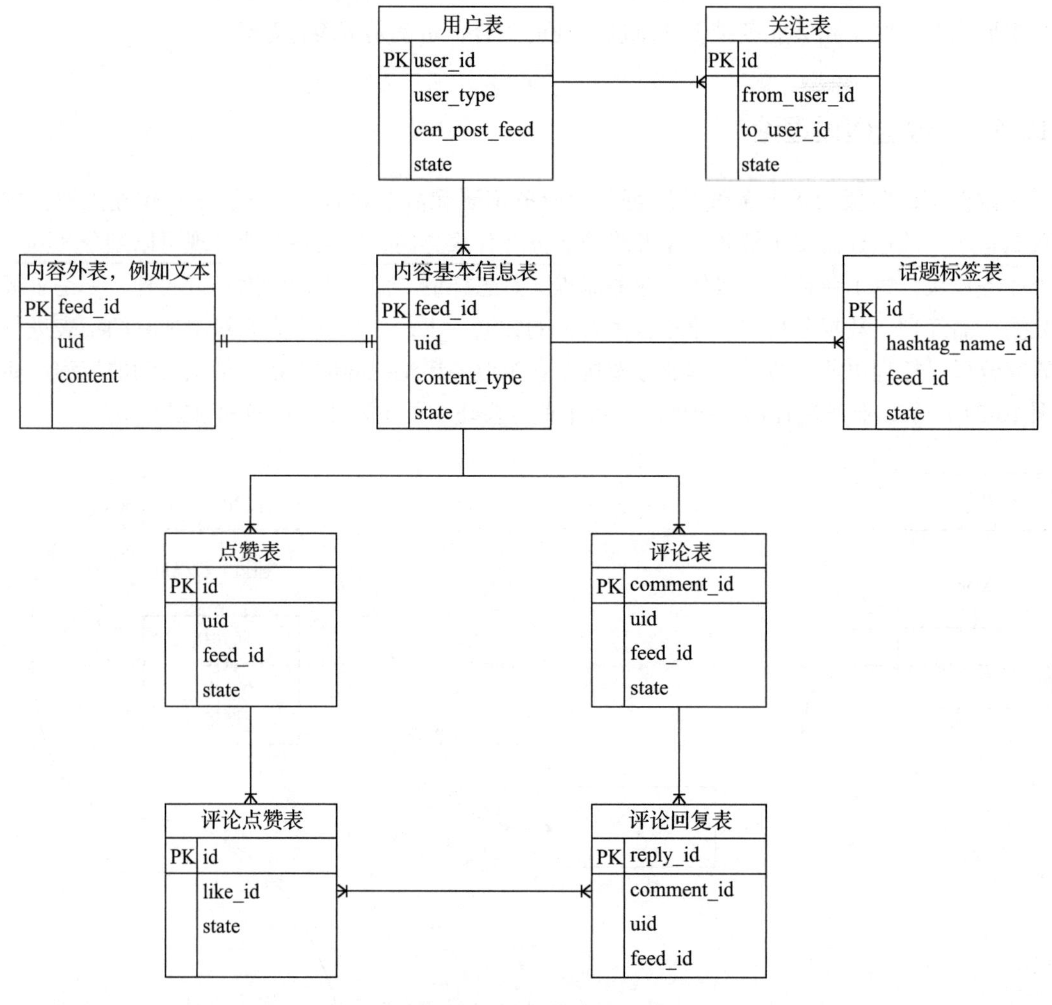

图10-22 业务模块ER图

域设计结合业务线调研报告，确定业务模块/项目以及每个模块中的事件或者动作，抽象出如图10-23所示的业务过程，并以此来划分数据域。

在划分数据域时，需要遵循以下原则：面向业务数据，将业务过程或者维度进行抽象的集合；需要长期维护，不轻易变化和频繁修改；数据域必须具有扩展性，新增业务能不受影响地扩展或者新增；把业务相近、粒度兼容的维度和度量值进行抽象整合。数据域划分如图10-24所示。

而在确定主题域时，则需要遵循以下原则：面向数据应用分析，针对具体的业务分析主体，如订单分析、帖子分析；数据具备一定的相关性或者业务相近，突出分析的重点(主题)。

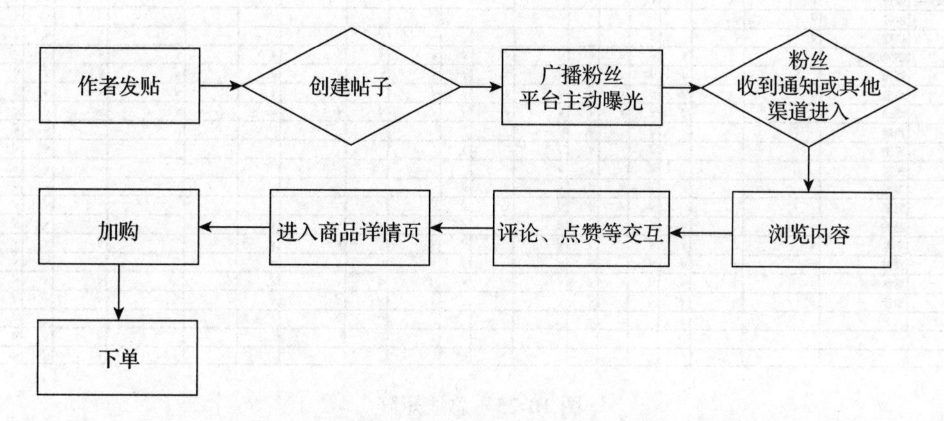

图 10-23　业务过程抽象

数据域缩写	数据域	业务过程
traffic	流量域	曝光、浏览、点击、滑动
order	订单域	加购、下单、支付、确认收货、退货
interaction	互动域	评论、点赞、关注
feed management | mgmt	帖子域	发布、广播、删除
item	商品域	发布、上架、下架、重发
viewer	观众域	注册、登录、注销
author	作者域	注册、登录、发帖、注销
algo	推荐域	
promotion	促销域	秒杀、优惠券活动

图 10-24　数据域划分

在明确每个数据域下有哪些业务过程后，即可构建如图 10-25 所示的总线矩阵，明确业务过程与哪些维度相关，并定义每个数据域下的业务过程和维度。

模型设计主要包括维度及属性的规范定义，以及维表、明细事实表和汇总事实表的模型设计。

维表设计基于维度建模理念，建立数据维表，以降低数据计算口径和算法不统一的风险，设计步骤如下：

- 结合业务，明确维表使用范围，完成维度的初步定义，并保证维度的一致性。确定主维表，通常是 ODS 表，直接与业务系统同步。
- 确定相关维表，明确哪些表与主维表存在关联关系，并选择其中的某些表用于生成维度属性。
- 确定维度属性，从主维表以及相关维表中选择维度属性或生成新的维度属性。

		一致性维度																	
数据域	业务过程	作者（卖家）	作者类型	店铺	观众	设备	帖子	帖子类型	话题ID	页面	页面TAB	商品ID	商品类目ID	品牌ID	订单类型	算法实验组ID	优惠券ID	日期	国家或地区
作者域、观众域	注册	√			√													√	√
作者域、观众域	登录	√			√													√	√
作者域、观众域	注销	√			√													√	√
帖子域	发帖	√	√															√	√
帖子域	广播	√	√		√													√	√
流量域	访问/浏览			√	√	√	√	√	√	√	√	√	√	√		√	√	√	√
流量域	曝光			√	√	√	√	√	√	√	√	√	√	√		√	√	√	√
流量域	点击			√	√	√	√	√	√	√	√	√	√	√		√	√	√	√
流量域	滑动			√	√	√	√	√	√	√	√	√	√	√		√	√	√	√
互动域	点赞				√		√	√										√	√
互动域	评论				√		√	√										√	√
互动域	关注				√		√	√										√	√
流量域	举报				√	√	√	√	√	√	√							√	√
流量域	分享				√	√	√	√	√	√	√							√	√
订单域	加购	√	√	√	√		√	√		√	√	√	√	√				√	√
订单域	下单	√	√	√			√	√		√	√	√	√	√	√		√	√	√
订单域	支付	√	√	√	√		√	√		√	√	√	√	√	√		√	√	√
订单域	确认收货	√	√	√	√		√	√		√	√	√	√	√	√		√	√	√
订单域	退款	√	√	√	√		√	√		√	√	√	√	√	√		√	√	√
商品域																	√	√	√
推荐域																	√	√	√
促销域																	√	√	√

图 10-25　总线矩阵

设计原则遵循以下几点：

- ❑ 优先使用公共维表，维表设计考虑复用性和一致性。
- ❑ 维度属性尽量覆盖业务的统计、分析、探查等需求。
- ❑ 维度属性除编码字段外，还应尽可能包含文字性描述字段，如 id 和 title。
- ❑ 避免过于频繁地更新维表的数据。

明细事实表设计步骤如下：

1）选择业务过程。结合业务数据情况，可以为每个业务过程建立一个事实表，也可以将多个相近或相似的业务过程合并建立一个事实表。

2）确定粒度。针对业务过程的一个粒度，确定事实表中每一行所表达的细节层次，保证所有的事实按照同样的细节层次记录。如果有字段可以表达这个粒度，可以将其定义为事实表的主键。应该尽量选择最细级别的粒度，以确保事实表的应用具有最大的灵活性。

3）确定维度。选定好业务过程并确定粒度后，就可以确定维度信息，应选择能够清楚描述业务过程的维度信息。

4）确定事实。事实表应该包含与业务过程描述有关的所有事实，且事实的粒度要与所确定的事实表粒度一致。

5）冗余维度。确定需要哪些相关维度，并进行维度冗余。例如，在事实表中存储各种类型的常用维度信息，减少下游用户使用时关联多个表的操作，从而减少计算开销，提高使用效率。

设计原则应遵循以下几点：

- ❑ 尽可能包含所有与业务过程相关的事实。
- ❑ 只选择与业务过程相关的事实。
- ❑ 在同一个事实表中，不能包含多种不同粒度的事实。
- ❑ 事实表中所有事实的粒度需要与表声明的粒度保持一致。
- ❑ 事实的单位要保持一致。
- ❑ 对事实的 NULL 值要做统一处理。

汇总事实表的设计步骤之后则是确定汇总的数据域或主题域、确定汇总的维度、确定汇总的事实。而设计原则强调数据公用性，即维度和事实尽可能覆盖相关业务使用数据的场景，尽量不要在同一个表中存储不同粒度的汇总数据，如有必要，可用分区存储；强调模型复用性，尽可能多地覆盖下游使用数据的场景和指标加工范围，尽量不包含复合型指标。

10.4.4　通用设计方法

在整个数据仓库的构建过程中，有一些通用的设计方法可供大家参考，具体介绍如下。

退维，是指在模型物理实现中将各维度的常用属性退化到事实表中，以大大提高对事实表的过滤查询、统计聚合等操作的效率，下游层级模型使用的维度属性数据下沉到本层模型中进行，在这里指 DWD、DMA/DMT、DA 层模型中的维度属性下沉，将维度属性从上一层级下沉到 $1-n$ 层级的模型表中。其中 DW 层退维是将下游 DMA/DMT、DA 层常规且稳定的属性下沉在该层进行存放以方便使用，减少重复关联维表，需考虑数据回溯计算成本因素，易变动的维度不建议退到该层。DMT 层退维则是将下游 DA 层的维度属性退到该层，将能够关联使用的维度尽可能下沉到该层，解决易变动维度问题，需灵活应用。DIM 层退维需将维表做扁平化处理，维度打横。扁平化处理就是将能够整合的维度全部以字段的形式放到一个模型表里，包含易变动维度。

通用逻辑下沉主要包含两点：复杂的计算逻辑且口径易变动的计算规则下沉到 DMA 层；稳定的逻辑或者通用标签下沉到 DWD 表。常用 WHERE 条件规则可以封装成标签字段和下沉逻辑，比如是否点击、是否访问等。

缓慢变化维处理主要有三种形式：其一是重写维度值，也就是不保留历史数据，始终取最新数据；其二是插入新的维度行，保留历史数据，维度值变化前的事实和过去的维度值关联，维度值变化后的事实和当前的维度值关联；其三则是添加维度列，也就是在维度表中添加新的列来存储额外的信息，以便可以跟踪随时间变化的数据。

数据拆分是在物理上划分核心模型和扩展模型，然后将其字段进行垂直拆分，把访问相关度较高的列在一个表内存储，访问相关程度低的字段分开存储，将经常用到的 WHERE 条件按记录行进行水平切分或冗余。水平切分考虑二级分区字段，以避免多余的数据复制和冗余。如果出现大量空值和零值的统计汇总表，可依据其空值和零值的分布状况做适当的水平和垂直切分，以减少存储和下游的扫描数据量。

一致性维度，即 DIM 层的维度表中相同维度属性在不同物理表中的字段名称、数据类型、数据内容必须保持一致，不过以下情况除外。在不同的实际物理表中，如果由于维度角色的差异，需要使用其他的名称，其他名称也必须是规范的维度属性的别名。例如定义一个 user id 时，如果在一个表中，分别要表示卖家 id 和买家 id，那么设计规范阶段就应预先对 user id 定义卖家 id 和买家 id。如果由于历史原因，在暂时不一致的情况下，必须在规范的维度中定义一个标准维度属性，不同的物理名也必须是来自标准维度属性的别名。

维度的组合和拆分。在维度组合时，可以将与维度所描述业务相关性强的字段在一个物理维表内实现。相关性强是指经常需要一起查询或进行报表展现，或两个维度属性间是否存在天然的关系等，例如商品基本属性和品牌属性。而无相关性的维度可以适当考虑杂项维度（例如交易），例如构建一个交易杂项维度手机交易的特殊标记属性、业务分类等信息，也可以将杂项属性退化到事实表中处理，不过容易造成事实表相对庞大，加工处理较为复杂。所谓的行为维度是指经过汇总计算的指标，在下游的应用使用时将其当作维度处理。如果有需要，度量指标可以作为行为维度冗余到维度表中。

而对于维度属性过多、涉及源较多的维度表（例如会员表），则可以做适当拆分。例如拆分成核心表和扩展表，核心表的字段相对较少，刷新产出时间较早，可以优先使用。扩展表的字段较多，且可以冗余核心表部分字段，刷新产出时间较晚，适合数据分析人员使用。或者根据维度属性的业务不相关性，将相关度不大的维度属性拆分成多个物理表存储。

数据记录数较大的维度表（例如商品表）可以适当冗余一些子集合，以减少应用的数据扫描量，例如可以根据当天是否有行为，产出一个活跃行为的相关维表，以减少应用的数据扫描量，也可以根据所属业务扫描数据范围大小的不同，进行适当的子集合冗余。

而在事实表设计原则中，事务型事实表主要用于分析行为和追踪事件。事务型事实表获取业务过程中的事件或者行为细节，然后通过事实与维度关联，可以非常方便地计算各种事件相关的度量（例如浏览用户数）。基于数据应用需求的分析设计事务型事实表，如果下游存在较大的针对某个业务过程事件的分析指标需求，可以考虑基于某一个事件过程构建事务型事实表。事务型事实表一般选用事件发生日期或事件作为分区字段，方便下游作业的数据扫描执行分区裁剪。明细层事实表的冗余子集的原则有利于降低上层数据访问的

I/O 开销。明细层事实表的维度退化到事实表原则有利于减少上层数据访问的 Join 成本。对于周期快照型事实表，主要用于分析状态型或存量型事实。快照是指以预定的时间间隔来采样状态度量。对于累计快照事实表，是基于多个业务过程的联合分析从而构建的事实表，如采购单的流转环节等，主要用于分析事件之间的时间间隔和周期。例如用交易的支付与发货之间的间隔来分析发货速度，或在支付和退款环节分析支付或退款率等等。

10.4.5　数仓规范

数仓表命名规范明细见表 10-12，总体原则主要包括数据库名、数据表名、字段名全部小写，采用单数形式，并使用 "_" 进行分割，不准出现大写与复数的表达形式，要见名知意，不能出现 SQL 语法中的关键字。

表 10-12　数仓表命名规范

层级	规范	示例
ODS	ods_{ 数据库名 /kafka topic 名 }__{ 表名 }_{ 刷新周期 }{ 存储策略 }	ods_db__table_df
DWD	dwd_{ 业务域 }_{ 业务过程 }_{ 刷新周期 }{ 存储策略 }	dwd_cp_comment_df
DM	dm_{ 业务域 }_{ 主体域 | 自定义名称 }_{ 聚合粒度 }	dm_cp_interact_events_1d
DA	da_{ 业务域 }_{ 主体域 | 自定义名称 }_{ 聚合力度 }	da_app_overview_1d
DIM	dim_{ 业务板块 }_{ 扩展维度 }	dim_author_ext
临时表	tmp_{ 开发者 }_{ 模型表命名规范 }	tmp_da_app_overview_1d
视图	view_{ 模型表命名规范 }	view_da_app_overview_1d

对于字段命名规范，英文尽量用全称，如果字段太长可以从后向前进行缩写，尽量精简。对于编号作为标识符的属性或列，一般统一命名为“xx 编号”的属性或列，后缀应是 id，如 item_id。取值只有“是 / 否”的属性或列，中文名前缀必须为“是否”，英文名前缀是 is，数据类型为 int。日期类型的属性或列，数据为日期类型，后缀应是 date，如 partition_date。若数据类型为 datetime，后缀应是 time，如 create_time。

对于任务命名规范，原则上一个任务对应产出一张表，特殊情况遇到多路产出时，任务名称以后缀数字来区分。任务名、表名建议一致，任务配置中的输出项必须维护，如库名、表名，具体见表 10-13。

表 10-13　任务命名规范

任务类型	任务描述	命名规范
数据同步	Hive 到 MySQL	h2m_ 源表名
数据同步	MySQL 到 Hive	m2h_ 目标表名
数据同步	Hive 到 Redis	h2rds_ 源表名

（续）

任务类型	任务描述	命名规范
数据同步	Hive 到 mq（例如 Rabbitmq 或 Kafka）	h2mq_ 源表名
数据同步	HBase 到 MySQL	hbs2m_ 源表名
数据同步	Hive 到 HBase	h2hbs_ 源表名
数据同步	Hive 到 ES	h2es_ 源表名
数据同步	Hive 到 S3	h2s3_ 源表名
脚本	Shell	语言 _ 功能 _xxxxx（实现某个功能的任务）
Hive	SQL	计算结果表
Spark	SQL	计算结果表
Flink	SQL	计算结果表

对于表生命周期管理规范，临时表：参与计算的非分区临时表默认为 1 天，参与计算的分区临时表默认为 3 天，临时数据备份表由开发人员自行清理。ODS 表生命周期：日志流水表中，字段未做全部解析的，生命周期为 90 天，如果已做全部解析（或小时表），则生命周期为 7 天；日志解析表的生命周期为 3650 天，同步任务增量表的生命周期为 3650 天，同步任务全量表的生命周期为 7 天。DW 表生命周期：业务过程明细数据的生命周期为 548 天，非常核心的增量中间表的生命周期为 3650 天，全量数据的生命周期为 7 天。DM 表生命周期：DMA 层的生命周期为 548 天。DMT 层的生命周期为 548 天，非常核心的增量中间表的生命周期为 3650 天，全量数据的生命周期为 7 天。DA 表生命周期：报表应用的生命周期为 548 天，明细数据的生命周期为 60 天，全量数据的生命周期为 7 天，数据产品应用的明细不超过 365 天，而汇总不超过 548 天，核心 DA 表的生命周期为 3650 天。超大存储表则是永久保存，考虑冷备存储。

数仓数据类型规范见表 10-14。

表 10-14　数仓数据类型规范

MySQL 数据类型	Hive 数据类型
TINYINT/SMALLINT/MEDIUMINT/INTEGER/BIGINT	BIGINT
FLOAT/DOUBLE/DECIMAL（非金额类）	DOUBLE
DECIMAL（金额类）	DECIMAL
DATE	DATE
DATETIME/TIMESTAMP	DATETIME
LONGTEXT/TEXT/VARCHAR/CHAR	STRING

存储格式、压缩方式规范见表 10-15。

表 10-15　存储格式、压缩方式规范

数据层级	文件格式	压缩格式
ODS	Parquet	Lzo/Snappy
DWD	ORC	Snappy
DM	ORC	Snappy
DA	ORC	Snappy
DIM	ORC	Snappy

10.4.6　各层级具体实施过程

在 ODS 层，如图 10-26 所示，无论是埋点还是业务库 binlog，数据流向均先落入 Kafka，再从 Kafka 消费到 HDFS 或 Hudi。而流式消费的目的，一是确保数据来源一致，为后续流计算奠定基础，避免 Lambda 两套数据来源、两套体系导致的潜在数据一致性风险。二是为下游层级计算做存储加速，如有小时级的业务诉求，不必额外发起实时任务。三是不必额外做由以前 CDC 存增量任务合并的 ETL 过程。

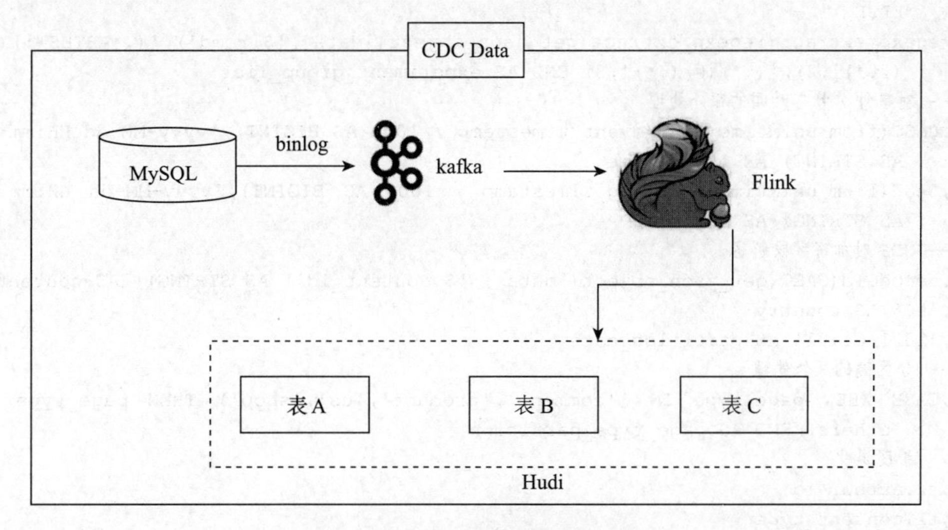

图 10-26　ODS 层数据同步抽象

对于数据丢失问题，由源头负责抽取 binlog 或埋点日志的团队保障。对于 CDC 类消费，应额外从起点查业务从库，做抽样数据质量监控（Data Quality Check，DQC）。流任务统一为最少一次的消费策略，埋点类在 DWD 层完成去重，CDC 类借助 upsert 功能完成去重。

对于数据补偿，埋点类数据通过 offset 回拨再消费。而 CDC 类数据则额外写一份到 HDFS，便于在丢失时，通过 HDFS 文件回放进行补偿。

在DWD层，主要有以下的策略。对于常规ETL，例如过滤测试用户的user_id，可过滤重复的埋点记录；对异常user_id的处理，例如游客，可将user_id为NULL的赋默认值；细化二级分区，例如基于埋点事件的分析，基础条件大多基于页面（例如某主页、某详情页），为了减少读写文件的开销，可去除ODS层的小时分区，或细化为以页面为分区；对于多时区的日志，如对埋点事件时间的处理，可从UTC统一转化为当地时区，便于下游使用；对上报事件中加密的字段解密，可将复杂数据结构扁平化处理；对累计快照事实表（如订单）则可以分割当日增量和历史全量。

```
INSERT OVERWRITE TABLE tracking_impression PARTITION (country, partition_date,
    page_type_partition)
SELECT /*+ BROADCAST(t2) */
-- ...
-- ETL处理
,NVL(user_id, 0) AS user_id
,NVL(device_id, '') AS device_id
-- 复杂字段提取和结构拍扁
,CASE WHEN
regexp_extract(regexp_extract(get_json_object(`data`,'$.rcmd'),'(.*ABTEST:)(.*?)
    (,.*)',2),'(.*)(@)(.*)',3) IS NULL THEN ''
    ELSE
regexp_extract(regexp_extract(get_json_object(`data`,'$.rcmd'),'(.*ABTEST:)(.*?)
    (,.*)',2),'(.*)(@)(.*)',3) END AS experiment_group_list
-- 对事件/日志时间的额外处理
,CAST(from_unixtime(CAST(event_timestamp / 1000 AS BIGINT),'yyyy-MM-dd HH:mm:ss')
    AS STRING) AS event_time
,CAST(from_unixtime(CAST(log_timestamp / 1000 AS BIGINT),'yyyy-MM-dd HH:mm:ss')
    AS STRING) AS log_time
-- UDF对加密字段解密
,decodeId(CAST(get_json_object(`data`, '$.content_id') AS STRING)) AS content_id
,'US' AS country
,'2021-01-01' AS partition_date
-- 分区键的额外处理
,CASE WHEN page_type IN ('comment','product','us','shop') THEN page_type ELSE
    'others' END AS page_type_partition
-- 维度退化
,t2.author_id
,t2.content_type
,t2.content_status
-- 埋点小时表
FROM ods_tracking_impression_hi t1
LEFT JOIN (SELECT content_id
                 ,author_id
                 ,content_type
                 ,content_status
                 ,create_date
                 -- ...
           FROM dim) t2
```

```
  ON t1.content_id = t2.content_id
WHERE country = 'US'
  AND partition_date = '2021-01-01';
```

对于高频聚合、查询、关联的不变化的维度属性，可退化到 DWD 层，以适度冗余为代价，提升查询效率，例如埋点事件中，可将帖子的曝光、帖子的作者 id、帖子的类型（图文、短视频等）等高频且稳定的属性下沉到 DWD 层。

对易变动的维度属性，或维度属性较多的情况，或在不确定后续的分析主题时，可下沉或保留外键。例如帖子中提到的商品在埋点中并未上报，可由维表关联出商品的 item_id 并冗余，便于后续对商品（例如类目、品牌）进行分析查询。

前文中提到，对于统计非常频繁，或统计逻辑较为复杂的指标，例如统计某帖子的曝光时，统计口径涉及 8 个页面。因此，如图 10-27 所示，我们通过人工配置维表和拼接 SQL 的方式，将类似这样的逻辑下沉到 DWD 层，减少下游的工作量和避免口径发生变化时带来的影响。

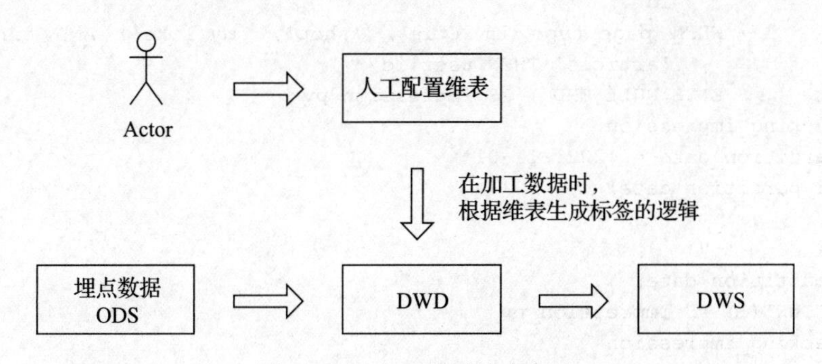

图 10-27　人工配置维表方法

之所以采用人工配置维表加拼接计算 SQL 的方式，主要原因在于，某些计算逻辑并不能用简单的等值关联或不等值关联来表达。如果开发 UDF，黑盒逻辑所带来的成本远远大于拼接 SQL 的成本。以埋点曝光事件明细表为例，经过上述方法后，除埋点上报的字段外，还有以下的扩展字段。

```
,content_id BIGINT COMMENT '内容 ID'
,content_type STRING COMMENT '内容类型，例如短视频、图文'
,author_id BIGINT COMMENT '创作者 ID'
,content_status STRING COMMENT '内容状态，发布、删除、封禁'
,is_view INT COMMENT '该曝光事件是否算作有效浏览文章或帖子，1= 是，0= 否'
,content_source INT COMMENT '这篇文章或帖子的来源，是帖子全文还是只有帖子的封面，1= 是，0= 否'
,content_impression_type  INT  COMMENT  '这篇文章或帖子的曝光类型，0= 不属于帖子的曝光，1=
    明细曝光，2= 封面曝光'
,is_item_impression INT comment '帖子中是否有商品曝光，0= 否，1= 是'
```

```
,is_voucher_impression INT comment '帖子中是否有优惠券的曝光，0=否，1=是'
,content_create_date DATE comment '内容发布的时间 yyyy-MM-dd'
,page_tab_id INT comment '发现页和内容首页多个tab栏ID'
,page_tab_name STRING comment '发现页和内容首页多个tab栏，例如美妆、笔记、热门等'
,experiment_group_list ARRAY<STRING> comment '算法AB实验组字段，只提取实验组字段，不做
    扩展，例如实验组1、实验组23、实验组345'
```

当计算例如某篇文章或帖子的浏览次数时，计算就相对容易，只需要过滤对应的扩展字段即可。而且当有新的页面加入或者逻辑改动时，对DM层的计算是无影响的。

```
-- 下沉前
SELECT partition_date,
       COUNT(case WHEN page_type = 'list' AND target_type = 'article' AND json_
           extract_scalar(data, '$.tab_id') <> '2' THEN user_id
               WHEN page_type = 'hashtag_detail' AND target_type = 'article' THEN
                   user_id
               WHEN page_type = 'article' THEN user_id
               WHEN page_type = 'video' AND target_type = 'article' THEN user_id
               WHEN page_type = 'explore' AND target_type = 'article' THEN user_
                   id
               WHEN page_type in ('us', 'shop', 'my_like') AND target_type =
                   'article' THEN user_id
               ELSE NULL END ) AS impression_pv
FROM tracking_impression
WHERE partition_date = '2021-11-01'
GROUP BY partition_date;

-- 下沉后
SELECT partition_date,
       COUNT(1) AS impression_pv
FROM tracking_impression
WHERE partition_date = '2021-11-01'
  AND content_impression_type = 1 -- 上述复杂SQL的抽象
GROUP BY partition_date;
```

在DM层中，结合数据域和主题域，将不同或相同的数据域下的DWD模型融合。面向业务分析，对粒度相似的数据进行融合，做宽表处理。实现主题数据的深度汇总，对衍生指标进行加工和沉淀。结合数据分析和应用场景，提供可复用模型。例如在本业务中，存在如图10-28所示的层级关系，通俗而言，如对于发帖表现的业务分析类需求，粒度从细到粗依次为某帖子的表现（订单、流量、互动等）、某作者、某帖子种类、某页面、大盘。

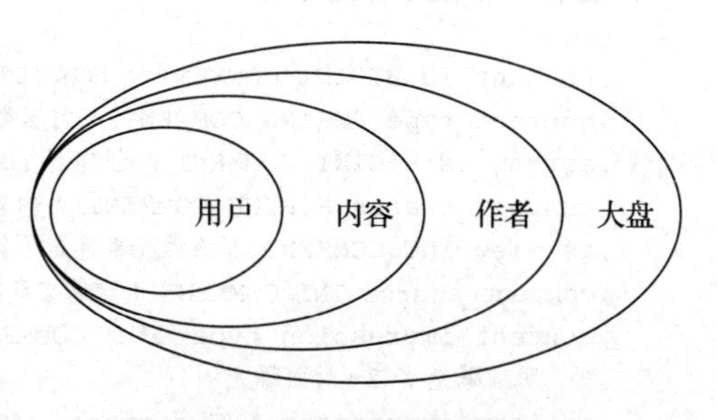

图10-28 业务层级关系

因此，我们对此类场景进行抽象，具体如图10-29所示，通过合并多业务过程，做最细粒

度的轻量聚合（如某用户在某页面的某 tab 栏的某篇帖子的曝光、点击次数），承上可以很好地保证 DWD 层的封闭性，不每次从 DWD 层跨过程关联取数、不需要考虑计算口径的变更等。启下可以将此层作为基础，衍生帖子相关的统计指标。

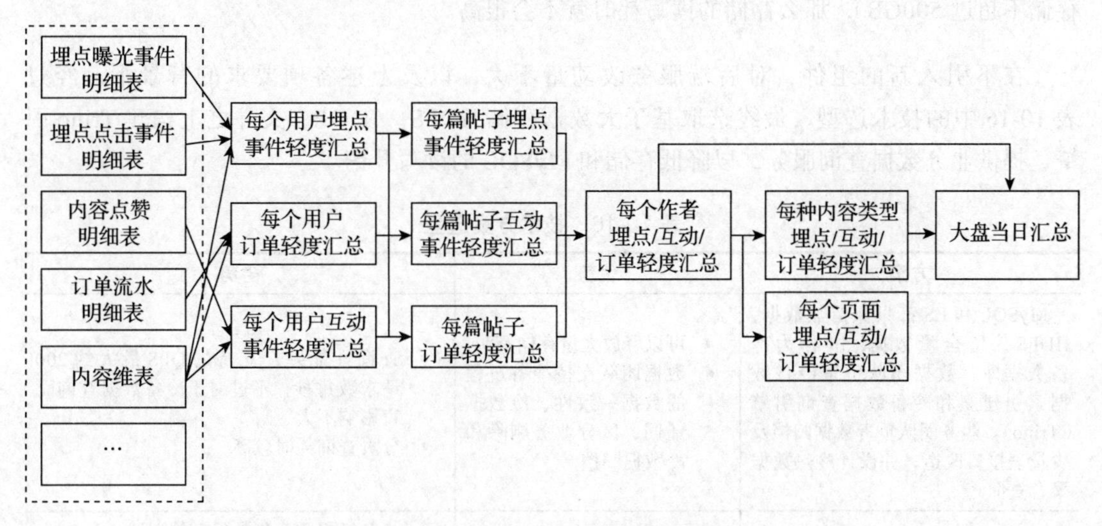

图 10-29　轻量汇总后的数据表产出

10.5　订单冷备数据查询高可用方案

某电商订单业务在经过几年的业务发展和系统迭代升级后，在数据层面存在以下几个问题，在考虑到未来业务规模将进一步增长的前提下，为了保障整个服务的可用性和可拓展性，需要进行优化升级。

虽然在系统开发上线初期，考虑到传统的将数据集中存储至单一节点的解决方案，在性能、可用性和运维成本这三方面已经难以满足海量数据的场景，因此采用了分库分表的方案（例如订单流水表按用户维度拆分到 1000 个表中）。随着业务规模逐渐增长，单表数据倾斜问题逐渐暴露出来，由于单个超级用户（指订单量远远大于一般用户的情况）的存在，导致个别表的数据量远大于其他分表（例如单表上千万），从而引发慢查询影响存储和系统稳定性的问题。

目前订单流水数据存储在 MySQL 中已经超过 3TB，按每日数万的增量订单计算，当数据库实例中的数据达到阈值后，无论是运维压力，还是读写的压力，最终都落在数据库之上，数据备份和恢复的时间成本都将随着单表、单实例达到瓶颈或上限而愈发不可控。

并且此类业务数据也是符合电商数据特点的，即一年以前的用户订单及交易流水的比重占很大一部分，但这些数据仍需要保证查询（服务稳定性，查询耗时最大不超过3s），且读频率低、数据几乎不更新。冷热数据分离是常见的一种解决数据量瓶颈的方案。数据倾斜是允许存在的，只要归档后单表数据量不超过一定上限（例如数据量最高不超过500万，存储不超过500GB），那么存储的读写耗时就不会很高。

在不引入新的组件、对后端服务改动量不大，以及上述各项要求的背景下，经过表10-16中的技术选型，最终选取基于大数据存储HDFS，在ORC文件之上构建Trino引擎，提供业务数据查询服务，以降低存储和MySQL的读写开销。

表10-16 技术方案选型

方案	优势	劣势
MySQL和ES都只保留热数据，HDFS保留全量数据，并作为冷备数据库。数据团队负责冷备数据索引建立和冷备数据查询引擎（Trino）。业务团队负责数据归档及少量表接口改造，并设计冷热数据聚合查询	• 可以释放大量存储资源 • 数据团队支持冷备过程的数据一致性、冷数据迁回、区分业务删除和冷数据归档	• 查询性能差，支持的QPS最大约200请求数每秒，不过对于冷备数据查询而言影响不大 • 分页查询耗时较高
新建MySQL库作为冷备库，设计数据迁移服务，定时按照规则将冷数据迁移到冷备库	• 查询性能好	• 冷备过程需要额外的存储资源 • 冷备数据表结构可能需要调整，否则全量历史数据肯定会超过单表限制，异构的表结构需要重新设计查询，业务代码改动量较大 • 需要自己保证迁移的数据一致性，以及应对冷数据迁回等问题 • 需要保证冷数据高可用
MySQL只保留热数据，将ES作为冷数据查询冷备库	• 可以释放存储资源	• 存在深翻页问题 • 业务代码改动量极大
MySQL只保留热数据，新建HBase表保存冷数据	• 查询性能好 • 可以保存海量历史数据	• 只能按照Rowkey查询 • 需要新设计冷数据同步到HBase的方案 • 需要额外的存储资源保存数据

众所周知，Trino是典型的MPP（Massively Parallel Processor，大规模并行处理）架构，如图10-30所示，由一个Coordinator和多个工作组（Worker）组成，其中Coordinator负责SQL的解析和调度，工作组负责任务的具体执行，并且可配置多个不同类型的Catalog，从而实现对多种数据源的访问。

如图10-31所示，Coordinator的主要作用是接收客户端的查询请求，查询SQL解析，生成查询执行计划、Stage和Task，并且对生成的Task进行调度。除此之外，它还对整个集群的工作组节点进行管理。Coordinator服务进程是整个集群的Master进程，该进程与工作组进程通信从而获取最新的工作组进程信息，又与客户端进程进行通信，获取查询请求。可以说Coordinator就是整个Trino集群的核心，其负载和是否存活直接决定了集群的吞吐和稳定性。

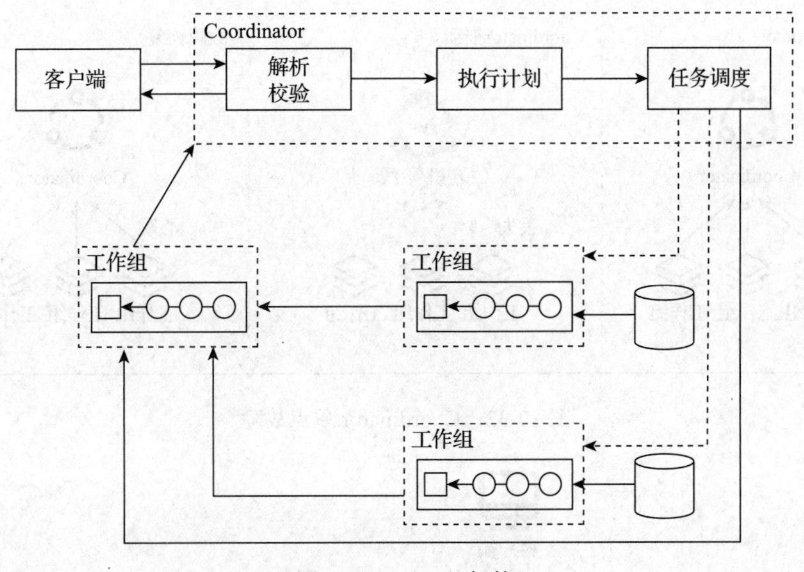

图 10-30　Trino 架构

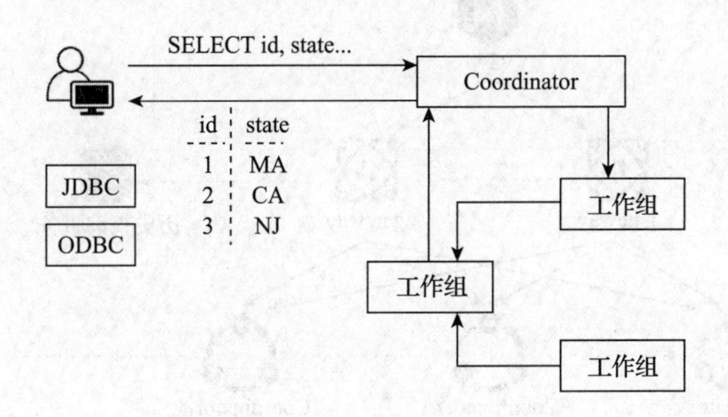

图 10-31　Coordinator 的主要作用

由于每个 Trino 集群只能部署一个 Coordinator，这将导致集群的单点故障（Single Point of Failure，SPOF），如图 10-32 所示。当节点崩溃时，集群可能因等待节点和集群的故障恢复，从而有数十秒至数分钟的不可用时间，这对于冷备数据这样的业务场景来说是不可接受的。为了解决单点故障问题，通常会部署多个 Trino 集群以保证整体的可用性。但是部署了多个集群，我们就需要额外考虑查询的负载均衡和单个集群发生故障时的平滑故障转移，除此之外，还需要考虑集群路由的逻辑（例如集群的负载、正在运行的查询数量等），以保证查询的响应时间。

为了解决上述问题，我们认为应该分为两个阶段来完成。如图 10-33 所示，第一阶段需要满足负载均衡、查询路由的功能，以确保服务对外整体的高可用。第二阶段则应该对 Coordinator 进行改造，支持 Coordinator 级别的多活。

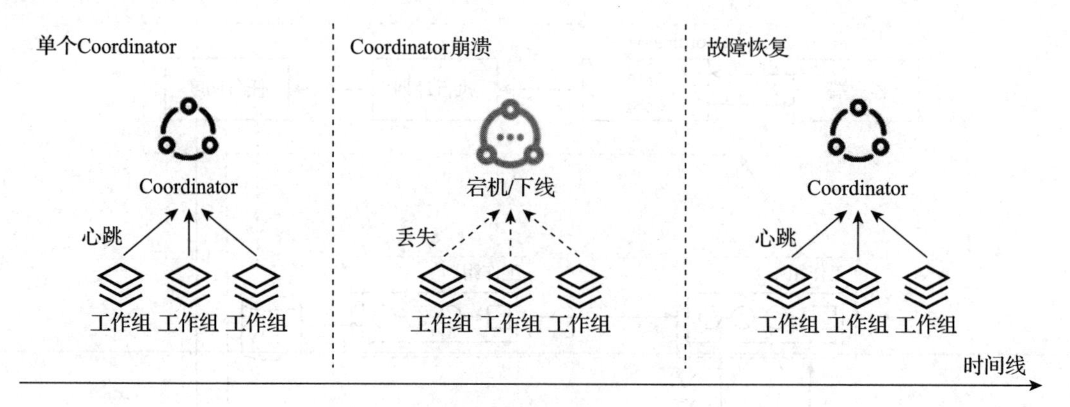

图 10-32　Coordinator 单点故障

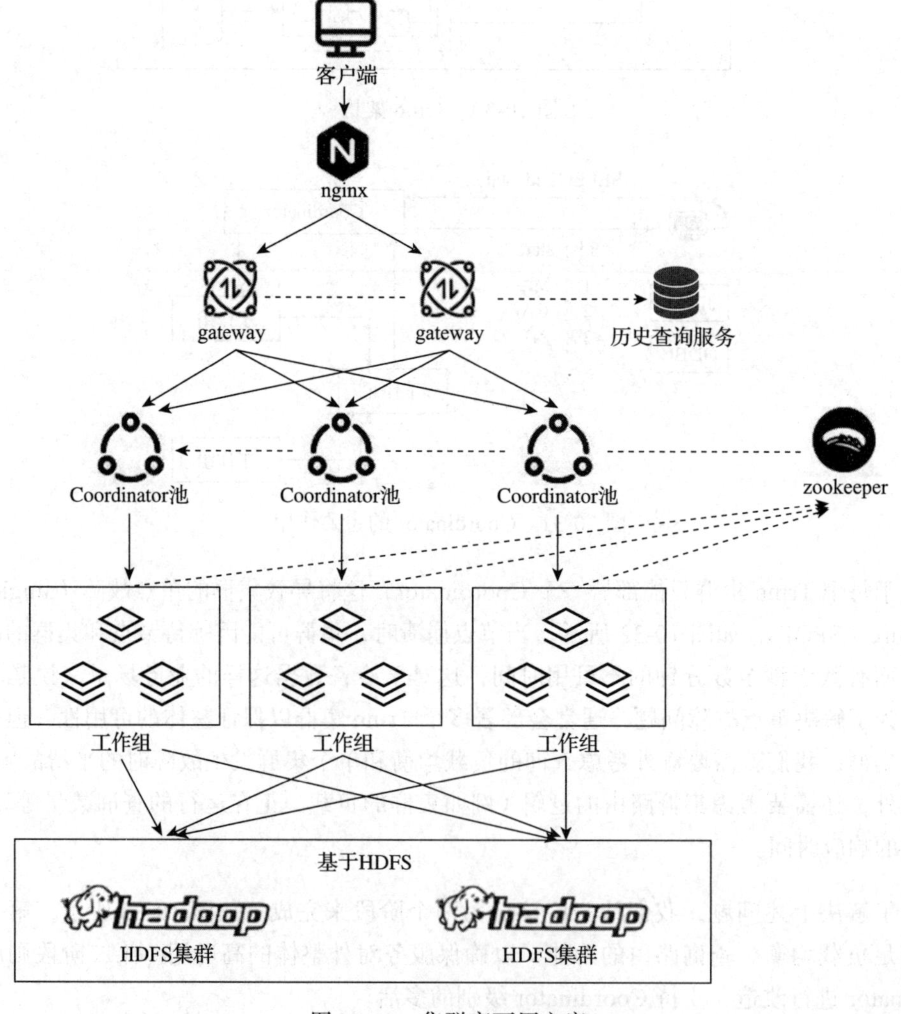

图 10-33　集群高可用方案

如图 10-34 所示，对于 Gateway 而言，它应当满足以下的几点要求：运行尽可能无状态，当然查询可以适当缓存；仅充当请求转发或路由的角色，并且对查询返回的侵入性较小；路由规则应尽可能简单，不会过多影响整体的时间开销；可以监控 Trino 集群的负载，可以以此作为路由的判别依据，但不能因为 Gateway 自身的逻辑或异常判断，从而影响路由。

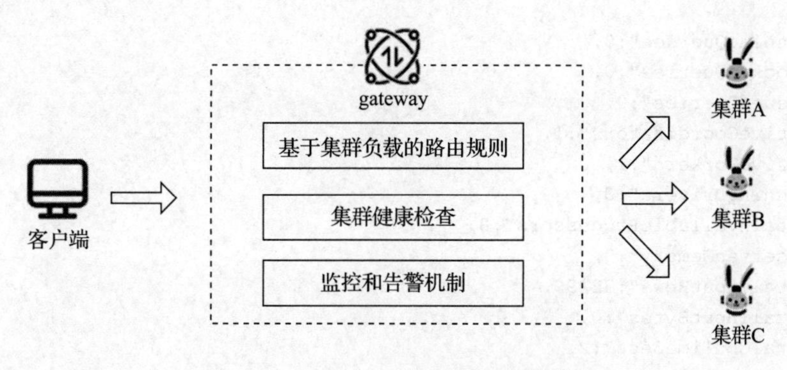

图 10-34 Gateway 的角色和主要功能

当新的查询请求到达 Gateway 时，如图 10-35 所示，它将根据路由规则将查询转发到相应的 Trino 集群，并将其返回到客户端，与此同时将路由集群和提交查询等存储到存储历史服务中。

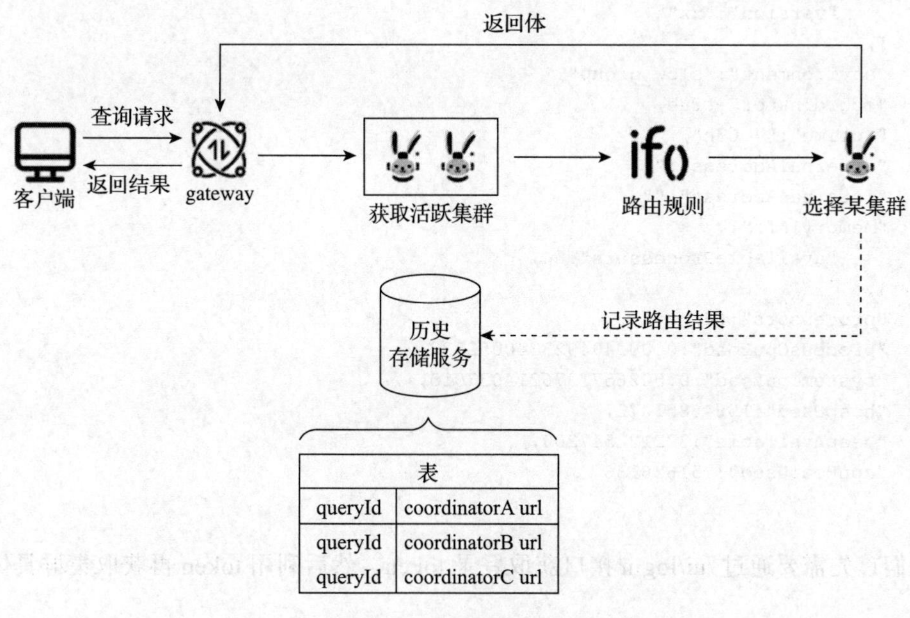

表	
queryId	coordinatorA url
queryId	coordinatorB url
queryId	coordinatorC url

图 10-35 查询请求流程

而在路由规则中，最重要的就是集群判活的逻辑和负载情况的获取。在 Trino 中提供了两个 API 用以获取具体的负载或者 Coordinator 是否存活的情况。

1）/ui/api/stats：从调研结果上看，389 版本之后需要登录 token 才可以获取该 API。其返回体如下。

```
{
    "runningQueries":0,
    "blockedQueries":0,
    "queuedQueries":0,
    "activeCoordinators":1,
    "activeWorkers":1,
    "runningDrivers":0,
    "totalAvailableProcessors":8,
    "reservedMemory":0,
    "totalInputRows":32299,
    "totalInputBytes":0,
    "totalCpuTimeSecs":2
}
```

2）/v1/status：可以获取的信息不多，仅能用于集群判活。其返回体如下。

```
{
    "nodeId":"xx-coordinator",
    "nodeVersion":{
        "version":"xx"
    },
    "environment":"slow_group",
    "coordinator":true,
    "uptime":"7.63h",
    "externalAddress":"",
    "internalAddress":"",
    "memoryInfo":{
        "availableProcessors":64,
    },
    "processors":64,
    "processCpuLoad":0.001404923340052532,
    "systemCpuLoad":0.0026571376214037015,
    "heapUsed":15646851072,
    "heapAvailable":322122547200,
    "nonHeapUsed":751626136
}
```

我们首先需要通过 /ui/login 接口获取登录 token，然后利用 token 再获取集群具体的负载情况。

```
// 请求 trino 登录页并获取 token
```

```
// 具体可以参考 https://github.com/trinodb/trino/issues/3661
public static String getTrinoClusterToken(String targetUrl, MonitorConfiguration
    monitorConfiguration) {
    URL loginUrl = new URL(String.format("%s/ui/login", targetUrl));
    loginConnection = (HttpURLConnection) loginUrl.openConnection();
    loginConnection.setRequestMethod("POST");
    loginConnection.setDoOutput(true);
    loginConnection.setInstanceFollowRedirects(false);
    loginConnection.addRequestProperty("Content-Type", "application/x-www-form-
        urlencoded");
    loginConnection.setRequestProperty("charset", "utf-8");
    String password = "";
    if (!Strings.isNullOrEmpty(monitorConfiguration.getMonitorPassword())) {
        password = monitorConfiguration.getMonitorPassword();
    }
    String loginData = String.format("username=%s&password=%s",
        monitorConfiguration.getMonitorUser(), password);
    byte[] postData = loginData.getBytes(StandardCharsets.UTF_8);
    loginConnection.connect();
    DataOutputStream out = new DataOutputStream(loginConnection.
        getOutputStream());
    out.write(postData);
    String token = loginConnection.getHeaderField("Set-Cookie");
    out.close();
    return token.split(";")[0];
}

// 根据token再请求/ui/api/stats接口获取集群负载情况
public static String requestTrinoClusterStatsWithToken(String targetUrl, String
    token) {
    URL apiURL = new URL(String.format("%s/ui/api/stats", targetUrl));
    apiConnection = (HttpURLConnection) apiURL.openConnection();
    apiConnection.setRequestMethod("GET");
    apiConnection.setRequestProperty("Cookie", token);
    int responseCode = apiConnection.getResponseCode();
    if (responseCode == HttpStatus.SC_OK) {
        BufferedReader reader = new BufferedReader(new InputStreamReader
            ((InputStream) apiConnection.getContent()));
        StringBuilder stringBuilder = new StringBuilder();
        String line;
        while ((line = reader.readLine()) != null) {
            stringBuilder.append(line).append("\n");
        }
        return stringBuilder.toString();
    }
}
```

通过上述方法的调用，我们就可以获取到所需集群的基本信息和具体的负载情况，并以此作为基础再加工，来判别集群是否健康（即是否可以接收请求）。

```
private boolean getClusterStatus(ProxyBackendConfiguration backend, int retryNum){
        if(retryNum == 3){
            return false;
        }
        // 获取集群地址
        String target = backend.getProxyTo();
        // 从缓存中获取登录token
        String clusterToken = getClusterToken(String.format("%s_token", backend.
            getName()));
        // 如果缓存中没有，或者缓存过期
        if (Strings.isNullOrEmpty(clusterToken)){
            String reLoginToken = HttpRequestUtils.getTrinoClusterToken(target,
                monitorConfiguration);
            log.info("First login and get token or cache expired with {}",
                backend.getName());
            setClusterTokenCache(String.format("%s_token", backend.getName()),
                reLoginToken);
            return getClusterStatus(backend, retryNum + 1);
        }
        // 获取返回体
        String response = HttpRequestUtils.requestTrinoClusterStatsWithToken(tar
            get, clusterToken);
        // 如果token无效，集群无响应，循环301跳转，或者其他原因导致的空返回体
        if (Strings.isNullOrEmpty(response)) {
            log.error("Received null/empty response for {}", target);
            String reLoginToken = HttpRequestUtils.getTrinoClusterToken(target,
                monitorConfiguration);
            setClusterTokenCache(String.format("%s_token", backend.getName()),
                reLoginToken);

        }
        try {
            HashMap<String, Object> result = null;
            result = OBJECT_MAPPER.readValue(response, HashMap.class);
            int activeWorkers = (int) result.get("activeWorkers");
            // 返回体正常，并且activeWorkers至少为1
            if (activeWorkers > 0){
                return true;
            }
            // 其他的判别逻辑
        } catch (Exception e) {
            log.error("Error parsing cluster stats from [{}]", response, e);
        }
        return false;
}
```

服务会维护一个本地缓存，通过定时调用上述的方法，来存储“不健康”的集群（例如各类原因导致的无响应，或者活跃工作组的数量少于 1），并在新的请求到达时，进行黑名单剔除。

```
/**
 * @param backends: 注册的集群列表
 * @param unHealthyClustersWithScheduler: 缓存中维护的不健康的集群列表
 */
public String generateRoutingCluster(List<ProxyBackendConfiguration> backends,
    List<String> unHealthyClustersWithScheduler){
    // 如果没有注册任何集群，直接抛异常
    if (backends.size() == 0) {
        throw new IllegalStateException("Number of active backends found zero");
    }

    // 如果没有不健康的集群，直接选择所有经注册的集群列表
    if(unHealthyClustersWithScheduler == null || unHealthyClustersWithScheduler.
        size() == 0){
        return routingWithClusterLoad(backends);
    }

    // 如果所有集群都是不健康的，还是直接选择所有经注册的集群列表
    if(backends.size() == unHealthyClustersWithScheduler.size()){
        return routingWithClusterLoad(backends);
    }

    // 不健康集群和所有注册集群的差集
    List<ProxyBackendConfiguration> backendAfterFilter = new ArrayList<>(4);
    for(ProxyBackendConfiguration backend: backends){
        if (!unHealthyClustersWithScheduler.contains(backend.getName())){
            backendAfterFilter.add(backend);
        }
    }
    // 防止出现多个注册集群指向的是同个地址，这可能导致差集为空
    if(backendAfterFilter.size() == 0){
        return routingWithClusterLoad(backends);
    }
    // 最终的兜底策略
    return routingWithClusterLoad(backendAfterFilter);
}
```

在上述的逻辑中我们注意到，黑名单的策略只是路由依据的一种，考虑到获取 token 的方式链路较长，不确定的环节也比较多，如图 10-36 所示，如果定时维护的逻辑出现未知的异常，可能导致全部的在注册集群全部判别为“不健康”，如果黑名单的权重较高，或者可以直接影响 MySQL 中注册集群的状态（是否下线、无效），这将导致整个请求逻辑出现问题。本着 Gateway“快速响应，快速抛异常”的目标，即尽量不要在 Gateway 环节做过

多的逻辑或者能够直接影响到客户端的请求，即使逻辑判别全部都为不健康集群的情况下，还存有兜底策略。

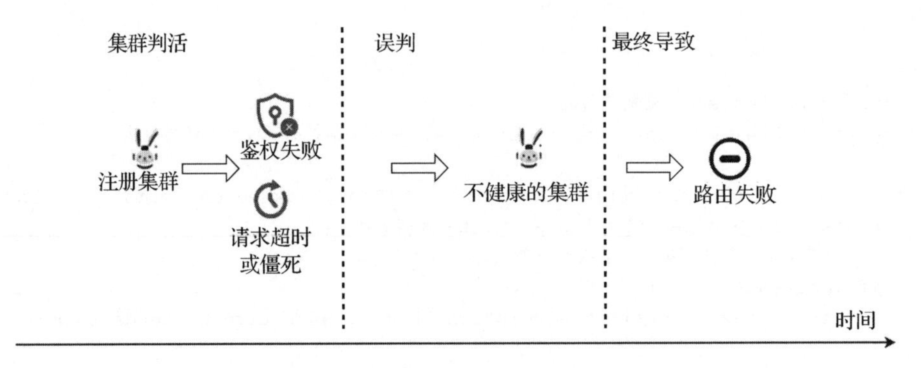

图 10-36 误判集群导致查询异常

而在二阶段，如图 10-37 所示，对于 Coordinator 多活而言，它应当满足以下几个要求，依赖 Zookeeper 实现工作组心跳、Coordinator 注册和发现。当请求到达 Gateway 时，逻辑变更为从 Zookeeper 中选择某一个活跃的 Coordinator。

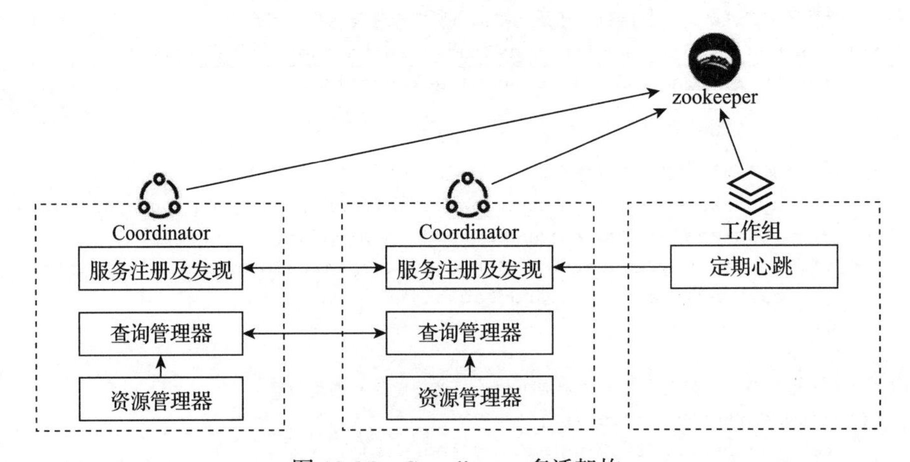

图 10-37 Coordinator 多活架构

如图 10-38 所示，多个 Coordinator 定期从 Discovery Server 中获取工作组信息。即使一些 Coordinator 由于故障或其他原因下线宕机，池中剩余的 Coordinator 也会立即接管集群工作。Workers 定期与 Zookeeper 进行心跳，Coordinator 通过从 Zookeeper 中获取工作组的相关信息来完成任务调度。

在选型时参考表 10-17 的结论，之所以选择多活而不是选择主备的方式，主要原因在于改造难度的差异和单点故障问题。在原始架构中，Coordinator 的耦合逻辑非常重，例如资源管理、权限控制、SQL 状态机等，而工作组注册服务相对轻量和独立，改造难度低。

而且主备模式仍然没有解决在主备切换时集群不可用的问题。

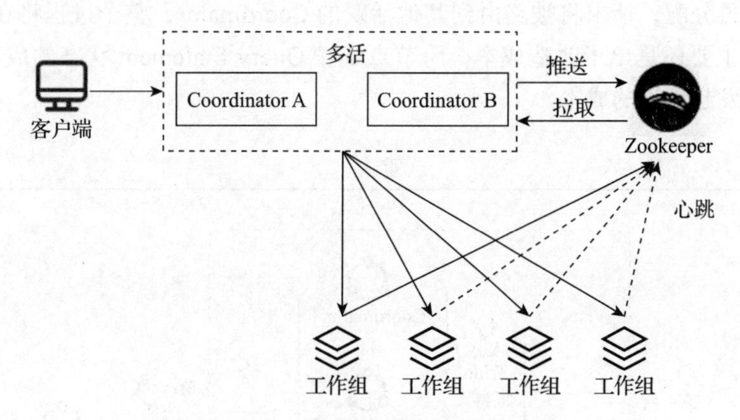

图 10-38 依赖 Zookeeper 完成多活

表 10-17 多活与主备选型对比

模式	优势	劣势
多活	• 资源利用率高 • 任意时刻都活跃的 Coordinator，可以随时接管集群和查询请求 • 代码改动难度小	• 被分配的 Coordinator 在任务调度时崩溃，故障转移的改动难度大
主备	• 解决了单点问题	• 资源浪费 • 在主备切换时，集群不可用 • 代码改动难度大

在多活的情况下，如图 10-39 所示，假设我们有 n 个 Coordinator，当 n−1 个 Coordinator 宕机时，集群仍然可以正常响应，并且新的请求不会受到任何影响，对于客户端而言，这个过程是透明的。

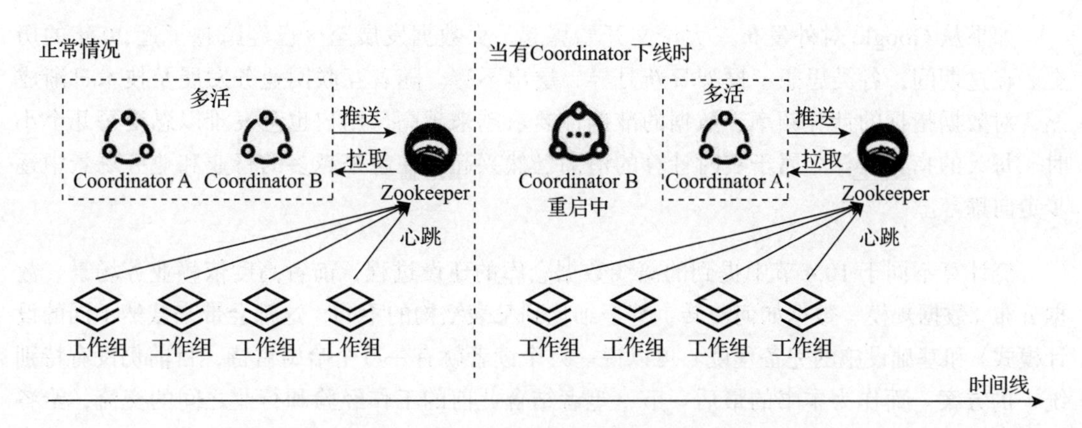

图 10-39 多活情况下规避单点故障

而对于正在执行中的查询，如图 10-40 所示，当被分配到的 Coordinator 崩溃时，通过客户端的重试再分配，请求将被路由到其他活跃的 Coordinator，整个过程将在几秒内完成。这样做的考虑主要还是出于改造成本，跨节点维护 Query Statement 状态的成本远远大于抛异常后客户端发起重试的成本。

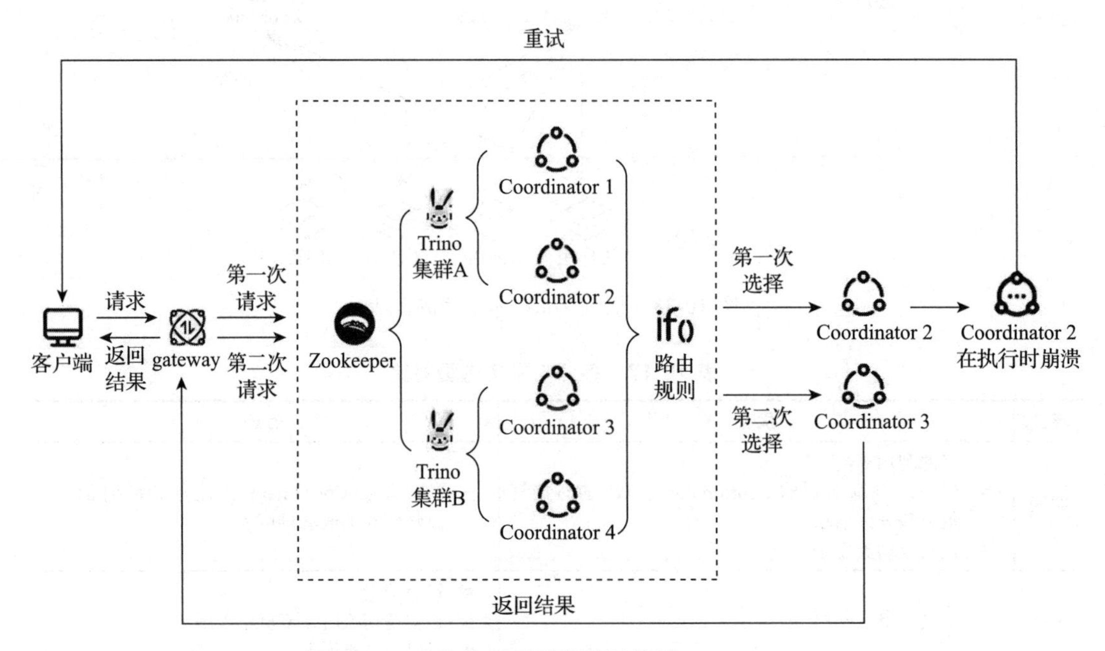

图 10-40　查询失败重试并跳过崩溃 Coordinator

10.6　浅谈实时数仓建设

如果从 Google 对外发布三大论文开始算起，大数据发展至今已经跨越了近 20 年的历史。在这期间，各类思想、框架日新月异，层出不穷。随着互联网业务发展及技术日渐成熟，对数据指标的计算频率、数据的准确性要求越来越高，用户也愈发难以忍受每几个小时、每天的指标计算。属于实时计算的浪潮已然兴起，在越来越多的行业和业务场景中逐步走向舞台。

流计算不同于 10.4 节中提到的离线数据仓库的建设过程，前者高度依赖业务场景、数据分布（数据规模、数据如何流转，甚至细化到某表结构的不同，这都会带来截然不同的设计模式）和基础设施的完备程度。可以说一万个读者就有一万个哈姆雷特，目前仍没有特别统一的方案。而作为本书的最后一节，笔者结合此前的工作经验和行业之间的交流，给各位读者分享下自己的认知和感受，以此抛砖引玉，探寻一套行之有效的解决方案。

10.6.1　各类架构的利弊

目前各类实时数仓的设计，归结下来还是以下两类，也就是经典的 Lambda 架构和 Kappa 架构。

Lambda 架构，如图 10-41 所示，总的来说就是所有的数据需要分别写入批处理层和流处理层。批处理持久化数据，并做预计算，而流处理作为加速层，对实时数据计算近似的实时结果，作为高延迟批处理结果的快速补偿视图。所有查询需要合并以上两个结果。它的优势在于在实时性和准确性上达到均衡，从而满足业务诉求；批处理持久化存储，数据可重放，可扩展性和容错性较好；流处理产出近似结果，时效性上得到满足。而不足之处在于数据从源头上区分传输和存储，存在数据一致性问题；两套计算逻辑，开发维护成本较大；因为框架的天然劣势，实时只能是近似计算，需要 T+1 的批处理进行修正。

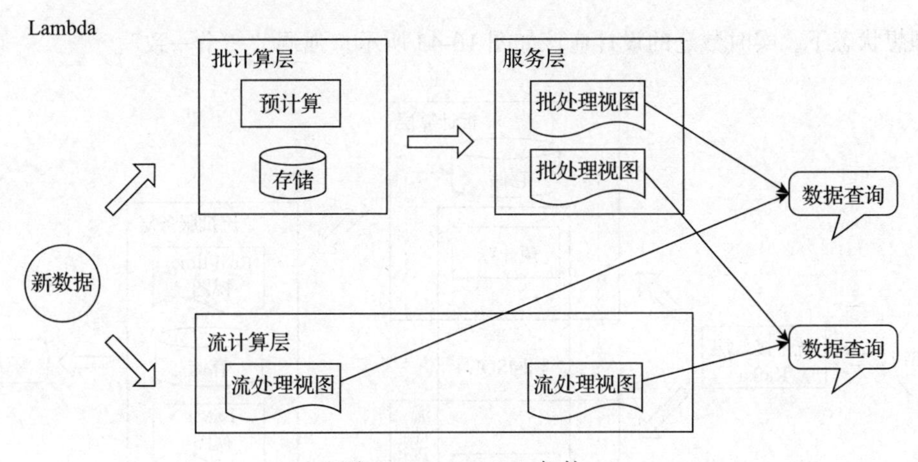

图 10-41　Lambda 架构

Kappa 架构，如图 10-42 所示，核心点在于去掉了批处理的数据流向，全部用流处理代替，近些年也有依赖同套存储的方式，即兼容 OLAP 和 OLTP，统一数据流向。优势在于数据源头不一致的问题得到改善，可以全部持久化到消息中间件（以 Kafka 为代表），或者通过消费消息中间件，持久化到兼容存储（以 TiDB 为代表）；服务层不一致的问题得到改善，通过重放持久化的消息中间件或兼容存储，实现容错或可扩展的目的。而不足之处在于无法解决存储成本，以 Kafka 为例，Kafka 的压缩能力有限，存储成本较大，并且计算资源开销随着窗口步长的增加而飙升。例如计算月活或年报统计时，涉及大状态的缓存，无论是持久化到 kafka 还是持久化到兼容存储，可重放性都极差，存在消费雪崩甚至无法消费的情况。

在 Kappa 架构的基础上也有额外的改动，例如使用 Flink 同时进行流、批处理，也就是一套引擎兼容两类计算场景，或者数据采用同类型的存储，例如写入 TiDB，流和批的查询仅限于时间粒度或查询频度的不同。总的来说，无论是 Lambda 还是 Kappa，笼统地归纳其局限性，基本上都围绕着以下几点：

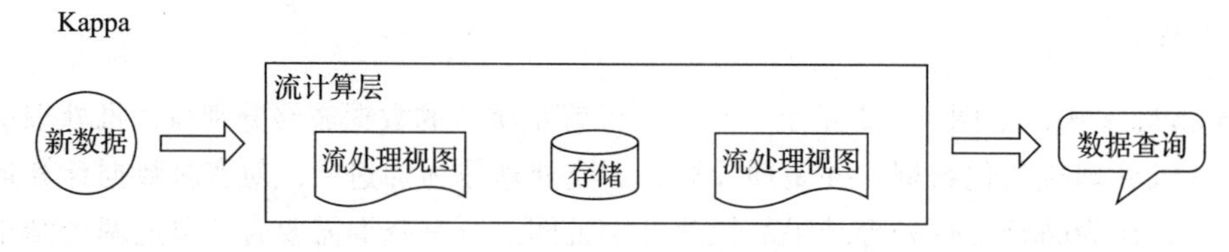

图 10-42　Kappa 架构

- 数据源的流向和存储不同，从源头上不能一致。
- 计算逻辑或框架不同，计算过程不能一致。
- 计算结果需要合并，服务层不能一致。

理想状态下，实时数仓的设计应该如图 10-43 所示，强调“三个一致”。

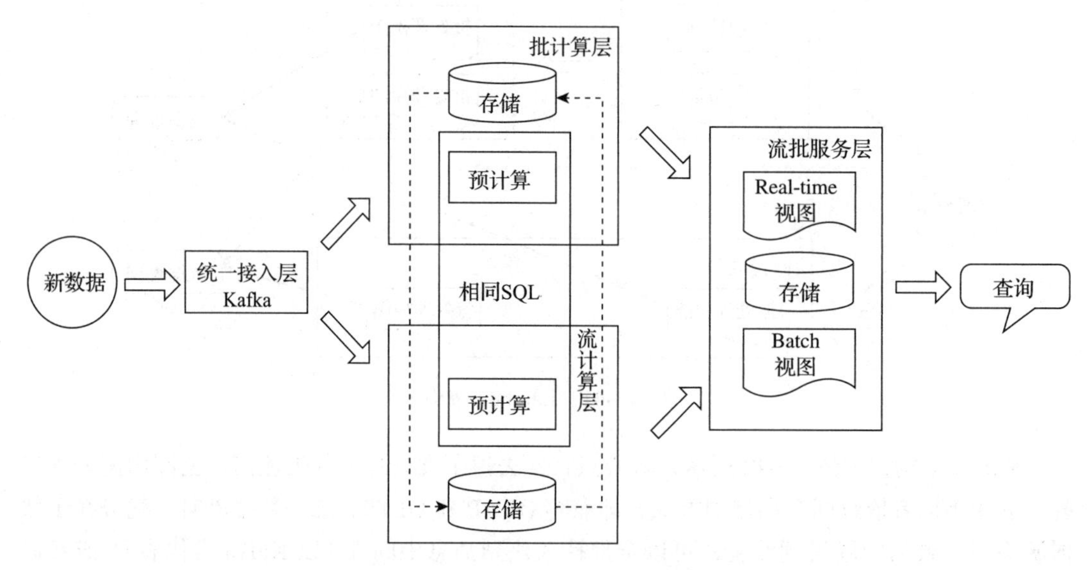

图 10-43　理想状态的架构设计

- 数据源一致，即流或批处理的源数据流向统一由消费 Kafka 获得，通过至少一次的消费机制，确保数据在消费阶段不会丢失。
- 加工逻辑一致。最优解是一套查询引擎可以满足两类不同的场景，当不能满足时，至少指标的加工逻辑需要保持一致。两者仅仅是筛选数据的时间范围有所不同。
- 数据存储一致。一套存储方案可以兼容，既能支持事务，又有类似变更数据获取（Change Data Capture，CDC）的通知机制，亦能支持多范围、多层次、大时间粒度的统计，例如 OceanBase、TiDB、Doris。

10.6.2　分层有没有意义

在离线数据仓库中，数据分层是最为普遍的操作之一。在众多的业务模块（表）中，我们需要一套行之有效的数据组织和管理办法，使得我们的数据体系更有序，也就是数据分层。当然，数据分层并不能解决所有的问题，但是却可以给我们带来以下的好处：

- 清晰数据结构。每一个数据分层都有它的作用域和职责，在使用或接入表时，可以更方便地定位和理解。
- 减少重复开发。规范数据分层，开发一些通用的中间层数据，能够减少大量的重复计算。
- 统一数据口径。通过数据分层，提供统一的数据出口，统一对外输出的数据口径。
- 将复杂问题简单化。将一个复杂的任务分解成多个步骤来完成，每一层解决特定的问题。

总体来说，就是由数仓开发或者设计人员人为地将数据和业务变化隔离，通过一些列表的拆解和规则制定，以空间换时间的方式，增强数据一致性，以及提升用户的使用体验和效率。

在离线数仓中，一条明细数据经过层层流转，通过拆解、冗余、多维聚合计算的方式，最终输出高度聚合后的业务指标。而在流计算中，分层越多代表着实时性越差，在计算过程中每多出一个环节，都会带来额外的序列化、反序列化和网络 I/O 等开销，所以通常数据流向最大为三层，即原始数据、加工、筛选或聚合后对外提供服务。但这其中也存在一些矛盾，越是消费接近源头的数据，数据加工的逻辑越是相同。如果仿照离线的设计，往往会将公共逻辑抽象下沉，减轻不必要的计算逻辑和开销。但重复消费的任务或消费组越多，在极端情况下，例如数据量极为庞大或者任务批量重启时，可能会造成 Kafka 缓存污染或者 PageCache 争抢的问题。

归根结底，在离线数仓中设计的主旨思想在于“做加法”，无论是分区键从单纯的时间分区细化到时间加业务模块的分区，还是维度退化，又或者是公共逻辑下沉等构造方法，主要的目的均是以空间换时间，通过一定的冗余来换取性能上的提升。而在实时数仓或者流计算中，则是在“做减法”，为了保证时效性和稳定性，在数据结构、存储选型，包括指标的计算逻辑，都讲究精简、小巧，能省则省，尤其要规避例如连接、去重等极为消耗计算资源的操作。两者因为理念的不同，很难做到兼容。

10.6.3　确定性计算不等于正确结果

作为广泛应用的架构方式，Lambda 最被人诟病的弊端之一就是两套数据来源、两套计算逻辑，这无疑增加了开发和运维迭代的工作量，而在实际工作中，往往都会围绕这项短板做大量的修补工作或者逻辑完善。我们总是在强调实时计算的结果只适合预估数据指标的趋势走向，并不是十分准确，最终兜底依然要靠定期调度的离线任务。而之所以会产生这样的认知，是因为有界计算中，在数据内容不变的情况下，产生的结果必然是不变的，也就是幂等性。如图10-44所示，一个相同的操作，无论重复多少次，产生的效果都和只操作一次相等，比如更新一个键值对，无论更新多少次，只要Key和Value不变，那么效果应该是一样的。

在离线数仓或者批处理中，计算的是有界数据，数据分布被每个小时汇总、每天汇总等人为规则做了一定划分，在文件没有被重写的情况下，相同的计算操作返回的必然是相同的计算结果。而在实时计算中，何时可以触发Trigger（计算或其他动作）成为最难抉择的问题。无界数据中没有起止，程序不能知晓数据在什么时间可视为全部到达，以及对于因为网络延迟或其他原因导致的迟到数据应如何处理。诚然，水位（Watermark）在一定程度上解决了这个问题，通过人为设定一个截止时间，定义了什么时候不再等待更早的数据并可以触发计算。但这个机制仍然受到延迟过大所带来的制约，一直等待迟到事件没有意义，计算始终没有被触发，时效性会备受质疑。设置了边界，则对于迟到事件而言，侧边流的输出在有状态及顺序性的计算中收效甚微，但直接丢弃迟到数据，计算的指标又不够准确。靠批处理补偿的方式，除了考虑如何切割两者的计算范围外，下游应用最直观的体现在于已经计算的指标会发生变化，从而产生了“实时计算不准”这样的认知。

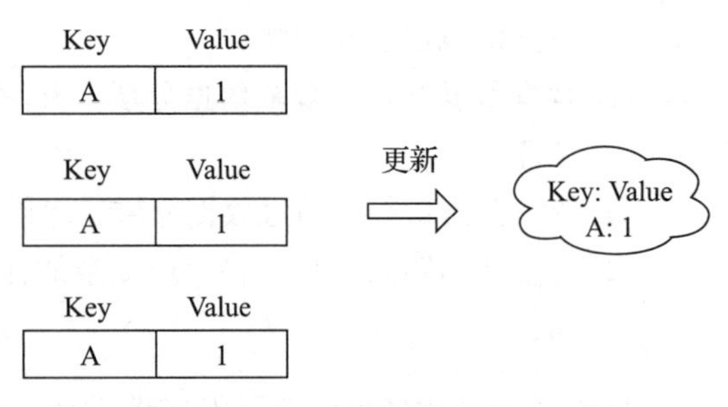

图10-44 幂等操作示意

当然，在批处理中，对于迟到数据的处理也是存在瓶颈的。区别在于，批处理的计算时间范围总是比流处理要大，间接来说，允许乱序和迟到数据到达的最远时间也远比流计算长。比如图10-45中经典的数据漂移场景，接入层表同一个业务的日期数据中包含前一天或者后一天凌晨附近的数据或者丢失了当天的变更数据，通常的解决办法是将数据同步或者将计算任务开始调度的时间延后一段时间再运行，确保可以获取到所有变化的数据。而在实时计算中，等待数分钟或数小时再触发计算往往代价过高。

而另一种极端情况则是横跨数日的业务状态流转。如图10-46所示，在电商业务中，从用户支付订单开始到最终的收货或者退款退货流程结束，时间会持续数日之久。在计算当日成功订单笔数、金额、退款订单笔数等指标时，已经计算过的日期数据就会失真。在追求强数据一致性的前提下为了规避这类问题，通常会选择重复计算一定的时间周期，比如2023-09-10的调度任务，会重新计算2023-09-01至2023-09-09的所有指标。业务状态的生命周期越长，批处理所需要计算的范围就越大，最终的计算代价也会不可接受。因此又会回到最开始的处理办法，就是一刀切式的计算，将超出一定时间范围内的记录直接丢弃，或者粗暴地从历史至今进行一次全量计算。

业务DB（2023-05-01）

用户	订单ID	下单时间
1	100001	04-30 17:00:01
2	100002	04-30 17:10:12
3	100003	05-01 19:31:27
4	100004	05-01 21:13:45
1	100005	05-01 23:31:51

业务DB（2023-05-02）

用户	订单ID	下单时间
1	100001	04-30 17:00:01
2	100002	04-30 17:10:12
3	100003	05-01 19:31:27
4	100004	05-01 21:13:45
1	100005	05-01 23:31:51
1	100006	05-01 23:59:59

网络抖动或其他原因
导致实际写入时间已经是05-02

1	100006	05-01 23:59:59

批处理快照（2023-05-01）

用户	订单ID	下单时间
1	100001	04-30 17:00:01
2	100002	04-30 17:10:12

批处理快照（2023-05-02）

用户	订单ID	下单时间
1	100001	04-30 17:00:01
2	100002	04-30 17:10:12
3	100003	05-01 19:31:27
4	100004	05-01 21:13:45
1	100005	05-01 23:31:51

计算订单数量（2023-05-01）

DB(截止到04-30)	2
批处理DB（截止到04-30）	2

计算订单数量（2023-05-02）

DB(截止到05-01)	6
批处理DB（截止到05-01）	5

时间：2023-05-01 → 2023-05-02

图 10-45　数据漂移导致计算失真

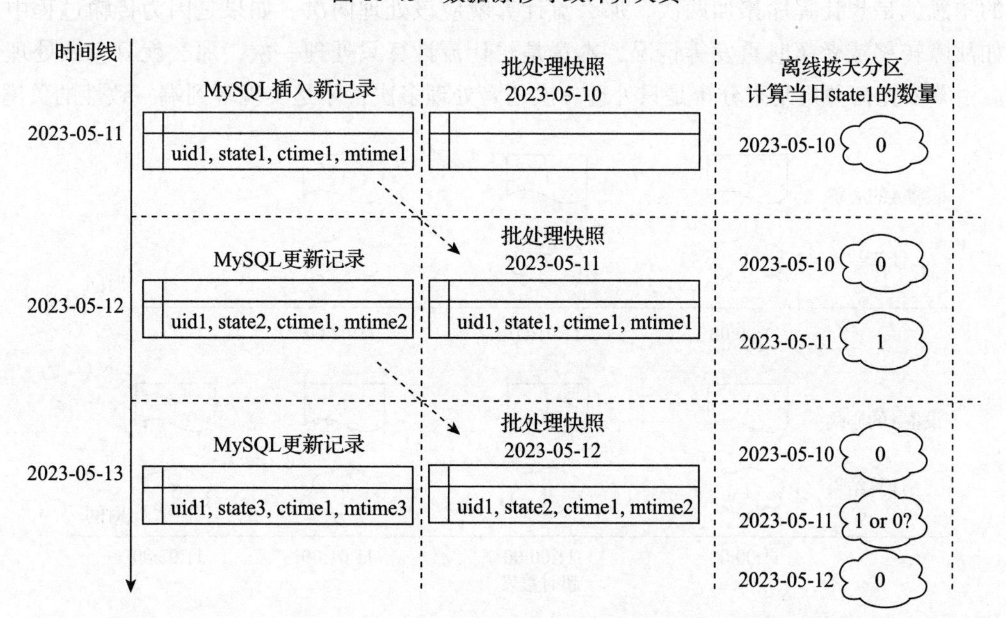

图 10-46　长生命周期的业务状态计算失真

综合来看，并不是说批处理的计算一定是正确的，而是在一定的范围界限内，相比实时计算带来的指标数值上的波动，批处理的计算结果是确定性的，是幂等的。

确定性计算和幂等有些类似，不过是针对一个计算而言，相同的输入必然得到相同的输出。比如 SELECT id+1，在数据文件和内容不变的情况下，得到的结果必然是确定的。SELECT RAND()，返回 0 到 1 之间的随机数，这就是非确定性计算。非确定性计算一般会导致不幂等的操作。比如更新 RAND()，value 这样的键值对，每次计算 RAND 方法得到的是不同的 key，因此不算幂等。而非确定性计算并不会必然导致不幂等的操作，比如更新 RAND()，value 这样的键值对，只记录去重后的 value 的计数，无论 key 怎样变化，COUNT DISTINCT value 的值始终都为 1。

10.6.4 模糊的正好一次

在流计算的场景中，“端到端一致性”是经常提到的重要概念。它指的是在流处理系统中确保数据在整个处理流程中的一致性（也就是业务正确性）。在流计算中，数据通常以无界流的方式进入系统，并经过一系列的转换和处理操作，最终产生结果。在这个过程中，端到端的一致性就代表一条消息只被处理一次，产生一次结果（计算、影响、动作）。这里的“一条消息”，指的是应用层或者业务层面对流计算或消息中间件的期望就是把这条记录作为一条消息来处理，而不是指消息本身的值相等。比如图 10-47 所示的定频发送心跳数据，累加计算其总和，消息本身的内容可能一模一样，但是连续生产或者消费两次相同消息的本意就是想让程序累加两次，那么流计算就应该处理两次。如果是因为传输过程中出现如故障转移或者超时重发等情况，本意是想让流计算只处理一次，那么就只应该处理一次。引擎依托何种机制来分辨是只处理一次还是处理多次，才是实现端到端一致性的关键。

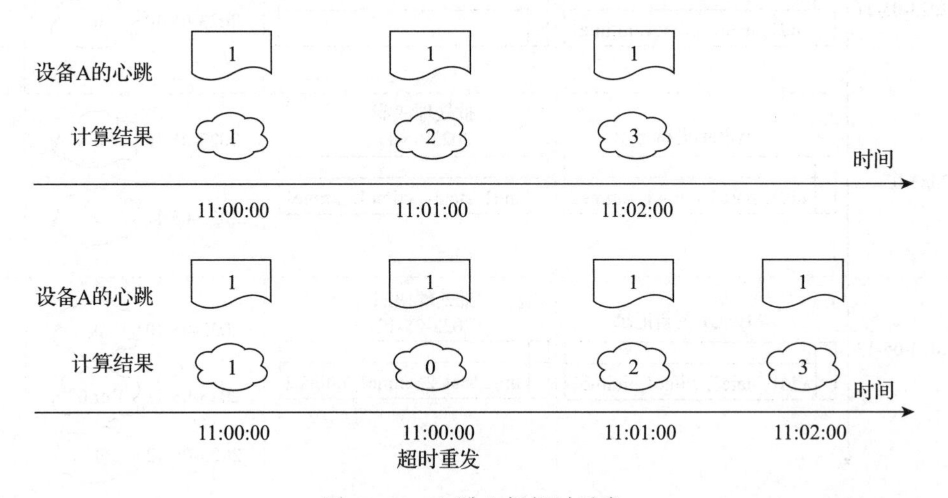

图 10-47 心跳上报超时重发

我们所理解的正好一次，应该是只生产一次，只消费、处理一次，只写入一次。而在分布式场景中，在需要考虑容错的情况下，实现正好一次或一条消息只被处理一次是不可能做到的事情。大部分情况下其实都只能做到中间件或流处理中，处理了多次同一条消息，但是最终的计算结果和没有任何故障转移或消息重放且一条消息真的只处理了一次时的计算结果相等，也就是幂等性。两者的概念截然不同，并且非常容易被一些边界问题所混淆。依赖事务可以实现只生产一次，但并不代表下游任务能做到只消费一次。依赖状态可以实现处理多次重复记录和只处理一次记录的等价，但状态一旦有过期时间，可靠性就会大打折扣，再加上使用外部存储的干扰，即使存在两阶段提交的解决方式，但如果外部存储不支持事务，那么也并不能完全保证数据只写入了一次。总之，端到端一致性在一定隐式约束条件或者约束下才成立，在数据处理加工计算的过程中，尤其是要求强数据一致性的业务诉求，则需要额外考虑在各类极端情况下如何进行处理。

10.6.5　流表相对性

一直以来，我们始终认为流和表（批处理）是完全不同的概念。表是一组行列的合集，依托于关系代数，在经过处理加工后，无论返回的是表、视图，还是结果集，都属于从一组关系处理成另一组关系。表大多整块存储，通常每行都有唯一主键（无论是显式还是隐式），数据处理通常按照预定的周期进行作业调度，例如每小时、每天或每周运行一次批处理作业。而流计算处理的数据是持续不断的，带有时间维度的计算，是没有边界的，数据不断产生和传输，需要特定的例如基于时间窗口、特定的事件到达等才可以触发计算，流关注时效性和及时响应。

总的来说，无论是数据组成形式、计算方式还是具体框架的物理实现，两者势如水火，互不相容，但事实真是如此吗？回归本质，这些不同是框架或者引擎所导致的瓶颈缺陷，并不能从根本上说明流和批是截然不同的概念，两者更像是一枚硬币的两面，只从硬币一侧进行观察，无疑是片面的。使用 Kafka 做类比的话，如果我们将数据的每一个变化发送到 Kafka，流关注的是这些数据的变化，而表则是数据在变化过程中形成的一个结果，然而这两者都源自 Kafka 中存储的数据。换言之，流是数据随着时间变化的过程，而表则是数据在某一时刻的快照，随着时间概念或者维度的引入，两者在广义上是一致的。

以最为经典的 MapReduce 为例，这种基于整块（HDFS 文件）数据的系统，从表象上看，是整块数据经过一定的加工操作后，转化为另一整块数据的过程。然而其内部实现却是要把数据块变成数据流，也就是分割成一条条数据，进行流式转换或者过滤操作后，在 Reduce 阶段通过聚合等操作生成临时结果，循环往复直到所有数据处理完毕，再将其转换为表或者文件。通俗点说，MapReduce 虽然操作的是整块数据集，但内部执行过程依然是流式的处理（数据有界），Flink 虽然是流计算引擎，但在计算窗口聚合等场景时，依然要积攒一批数据，等待触发机制后再做处理。

实际上数据处理的过程中，无论是流还是表，都可以抽象为由 stream、table、operation 三个部分构成。table 是静态的数据，随着时间的推移，表成了数据聚合的结果。stream 是动态的数据，是表随着时间推移的变化过程。operation 包含了 stream 和 table 互相转换的过程，例如 Map、Filter 等非聚合操作可以将流转换为另一个流。例如 SUM、GROUP BY 等聚合操作可以将流转换为表，也就是动态数据转换为静态数据的过程，通过窗口决定什么时候将数据输出。表通过 Trigger 触发操作将表的变化过程输出为流，而水印提供了数据完整性的参考，输出模式则决定了触发后的结果输出。

这种流表的相对性，使得数据是否有界、使用批处理还是流处理的争辩与讨论变得不再那么重要。我们不能拘泥于框架本身所带来的约束，而是要从更高层次去审视“数据”这一核心概念。流批一体也好，一套 SQL 实现也罢，最终目的都是为了兼容 OLAP 和 OLTP 两种场景，作为使用者并不关心引擎的具体实现，不在乎是否是流计算、是否是批处理，两者之间又有什么差异、利弊、瓶颈，只需要专注于数据和处理逻辑本身，仅此而已。

推荐阅读

O'REILLY
数据质量管理
数据可靠性与数据质量问题解决之道
Data Quality Fundamentals
A Practitioner's Guide to Building Trustworthy Data Pipelines

一本书讲透
数据资产入表
战略、方法、工具与实践
2024DAMA中国数据管理峰会推荐用书

数据
中台
让数据用起来
DATA MIDDLE OFFICE

一本书讲透
数据治理
战略、方法、工具与实践
DATA GOVERNANCE

WILEY
DATA QUALITY
数据质量
实践手册
4步构建
高质量数据体系
Data Quality
Empowering Businesses With Analytics And AI

数据合规
入门、实战与进阶

标签类目体系
面向业务的数据资产设计方法论
LABEL
HIERARCHIES
Business Oriented Data Asset Planning Methodology

数据要素
安全流通

O'REILLY
数据工程之道
设计和构建健壮的数据系统
Fundamentals of Data Engineering
Plan and Build Robust Data Systems

推荐阅读

MySQL运维
进阶指南

Apress
MongoDB Performance Tuning
MongoDB性能调优实战

ClickHouse
性能之巅
从架构设计
解读性能之谜
EXPLORE THE SECRETS OF CLICKHOUSE
PERFORMANCE FROM ARCHITECTURE DESIGN

ClickHouse
入门、实战与进阶
CLICKHOUSE IN ACTION

高效使用
Redis
一书学透数据存储
与高可用集群

一本书讲透
Elasticsearch
原理、进阶与工程实践